Der Darwinismus-Streit

Herausgegeben von
Kurt Bayertz, Myriam Gerhard
und Walter Jaeschke

FELIX MEINER VERLAG
HAMBURG

PHILOSOPHISCHE BIBLIOTHEK BAND 619

Bibliographische Information der Deutschen Nationalbibliothek

Die Deutsche Nationalbibliothek verzeichnet diese Publikation in der Deutschen Nationalbibliographie; detaillierte bibliographische Daten sind im Internet über ‹http://dnb.d-nb.de› abrufbar.

ISBN print: 978-3-7873-2157-5
ISBN E-Book: 978-3-7873-2233-6

 Satz: Type & Buch Kusel, Hamburg. Druck und Bindung: Druckhaus Nomos, Sinzheim. Werkdruckpapier: alterungsbeständig nach ANSI-Norm resp. DIN-ISO 9706, hergestellt aus 100 % chlorfrei gebleichtem Zellstoff. Printed in Germany.
www.meiner.de

INHALT

EINLEITUNG

In den 1860er und 1870er Jahren ist der Darwinismus-Streit »das, was damals der allgemeine Materialismus-Streit war«. (286) Keineswegs kann hierbei jedoch von einem distinkten Ablösungsprozeß oder gar Ersetzungsprozeß gesprochen werden. Zwar scheint, man mag es als Zeichen der Zeit nehmen, Moleschott, »der eigentliche Urheber unsrer materialistischen Bewegung«, »im grossen Publicum fast vergessen«, und »alle Zeitschriften« nehmen statt dessen »Partei für oder gegen Darwin« (286), aber die Protagonisten der streitenden Parteien sind oftmals dieselben. Diese personelle Kontinuität im Materialismus- und Darwinismus-Streit läßt sich nicht allein biographisch erklären. Vielmehr setzt der Darwinismus-Streit den Materialismus-Streit fort, insofern mit Darwins Theorie das letzte, vom Materialismus noch nicht gelöste Rätsel endgültig vor seiner wissenschaftlichen Lösung zu stehen scheint. Darwins These, »daß die Einführung neuer Arten in die Schöpfung nicht eine Wunder-, sondern eine Naturerscheinung sein könne« (3), läßt die vom christlichen Glauben gestützten Grenzen naturwissenschaftlicher Erkenntnis obsolet und das »Räthsel der Schöpfung« (37) als ein schwieriges, aber doch lösbares naturwissenschaftliches Problem erscheinen. Die von Darwin eröffnete neue, rein naturwissenschaftliche Schöpfungstheorie polarisiert nicht nur die Naturwissenschaftler, sondern vor allem Theologen, Philosophen und all jene, die sich in ihrer Stellung als Mensch in der Natur hiervon berührt, gestört, bedroht fühlen. Der Darwinismus als »wichtigste Erscheinung der Neuzeit« auf dem Gebiet der Naturwissenschaften wird weniger »in seiner Geltung als naturwissenschaftliche Theorie, sondern in seiner Prätension, das Räthsel alles Daseins gelöst zu haben« (123), zum populärsten Streitthema seiner Zeit. Gestritten wird nicht nur über das, was Darwin geschrieben hat, sondern insbesondere über das, was Darwin nicht geschrieben hat, aber vermeintlich habe schreiben wollen bzw. konsequenterweise habe schreiben sollen. Der Begriff des Darwinismus findet dementsprechend eine uneinheitliche Verwendung und ist nicht zu verwechseln mit der biologischen Theorie Darwins. Auch als generischer Ausdruck für »die gesammte Entwickelungstheorie« erfolgt die Bezeichnung Darwinismus »eigentlich nicht mit Recht«.[1] Ernst Haeckel verstand Darwinismus als Synonym für die Selektionstheorie[2] und prägte die in den 1870er Jahren sich etablierende Unterscheidung zwischen der schon vor 1859 diskutierten Deszendenztheorie und der Selektionstheorie, die Darwin als Erklärungsprinzip der Deszendenz einführte. Die wesentliche Differenz zwischen Darwinisten und Anti-Darwinisten ließ sich fortan vereinfachend an der positiven bzw. negativen Stellungnahme zur Selektionstheorie festmachen. Charakteristisch für den Darwinismus des ausgehenden 19. Jahrhundert war aber gleichermaßen die weltanschauliche Rezeption und Interpretation der Darwinschen Theorie, die allen monistischen Ansprüchen zum Trotz keineswegs frei von Widersprüchen waren.

Die durchaus länderspezifische Rezeption der Darwinschen Theorie darf hierbei nicht unberücksichtigt bleiben. Neben den verschiedenen englischen Ausgaben in Großbritannien und den USA erschienen schon bald nach der Erstpublikation von Darwins *On the Origin of Species by Means of Natural Selection, or the Preservation of Favoured Races in the Struggle for Life* Übersetzungen in deutscher, französischer, italienischer, niederländischer, russischer und schwedischer Sprache. Dar-

[1] Ernst Haeckel: Natürliche Schöpfungsgeschichte. Gemeinverständliche wissenschaftliche Vorträge über die Entwickelungslehre im Allgemeinen und diejenige von Darwin, Goethe und Lamarck im Besonderen. Berlin [4]1873, 133.

[2] Vgl. ebd.

win verfolgte aufmerksam die internationale Rezeption seines Werks und bemerkte hierzu in einem Brief an Lyell: »It is curious how nationality influences opinion; a week hardly passes without my hearing of some naturalist in Germany who supports my views, and often puts an exaggerated value on my work; whilst in France I have not heard of a single zoologist, except M. Gaudry (and he only partially), who supports my views.«[3] Für den hier vorliegenden Band wurde die Auswahl der Quellentexte auf die Diskussion im deutschsprachigen Raum beschränkt. So können viele für die gesamte Darwinrezeption wichtige Debatten, wie z. B. die weithin beachtete Diskussion zwischen Darwins »Bulldog« Thomas Henry Huxley und dem Bischof Samuel Wilberforce anläßlich des 1860 abgehaltenen *Oxford Meetings* der *British Association for the Advancement of Science* nicht berücksichtigt werden. Aber auch die deutschsprachige Rezeptionsgeschichte kann angesichts der Materialfülle weder vollständig noch durchgängig repräsentativ wiedergegeben werden. Die vorliegende Quellenauswahl bietet trotz der mit ihr notwendig verbundenen Bescheidung einen exemplarischen Zugang zu wichtigen Streitfragen der deutschsprachigen Darwinrezeption des 19. Jahrhunderts. Die Rezeptionsgeschichte Darwins ist aber keineswegs abgeschlossen. Die ungebrochen rege Publikationstätigkeit zu Darwin und den Folgen ist nicht ausschließlich das Produkt einer Darwin-Industrie,[4] vielmehr spiegelt sie die unverminderte Attraktivität der Darwinschen Theorie vor allem für weltanschauliche und philosophische Interpretationen wider. Evolutionäre Erkenntnistheorie, evolutionäre Ethik, evolutio-

[3] Charles Darwin an C. Lyell. Brief vom 4. Mai 1869. In: Francis Darwin (Hrsg.): Life and Letters of Charles Darwin, including an autobiographical chapter. Bd. 3. London 1887, 118. Zur vergleichenden Rezeptionsgeschichte vgl. Thomas F. Glick (Hrsg.): The comparative reception of darwinism. Chicago 1974.

[4] Vgl. Peter J. Bowler: The non-darwinian revolution. Reinterpreting a historical myth. Baltimore/London 1988, 14 f.

näre Sozialtheorie, evolutionärer Humanismus, evolutionäre Spieltheorie und die Theorie evolutionärer Algorithmen sind nur einige Beispiele, in denen eine mehr oder weniger präzise Anknüpfung an Darwins Gedanken zur Erklärung der biologischen Evolution und ihre Anwendung auf Gegenstandsbereiche manifest wird, die nicht genuin der Biologie zuzurechnen sind. Das vermeintlich streng wissenschaftliche Herausstellungsmerkmal »evolutionär« verdeckt nur allzu leicht weltanschauliche Implikationen. Der strittige Kern der Rezeption Darwins besteht nach wie vor in der Naturalisierung des Weltbildes in nahezu allen Bereichen, die sich sowohl gegen die Religion als auch gegen alle Varianten einer idealistischen Philosophie richtet.

1. Eine neue Schöpfungstheorie

Daß Darwinismus und Materialismus »heutzutage so ziemlich gleichbedeutende Begriffe geworden« sind, liegt vor allem darin begründet, daß die Darwinsche Hypothese »den materialistischen Naturforschern der Gegenwart ganz besonders geeignet« erscheint, »das Göttliche aus der Schöpfung zu entfernen« (141). Für einen Zwecke setzenden und Sinn stiftenden Gott bleibt damit weder Bedarf noch Raum.

Ein Exempel für die Vereinnahmung der Darwinschen Theorie durch den Materialismus – Eduard von Hartmann spricht sogar von einer Ausbeutung – gibt David Friedrich Strauß »durch die Art und Weise, wie er denselben dem Bekenntniss seines neuen Glaubens einverleibte« (197). Strauß positioniert sich im 1872 erschienenen *Der alte und der neue Glaube* eindeutig im Umfeld einer materialistischen Weltanschauung. Schon in den 1830er Jahren beschäftigt den Theologen Strauß die das »Jahrhundert der Naturwissenschaften« prägende Konfrontation der theologischen Wahrheit mit der wissenschaftlichen Wahrheit, allerdings ohne die materialistische Affinität, die sein Spätwerk auszeichnet. David Friedrich Strauß nimmt in diesem Prozeß der Neubestimmung und Neuverortung von Glauben und Wissen eine herausragende Rolle ein. Dabei geht es Strauß, wie er im *Leben Jesu* darzustellen sucht, vornehmlich um das den Grund des Glaubens bestimmende Wissen. Die Wahrheit über das Leben Jesu wird Strauß zu einem ersten Testfall einer möglichen, zukünftigen Vermittlung zwischen Glauben und Wissen. Doch zunächst geht es ihm, der Schleiermachers Versuch einer Vermittlung zwischen dem Standpunkt des christlichen Glaubens und der modernen Wissenschaft ablehnt, um die sachgemäße Scheidung, die Trennung beider Bereiche. Daß Jesus gleichermaßen »ein Mensch im vollen Sinne gewesen sein« könne »und doch als Einziger über der ganzen Menschheit stehen« könne, sucht Strauß demgemäß als einen »Wahn« zu entlarven, denn auch für Jesus von Nazareth wird es »in der Wirklichkeit« »ganz natürlich« zugegangen sein.[5] Mit seiner sich auf die Geschichte stützenden Kritik der theologischen Dogmatik[6] bezweckt er die »Kette zu sprengen«, »welche den Hafen der christlichen Theologie gegen die offene See der vernünftigen Wissenschaft noch absperrt«.[7] Nicht mehr der konfessionelle Gegensatz ist Gegenstand der Dogmatik, sondern der Gegensatz des christlichen Glaubens mit der modernen Wissenschaft. Der Streit um die Grenzen von Glauben und Wissen bleibt aber nicht auf die von David Friedrich Strauß ausgelöste Diskus-

5 David Friedrich Strauß: Ein Nachwort als Vorwort zu den neuen Auflagen meiner Schrift: Der alte und der neue Glaube. Bonn 1873, 13.

6 »Die wahre Kritik des Dogma ist seine Geschichte.« David Friedrich Strauß: Die christliche Glaubenslehre in ihrer geschichtlichen Entwicklung und im Kampfe mit der modernen Wissenschaft dargestellt. Bd. 1. Tübingen/Stuttgart 1840, 71.

7 David Friedrich Strauß: Der Christus des Glaubens und der Christus der Geschichte. Eine Kritik des Schleiermacher'schen Leben Jesu. Berlin 1865, vii f.

sion um das Leben Jesu beschränkt. Dem »Entscheidungskampf der christlichen Theologie auf dem Felde des Leben Jesu«,[8] in dem um »Wahrheit und Unwahrheit der Religion«[9] gerungen wurde, folgte der Kampf um die Deutungshoheit so zentraler Fragen wie der der Entstehung des Lebens, der Immaterialität der Seele, der Stellung des Menschen zur Natur. Darwins Theorie schien die Entstehung der Arten zu einem rein naturwissenschaftlichen Problem werden zu lassen, das ohne »das alte Verlegenheitswort: Gott«[10] auskommt. An die Stelle einer theologischen Schöpfungstheorie tritt eine »natürliche Schöpfungsgeschichte« (359), »welche uns die Schöpfung widerspruchslos als eine natürliche erscheinen lässt«. (357)

Damit steht zudem der Begriff des Zwecks zur Diskussion. Auch wenn der Zweckbegriff schon für die Auseinandersetzungen um das Weltbild der frühen Neuzeit von zentraler Bedeutung ist,[11] so ist es doch Darwins Theorie von der Entstehung der Arten, die die Diskussion zu einem Kulminationspunkt führt.[12] Nicht mehr durch einen Zwecke setzenden Schöpfergott, sondern durch die zufällige, aber dennoch naturgesetzmäßige Ordnung der Natur wird die Natur demnach zu einem für den Menschen sinnvollen, weil erkennbaren Ganzen. Geht es den Naturhistorikern des 18. und auch noch des angehenden 19. Jahrhunderts vornehmlich um die Bestimmung und Wiedergabe des Allgemeinen, des Typischen im Einzelnen,

[8] David Friedrich Strauß: Der alte und der neue Glaube. Ein Bekenntniß. Leipzig 1872, 47.

[9] Ebd., 134 ff.

[10] David Friedrich Strauß: Nachwort, 26

[11] Vgl. Kurt Bayertz/Myriam Gerhard/Walter Jaeschke (Hgg.): Der Materialismus-Streit. Hamburg 2012, xx-xxii.

[12] In der diachronen Betrachtung läßt die auch im 21. Jahrhundert nicht verstummende Diskussion um ein *intelligent design* offenkundig werden, daß an dieser Stelle nicht von einer endgültigen Diskussion gesprochen werden kann, auch wenn die entscheidenden Argumente im 21. Jahrhundert längst bekannt sein sollten.

gewinnen im Laufe des 19. Jahrhunderts die Besonderheiten der einzelnen Exemplare vor allem aus dem Bereich der Fauna an Bedeutung. Von Interesse sind dabei weniger die vorfindbaren Monstrositäten, sondern vielmehr die augenfällige Varianz bestimmter »Arten«, wie z.B. die von Darwin beobachteten Varianzen der Finken der Galapagos-Inseln. Individuelle Unterschiede einzelner Exemplare entwickeln sich aufgrund einer geographischen Isolierung von Populationsgruppen zu populationsspezifischen Unterschieden, so daß es zur Entwicklung »neuer« Arten kommt. Eine schlüssige Erklärung der Variationen einzelner Exemplare innerhalb einer bestimmten Art wußte Darwin nicht zu liefern. Ihm ging es vornehmlich um eine Erklärung der Variationen der Arten, die ein wichtiges Scharnier zwischen teleologischem und evolutionärem Naturverständnis bildet. Mit dem Verzicht auf eine zweckmäßige Ordnung der Natur scheint es so, als ob »die Mannigfaltigkeit der Formen, der vegetabilischen und animalischen Organismen nur das neckische Spiel eines blinden Zufalls« (20) seien. Die uneinheitliche Verwendung des Begriffs des Zufalls, einerseits als willkürlich erscheinende Gesetzlosigkeit und andererseits als von jeglicher Teleologie unabhängige Naturgesetzmäßigkeit, verstärkt das Unverständnis zwischen Darwinisten und Anti-Darwinisten. Für die Vertreter des Darwinismus ist das »die Mannigfaltigkeit der Formen« zufällig hervorbringende Prinzip die ›natürliche Züchtung‹, die Darwin in Analogie zur künstlichen Züchtung durch den Menschen als naturwissenschaftliches Erklärungsprinzip der Variationen der Arten eingeführt hatte. Der entscheidende Unterschied zwischen der künstlichen und der natürlichen Züchtung ist jedoch, daß letztere keinem Zweck gemäß, sondern vollkommen zweckfrei und insofern zufällig erfolgen soll. Das Resultat der natürlichen Züchtung, die an ihre Umgebung am besten angepaßte Spezies, geht zwar aus einem durch die Selektion bestimmten und damit gerichteten Prozeß hervor, soll aber unabhängig von jeglichen Zwecken entstehen. »Wer züchtet denn aber bei der »natürlichen Züchtung«? Ist es ein verborgener Verstand, der hiebei operirt und mit kluger Auswahl immer neue Züchtungsexperimente versucht?« (42) Mancherlei personifizierende Formulierungen Darwins – die natürliche Züchtung »beobachte genau«, »wähle sorgfältig aus« und »finde mit nie irrendem Takte jede Verbesserung zum Zwecke weiterer Vervollkommnung heraus« – legen eine teleologische Interpretation nahe.[13] Das vermeintliche Prinzip der Darwinschen Theorie, der »reine, blinde Zufall« (41) wäre demnach alles andere als blind. Den Kritikern ist die Theorie Darwins entweder inkonsequent, da sie die teleologische Naturbetrachtung zwar ablehnt, aber doch nicht ohne sie auskomme, oder sie betrachten diese »auf einen blindlings wirkenden Zufall gebaute Lehre von der unbedingten Verwandlungsmöglichkeit aller Lebewesen« als »eine Erhebung der Hexerei zum Princip« (49). Den materialistischen Darwinisten gilt hingegen mit der naturwissenschaftlichen Erklärung der »Schöpfung ohne Schöpfer« (358) »das größte Räthsel der Naturforschung, das Geheimniß der Geheimnisse« (1) als endgültig gelöst.

Die Diskussion, ob mit Hilfe der Selektionstheorie tatsächlich die Aufgabe gelöst ist, »die Erzeugung eines Grashalms nach Naturgesetzen, die keine Absicht geordnet hat, begreiflich zu machen« (261), verdeckt allzu leicht andere Streitthemen. Die Möglichkeit einer nicht materialistischen Interpretation der Evolutionstheorie ist eines. Folgt man den Darstellungen der materialistischen Naturwissenschaftler, so zeigt sich Darwins Theorie als ein in sich geschlossenes Ganzes, das einen materialistischen Reduktionismus erlaubt. Ein dif-

[13] Charles Darwin: Über die Entstehung der Arten im Thier- und Pflanzen-Reich durch natürliche Züchtung oder Erhaltung der vervollkommneten Rassen im Kampfe um's Daseyn. Nach der zweiten Auflage mit einer geschichtlichen Vorrede und andern Zusätzen des Verfassers für diese deutsche Ausgabe aus dem Englischen übersetzt und mit Anmerkungen versehen von Dr. H.G. Bronn. Stuttgart 1860, 199.

ferenzierter Blick offenbart jedoch, daß die Selektionstheorie als Erklärungsprinzip der Deszendenz, der steten Entwicklung der Organismen auseinander, sich nicht ohne weiteres in ein in sich abgeschlossenes Theoriengefüge inkorporieren läßt. Das, was gemeinhin unter Darwins Evolutionstheorie verstanden wird, ist ein Konglomerat verschiedener, mehr oder weniger aufeinander verweisender selbständiger Theorien.[14] Es sind dies (1) die grundlegende Theorie der Evolution, der gemäß die Lebensformen nicht statisch, sondern als in einem steten Entwicklungsprozeß begriffen zu verstehen sind, (2) die Theorie der graduellen Evolution, der gemäß die Entwicklung nicht in Sprüngen, sondern kontinuierlich verläuft, (3) die Deszendenztheorie, der gemäß alle Arten auf einige wenige Urformen als ihren gemeinsamen Ursprung zurückgeführt werden können, und (4) die Selektionstheorie, der gemäß der Anpassungsdruck einer spezifischen Umgebung zur natürlichen Selektion der am besten angepaßten Exemplare einer Art führt. Evolution versteht Darwin dementsprechend als eine adaptive Entwicklung und nicht als eine einem bestimmten Gesetz folgende Entwicklung. Aus den vier Theorien sind Schlüsse gezogen worden, die mit dem zeitgenössischen, theologisch geprägten Selbstverständnis der Menschen nicht harmonierten. So widerspricht z. B. die Annahme einer generellen Evolution allen Lebens der tradierten Schöpfungsgeschichte, zudem läßt sich die graduelle Evolution allen Lebens nicht mit der Annahme wesentlicher Differenzen zwischen den verschiedenen Arten und Gattungen vereinbaren, ebensowenig läßt sich die *Vervollkommnung* der Arten durch natürliche Selektion mit dem Sündenfall vereinbaren.

Der Darwinismus-Streit der 1860er und 1870er Jahre wurde maßgeblich durch die unterstellte Identität von Deszendenz- und Selektionstheorie geprägt. Weil »die Gegner von den

[14] Vgl. Ernst Mayr: The growth of biological thought. Diversity, evolution and inheritance. Cambridge/Mass. 1982, 504–510.

Darwinianern den Glauben an die untrennbare Einheit beider Theorien kritiklos annehmen, ohne ihre thatsächliche Heterogenität zu ahnen« (200), scheint mit der Ablehnung der Selektionstheorie auch die Deszendenztheorie unannehmbar. Im Fokus der »Angriffe auf den Darwinismus« steht jedoch nicht die Entwicklungslehre, sondern »die mechanische Weltanschauung des Selectionsprincips« (200) mit der Behauptung der natürlichen Zuchtwahl als einzigem und ausschließlichem Mechanismus der organischen Entwicklung. Die nicht materialistischen Interpretationen der Deszendenzlehre schließen eben diese »Theorie der natürlichen Zuchtwahl, welche den originellen Grundgedanken des Darwinismus ausmacht« (217), aus ihren Überlegungen aus. Eine Annäherung, selbst »eine Verständigung zwischen Naturwissenschaft und Religion« (140) wird damit denkbar, auch wenn sie einige theoretische Probleme mit sich bringt. Anders als in Großbritannien und Nordamerika, wo die theologische Rezeption durch die Tradition der natürlichen Theologie[15] geprägt war, sehen deutsche Theologen in den Begründungsversuchen einer natürlichen Schöpfungstheorie vor allem eine drohende Grenzüberschreitung der Naturwissenschaften, der entweder durch eine strikte Trennung beider Bereiche oder durch die Etablierung einer christlichen Naturwissenschaft entgegenzuwirken sei. Problematisch ist auch die mit einer mißverstandenen Evolutionstheorie oftmals einhergehende Überzeugung von der zunehmenden Vervollkommnung der Arten, in der stillschweigend die beste Anpassung an eine Umwelt als Synonym für Vollkommenheit genommen wird.[16] Eine solche Entwick-

[15] Vgl. William Paley: Natural Theology or evidence of the existence and attributes of the deity collected from the appearance of nature. London 1822.

[16] An diesem Mißverständnis war die erste deutsche Übertragung des englischen Originaltitels durch Heinrich Georg Bronn nicht unbeteiligt. Bronn übersetzte 1860 Darwins *On the Origin of Species by Means of Natural Selection, or the Preservation of Favoured Races in*

lungstheorie, in der die sich entwickelnden Organismen als sich stets vervollkommnende Arten betrachtet werden, läßt sich schwerlich mit der religiösen Vorstellung des Sündenfalls vereinen. In der christlichen Dogmatik ist der erste Mensch »der *vollkommene* Mensch, das Ebenbild Gottes, und seine Weiterentwickelung geht erst durch den Eintritt der Sünde in *absteigender Linie*. Der Darwinsche erste Mensch steht auf der *untersten* Stufe und seine Weiterentwickelung geht stetig in *aufsteigender* Linie.« (133) Eine Vermittlung zwischen dem entwicklungsbiologischen Fortschritt und dem Sündenfall der Menschheit ist unter diesen Voraussetzungen, die Zittel in seiner Analyse der Darwinschen Evolutionstheorie unterstellt, kaum denkbar. Mit dem Beweis der Entwicklung des Menschen »von unten her« wäre »dem Christenthume die Axt an die Wurzel gelegt«. (12) Damit wäre zugleich »die Grundlage aller Sittlichkeit, der gesammte sociale Bestand der Menschheit, aller Fortschritt in Wissenschaft, Kunst und allgemeiner Cultur [...] erschüttert und für immer gehemmt«. (12)

Die gefürchtete Tendenz der Darwinschen Hypothese, die manchen als »Schreckbild erregter Phantasie« (13) gilt, äußere sich nicht allein darin, daß sie den Gegenstand der Religion aufzuheben trachtet und damit »jede transcendente religiöse und sittliche Ordnung zu beseitigen« (193) sucht. Es ist die generelle Stellung des Menschen in der Natur, die in einem revolutionären Umbruch begriffen ist.

the Struggle for Life in den deutschen Titel *Über die Entstehung der Arten im Thier- und Pflanzen-Reich durch natürliche Züchtung, oder Erhaltung der vollkommensten Rassen im Kampfe um's Daseyn*. 1867 erschien die durch den Zoologen Julius Victor Carus berichtigte Ausgabe mit dem *Titel Über die Entstehung der Arten durch natürliche Zuchtwahl, oder die Erhaltung der begünstigten Rassen im Kampfe um's Daseyn*.

2. Die Stellung des Menschen in der Natur

Der Darwinismus-Streit ist kein »häuslicher Streit der Naturforscher« (34) und auch kein friedlicher. Daß der Darwinismus als »Vernichtungswaffe« (124) nicht nur der Religion, sondern jeglicher sittlicher und gesellschaftlicher Ordnung wahrgenommen wird, beruht auf seiner Bestimmung des Menschen als ein Teil der Natur. Der Ausgang des Streites, die Antwort auf die Frage, »woher der Mensch kommt und wohin er geht«[17], ist »von der höchsten praktischen Wichtigkeit« (201), denn sie bestimmt die Stellung des Menschen in der Natur als ein von anderen Teilen der Natur wesentlich ununterschiedener und damit gleichberechtigter Teil der Natur oder aber als ein vor der übrigen Natur ausgezeichneter Bereich. Wird der Mensch in ein gleichgültiges Verhältnis zur Natur gebracht, so liegt die Befürchtung nahe, »daß darüber seine höhere, geistige Natur verloren geht«. (141) Mit dem Verlust der »einzigartigen Doppelstellung« als »Natur- und Geisteswesen« (15) wird der Mensch zu einem Tier unter Tieren, die alle gleichermaßen denselben Naturbedingungen und Naturgesetzen unterliegen. Nicht nur der Ursprung der Menschen, ihre Entstehung, sondern auch ihre Entwicklung als Natur- und Geisteswesen werden zum Gegenstand der Naturwissenschaft. Die Naturgeschichte des Menschen erweitert sich demnach um eine naturwissenschaftliche Betrachtung seiner Geistes-, Kultur- und Sozialgeschichte. Die Anwendung der Evolutions-, der Deszendenz- sowie der Selektionstheorie auf den »*ganzen* Menschen« (37) verändert das Verständnis der Stellung des Menschen zur Natur radikal – mit weitreichenden Folgen für die Reflexion auf und die Ausgestaltung von Moral, Gesellschaft und Kultur[18].

[17] Friedrich Fabri: Briefe gegen den Materialismus. Gotha ^{2}1864, 219.

[18] Die Rezeption der Werke Darwins im Hinblick auf Kultur und Ästhetik muß in diesem Band leider unberücksichtigt bleiben. Es sei aber

Moral

Die Konsequenzen, die »aus dieser, mit so vielen überlieferten Vorstellungen radical brechenden Lehre für die Moral« (382) gezogen worden sind, sind ebenso vielfältig wie die gesamte Darwin-Rezeption. Ein Grund hierfür ist die uneinheitliche Rezeption der verschiedenen Theorien Darwins. Was für den einen die Grundlage einer (natur-)wissenschaftlichen Begründung der Moralphilosophie ausmacht, gilt dem anderen als »Geistesrevolution« (382), die aller sittlichen Ordnung jegliche Basis entzieht. So steht u.a. zur Debatte, 1. ob die menschliche Moral das Resultat einer naturgeschichtlichen Entwicklung ist bzw. ob Moral überhaupt als ein solches Resultat gedacht werden kann, 2. ob moralische Eigenschaften oder Anlagen vererbbar sind und 3. ob die Selektion als Erklärungsprinzip für die Existenz und die Ausgestaltung der vorfindbaren Moral fungieren kann.

1. Mit der Anwendung der Transmutationstheorie auf den *ganzen* Menschen gehen die Annahmen einher, daß die Fähigkeit des Menschen zu moralischen Handlungen eine Naturanlage sei und daß die »geistigen und moralischen Kräfte« (168) gleichermaßen dem naturgeschichtlichen Prozeß der Entwicklung unterliegen. Das Phänomen Moral wird konsequenterweise zu einem möglichen Gegenstand naturwissenschaftlicher Untersuchungen, so daß es fortan »ebenso absurd« wäre, »ohne die Entwicklungstheorie ein Moralsystem construiren zu wollen, als es dies sein würde, ein astronomisches System

verwiesen auf die Texte von Julia Voss, Bernhard Kleeberg und Monika Ritzer in: Kurt Bayertz/Myriam Gerhard/Walter Jaeschke (Hgg.): Weltanschauung, Philosophie und Naturwissenschaft im 19. Jahrhundert. Hamburg 2007 und Kurt Bayertz: Deszendenz des Schönen. Darwinisierende Ästhetik im Ausgang des 19. Jahrhunderts, in: K. Bohnen (Hrsg.), Fin des Siècle. Zu Naturwissenschaft und Literatur der Jahrhundertwende im deutsch-skandinavischen Kontext, Kopenhagen/München 1984, 88–110.

zu construiren mit der Annahme, daß die Sterne unbeweglich seien, oder die Sonne sich um die Erde drehe« (382). Dagegen sprechen jene, die sich auf ein nicht-empirisches Moralverständnis stützen, ihre Befürchtung aus, daß die Entwicklungslehre »die Gesellschaft bis in ihre Grundfesten erschüttern wird, indem sie die Heiligkeit des Gewissens und den religiösen Sinn vernichtet« (382). Der den Atheismus begünstigende, wenn nicht gar propagierende naturwissenschaftliche Materialismus wird nicht nur von Theologen, sondern ebensosehr von christlich geprägten Philosophen und Naturwissenschaftlern als Bedrohung der bestehenden gesellschaftlichen und rechtlichen Ordnung sowie der Moralität empfunden.

2. Wird der Unterschied zwischen Mensch und Tier als ein ganz natürlicher begriffen, der sich nicht auf ein unterschiedliches Wesen der Spezies und Genera zurückführen läßt, erscheint der Mensch als ein Tier unter anderen Tieren, deren Unterschiede rein gradueller Natur sind. Die Höherentwicklung des Menschen wird konsequenterweise auf einen Naturprozeß zurückgeführt. Die kontinuierliche, gattungsspezifische Erhaltung einmal erreichter Entwicklungsstufen wird durch die zusätzliche Annahme begründet, daß einmal erworbene Fähigkeiten und Anlagen, seien sie körperlicher, geistiger oder moralischer Natur, auf die folgende Generationen durch Vererbung übertragbar sind.

3. Wenn alles »ein Product natürlicher, gesetzmäßiger Entwicklung« ist, so ist Moral entweder obsolet oder aber nur zu denken als »Etwas, das sich herausgebildet hat aus seiner eigenen, den Existenzbedingungen gemäß sich entwickelnden Natur«. (387) In anderen Worten: Moral ist das Ergebnis eines natürlichen Adaptionsprozesses und somit als ein Vorteil im »Kampf ums Dasein« zu betrachten. Darwins »struggle for life«, der durch die deutsche Übersetzung in »Kampf um's Daseyn«[19] zu einem überaus plakativen Schlagwort wurde, po-

19 Charles Darwin: Über die Entstehung der Arten, 65 ff.

larisierte die Rezipienten. Die naheliegende Anwendung des Kampfes ums Dasein auf die Existenzbedingungen einzelner Menschen anstatt auf Populationsgemeinschaften hat weitreichende Konsequenzen für die Bestimmung der Verhältnisse der Menschen zueinander, denn in »diesem Wettkampfe wird jede Abänderung, wie gering und auf welche Weise immer sie entstanden seyn mag, wenn sie nur einigermaassen vortheilhaft für das Individuum einer Spezies ist, in dessen unendlich verwickelten Beziehungen zu anderen Wesen und zur äußeren Natur mehr zur Erhaltung dieses Individuums mitwirken und sich gewöhnlich auf dessen Nachkommen übertragen«.[20] Der Kampf ums Dasein wütet konsequenterweise auf dem moralischen Gebiet ebenso wie auf dem physischen.[21] Die Folgen der Anwendung der Darwinschen Theorien auf den ganzen Menschen erscheinen den Kritikern unabweislich. Ein derart konsequent angewandter Darwinismus führe »zur äußersten Demoralisation«, sei nichts weiter als »ein Stück gegen die Menschheit gerichtete Brutalität«, ein »theoretisches Beschönigungsmittel des frechsten Egoismus« (403). Das Überleben des Einzelnen gründe sich auf eine animalische Anwendung eines vermeintlichen Rechts des Stärkeren, das »als culturgeschichtliches Fortschrittsmittel« (403) verherrlicht werde. Läßt sich der Egoismus »als die einzige Basis aller Moral« (43) schwerlich mit einer präskriptiven Moraltheorie vereinbaren, so sehen hingegen Vertreter einer deskriptiven Moraltheorie im Darwinismus die Möglichkeit, ethische Grundsätze nicht länger als durch »ein Ideal des sittlichen Menschen«, sondern als durch »die Auffassung der Menschennatur« (361) bedingt

[20] Ebd., 66.

[21] Vgl. Ludwig Büchner: Die Stellung des Menschen in der Natur in Vergangenheit, Gegenwart und Zukunft. Oder: Woher kommen wir? Wer sind wir? Wohin gehen wir? Allgemein verständlicher Text mit zahlreichen, wissenschaftlichen Erläuterungen und Anmerkungen. Leipzig 1869, 243.

zu denken. Die vornehmlich utilitaristisch geprägten evolutionären Ethiken suchen den Egoismus, die stärkste natürliche Triebfeder, zum größtmöglichen Wohl aller anzuleiten, so daß der Egoismus nicht wider, sondern für die Gemeinschaft wirkt.

Darwin hat sich erst in seinem 1871 erschienenen *The descent of man, and selection in relation to sex*[22] ausführlich zur Anwendung seiner Theorien auf den Menschen geäußert. Demnach sind alle Anlagen und Fähigkeiten der Menschen, wie auch alle Unterschiede, seien sie individueller, art- oder gattungsspezifischer Natur, auf einen natürlichen Entwicklungsprozeß zurückzuführen. Von »allen Unterschieden zwischen den Menschen und den niederen Thieren« gilt Darwin das moralische Gefühl als »weitaus der bedeutungsvollste«,[23] allein der Mensch könne »mit Sicherheit als moralisches Wesen bezeichnet werden«.[24] Schon in diesen knappen Formulierungen deuten sich die Schwierigkeiten an, mit denen Darwin konfrontiert ist. Auf der einen Seite ist ihm das Vorkommen moralischer Gefühle ein ganz natürliches Phänomen, das sich unter bestimmten Voraussetzungen entwickelt und sich als basale Anlage bei vielen Tieren zeigt.[25] Auf der anderen Seite bezeichnet er das moralische Gefühl als diejenige Fähigkeit, die die Menschen vor den anderen Tieren auszeichnet, die sich zudem als überaus erfolgreich im ›Kampf ums Dasein‹ erwiesen habe. »Zu allen Zeiten haben über die ganze Erde einzelne Stämme andere verdrängt, und da die Moralität ein Element

[22] Im selben Jahr erschien die von Victor Carus besorgte deutsche Übersetzung: Charles Darwin, Die Abstammung des Menschen und die geschlechtliche Zuchtwahl. Aus dem Englischen übersetzt von J. Victor Carus. In zwei Bänden. Stuttgart 1871.

[23] Ebd., 59.

[24] Ebd., 76.

[25] Das Phänomen altruistischer Verhaltensweisen ist hierbei von besonderer Bedeutung.

bei ihrem Erfolg ist, so wird die Stufe der Moralität und die Zahl gut begabter Menschen überall zuzunehmen und sich zu vergrössern streben«.[26] Darwinisten schließen an diese Überlegungen Darwins an und suchen eine evolutionäre Ethik zu begründen. Ihnen ist die »kosmische Macht der Natural Selection […] nicht wider, sondern für die Moral«, denn was »keine lebenserhaltende Kraft hat, ist keine Tugend« (411). Es seien dieselben Gesetze, nach denen »im »Kampf um's Dasein« der Mensch aus der Thierheit sich erhoben hat« und »wir den Begriff der Sittlichkeit am Horizont der Menschheit aufgehen«[27] sehen. Sittlichkeit ist demnach kein Ideal, das es anzustreben gilt, sondern »die höchste Blüte menschlicher Entwickelung« (374). In diesem Sinne sucht Bartholomäus von Carneri seine Ethik explizit in Beziehung »auf die ganze Entwicklung des Menschen«[28] zu begründen. Während die von ihm kritisierte Moralphilosophie Sittengesetze aufstelle, »damit der Mensch sei, was er sein soll, entwickelt die Ethik den Menschen wie er ist«.[29] Das Verhältnis von Sein und Sollen, die Frage, ob sich das Sittengesetz gleichsam als Naturgesetz bestimmen lasse, ob »von dem Grundsatze, der Kampf um das Dasein, welcher in dem System immer ein Kampf um das individuelle natürliche Dasein ist, sei der einzige Grund aller Bewegung in der Lebewelt, zu einem wirklichen Sittengebote nicht zu kommen sei« (134), ist der vornehmliche »Kampfplatz« der evolutionären Ethik.

[26] Charles Darwin: Die Abstammung des Menschen, 144.

[27] Bartholomäus von Carneri: Sittlichkeit und Darwinismus. Drei Bücher Ethik. Wien 1871, 14.

[28] Bartholomäus von Carneri: Entwicklung und Glückseligkeit. Ethische Essays. Stuttgart 1886, 2.

[29] Bartholomäus von Carneri: Sittlichkeit und Darwinismus, 1.

Gesellschaft

Eng verbunden mit dem Streit um eine evolutionäre Ethik sind all diejenigen Fragen, die um den Begriff der Gesellschaft kreisen. Eine auf soziale Instinkte gegründete Moral muß die Existenz von Gesellschaft, gleichgültig welcher Form, voraussetzen, denn nur im Zusammenleben mit anderen können sich soziale Instinkte zu moralischen Eigenschaften entwickeln. Ein solitärer Egoist wird in Ermangelung eines Anpassungsdrukkes kein Sozialverhalten entwickeln. Der als Vernichtungswaffe gesellschaftlicher Ordnung gefürchtete Darwinismus steht und fällt demnach selbst mit der Existenz von Gesellschaft. Eine Besänftigung der »Furcht vor der Revolution in der Gegenwart« (89) folgt daraus mitnichten, denn streng darwinistisch werden Staaten als Organismen begriffen, die sich gleichfalls im Kampf ums Dasein bewähren müssen. Es werden sich demnach nur diejenigen Staaten am Leben erhalten können, die »den Anforderungen gewisser Zeitverhältnisse und Bildungsstufen entsprechen« (88). Darwinisten betrachten Revolutionen dementsprechend nicht als Bedrohung der Gesellschaft, als Vernichter sämtlicher Gesellschafts- und Staatsformen, sondern als notwendige Anpassungsprozesse. Die Anwendung der Selektionstheorie auf ›die Gesellschaft‹ ist naheliegend, wenn die Menschen nicht mehr als eine herausragende Stellung innerhalb der Natur einnehmen, sondern als ein Teil der Natur und damit als ein Gegenstand naturhistorischer und naturwissenschaftlicher Forschung betrachtet werden und zudem auf eine Unterscheidung zwischen erster und zweiter Natur verzichtet wird.

Die Wirkungsweise der Selektion auf bestehende Gesellschaften wird von Darwinisten durchweg positiv bewertet. Sie verspricht »einen vollkommneren Zustand der menschlichen Gesellschaft herbeizuführen« (62). Bei der Wirkung der Selektion auf die einzelnen Mitglieder einer Gesellschaft sieht das jedoch anders aus, denn es »kommt ganz auf die besondere

Beschaffenheit einer Gesellschaft an, wenn bestimmt werden soll, wer der in ihr Ueberlebende sein wird«. (406) Bei einer strikten Anwendung der Selektionstheorie auf die Gesellschaft steht außer Frage, wie mit denjenigen Individuen umzugehen sei, die nicht zur Vervollkommnung beitragen. Der Erhalt schwacher, kranker, alter oder anderweitig im Kampf ums Dasein benachteiligter Individuen widerspricht den Anforderungen der natürlichen Zuchtwahl und führt demnach zur »Degeneration der Menschenraçe« (190). »Niemand, welcher der Zucht domesticirter Thiere seine Aufmerksamkeit gewidmet hat, wird daran zweifeln, dass dies für die Rasse des Menschen im höchsten Grade schädlich sein muss«.[30] Nur diejenigen Exemplare, die an die bestehenden Verhältnisse bestmöglich angepaßt sind, leisten ihren Beitrag zur Vervollkommnung der Rasse. Das Schicksal einzelner Menschen muß einem rein naturwissenschaftlich erklärbaren Selektionsprozeß gleichgültig sein. Aber eben diese Gleichgültigkeit, diese »bedenkliche Universalisirung der Darwin'schen Theorie« (46) widerspricht dem Gedanken der Humanität, wovon die Erscheinung des Antisemitismus ein Exempel ist, »welche den menschenunwürdigsten Phasen des Mittelalters Ehre machen würde« und »die noch vor kurzem niemand mehr für möglich gehalten hätte«. (360) Entgegen dem sozialen Instinkt der Sympathie den Schwachen nicht zu helfen würde, wie Darwin betont, »den edelsten Theil unserer Natur«[31] herabsetzen. Die uneingeschränkte, gesetzmäßige Wirkungsweise der natürlichen Züchtung mit dem Erhalt des edelsten Teils der menschlichen Natur zu vereinbaren gelingt Darwin nicht. Seine Differenzierung der »Wirksamkeit der natürlichen Zuchtwahl auf civilisirte Nationen«[32] und auf (noch) nicht zivilisierte Nationen mag darüber nicht hinwegzutäuschen. Einerseits wurden

[30] Charles Darwin: Die Abstammung des Menschen, 146.
[31] Ebd.
[32] Ebd., 145.

»die fundamentalen socialen Instincte« ursprünglich durch die natürliche Zuchtwahl »erlangt«, andererseits wirken die entwickelten sozialen Fähigkeiten, die erlangte Zivilisation der Wirksamkeit der natürlichen Zuchtwahl entgegen.[33] Darwin kommt zu dem wenig zufriedenstellenden Schluß, daß »bei civilisirten Nationen die natürliche Zuchtwahl nur wenig zu bewirken«[34] scheint und die natürliche Zuchtwahl »nur in der Weise eines Versuchs« wirke.[35] Die Frage, inwieweit eine fortgeschrittene Zivilisation der Vervollkommnung der menschlichen Rasse entgegenstehen könne oder gar zu einer Degeneration führen könne, bleibt bis ins 20. Jahrhundert eine in ihren Auswirkungen kaum zu unterschätzende Streitfrage.

Bedenklich erscheinen so manchem Rezipienten die politischen Konsequenzen, die aus der Selektionstheorie gezogen werden. Virchow z. B. mag sich nicht ausdenken, »wie sich die Deszendenztheorie schon heute im Kopfe eines Socialisten darstellt!«[36] Als ein Naturgesetz muß die Selektion gleichermaßen und ausnahmslos auf alle Menschen wirken. Diese Gleichheit aller Menschen vor dem Naturgesetz erregt den Verdacht, es könne sich bei der Selektion um ein sozialdemokratisches Prinzip handeln. Dabei gibt es naturgeschichtlich betrachtet keine zwei Menschen, die gleich wären. Alle Menschen sind von Natur aus unterschiedlich, sowohl in ihren Anlagen, Fähigkeiten etc. als auch in ihren Lebensbedingungen. Vom Standpunkt der zeitgenössischen Naturwissenschaften spreche nichts, wie Haeckel in seiner Widerrede betont, für »den bodenlosen Widersinn der socialistischen Gleichmacherei«. (352) Weil »überall und jederzeit nur eine kleine bevorzugte Minderheit existiren und blühen kann; während die

33 Ebd., 151.
34 Ebd. 150 f.
35 Ebd., 155.
36 Rudolf Virchow: Die Freiheit der Wissenschaft im modernen Staate. Berlin 1877, 12.

übergrosse Mehrzahl darbt und mehr oder minder frühzeitig elend zu Grunde geht« (352), sei das Selektionsprinzip »nichts weniger als demokratisch, sondern im Gegentheil aristokratisch im eigentlichsten Sinne des Worts!« (353)

Der ›Kampf ums Dasein‹ als Erklärungsprinzip der Sozialgeschichte der Menschheit bleibt die Beantwortung der Frage nach der Gleichheit natürlich Ungleicher schuldig. Weder moralisch noch politisch bietet der Darwinismus eine Alternative zum ›Kampf um das Dasein‹, »die Quelle der meisten socialen Uebel« (68). Es mag »aber eine ganz andere Frage [sein], ob seine *Wirkungen* nicht durch entgegenwirkende Bestrebungen aufgehoben werden können«. (68)

Kultur

Darwin hat bekanntlich keine Ästhetik geschrieben, und auch seine Äußerungen zu ästhetischen Fragestellungen sind marginal. Allein im Zusammenhang mit der geschlechtlichen Zuchtwahl erwähnt Darwin die Pracht des Gefieders und des Gesangs männlicher Vögel, die dadurch eine größere Anziehungskraft für die weiblichen Tiere haben und somit erfolgreicher in der Reproduktion seien. Die explizite Anwendung der Darwinschen Theorien auf die Kulturerscheinungen blieb anderen vorbehalten.

Ernst Haeckel, der Darwins Begründung der Entwicklungstheorie »als einen der bedeutendsten Kulturfortschritte des neunzehnten Jahrhundert«[37] feiert, schließt mit seiner 1913 publizierten Schrift *Die Natur als Künstlerin* den Bogen seines darwinistisch geprägten Monismus. Die konsequente Anwendung der Evolutions- und der Deszendenztheorie begreift er nicht als unvereinbar mit der Vorstellung einer von Menschen hervorgebrachten Kultur und Ästhetik, sondern

[37] Ernst Haeckel: Die Natur als Künstlerin. Berlin 1913, 16.

vielmehr als deren Grundlage. Wenn »alle Erscheinungen in der Natur wie im Menschenleben aus einfachsten Anfängen sich allmählich entwickelt haben«, so ist »auch seine ganze Kunst, in engerem wie in weiterem Sinne dieses vieldeutigen Begriffes, nicht (wie man früher glaubte) das Geschenk einer übernatürlichen Macht, sondern das natürliche Produkt seines Gehirns«.[38] Die Natur als erste Künstlerin diene den Menschen in ihren künstlerischen Tätigkeiten als Vorbild. Der Zoologe Haeckel hat hierbei vor allem »die wunderbaren Gebilde«[39] der Protisten im Auge, die jahrzehntelang Objekte seiner mikroskopischen Forschungen waren und die er selber in detailgenauen Zeichnungen darstellte. Seine Begeisterung für die »Kunstformen der Radiolarien«[40] mündete in einer monistischen Ästhetik. Für Haeckel bleibt es nicht allein bei der Bewunderung der Kunstformen der Natur, die Natur selbst zeige sich in der Kunst als das Tätige, das Kunstschaffende. In diesem Sinne läßt sich dann auch von einer Deszendenz des Schönen sprechen,[41] die den gegen den Darwinismus erhobenen Vorwurf zu unterlaufen sucht, daß er »alle Ideale aus der realen Welt verbanne und die ganze Poesie zerstöre«.[42] Dieser vermeintliche Einklang eines ästhetischen Monismus darf jedoch nicht darüber hinwegtäuschen, daß Haeckels Schönheitsverständnis nicht ohne Idealvorstellungen auskommt, die sich nicht so ohne weiteres mit einer darwinistischen Ästhetik vereinbaren lassen. Das Faszinosum der Kunstwerke der Natur begründet sich vor allem in der beeindruckenden Harmonie ihrer Exemplare. Haeckels Darstellungen der künstlerischen Naturformen zeichnen sich durch ihre Symmetrie, ihre augenscheinliche Harmonie aus. Der Vorwurf, daß es sich bei sei-

[38] Ebd.

[39] Ebd., 11.

[40] Ebd.

[41] Vgl. Kurt Bayertz: Deszendenz des Schönen.

[42] Ernst Haeckel, Zellseelen und Seelenzellen, in: Gemeinverständliche Werke, Bd. 5, Leipzig 1924, 194f.

nen Naturdarstellungen um Interpretationen, um beschönigte Abbildungen handelt oder gar um optische Täuschungen oder Erfindungen, ist naheliegend und blieb dementsprechend nicht aus. Das in den Kunstformen der Natur sinnfällig werdende Ideal des Schönen widerspricht der mehrheitlichen Vorstellung des Natürlichen. Allein eine vollständige Indifferenz zwischen natürlichen und künstlerischen Formen würde diesen Widerspruch aufzuheben vermögen. Das Naturschöne gefällt dann allein in seiner zweckmäßigen Funktionalität, als deren Ausdruck die symmetrische Harmonie seiner Form erscheint.

* * *

Die Veröffentlichung dieses Bandes wie auch zweier weiterer Bände steht in einem größeren Arbeitszusammenhang: In den Jahren 2002, 2003 und 2004 haben am Zentrum für interdisziplinäre Forschung (ZiF) der Universität Bielefeld drei Symposien zum Materialismus-Streit der 1850er Jahre, zum Darwinismus-Streit der 1860er Jahre und zum Ignorabimus-Streit der 1870er Jahre stattgefunden. Die aus diesen Symposien hervorgegangenen Abhandlungen sind in drei Tagungsbänden veröffentlicht worden;[43] es ist jedoch schon bei der Planung der Symposien beabsichtigt gewesen, diese drei für die Bewußtseinsgeschichte des 19. Jahrhunderts so wichtigen Streitsachen nicht allein durch diese Abhandlungen zu erschließen, sondern auch den ursprünglichen Zeugnissen in der gegenwärtigen Diskussion wieder Präsenz zu verschaffen. Dem dient die mit dem vorliegenden Band fortgeführte dreibändige Quellensammlung.

[43] Kurt Bayertz/Myriam Gerhard/Walter Jaeschke (Hrsg.): Weltanschauung, Philosophie und Naturwissenschaft im 19. Jahrhundert. Bd. 1: Der Materialismus-Streit; Bd. 2: Der Darwinismus-Streit; Bd. 3: Der Ignorabimus-Streit. Hamburg 2007.

Zu ihrer Realisierung mußte allerdings ein erhebliches Problem bewältigt werden: das Umfangsproblem. Die damaligen Diskussionen sind ja nicht ›akademische‹, im engeren Sinne philosophische oder auch naturwissenschaftliche Auseinandersetzungen gewesen, die in begrenzten Zirkeln hinter den verschlossenen Türen von Hörsälen oder Laboratorien geführt worden wären. Ihre Bedeutung besteht vielmehr darin, daß sie breite Schichten des damaligen Bürgertums ergriffen und bewegt haben. Deshalb sind sie aber nicht in einer begrenzten Zahl von Büchern geführt worden, sondern zugleich und vor allem in einer unüberschaubaren Fülle von Zeitschriften- und sogar Zeitungsartikeln, die aber ebenfalls oft monographischen Umfang erlangt haben. Die damaligen Buchpublikationen konnten hier aus Umfangsgründen nicht aufgenommen, angesichts ihrer damaligen, an der Vielzahl der Auflagen ablesbaren Bedeutung aber auch nicht ignoriert werden, so daß allein der Weg blieb, einzelne Kapitel aus ihnen auszuwählen, wie auch aus der Vielzahl der Abhandlungen diejenigen herauszugreifen, die zum einen für die damals streitenden Parteien in besonderem Maße repräsentativ sind und deren Folge zum anderen den Verlauf der Debatten widerspiegelt. Die drei Bände können deshalb zwar nicht beanspruchen, die damaligen Diskussionen umfassend oder gar erschöpfend wiederzugeben, doch bieten sie einen charakteristischen Ausschnitt aus ihnen und vermitteln einen Einblick in sie – und zudem einen Einblick, der erkennen läßt, wie sich unsere heutigen Diskussionen zu den damaligen verhalten: daß die heutigen durch die damaligen in vielerlei Hinsicht präformiert sind, weil vieles heute als selbstverständlich Geltende damals erst erstritten worden ist.

Es ist uns eine angenehme Pflicht, denen zu danken, die gemeinsam mit uns an der Verwirklichung dieses Projekts gearbeitet haben: Ulrike Pappert, in deren Händen die Korrektur der Bände gelegen hat, sowie Bianca Kockmann, die das Personenverzeichnis beigesteuert hat.

Louis Büchner

Eine neue Schöpfungstheorie* |

> »Durch die ganze Welt des Lebendigen geht von Anfang an ein niemals unterbrochener Zug der Metamorphose, aber nach einem solchen Zeitmaaß, daß in jedem gegebenen Augenblick die Bewegung zu ruhen scheint, wie der Fixsternhimmel, an dem doch in Wahrheit Alles gegen- und auseinanderrückt, und daß die Klassen, Familien und Gattungen des Thierreichs für unser Auge dastehen, wie fest umschriebene Sternbilder, und die mikroskopische Thierwelt gleich Nebelflecken.«
>
> Morgenblatt, Nr. 1 u. 2, 1862.

Erst wenige Jahre sind verflossen, seit der Verfasser dieses Aufsatzes in einer den Anwachs der organischen Welt auf Erden behandelnden Auseinandersetzung die Hoffnung aussprach, daß spätere Forschungen über diese hochwichtige Frage und über die natürlichen Ursachen dieser merkwürdigen Erscheinung ein genaueres Licht verbreiten würden – und schon liegt eine Arbeit vor uns, welche dieses Licht in der That verbreiten zu können und das größte Räthsel der Naturforschung, das Geheimniß der Geheimnisse, wie es ein englischer Philosoph nennt, wenigstens zum Theil lösen zu wollen scheint. Ein gelehrter, geistreicher und unabhängiger Engländer, Charles *Darwin*, der berühmte Naturforscher von der Weltumseglung des Beagle, hat zwanzig Jahre seines Lebens der Erforschung einer Frage gewidmet, zu deren wissenschaftlicher Ergründung bisher die größten Anstrengungen der Gelehrten ver-

* *In:* Ludwig Büchner: Aus Natur und Wissenschaft. Studien, Kritiken und Abhandlungen, Leipzig 1862, 245–253.

geblich gemacht zu sein schienen, und hat eine Theorie aufgestellt, bei der man sich fragt, ob man mehr den Scharfsinn und die Gelehrsamkeit ihres Urhebers oder mehr die Einfachheit, welche sie uns in dem Wirken | der Natur enthüllt, bewundern soll. Aehnliche Versuche zur Aufhellung der natürlichen Schöpfungsgeschichte sind zwar vor Darwin schon viele gemacht worden, aber sie waren, wie sich Darwin's Uebersetzer, Prof. *Bronn* in Heidelberg, wohl zu scharf ausdrückt, »Einfälle ohne alle Begründung und nicht fähig, eine Prüfung nach dem heutigen Stande der Wissenschaft auszuhalten. Gleichwohl«, fährt Bronn weiter fort, »hat jeder Naturforscher gefühlt, daß die Annahme einer jedesmaligen persönlichen Thätigkeit des Schöpfers, um die unzähligen Pflanzen- und Thierarten ins Dasein zu rufen und ihren Existenzbedingungen anzupassen, im Widerspruch ist mit allen Erscheinungen in der unorganischen Natur, welche durch einige wenige unabänderliche Gesetze geregelt werden, durch Kräfte, die den Materien selbst eingeprägt sind.« Zuerst war es der Franzose *Lamarck*, welcher in zwei zoologischen Werken, 1809 und 1815, seine Meinung offen dahin aussprach, daß die jetzigen Lebensformen durch Umbildung aus früheren, und zwar in Folge äußerer Lebensbedingungen, Kreuzung, Gebrauch und Nichtgebrauch der Organe, Gewohnheit und endlich eines bestehenden Gesetzes fortschreitender Entwicklung, hervorgegangen seien, wobei die niedersten Lebensformen als fortwährend durch Urzeugung neu gebildet angenommen wurden. Seine vielfach mißverstandene Meinung schien lange Zeit dem Fluche der Lächerlichkeit verfallen, wenn auch sein berühmter Zeitgenosse *Geoffroy St. Hilaire* ähnliche Vermuthungen hegte, dieselben aber erst 1828, wenn auch mit großer Vorsicht, offen bekannte. Nach diesen führt *Darwin* in dem Vorwort zu seinem in Rede stehenden Buche: *Ueber die Entstehung der Arten im Thier- und Pflanzenreiche durch natürliche Züchtung oder Erhaltung der vervollkommneten Rassen im Kampfe ums Dasein* (deutsch von Bronn, Stuttgart 1860) – eine ganze Reihe von englischen und französischen Schriftstellern aus den Jahren 1837–1859 auf, worunter sogar theologische, welche sich alle mit mehr oder weniger Nachdruck dahin erklärten, daß die Einführung neuer Arten in die Schöpfung nicht eine Wunder-, sondern eine Naturerscheinung sein könne. | Die Annahme besonderer, fortgesetzter Schöpfungsakte, sagte Prof. *Huxley* 1859, widerspricht den Thatsachen der Bibel und der allgemeinen Analogie in der Natur, während die Hypothese, daß die Formen oder Arten lebender Wesen, wie wir sie kennen, durch die stufenweise Modifikation früher existirender Typen entstanden sind, die einzige ist, der die Physiologie einigen Halt verleiht, daher die annehmbarste und wenigstens eine solche, welche jetzt die vorläufige Beistimmung der besten Denker des Tages gewinnt.

Darwin selbst spricht nun in der Einleitung seine bestimmte Ueberzeugung dahin aus, daß die Meinung, als sei jede Spezies unabhängig von den übrigen erschaffen worden, entschieden unrichtig sei und daß die Arten nicht unveränderlich sind, wenn auch wegen der Mangelhaftigkeit unserer Kenntnisse hierbei noch sehr Vieles dunkel und unerklärt bleiben muß. Leicht, sagt er, kommt man zu dem Schlusse, daß jede Art nicht unabhängig erschaffen ist, sondern von anderen abstammt. Aber Dies reicht nicht aus, so lange nicht die Art und Weise der Veränderung nachgewiesen werden kann. Als das Mittel und hauptsächlichste Moment für die Umänderung der Arten bezeichnet er demnach einen Vorgang, welchen er *natürliche Züchtung im Kampfe ums Dasein* nennt. Jede Organismen-Art ist nach ihm innerhalb gewisser Grenzen veränderlich, eine Sache, welche allgemein anerkannt ist. Ist die Abänderung eine *unnütze*, so verliert sie sich wieder oder bleibt ohne Folgen. Ist sie dagegen *nützlich*, so verschafft sie dem betreffenden Individuum einen Vortheil über seine Mitwesen, wodurch dasselbe eine größere Aussicht auf Erhaltung seiner selbst so wie seiner Nachkommenschaft bekommt. Auf diese Weise entsteht eine Varietät oder Abart, aus welcher, wenn sich der nämliche Prozeß durch 100, 1000, 10000 Generationen u.s.w. fortsetzt, zuletzt neue Arten, Familien, Ordnungen entstehen, während die Zwischenformen oder die weniger begünstigten Formen aus verschiedenen Ursachen zu Grunde gehen. Dieses Prinzip hat keine Grenze; es bedarf nur *Zeit*, an welcher es bekanntlich in der Geschichte der Erde in keiner Weise mangelt. | (Volger berechnet allein die Zeit, welche das *Schichten*gebäude der Erde zu seiner Ablagerung bedurfte, auf 648 Millionen Jahre.) Auf diese Weise nun kommt *Darwin* schließlich auf die Annahme einer Abstammung aller lebenden Wesen von einigen wenigen erschaffenen Formen oder Stammarten mit nachheriger Abänderung (ungefähr vier bis fünf für das Thier- und eben so viel für das Pflanzenreich) oder, in noch konsequenterer Verfolgung seines Gedankens nach den Gesetzen der Analogie, auf eine einzige erschaffene Urform, vielleicht eine Zelle, ein Keimbläschen oder, wie der Uebersetzer, Prof. *Bronn*, sich noch bestimmter ausdrückt, eine Algenzelle, eine Fadenalge, von der an durch ein großes Entwicklungs- und Fortbildungsgesetz die Schöpfungsreihe allmälig bis zu ihrer heutigen Höhe emporstieg! Diesen hier nur in seinen Hauptumrissen wiedergegebenen Grundgedanken entwickelt nun *Darwin* in vierzehn Kapiteln in streng logischer Weise und gestützt auf eine ganze Armada von Thatsachen, Selbstbeobachtungen und scharfsinnigen Reflexionen. Weit entfernt, sich die großen Schwierigkeiten seiner Theorie zu verhehlen, legt er sie vielmehr selbst offen in vier besonderen Kapiteln dar und weiß ihnen in einer oft überraschenden Weise zu begegnen. Dennoch will *Darwin* sein Buch nur als eine vorläufige Veröffentlichung und als einen unvollkommenen Auszug betrachtet wissen, dem er nur wenige erläuternde Thatsachen zufügen könne, während sein eigentliches, mit allen gesammelten Thatsachen ausgerüstetes Werk erst einige Jahre später erscheinen könne. (Diese einstweilige Veröffentlichung geschieht wegen schwacher Gesundheit und weil Herr Wallace auf der malayischen Inselwelt zu ganz ähnlichen Resultaten gelangt ist und Veröffentlichungen darüber macht.) – »Werden diese von mir und Herrn Wallace aufgestellten oder sonstige analoge Ansichten über die Entstehung der Arten zugelassen«, sagt *Darwin* in seinem Schlußkapitel, »so läßt sich voraussehen, daß der Naturgeschichte eine große Umwälzung bevorsteht. Die Systematiker werden eine Erleichterung von großen Sorgen empfinden, und das vergebliche Suchen nach dem unbekannten und unentdeckbaren Wesen der Arten wird auf | hören. Die anderen und allgemeineren Zweige der Naturgeschichte werden sehr an Interesse gewinnen; die Ausdrücke Verwandtschaft, Typus, Morphologie u.s.w. u.s.w. werden statt der bisherigen *bildlichen* eine *sachliche* Bedeutung gewinnen, und dadurch wird das Studium der Naturgeschichte überhaupt unendlich ansprechender (Verfasser dieses Aufsatzes möchte hinzufügen: philosophischer) werden. Ein großes und fast noch unbetretenes Feld für Forschungen über die Veränderungen der Organismen und deren Ursachen wird sich öffnen, und das Studium der Kulturerzeugnisse wird unermeßlich an Werth steigen. Die bisherigen Klassifikationen werden zu Genealogien werden und dann erst den wirklichen s.g. Schöpfungsplan darlegen. Die Geologie wird in den Stand gesetzt werden, ein vollkommenes Bild von den früheren Wanderungen der Erdbewohner zu entwerfen, und die ganze Geschichte der organischen Welt, so weit sie bekannt ist, wird sich als von einer uns ganz unerfaßlichen Länge herausstellen, dennoch aber nur ein kleines Bruchstück von derjenigen Zeit ausmachen, welche seit der Erschaffung des ersten Geschöpfs, des Stammvaters aller Wesen, verflossen sein muß.« Endlich sieht *Darwin* einen mächtigen Einfluß auf die *Physiologie* voraus, welche sich allmälig auf eine neue Grundlage wird stützen und anerkennen müssen, daß jedes Vermögen und jede Fähigkeit des Geistes nur *stufenweise* erworben werden kann! (Eine eben so merkwürdige wie fruchtbare Idee, auf welche – wie Darwin im Vorwort berichtet – gestützt schon 1855 H. Spencer die Geisteslehre neu zu bearbeiten versucht hat.) Endlich wirft der geistvolle Autor einen prophetischen Blick in die Zukunft und deutet auf das durch seine Theorie offen gelegte Vervollkommnungsgesetz hin, dem zufolge sich voraussichtlich aus den jetzt lebenden Wesen immer schönere, höhere und vollkommnere Formen entwickeln werden.

Der englische Botaniker *Hooker*, welcher unmittelbar nach Darwin ein Buch über die Flora von Australien erscheinen ließ, in dem die Darwin'schen Grundsätze auf die Botanik angewendet sind, führt diesen letzteren Gedanken mit Bezug auf den Menschen aus und zeigt, wie die | jüngsten und daher am Besten angepaßten Menschen-Rassen, *Kaukasier* und *Neger*, von der Natur dazu bestimmt scheinen, die älteren Rassen, so namentlich *Polynesier* und *Rothhäute*, im Kampfe um das Dasein zu besiegen und von der Erde zu verdrängen, erstere in den gemäßigten, letztere in den heißen Klimaten, und damit zugleich die Menschheit selbst einer steten Vervollkommnung entgegen zu führen. Außer ihm, welcher die »Fortschritts-Doktrin« die tiefste von allen nennt, welche je naturhistorische Schulen in Aufregung versetzt haben, und dem schon genannten *Wallace* sollen sich inzwischen in England auch die berühmten Naturforscher *Lyell* und Owen *für* Darwin und seine Lehre erklärt haben. Sein Uebersetzer *Bronn* nennt die Art, wie Darwin seinen Gegenstand abhandelt, ein Muster naturphilosophischer Behandlung und ist der Ansicht, daß seit Lyell's Principles of geology kein Werk erschienen sei, welches eine so große Umgestaltung der gesammten naturhistorischen Wissenschaft erwarten lasse. Er nennt es ein wunderbares Buch, welches keine teleskopischen Entdeckungen, keine neuen Elementarstoffe, keine anatomischen Enthüllungen eines zehntausendfach vergrößernden Mikroskops oder Dergleichen enthalte, sondern nur neue Gesichtspunkte, unter welchen alte, seit zwanzig Jahren gesammelte Thatsachen betrachtet werden. Mit Klarheit, Geist und Logik suche der Verfasser *ein* Grundgesetz im Sein und Werden der Organismenwelt nachzuweisen, und seine Theorie übe dadurch, daß sie die

Möglichkeit einer eben so einfachen wie einheitlichen Erklärung für eine bis da unerklärte Erscheinungswelt liefere, eine große Anziehungskraft aus. Auch werde sie nicht mehr untergehen, indem sie eine neue Bahn breche und wenigstens den Weg zeige, auf welchem das große Entwicklungs- und Fortbildungsgesetz der organischen Welt zu finden sei. Dennoch dürfe man sich nicht verhehlen, daß der neuen Theorie immer noch große und wichtige Bedenken und Einwände im Wege ständen, von denen nicht sicher sei, ob deren Entkräftung dem Urheber der Theorie ganz gelungen. Diese Einwände werden von ihm, der selbst einen berühmten Namen gerade für dieses Gebiet der theoretischen Natur | forschung trägt, mit Genauigkeit und Scharfsinn hervorgehoben und wohl noch lange eine bedeutende Schwierigkeit für die allgemeinere Anerkennung der Darwin'schen Theorie, welche so Vieles von dem bisher für richtig Gehaltenen umwirft, abgeben. Vielleicht auch, meint aufrichtig *Bronn*, sehen wir bis jetzt nur noch durch gefärbte Gläser; vielleicht ist die Lösung des großen Räthsels wirklich schon gefunden; aber wir, wegen der langen Angewöhnung an andere Gesichtspunkte, sind außer Stande sie zu sehen, und werden unsere Nachkommen in einigen Menschenaltern anders urtheilen. Jedenfalls steht uns für die nächste Zeit ein erbitterter Streit in der gelehrten Welt aus Anlaß der neuen Theorie bevor, wobei die Gelehrten darüber zu entscheiden haben werden, ob das von Darwin gefundene Naturgesetz ausreicht, um eine so wunderbare Erscheinung wie die des Anwachses der organischen Welt auf Erden, auf natürliche Weise zu erklären, oder ob, was dem Verfasser dieses Aufsatzes wahrscheinlicher dünkt, hierzu noch andere, bis jetzt ungekannte oder nur geahnte Momente hinzugezogen werden müssen – Momente, welche vielleicht mit den merkwürdigen Vorgängen des erst neuerdings genauer erkannten Generationswechsels der Thiere und mit Abänderungen einzelner organischer Keime aus unbekannten Ursachen zusammenhängen mögen. Jedenfalls hat Darwin, wie auch *Bronn* ausdrücklich anerkennt, den mächtigen Einfluß äußerer Lebensbedingungen auf entstandene so wie auf entstehende Naturwesen viel zu gering angeschlagen, dagegen sich selbst wiederum eine Schwierigkeit bereitet, welche vielleicht in Wirklichkeit nicht besteht. Wenn er nämlich den allerersten Anfang des organischen Lebens auf Erden als einen unbegreiflichen hinstellt oder in die Form eines Wunders kleidet, so wäre daran zu erinnern, erstens: daß die Streitfrage der s.g. *Urzeugung* durchaus noch nicht erledigt ist, sondern daß sich im Gegentheil gerade neuerdings wieder sehr gewichtige Stimmen *für* diese Art der Zeugung erheben – ein Umstand, der Ursache dafür geworden sein mag, daß die französische Akademie, wie Bronn erzählt, abermals Versuche in dieser Richtung anstellen läßt – und zweitens: | daß eine neueste Richtung in der Geologie von einem uns bekannten Anfang des organischen Lebens auf Erden überhaupt Nichts mehr wissen will. Uebrigens berührt Dies die ganze Theorie nicht unmittelbar, da es ihr mehr auf die *Entwicklung* als auf den *Anfang* ankommt; und die Idee, daß sich möglicher Weise die gesammte organische Welt aus einem ersten und kleinsten organischen Formelement (Zelle) durch zahllose Zwischenstufen und mit Hülfe unendlicher Zeiträume bis zu ihrer heutigen Höhe und Ausbildung entwickelt habe, hält *Bronn* selbst für nicht wunderbarer oder abenteuerlicher als ein wirkliches Geschehen, das wir tagtäglich unter unseren Augen beobachten – die allmälige Entwicklung eines organischen Wesens nämlich aus seiner ersten Keimzelle.

Diejenigen übrigens, welche sich über die Darwin'sche Theorie ein selbstständiges Urtheil bilden wollen, müssen das merkwürdige Buch selbst lesen, da hier nur der Grundgedanke in seinen allgemeinsten Umrissen wiedergegeben werden konnte und jedes Eingehen auf die Begründung desselben viel zu weit geführt haben würde. Auch abgesehen von der Theorie enthält das Buch so vieles Schöne, Belehrende und für die Wissenschaft überhaupt Fruchtbare, daß kein aufmerksamer

Leser die darauf verwendete Zeit bereuen wird. Namentlich sind die Gründe und Thatsachen, welche *Darwin* gegen die s.g. *teleologische* oder auf Zweckmäßigkeitsbegriffe gegründete Naturanschauung vorbringt, so trefflich und schlagend, daß, wer nicht vorgefaßten Meinungen huldigt, davon überzeugt werden muß; und kann somit erwartet werden, daß auch ein mittelbarer Einfluß auf die Bildungsrichtung unserer Zeit überhaupt von Seiten seines Buches nicht ausbleiben werde. *Jedenfalls* erhalten naturphilosophische Richtungen wie diejenige, welche der Verfasser dieses Aufsatzes gegen Herrn Prof. *Agassiz* bekämpfte, damit einen unheilbaren Stoß; und die Nothwendigkeit für die Wissenschaft, auf irgend eine Weise des Grundes der fraglichen Erscheinungen Herr zu werden, wird deutlich und nahe vor Augen gerückt. Es ist eine Thatsache, daß organische Arten fortwährend aussterben, ohne daß die | Welt leerer wird; und schon daraus folgt mit logischer Nothwendigkeit, daß durch irgend einen natürlichen Vorgang neue an ihre Stelle treten müssen. Die Gesetze dieses Vorgangs aber müssen gefunden werden – vorausgesetzt, daß sie durch *Darwin* nicht bereits gefunden sind. – Am wahrscheinlichsten freilich dürfte sein, daß seine ganze Theorie schließlich als eine, wenn auch an sich richtige, doch *einseitige* und für das, was sie leisten will, nicht ausreichende erkannt werden wird. Daß der Kampf um's Dasein in Verbindung mit der Vererbung erworbener Kräfte und Eigenthümlichkeiten (für welche zahlreiche Beispiele und Erfahrungen vorliegen) im Darwin'schen Sinne *eine* der Ursachen für den Anwachs der organischen Welt auf Erden gebildet haben muß, kann wohl nach seiner Auseinandersetzung kaum mehr bezweifelt werden. Daß sie aber auch die *alleinige* gewesen sei, ist weder glaubhaft, noch liegt irgend eine Nöthigung zu solcher Annahme in den Thatsachen. Namentlich ist der Einfluß äußerer Umstände und Lebensbedingungen auf die Umänderung der Naturwesen – wie schon erwähnt – ein viel bedeutenderer, als *Darwin* glaubt, und fast jede neue Entdeckung oder Beobachtung der Wissenschaft liefert neue Belege für die mächtige Einwirkung dieses, von *Darwin* wohl nur seiner Theorie zuliebe so gering geschätzten Einflusses.

Friedrich Fabri

Ueber den Ursprung des Menschengeschlechtes. Zur Kritik der Lehre Darwins von der Entstehung der Arten*

Verehrte Versammlung! |

Ueber den Ursprung des Menschengeschlechtes – lautet der Gegenstand, zu dessen Erörterung wir uns in dieser Abendstunde hier versammelt haben. Ich zweifle, ob dieß Thema für Viele unter Ihnen eine besondere Anziehungskraft habe, vielmehr werden Manche sich vielleicht fragen, wozu die Untersuchung einer solchen Frage, da wir doch alle wissen, woher der Mensch kommt, und wohin er geht? – In der That hätte ich für den Kreis, in welchem ich hier zu reden habe, selbst lieber ein anderes Thema gewählt, und ich will Ihnen sogleich gestehen, daß ich an den Gegenstand meiner heutigen Besprechung nicht ohne ein Gefühl innerer Beschämung herantrete. Denn die Lage der Frage, deren Beantwortung ich versuchen will, nöthigt unter Anderem auch die Frage zu besprechen, ob der Mensch vom Affen abstamme oder nicht? Zwar hat schon 1806 der berühmte Blumenbach über diese Frage: »Ein Wort zur Beruhigung in einer allgemeinen Familien-Angelegenheit« geschrieben, aber leider ist das Bedürfniß, die Selbstän-

* Friedrich Fabri: Ueber den Ursprung des Menschengeschlechtes. Zur Kritik der Lehre Darwins von der Entstehung der Arten. In Abend-Vorlesungen zu Barmen und Düsseldorf im Frühjahr 1864 mitgetheilt. *In:* Ders.: Briefe gegen den Materialismus von Dr. Friedrich Fabri, Missions-Inspector. Mit zwei Abhandlungen über den Ursprung und das Alter des Menschengeschlechts. Zweite vermehrte Auflage. Gotha 1864. Gustav Schloeßmann, 217–260.

digkeit und den specifischen Unterschied des Zweihänders, des Menschen, vom Vierhänder, dem Affen, nachzuweisen, in der Gegenwart mehr denn je wieder ein dringendes Bedürfniß. So wenig wohl Sie alle das Bedürfniß einer solchen Beruhigung empfinden mögen, so überflüssig für den Einzelnen, ja für Viele die Erörterung der aufgestellten Frage nach dem Ur|sprung des Menschengeschlechtes erscheinen mag, so muß ich doch hier sogleich bemerken, daß diese Frage auf dem Gebiete der Wissenschaft ohne Zweifel heute die wichtigste Tagesfrage ist. In England, Deutschland, Frankreich, Amerika sind die Naturforscher aller Fächer mit der Discussion derselben beschäftigt, und die Literatur über dieselbe schwillt von Tag zu Tage. Bereits haben während des letztverflossenen Jahres auch unsere philosophischen, wie theologischen Journale fast ohne Ausnahme sich mit jener Frage, theilweise eingehend beschäftigt, und bei der popularisirenden Methode, welche in den letzten zwanzig Jahren für alle Zweige der Wissenschaft mehr und mehr zur Geltung kommt, ist auch in unseren Tageszeitschriften und illustrirten Familien-Journalen das bezeichnete Thema zu einem vielbesprochenen Gegenstande geworden. Schon diese thatsächlichen Umstände zeigen, daß es sich bei der aufgestellten Frage denn doch für die Gegenwart um eine Angelegenheit von nicht geringer Bedeutung handelt, welche, wie das Interesse jedes Gebildeten, so besonders auch die Aufmerksamkeit und sorgfältige Betrachtung derer, welche mit dem Ernste christlicher Ueberzeugung die erhabene Aufgabe des Menschen und der Menschheit kennen und festhalten, in hohem Grade verdient. Und in der That, könnte es bewiesen werden, daß der Mensch schlechthin von unten her sei, das zufällige Produkt eines willkührlichen Spieles materieller Kräfte, so wäre dem Christenthume die Axt an die Wurzel gelegt. Aber nicht nur das, auch die Grundlage aller Sittlichkeit, der gesammte sociale Bestand der Menschheit, aller Fortschritt in Wissenschaft, Kunst und allgemeiner Cultur wäre erschüttert und für immer gehemmt.

Glauben Sie nicht, daß ich mit diesen Worten ein Schreckbild erregter Phantasie Ihnen vor Augen stelle, oder irgend welche willkührliche Consequenzen einer modernen Doktrin unter|schiebe. Wer nur einigermaßen mit der Literatur des neuern Materialismus, der namentlich seit acht Jahren mit trotziger Kühnheit sein Haupt wieder erhoben hat, bekannt ist, weiß, daß jene sittlich-intellectuellen Consequenzen von einem Theile unserer modernen Materialisten selbst ohne alle Scheu gezogen worden sind, und noch fortwährend gezogen werden. Ich erinnere hier nur an die Schriften eines Louis Büchner und Carl Vogt. Es ist jedoch heute nicht meine Aufgabe, in die Darstellung des Materialismus und seiner allgemeinen Principien einzutreten und die Geistlosigkeit und sittliche Fäulniß derselben aufzuzeigen. Nicht mit dem Materialismus im Allgemeinen haben wir es hier zu thun, sondern mit der Antwort, welche die materialistische Naturforschung auf die *Frage nach dem Ursprung* und *der Entstehung des Menschen* neuestens zu geben versucht. Ein Versuch, der zunächst unter den Vertretern der Naturwissenschaft, sodann in vielen Kreisen der gebildeten und halbgebildeten Welt täglich größeren Beifall findet.

Da aber die Frage nach dem Ursprung und der Entstehungsweise des Menschen eine Frage von so allgemeiner und unmittelbarer Bedeutung ist, würde es zu verwundern sein, wenn dieselbe nicht von den ersten Anfängen der Geschichte an aufgeworfen, und ihre Beantwortung auf die mannigfaltigste Weise versucht worden wäre. In der That finden wir bei allen Culturvölkern des Alterthums, wie bei allen einigermaßen entwickelten, noch jetzt bekannten Heidenvölkern Kosmogonien, d.h. Beschreibungen der Entstehungsgeschichte der Erde und des ersten Wesens, des ersten Menschen. So viel Phantastisches in den Theogonien, wie Kosmogonien, der alten wie modernen Heidenvölker mitunterläuft, so läßt sich doch nicht läugnen, daß auch großartige Gedanken in jenen indischen,
1 chaldäischen, ägyptischen, persischen, germanischen u.s.w.

Schöpfungslehren sich finden; ja, man muß anerkennen, daß nicht | wenige Wahrheitsmomente in ihnen verborgen sind, wenn auch verzerrt und zertheilt, gleich den zerrissenen und aus einandergesprengten Theilen eines ursprünglich harmonisch geeinten, großen Gebäudes. Liest man dieselben zusammen, so bekommt man den Eindruck eines wirklichen consensus gentium, einer unerwarteten Uebereinstimmung in dem mythologischen Befunde der Völker. Ja man wird fast gedrängt werden zu der Ueberzeugung, daß diese altheidnischen Mythologien unsere modern-materialistischen Kosmogonien an Gedanken- wie an Wahrheitsgehalt entschieden überragen. Vielleicht, daß die Besprechung der letzteren auch in Ihnen den gleichen Eindruck erwecken wird.

Mitten in dem bunten und phantastischen Mancherlei heidnischer Kosmogonien erscheint die heilige Urkunde des Volkes der Hebräer. An ihrer Spitze steht eine Geschichte der Schöpfung, nach welcher auf das Schöpferwort des allmächtigen Gottes die sichtbare Erscheinungswelt, dem dunkeln Urgrunde des Chaos sich entwindend, in 6 großen Schöpfungstagen mit wachsender Vervollkommnung bis zum Menschen aufsteigt. Während die Pflanzen- und Thierwelt in dem Prozesse ihrer Bildung als ein Produkt der Erde und des Wassers erscheint (»es lasse die Erde aufgehen Gras und Kräuter« – »es errege sich das Wasser mit lebendigen Thieren« – »es bringe die Erde hervor lebendige Thiere«), also erzeugt von unten her, durch die vom schöpferischen Fiat erregten Kräfte der Natur, wobei die Verschiedenheit der Arten der Geschöpfe immer aufs neue betont wird, – tritt bei der Schöpfung des Menschen ein wesentlich anderes Verhältniß zu Tage. Nicht als Produkt der schöpferisch bewegten Kräfte der Natur, nicht als bloße Spitze und Gipfel der Säugethiere, erscheint der Mensch, sondern Gott selbst macht ihn »in Seinem Bilde und nach Seinem Gleichniß«. Zwar wird seine Leiblichkeit dem | Erdenstande entnommen und der Mensch hiemit nach den Grundbedingungen seiner äußeren Organisation in den Zusammenhang des gesammten kosmischen Lebens gestellt, aber mit diesem Gebilde aus Erde vereinigt sich durch eine unmittelbare That Gottes ein lebendiger Geistesodem, der den Menschen ebenso zum Herrn der Creatur, wie zum Bilde und Gleichniß Gottes erhebt.

Dieß ist in aller Kürze die Aussage der heiligen Schrift über die Entstehung des Menschen, und der ihn umgebenden, niederen Creatur. Tiefsinnig und erhaben, trägt dieser Bericht zugleich den Stempel der ungezwungensten Einfachheit. Der einzigartigen Doppelstellung des Menschen, als Natur- und Geisteswesen, wird derselbe in gleicher Weise gerecht. Er läßt der Naturforschung ihr Recht, den Menschen nach seiner äußern Organisation, als das oberste in der Entwicklungsreihe der Geschöpfe, anatomisch und physiologisch zu zergliedern, und wahrt andererseits die Selbständigkeit und göttliche Natur seines über die übrigen Geschöpfe ihn schlechthin erhebenden Geisteslebens. Was die niedere organische Creatur betrifft, so möchte ich Sie nur darauf aufmerksam machen, daß der biblische Schöpfungsbericht zwar entschieden eine Entwicklungsreihe in den Geschöpfen, eine aufsteigende Skala vom Niederen zum Höheren anerkennt, dabei aber in bestimmtester Weise die ursprüngliche Verschiedenheit der *Arten*, sowohl der Pflanzen-, wie der Thierwelt, betont. Nicht weniger als zehnmal heißt es bei der Erschaffung der Pflanzen und Thiere: »ein jegliches in seiner Art,« und dreimal heißt es dazu noch: »das seinen (eigenen) Saamen bei sich habe.« Wie mannigfach die Schwierigkeiten sein mögen, welche die Vereinbarung des biblischen Schöpfungsberichtes mit manchen als gesichert zu betrachtenden Resultaten der modernen Naturwissenschaft, namentlich im Gebiete der Geologie bietet, – Schwierigkeiten, die | ich mit Vielen übrigens nicht für unlöslich halte,[1] – so

[1] Man vgl. neben den bezüglichen Schriften von *Kurtz, Delitzsch, Fr. v. Rougemont* u. A. besonders *P.F. Keest*: Die Schöpfungsgeschichte und die Lehre vom Paradies. Basel 1861 bei C. Detloff.

viel ist klar, die Aussage der Schrift über die Schöpfung des Menschen, über die Doppelseitigkeit seines Wesens und seiner Stellung in der Natur, sowie über die ursprüngliche Verschiedenheit der Arten oder Organismen hat ebenso sehr das Zeugniß des Augenscheins, wie der allgemeinen Vernunft für sich.

Wir dürfen uns daher nicht wundern, daß in der christlichen Zeitperiode der im großartigsten Lapidarstyle gehaltene, biblische Schöpfungsbericht nicht nur für die theologische, sondern auch für die philosophische und naturwissenschaftliche Forschung allgemeine Anerkennung gefunden hat. Da der Begriff der Schöpfung, des Entstehens eines Seienden aus Nichtseiendem, ebenso wie der eigentliche Begriff des Lebens das menschliche Fassungsvermögen in seiner gegenwärtigen Beschaffenheit übersteigt, oder um mit Alexander von Humboldt zu reden, da »wir vom Schaffen, als einer Thathandlung, vom Entstehen, als Anfang des Seins nach dem Nichtsein, weder einen Begriff, noch eine Erfahrung haben,« so bedarf es für alle wissenschaftliche Forschung in Bezug auf jene letzten Fragen eines Axioms, d.h. einer Voraussetzung, die weder durch bloße Verstandesschlüsse, noch weniger durch Thatsachen der Erfahrung streng bewiesen, vielmehr nur auf Wahrscheinlichkeitsgründe hin geglaubt werden kann. Von dieser einfachen und unwidersprechlichen Wahrheit aus hat denn auch die Naturwissenschaft seit Jahrtausenden den mosaischen Bericht über die Entstehung des Menschen und die ursprüngliche Verschiedenheit der Arten der Organismen, wie viel oder wenig ihre Vertreter auch sonst von der Bibel halten mochten, als das einfachste, ungezwungenste und würdigste Axiom anerkannt. Die | vornehmsten Vertreter der Naturwissenschaft aus allen Zweigen derselben stimmen auch während des letzten Jahrhunderts, in welchem die naturwissenschaftlichen Forschungen eine so große Ausdehnung und Bereicherung gewonnen haben, darin überein, daß sie den Menschen als ein vom Säugethiere specifisch verschiedenes Wesen anerkennen, und ebenso einen specifischen, d.h. ursprünglichen Unterschied der Arten im Thier- und Pflanzenreiche festhalten.

Der berühmte Linné, der große Classifikator der Pflanzen- und Thierwelt, der eigentliche Schöpfer einer logischen Naturgeschichte, unterschied zuerst durch alle Classen und Ordnungen der Thier- wie Pflanzenwelt scharf zwischen Art oder Species und Gattung oder Genus. Und eben durch diese Unterscheidung wurde seine große und verdienstvolle Arbeit der Classifikation des gesammten Naturreiches erst möglich. Er vereinigte unter dem Begriffe *Art* die Gesammtheit aller Individuen, welche eine bedeutende Summe von Aehnlichkeit mit einander gemein haben, und dem entsprechend wenig oder gar nicht von einander abweichen. Er sagt: Species tot sunt, quod diversas formas ab initio produxit infinitum ens; d. h. es giebt so viele Arten oder Species, als überhaupt verschiedene Formen des Lebens von Anfang an erschaffen wurden. Was die Charaktere der Arten aber betrifft, so sind sie nach Linné von Gott, gemäß der Oeconomia naturalis oder natürlichen Haushaltung, als solche und gleich allen übrigen natürlichen Dingen mit jenen Eigenthümlichkeiten erschaffen worden, welche sie zu ihren gemeinsamen Zwecken und wechselseitigen Verwendungen geeignet machen. Es beruht hier also Alles auf einer ursprünglichen, zweckmäßigen, schöpferischen Vorausbestimmung. So der große Begründer der modernen Botanik und Zoologie.

Auf dieser Grundlage einer specifischen Verschiedenheit der Arten der Organismen hat die gesammte neuere Naturwissen|schaft sich auferbaut, und eine lichtvolle Klarheit in die bunte Mannigfaltigkeit der Erscheinungen des vegetativen und animalischen Lebens gebracht. So gleichgültig, wohl auch feindlich die meisten Vertreter der naturwissenschaftlichen Forschung im Laufe der letzten Jahrzehnte zu der Bibel, als der Urkunde der christlichen Weltanschauung, sich stellen, so sehr sie, um mit Alexander von Humboldt zu reden, gegenüber einem Gott und Schöpfer eine »schüchterne Zurückhaltung« beobachten mochten, in der Festhaltung des specifischen Unterschiedes der Arten und der einzigartigen Stellung des Menschen sind doch alle hervorragende Vertreter der modernen Naturwissenschaft Mosaisten geblieben.

Nur sehr vereinzelte Ausnahmen hievon begegnen uns während des letzten halben Jahrhunderts, und zwar nicht sowohl aus dem Kreise der sogenannten exakten Naturforschung, als aus dem Kreise naturphilosophischer Bestrebungen. Bekanntlich war es Schelling, der in der ersten Phase seiner philosophischen Entwicklung zu Anfang dieses Jahrhunderts ein System der Naturphilosophie auf pantheistischer Grundlage aufgestellt hat. Für den Standpunkt des entschiedenen Pantheismus, der den Begriff eines über der Welt erhabenen Schöpfers leugnet, vielmehr sei es in roherer, sei es in sublimerer Weise nur einen Gott in der Welt kennt, etwa lediglich als einen Gott, der nirgends anders, als in dem Bewußtsein des Menschen existirt (Hegel), also ein Gedankending ist, – war es ein im Grunde unerläßliches Erforderniß, eine Entwicklungsreihe im Gebiete der Schöpfung aufzustellen, welche den specifischen Unterschied der Arten der Organismen aufhob, und das Ganze der Schöpfung vom Mineral bis inclusive zum Menschen durch einen ununterbrochenen Proceß, wo möglich, aus Einem mythologischen Urei hervorgehen ließ. Wirklich wurde von Einzelnen dieser Versuch gemacht. |

Ich muß mir erlauben, aus Gründen, die Ihnen in der Folge meiner Darlegung sofort einleuchten werden, auch auf diese Versuche mit einigen Worten einzugehen. Ich nenne als Vertreter dieser naturphilosophischen Richtung den Franzosen *Lamarck* und den Deutschen *Oken*. Der erste veröffentlichte im Jahre 1809 ein Werk unter dem Titel: »Philosophie zoologique.« Darin geht Lamarck von der Betrachtung der in der heutigen Schöpfung unverkennbar entwickelten Aufeinanderfolge der Thierformen und deren von den Infusorien an allmählig vor sich gehenden Vervollkommnung und Annäherung an die Säugethiere und den Menschen aus. Er geht dann zurück auf die älteste Epoche der Schöpfung; er zeigt ihren Beginn in den niedersten einfachsten Lebewesen und verfolgt ihre stufenweise Entwicklung zu höher organisirten Formen. Er sucht zu zeigen, wie nach natürlichen Gesetzen aus jenen einfachsten organischen Formen im Laufe unermeßlicher Zeiträume und unter dem wechselnden Einflusse verschiedener äußerer Lebensverhältnisse hochorganisirte organische Wesen entstehen konnten. Die Nachkommenschaft der Urpflanzen und Urthiere verbreitete sich nach ihm dann über die Erdoberfläche hin, änderte im Laufe der Zeit nach den Einflüssen des Aufenthaltsortes und der Lebensweise allmählig ab, vervielfältigte sich in der Typenzahl, und erreichte in einem Theile derselben eine immer höhere Organisationsstufe. So dachte sich Lamarck die ununterbrochene Fortpflanzung im Thierreich vom Infusorium bis inclusive zum Menschen selbst herauf. Alles ist, wie Sie sehen, nach dieser Anschauung aus zwei Ureiern, oder aus einer vegetabilischen und einer animalischen Urzelle, geworden auf dem Wege des ununterbrochenen Processes. Natürlich mußte Lamarck von diesen Voraussetzungen aus auch den specifischen Unterschied der Arten leugnen. Es giebt, behauptete er denn auch, keine abgegrenzten Unterschiede der organischen | Form, sondern sie sind alle erst im Laufe der Zeit geworden, was sie sind; sie besitzen nur eine beschränkte Dauer und sind je nach dem Wechsel der äußeren Einflüsse der Umgestaltung fähig. Mit anderen Worten, es ist nach Lamarck durchaus kein Grund, warum nicht aus einem und demselben Saamenkorn in verschiedenen Zeiten einmal eine Tanne, dann eine Birke und endlich ein Birn- oder Apfelbaum werden sollte, gerade so, wie aus Einer Urzelle in angemessenen Zeiträumen ganz wohl ein Infusorium, ein Hund, ein Papagei, ein Affe und schließlich ein Mensch durch immer fortgehende Verwandlung werden konnte, und wie Lamarck meint, wirklich geworden ist.

Aber Sie fragen, wo liegt denn der verborgene Reiz, die Bewegung, der Antrieb zu diesem wunderbaren, alle Fabeln vom

Proteus weit hinter sich lassenden steten Verwandlungen? Ist es ein verborgener Schöpfungsplan, der in diesem steten Verwandlungsproceß sich kundgiebt? Bei Leibe nicht! Da wäre ja mit einem Male die verrufene Teleologie, die Lehre von der zweck- und planmäßigen Ordnung der Natur, die am Ende gar auf einen über der Welt stehenden Schöpfer hinweisen würde, in die Naturbetrachtung wieder eingedrungen! So kann also die Mannigfaltigkeit der Formen, der vegetabilischen und animalischen Organismen nur das neckische Spiel eines blinden Zufalls sein? In der That so ist es nach Lamarck; doch nicht, ohne daß er für das Thierreich wenigstens, für die Umwandlung in dem Wesen und der Gestalt der Thiere noch einen besondern Erklärungsgrund beibrächte. Dieser Grund liegt nach ihm in der *Uebung und Gewohnheit*, in dem *Bedürfniß* des Thieres. Er sagt nämlich, das Bedürfniß des Thieres führt zu Bestrebungen und Bewegungen, durch äußere Einflüsse ändern aber die Bedürfnisse sich ab, und dieß führt zu neuen Bestrebungen und Bewegungen. Veränderungen der auf das Thier einwirkenden äußeren Einflüsse verändern | daher allmählig die Gestalt von dessen Theilen, sie heben die Energie gewisser Organe und entwickeln Organe an Körpertheilen, wo bei den Vorfahren noch keine vorhanden waren. Solche Veränderungen und Vervollkommnungen der Thierform sind dann (natürlich so lange, bis neue Bedürfnisse sich regen) erblicher Natur, sie verpflanzen sich von einem Thier auf die Nachkommen, welche also ihre höhere Rangesstufe mit der Geburt erhalten und ihrerseits wieder erhöhen können.

So konnte nach Lamarck ein Mollusk, der fortdauernd strebte, vor ihm liegende Gegenstände zu befühlen, durch dieses Bestreben die Thätigkeit seines Nerven- und Gefäßsystems vorzugsweise dem vordern Körpertheile zuwenden, und dieser verlängerte sich dann in Fühler. Frösche erhielten ihre Schwimmfüße durch das Bestreben zu schwimmen. Die Giraffe gelangte zu ihrem langen Halse durch die Nothwendigkeit, ihn nach dem Laube hoher Bäume, das sie zu ihrer Nahrung abweidet, auszurecken. Durch veränderte Lebensweise – ich führe Lamarcks eigene Beispiele an – namentlich durch ein Bedürfniß aufrechten Gehens, der zur Abplattung der Fußsohle führte, wurde endlich auch der Affe zum Menschen.

Wenn ich auch die Kritik dieser aller Logik spottenden, und die mythologischen Kosmogonien der Alten an Phantasterei in der That übertreffenden Theorie bis zur Betrachtung der so eben unter großem Beifall der gebildeten und halbgebildeten Welt gegebenen zweiten vermehrten Auflage dieses kosmogonischen Philosophems verschiebe, so gestatten Sie mir doch im Vorbeigehen ein Paar Worte zu den Beispielen dieser Lamarckschen Verwandlungstheorie. Die Giraffe kam zu ihrem langen Halse durch die Nothwendigkeit, sich von dem Laube hoher Bäume zu ernähren. Der Frosch zu seinen Füßen durch das Bedürfniß zu schwimmen. Sollte Lamarck nicht geahnt haben, daß diese Sätze alle Logik des gesunden Menschenverstandes | über den Haufen werfen, und daß die Giraffe längst verhungert, und der Frosch längst im Wasser ersäuft wäre, ehe durch Gewohnheit und Uebung diesem die Beine und jener der lange Hals anwachsen konnte! Sollte er nicht geahnt haben, daß diese ganze Theorie nichts anderes ist, als die Behauptung, ein in's Wasser gefallener Mensch brauche, wenn er anders ein Bedürfniß des Lebens fühle, sich nur an seinen Haaren aus demselben herauszuziehen! Es ist nach dieser Theorie gar kein Grund, warum nicht auf diesem Wege der Verwandlung in späterer Zeit geschwänzte Menschen und geflügelte Affen die Erde bevölkern sollten. Der Naturforscher Geoffroy-Saint-Hilaire, der im Wesentlichen die Theorie Lamarcks theilte, und ihr zufolge den specifischen Unterschied der Arten gleichfalls leugnete, machte die Veränderungen der organischen Welt vorzugsweise von Veränderungen im qualitativen und quantitativen Zustand der Atmosphäre abhängig, demzufolge aus einer bloßen Aenderung im Respirationsmedium, z. B. aus einem Reptil ein Vogel werden konnte. Niemand leugnet namentlich den in ältern zoologischen Epochen sich stark abprägenden Zusammenhang der Beschaffenheit der Atmosphäre, und der ihr entsprechenden, organischen Gestaltung. Jene aber zum Erklärungsgrund der Unterschiede der Organismen zu machen, ist um nichts besser, als der Lamarck'sche Kanon von der Gewohnheit und dem Bedürfnisse der Thiere, aus welchem ihre organische Gestalt sich entwickelt haben soll, und unterliegt vom rein logischen, wie vom naturwissenschaftlichen Standpunkte nicht geringern Einwendungen, wie das Lamarck'sche Philosophem. Auch nach Geoffroy-Saint-Hilaire kann es in späteren Zeiten einmal dahin kommen, daß die Affen singen und die Menschen gleich ihrem neuestens so viel gehätschelten Zwillingsbruder Gorilla brüllen.

Uebrigens war auch der Lamarck'sche Versuch nicht ohne Vorläufer gewesen. Ein gewisser Demaillet hatte bereits in | der Mitte des 18. Jahrhunderts einen Versuch gemacht, eine successive Entwicklung der vollkommeneren Thier- und Pflanzenarten aus unvollkommenen auf dem Wege einer Verwandlung der Organe und Funktionen nachzuweisen. Aus Kräutern sollen allmählig Sträuche und dann Bäume geworden sein; die Versuche von Fischen, sich über die Oberfläche des Wassers zu erheben, sollen zunächst fliegende Fische erzeugt haben, und dann, im Falle diese etwa durch Stürme auf die Bäume, oder in die Hecken der Inseln und Küsten entführt wurden, seien Vögel daraus gebildet worden. So weise die lebhaft glänzende Färbung der Papageien auf diesen Ursprung von braunen, grünen, gelben, blauen oder rothen Flugfischen zurück. Manche meinten freilich, daß Demaillets Buch als eine bloße Satire zu betrachten sei, was wir zur Ehre des Verstandes seines Verfassers gerne glauben wollen.

Die Ansichten des bekannten Naturforschers *Oken* sind im Princip von der Lamarck'schen Theorie nicht wesentlich verschieden. Nach Oken ist alles Organische aus Schleim hervorgegangen, und ist überhaupt nichts anderes, als belebter, verschiedenartig gestalteter Schleim, (d.h. eine halbflüssige Substanz aus Kohlenstoff, Wasserstoff und Sauerstoff). Die ersten Organismen entstanden aus Urschleim; sie waren Bläschen desselben, und ihre Belebung beruht auf dem Vorgange der Athmung. Diese ältesten Organismen sind Infusorien oder einfache, schleimige Urbläschen. Sie entstanden unmittelbar aus unorganischem Stoffe, und entstehen noch jetzt durch Fäulniß der verschiedenen organischen Materien. Die höheren Organismen entstehen dagegen aus schon gebildeter, organischer Materie. Alle höheren Organismen sind nicht erschaffen, sondern entwickelt, so auch der Mensch, der nichts anderes, als eine innige Verbindung und Verschmelzung der Infusorien ist.

Sie werden sich nicht wundern, daß diese naturphilosophischen Theorien, gegen welche ebenso vom Boden der exakten | Beobachtung, wie des rein logischen Calculs von allen Seiten die triftigsten Einwendungen sich erheben, in den Kreisen der Naturforscher sehr wenig Anklang, vielmehr sehr bald und in steigendem Grade die entschiedenste Mißbilligung fanden. Der große Naturforscher Cuvier bemerkte gegen diese Richtung, sie kämpfe statt mit Beweisgründen mit Metaphern und willkührlichen Analogieen. Viele Andere drückten sich noch viel derber aus, und Sie finden in den letzten 50 Jahren wohl kaum ein einziges naturwissenschaftliches Werk von allgemeinerem Inhalt, das nicht gegen die naturphilosophischen Speculationen, als die Verderberinnen aller nüchternen und exakten Beobachtung, wenigstens gelegentlich, zu Felde zöge.

Verwundern Sie sich nun nicht, geehrte Versammelte, wenn ich Ihnen sage, daß in den letzten drei Jahren ein ebenso unerwarteter, wie völliger Rückschlag eingetreten ist. Bereits vor einem Jahrzehnt hatte ein ungenannter Naturforscher in dem Buche: Vestiges of the natural history of Creation, (von Carl Vogt unter dem Titel: »Natürliche Geschichte der Schöpfung« – ins Deutsche übersetzt) mit einigen Modifikationen auf die Lamarck'sche Verwandlungstheorie zur Erklärung der Schöpfung zurückgegriffen. Er geht von der (heute bereits von wohl allen Naturforschern aufgegebenen) Möglichkeit und Thatsächlichkeit einer generatio aequivoca, (d.h. einer Entstehung specifisch bestimmter Keime aus formlosem Stoffe, also ohne Zeugung) für die Entstehung der ursprünglichen Organismen aus, die durch eine chemisch-elektrische Operation als erste Urzellen entstanden sein mögen. Aus diesen seien dann in Hunderttausenden oder Millionen von Jahren durch eine Mannigfaltigkeit der Modifikationen die vollkommneren Organismen hervorgegangen. Die große Aehnlichkeit der Pflanzen- und Thier-Zellen, ebenso der thierischen Eier und Embryone in den Anfangsstadien ihrer Ent|wicklung deuteten noch jetzt auf eine genealogische Verwandtschaft sämmtlicher Organismen hin, und die Metamorphose der Insekten, Frösche und anderer Amphibien bildeten noch heute Analogien für jenen Verwandlungsproceß. Der Urmensch erscheint ihm am wahrscheinlichsten hervorgegangen aus veredelnder und vergeistigender Umbildung eines großen froschartigen Geschöpfes, von welchem allerdings keine bestimmten Spuren mehr nachzuweisen seien. Obwohl dieses Werk in England Aufsehen machte, brachte es doch keinerlei bedeutendere Bewegungen in den Kreisen der Naturforscher hervor, ebenso wie etwa auch die Erklärung Carl Vogts vor 8 Jahren, »Adam sei ein Schiefzähner«, d.h. eine Uebergangsform vom Affen zum Menschen gewesen, meist nur als ein etwas roher Witz behandelt wurde. Heute aber steht es wesentlich anders. Mit wahrem Enthusiasmus wird in den Kreisen der Naturforscher eine Theorie begrüßt, und durch Tausende von Canälen sofort in alle Kreise der Bildung bis herab zu den Schulbänken unserer Kinder getragen, die im Wesentlichen nichts anderes ist, als eine zweite, etwas vermehrte und in einigen Punkten modificirte Auflage der von uns so eben betrachteten naturphilosophischen Theorie Lamarcks. So unbekannt dieser Sachverhalt manchen begeisterten Anhängern des neuen Naturphilosophems, die dasselbe als etwas noch nie Dagewesenes anpreisen, zu sein scheint, so heben doch Andere auch bereits an der 50 Jahre lang so viel verspotteten naturphilosophischen Richtung ausdrücklich die ihr nun gebührende Ehrenerklärung zu geben. Ein deutscher Naturforscher, Dr. Fr. *Rolle*, der kürzlich unter dem Titel: »Ch. Darwins Lehre von der Entstehung der Arten im Pflanzen- und Thierreich in ihrer Anwendung auf die Schöpfungsgeschichte«[2] eine Schrift veröffentlicht hat, sagt | von Lamarcks Philosophie zoologique, sie sei eine »tief durchdachte, ideenreiche Arbeit, die von Zeitgenossen und Nachwelt vielfach als unberechtigte Anhäufung unerweisbarer Hypothesen verschrieen worden, in Wirklichkeit aber in prophetischem Schwunge des Gedankens weit der Mitwelt vorausgeeilt sei.« Der einzige Fehler Lamarcks ist nach Rolle der, daß »derselbe die Veränderungen in der Organisation der Thierwelt zu sehr auf Rechnung der Thätigkeit und Angewöhnung des Thieres an die äußern Umstände setzte, das Thier gegenüber den physischen Einflüssen viel zusehr als selbstthätig betrachtete, während es diesen gegenüber eigentlich vorwiegend leidend sich verhalte.« Auch von Oken erkennt Rolle, obgleich er denselben gegenüber Lamarck mit schwerlich verdienter Ungunst beurtheilt, an, daß »seine Gedanken über Entstehung belebter Wesen auf dem Wege einer Urzeugung noch heute dem Wesentlichen nach Beistimmung finden können«, und wie *Rolle*, so sprechen sich Viele aus, ja müssen sich Alle aussprechen, die der Darwin'schen Theorie beipflichten und dieselbe mit den Philosophemen Lamarcks, Okens, u. A. vergleichen.

Sie werden nun begierig sein, die Theorie entwickelt zu hören, welche diesen wunderbaren Umschlag bewirkt, die vielverschrieenen Speculationen der frühern naturphilosophischen Schule zu Ehren gebracht, und gleichzeitig wieder einmal bewiesen hat, daß Salomo recht hatte, als er behaupte-

2 Wir sind dieser die Darwin'sche Theorie eingehend entwickelnden Schrift bei der vorstehenden Darlegung der Lehren Lamarcks u. A. im Wesentlichen gefolgt.

te: »Es geschieht nichts Neues unter der Sonne.« – Der Träger und neue Begründer dieser Theorie ist der englische Naturforscher Charles *Darwin*. Derselbe hat sie eingehend entwickelt in der 1859 erschienenen Schrift: On the Origin of Species etc., in's Deutsche übertragen von Dr. H.G. Bronn unter dem Titel: | »Ueber die Entstehung der Arten im Thier- und Pflanzen-Reiche durch natürliche Züchtung, oder Erhaltung der vervollkommneten Rassen im Kampfe ums Dasein.« (Stuttgart 1860). Mit Scharfsinn und gestützt auf vieljährige naturwissenschaftliche Beobachtungen entwickelt derselbe mit einer Reihe neuer Beweisgründe in dieser Schrift die ältere Hypothese der Transmutation. Gewöhnlich wird dieser Begriff jetzt im Deutschen mit »Entwicklung« wieder gegeben, während sprachlich, wie sachlich richtiger: Versetzungs- oder Verwandlungs-Hypothese zu sagen ist. Die Theorie Darwins ist nun, kurz zusammengefaßt, folgende: Sämmtliche Arten der Thiere wie der Pflanzen stammen von je vier oder fünf Urarten ab; ja, es erscheint ihm wahrscheinlich, daß noch einen Schritt weiter gegangen und behauptet werden dürfe, daß alle Pflanzen und Thiere von einer einzigen Urform herrühren. Fragen Sie nun aber, wie soll das geschehen, daß die ganze ungezählte und unzählbare Mannigfaltigkeit der noch bestehenden und der untergegangenen Arten von Pflanzen und Thieren mit ihren so charakteristischen Unterschieden von je vier Urarten, oder wohl gar nur von Einer Urform abstammen könne, so antwortet Darwin, dieß geschieht durch »natural selection«, durch die natürliche Auswahl, durch Erhaltung der vervollkommneten Rassen im Kampfe ums Dasein. Was versteht nun aber Darwin unter dieser natürlichen Auswahl, oder, wie Bronn diesen Ausdruck übersetzt und im Deutschen eingebürgert hat, unter dieser »natürlichen Züchtung«? Darwin meint, daß, wie die künstliche züchtende Hand des Menschen bei seinen Hausthieren und Gartenpflanzen immer neue Spielarten zu produciren im Stande sei, die zuletzt als ganz verschiedene Arten oder Gattungen erscheinen, so verrichte die Natur auf dem

Wege allmähliger Verwandlung im großartigsten Maaßstabe das Geschäft stets neuer Pflanzen- und Thier-Züchtung. Diese natürliche Züch|tung vollzieht sich aber so, daß kleine vortheilhafte Abänderungen der Individuen und dann der Arten in der Natur dazu dienen, oder dazu »benutzt« werden, die damit ausgestatteten Geschöpfe eher zu erhalten, als diejenigen, denen sie fehlen. Auf diese Weise erlangen die erstern, die vortheilhafter ausgestatteten Organismen allmählig das Uebergewicht, und machen im Kampfe um das Dasein die schwächeren oder minder günstig ausgestatteten Arten verschwinden. Jene vortheilhaften, kleinen Abänderungen, die allmählig so große Wirkungen erzielen, verdanken ihre Entstehung nach Darwins Ansicht hauptsächlich der großen Afficirbarkeit des Reproduktionssystems. Zur Wirkung kommen sie im Kampfe der Organismen um das Dasein. Es haben nämlich alle organischen Bildungen an sich das Streben, in unbeschränkter Vervielfältigung sich auszubreiten. Hiedurch entsteht nicht nur ein fortwährender Kampf der Individuen, sondern auch der Arten untereinander. Die für die gegebenen Verhältnisse am vortheilhaftesten organisirten werden in diesem Kampfe siegen, die andern werden zurückgedrängt oder verschwinden ganz, da sie die Concurrenz nicht zu bestehen vermögen. Durch Anhäufung oder Benutzung der auf verschiedene Weise, hauptsächlich aber durch irgend eine Afficirung des Reproduktionssystems gegebenen vortheilhaften Abänderungen entsteht nun allmählig eine Abweichung der organischen Gebilde von früheren, von denen sie abstammen, wie von den neben ihnen bestehenden. Diese im Kampfe um das Dasein errungene vortheilhaftere Organisation erbt sich aber nach Darwin durch Zeugung fort und erzeugt so allmählig neue Arten von Pflanzen und Thieren. Fügen wir hiezu einige Beispiele Darwins: Die grüne Farbe der laubfressenden Insekten und die graue der von Rinden lebenden, die dem Haidekraut ähnlich sehende Farbe des Birkhuhns, wie so viele analoge Veranstaltungen zum Schutze der Insekten, Vögel und anderer

Thiere ist nach | Darwin das Resultat jener im Kampfe um das Dasein sich vollziehenden natürlichen Züchtung. Natürliche Züchtung ist es ferner, wenn Wölfe, Katzen oder andere Raubthiere ihre Art je nach den Lebenssitten, der Größe und Stärke der schwächern Thiere modificiren, die ihnen zur Beute dienen. Aus dieser natürlichen Züchtung werden von Darwin auch die Instinkte der Thierwelt, ja als die höchste Verfeinerung des Instinktes auch der menschliche Geist abgeleitet. Der Kuckuck soll nach ihm irgendeinmal sein Ei in ein fremdes Nest gelegt, den Vortheil, der ihm daraus entsprang, gemerkt, und dieß nun öfter oder immer gethan haben. Die Bienen sollen irgendeinmal zufällig dahin gekommen sein, ihre Waben aus sechsseitigen, zusammenstoßenden Zellen zu bauen, alsbald den Vortheil der Wachsersparniß gemerkt und nun immer so gebaut haben. Sie sehen, die Logik dieser Theorie ist nicht besser, als die der Lamarck'schen. Auch der Stachel der Biene, deren Gebrauch ihr bekanntlich den Tod zuzieht, ist eine jener »kleinen vortheilhaften Aenderungen«, welche sie sich allmählig durch natürliche Züchtung angeeignet hat. Auch die Einflüsse des Klimas, der Bodenbeschaffenheit, der Nahrungsmittel, jedoch diese nur im geringen Grade, mehr schon die Uebung, welche nicht wenige Thiere sich im Gebrauche ihrer Organe erwerben, um dieselben zu stärken, sowie der Mißbrauch, durch welchen sie dieselben schwächen, die Hervorrufung gewisser Modifikationen in weicheren Theilen durch entsprechende Umbildung härterer ec. sind nach Darwin Ursachen der durch natürliche Züchtung geschehenden Veränderungen und fortwährenden Bildung neuer Arten. Es sind demnach z. B. die verschiedenen Arten der Vögel von einer Stammart abzuleiten, und diese zurück bis zu jenem Gliede, von dem aus durch eine Ansammlung kleiner Abänderungen die bestimmte Gestalt und Art des Vogels aus der Allgemeinheit des Wirbelthieres sich herausbildete, und von | den übrigen Wirbelthieren, den Fischen und den Säugethieren sich zu unterscheiden anfing. So gleicht nach Darwin das gesammte

Thier- und Pflanzenreich mit seinen noch lebenden und bereits untergegangenen Arten einem Baume, der in der ältesten geologischen Schichte wurzelt, durch alle folgenden mit seinen Aesten und Zweigen hindurchdringt und sich auf der jetzigen Oberfläche der Erde in unzähligen Zweigen ausbreitet, obwohl viele Aeste und Zweige schon abgestorben sind im Laufe früherer Naturepochen.

Es ist keine Frage, daß diese von Darwin entwickelte Theorie ein in der That kühner Versuch ist, die Entstehung und Entwicklung des organischen Lebens in der Natur aus einem einheitlichen Gesichtspunkte zu erklären. So verwandt, ja gleichartig sein Grundgedanke mit der Theorie Lamarcks ist, so überragt doch der Darwin'sche Versuch durch die Fülle des in ihm verarbeiteten, naturwissenschaftlichen Materials, durch die Sorgfalt und den Scharfsinn seiner Beobachtungen und Schlußfolgerungen alle frühern Versuche, der Transmutations-Hypothese Geltung zu verschaffen, sehr bedeutend. Es ist auch kein Zweifel, daß durch denselben die Naturforschung nach manchen Seiten hin zu neuen Untersuchungen fruchtbar angeregt, daß in Folge derselben vielleicht manche Organismen, die bisher noch als verschiedene Arten betrachtet wurden, in der Folge als bloße Varietäten einer und derselben Art erkannt werden, und daß Darwins Untersuchungen der künstlichen Züchtung von Pflanzen und Thieren einen auch
2 praktisch wichtigen, neuen Anstoß geben werden. In einer bestimmten Umgrenzung und Einschränkung, die freilich wohl weit hinter der Ansicht Darwins zurückbleiben wird, mag so die von ihm neu begründete Transmutationstheorie sich vielleicht mit Recht Anerkennung verschaffen, wie sie denn die Verschiedenheit der | oft bedeutenden Varietäten innerhalb einer und derselben Art besser, als wohl irgend eine andere Theorie erklärt.

Nach dem Gesagten ist kaum zu verwundern, daß die Darwin'sche Theorie bei einem nicht geringen Theile der Naturforscher großen, theilweise enthusiastischen Beifall fand, wobei die materialistischen Consequenzen, die mit Nothwendigkeit aus der Lehre Darwins sich ergeben, deren Annahme und Verbreitung in weiteren Kreisen ohnzweifelhaft förderlich waren. Andrerseits hat aber die Darwin'sche Theorie von naturwissenschaftlichen Autoritäten in den verschiedensten Fächern bis heute den entschiedensten Widerspruch erfahren. So sagt der berühmte Louis Agassiz (Contributions etc. Vol. III), die Darwin'sche Transmutationstheorie sei »ein wissenschaftlicher Mißgriff, unwahr in ihren Thatsachen, unwissenschaftlich in ihrer Methode, verderblich in ihrer Tendenz.« – Und der bekannte Naturforscher v. Baer in Petersburg schreibt an Rudolf Wagner: »Je mehr ich in Darwin gelesen, um so mehr bin ich von meiner eigenen (beschränkten) Transmutationslehre zurückgekommen.« Und wie die genannten zwei Autoritäten, so könnten noch Dutzende von bekannten Naturforschern aus England, Amerika, Deutschland und Frankreich genannt werden, welche die Lehre Darwins entschieden bestreiten.

Es ist nicht unsere Aufgabe, das naturwissenschaftliche Material, auf welches Darwin seine Hypothese auferbaut, sowie die Richtigkeit der von ihm vertretenen Thatsachen zu prüfen; dieß kann nur die Sache der Männer vom Fach, der berufsmäßigen Forscher in den verschiedenen Gebieten der Natur sein. Darwin selbst hat die Schwierigkeiten und Einwendungen, die sich gegen seine Theorie unmittelbar zu ergeben scheinen, nicht verkannt, und den größeren Theil seines Werkes dem Versuche, dieselben soviel möglich zu entkräften, gewidmet. Er hat dabei selbst an verschiedenen Stellen ausgesprochen, daß, | wenn diese oder jene Annahme sich nicht würde halten lassen, seine ganze Theorie fallen müßte.

Wir constatiren also hier zunächst nur die Thatsache, daß von rein naturwissenschaftlichem Standpunkte aus die Darwin'sche Theorie zum mindesten noch eine offene Frage, und daher der neuestens wiederholt gemachte Versuch, diese Hypothese, die selbst zu ihrer allseitigen Prüfung noch lange

Stadien bedürfen wird, als das neueste, große, gesicherte Ergebnis exakter Forschung dem größeren Publikum anzugreifen, eine Täuschung ist.[3] Selbst der Herausgeber und Uebersetzer des Darwin|schen Werkes, Bronn, hat es nicht unter-

[3] Mit der kühnsten Zuversicht hat besonders der Botaniker Schleiden Darwins Theorie so eben als das unumstößlich gesicherte, große Ergebniß der neuesten Forschung dem deutschen Publikum angepriesen, in der Schrift: »*Ueber das Alter des Menschengeschlechts, die Entstehung der Arten und die Stellung des Menschen in der Natur.*« Leipzig 1863. Nach Schleiden ist die Theorie Darwins »sehr einfach und gleicht dem Ei des Columbus«, das Schleiden selbst »seit 15 Jahren« schon in der Hand gehabt, wenn auch nicht auf den Tisch gestellt hat. Die Constanz der Arten ist nach ihm »ein Irrthum« an den ferner nur noch Unwissenheit oder große Beschränktheit glauben kann«. Der Artbegriff ist, wie Schleiden behauptet, etwas rein Subjektives ohne jeden realen Rückhalt in der Natur; daß wir Pferd und Hund als zwei verschiedene Arten von Thieren unterscheiden, ist lediglich ein Schein. Sogar »die größten und klarsten Denker, Kant, Fries und Apelt« – sonst stets Schleidens hochgerühmte, philosophische Gewährsmänner – haben jenen Irrthum nicht erkannt, sondern sind in dem Wahn hängen geblieben, daß dem vom menschlichen Verstande gebildeten Begriffe einer bestimmten Art, z. B. dem Begriffe des »Pferdes«, auch in der Natur etwas ganz Feststehendes und real Vorhandenes als Pferd entspreche. Diesen Irrthum widerlegt Schleiden mit folgender, wahrhaft naiver Bemerkung: »Daß dieß unrichtig ist, geht schon einfach daraus hervor, daß in der Natur jedes Pferd eine gewisse Farbe haben muß, »das Pferd« als Begriff aber gar keine Farbe haben darf, weil dann die anders gefärbten Pferde von dem Begriff Pferd durch das Merkmal der Farbe ausgeschlossen würden.« Eine Beweisführung, über welche Kant wie Fries im Munde eines ihrer Schüler zweifelsohne erröthen würden. Die *Definitionen* der Naturforscher über den Artbegriff mögen schwankend, die Abgrenzung einzelner Arten von einander mag oft schwierig und fraglich sein, der Unterschied der Arten ist darum für jeden Menschen mit gesunden Sinnen doch etwas real Gegebenes, und der »Begriff Art« nichts anderes, als ein *Nach*denken dieses Gegebenen. Wäre dem nicht so, wäre der Artbegriff ein rein subjektives Gedankenbild, so wäre unbegreiflich, wie alle Menschen aller Zeiten, Kinder wie Erwachsene, alle Varietäten von Pferden unter dem allgemeinen Begriff: Pferd – mit ununterbrochener Beharrlichkeit subsumiren. Dieser Thatsache scheint doch etwas real Gegebenes zu Grunde zu liegen. Wäre

lassen, eine Reihe schwer wiegender, kritischer Bedenken, die bis heute nichts weniger als gelöst sind, der Lehre Darwins folgen zu lassen. Wir wollen nur einige der am nächsten liegenden Ein|wendungen hier im Vorbeigehen hervorheben. Darwins Theorie setzt voraus, daß viele Mittelglieder und Uebergangsformen zwischen den jetzt lebenden Arten der Thier- und Pflanzenwelt bestehen oder bestanden haben. Wir suchen diese für die Darwin'sche Theorie unentbehrlichen Mittelglieder aber sowohl auf der Oberfläche der Erde, wie in den vorangegangenen geologischen Epochen vergeblich. Darwin selbst bekennt das Mißliche dieser Thatsache, tröstet sich aber mit seinen Anhängern, daß, was noch nicht gefunden sei, noch gefunden werden könne. Ferner ist zu fragen, wie es komme, daß trotz der von Darwin angenommenen unausgesetzten

Schleidens Kanon richtig, »daß der subjektiven Begriffsbildung (der Naturforscher) kein objektives Verhältniß in der Natur entgegenkomme,« so wäre das Todesurtheil der Naturwissenschaft dekretirt. Denn ist die Natur nichts real Gegebenes, und als solches erkennbar, ist sie ein bloßes Phänomen, ein Spiel von Erscheinungen, zwischen denen und den von ihnen abstrahirten menschlichen Begriffen kein reales, nothwendiges Verhältniß statthat, so ist auch jede exakte Naturbeobachtung unmöglich, und alle Aussagen der Naturforscher sind willkührliche, zufällige, rein subjektive Behauptungen. Die Natur ist dann ein unentwirrbarer, verstandloser Mischmasch von Erscheinungen, und die Aussagen der Naturforscher um nichts besser, als beliebige Halluccinationen. Wirklich ist das die streng logische Consequenz der Darwin'schen Theorie und der ihr von Schleiden gegebenen Begründung. – Das Ei des Columbus selbst, die Lehre Darwins, wird, nachdem Schleiden sich, wie hier gezeigt, mit Glück des Langen und Breiten für den Nominalismus erklärt hat, von ihm auf zwei Seiten abgemacht. Nicht ein einziges der vielen Gegenbedenken, die sich gegen die Darwin'sche Theorie ergeben, und die Darwin theilweise selbst hervorgehoben hat, wird von ihm genannt, geschweige widerlegt; zum Schluß aber Jeder für einen Thoren erklärt, der Darwin und Schleiden nicht beistimmt. Das sind die exakten Beweisführungen eines im Philosophenmantel keck einherschreitenden deutschen Naturforschers!

Thätigkeit der natürlichen Züchtung und fortdauernden Verbesserung der Organismen doch noch immer die unvollkommensten aller unvollkommenen Organismen in so unermeßlicher Menge vorhanden sind? Wenn ferner Alles aus einer niedern Urform, einer Urzelle, sich entwickelt hat, wodurch geschieht es, daß in der einen Urzelle Empfindung und Bewegung sich ausbildet und vererbt, in der andern nicht. Wie soll eine allmählige, etwa in Millionen von Jahren sich entwickelnde Geschlechts-Differenz gedacht werden? Wie sollen die Organismen inzwischen sich fortgepflanzt und ihre beginnende Geschlechtlichkeit zugleich stets verbessert haben? Wie sollen endlich durch diese natürliche Züchtung Instinkte erweckt, gebildet, verfeinert und endlich gar bis zum Geiste des Menschen gesteigert werden? Auch die menschliche Sprache müßte nach Darwins Lehre aus lauter Nachahmungen der thierischen Laute (und etwa Interjektionen) hervorgegangen sein; eine Theorie der Sprache, welche *Max Müller* in seinen »Vorlesungen über die Wissenschaft der Sprache«[4] so | eben mit den schlagendsten Gründen abgewiesen hat. Wie soll die Vervollkommnung der einzelnen Organe sich vollziehen? z.B. wie soll das Auge von den niedersten Thieren aus, die gar keine Augen haben, durch das thierische Auge hindurch auf dem Weg natürlicher Züchtung zu dem wunderbaren Gebilde des Menschen-Auges sich entwickelt haben? Endlich ist die Aufstellung von Eiszeiten, mit Hülfe deren Darwin die Lebewesen der gemäßigten und der kalten Zone sogar den Aequator überschreiten läßt, eine naturwissenschaftlich noch völlig zweifelhafte, für Darwins Theorie aber freilich kaum entbehrliche Hypothese. Für all diese wichtigen und für Darwins Theorie

[4] »*Vorlesungen über die Wissenschaft der Sprache von Max Müller. Aus dem Englischen von Dr. Carl Böttger*. Leipzig 1863.« Ein jedem Gebildeten, der für das große Problem der Sprache und die Fortschritte der neueren Sprachwissenschaft Interesse hat, dringend zu empfehlendes Werk.

entscheidenden Fragen fehlt die gesicherte, naturwissenschaftliche Begründung noch völlig.[5] |

Bei solcher Sachlage könnte es scheinen, als wenn diese ganze Angelegenheit ziemlich unbedeutend, und eigentlich nur ein häuslicher Streit der Naturforscher sei. Beides ist aber leider nicht der Fall. Wäre Darwins Hypothese nur der Versuch, eine gewisse Summa von naturwissenschaftlichen Thatsachen unter einen gemeinsamen Gesichtspunkt zusammen zu fassen, so könnte dieselbe für den Naturforscher zwar werthvoll sein,

[5] Unter den vielen kritischen Besprechungen, die Darwins Theorie auch in Deutschland gefunden hat, verweisen wir hier nur auf die Abhandlung *Dr. Zöcklers: »Ueber die Speciesfrage nach ihrer theologischen Bedeutung« (Jahrbücher für deutsche Theologie.* 6. Band, 4. Heft, Gotha 1861), und auf *Prof. Frohschammers* Abhandlung: *»Ueber Darwins Theorie von der Entstehung der Arten im Thier- und Pflanzenreiche.«* (Athenäum, 1. Band, 3. Heft, München 1862.) Die Besprechung Frohschammers ist ohne Zweifel die eingehendste und bedeutendste Kritik, welche Darwins Theorie bis jetzt gefunden hat. Mit Scharfsinn und Gelehrsamkeit widerlegt dieselbe Darwins Lehre Schritt vor Schritt und zeigt deren philosophische, wie naturwissenschaftliche Unhaltbarkeit in evidenter Weise. Frohschammers Schlußurtheil ist, daß »von wirklicher Klarheit und Exaktheit bei Darwins Theorie gar keine Rede sein könne,« daß dieselbe, wie naturwissenschaftlich so auch logisch, vielmehr den triftigsten Einwendungen von allen Seiten her unterliege. Nichts destoweniger sind seit dieser Veröffentlichung eine Anzahl deutscher Naturforscher als begeisterte Darwinisten öffentlich aufgetreten, die Frohschammers Kritik völlig ignorirt, ja, (wie z. B. Schleiden) von all den gewichtigen Bedenken, die Darwins Theorie nach allen Seiten drücken, keine Ahnung gehabt zu haben scheinen. Jedenfalls eine wohlfeile Art bei Urtheilsunfähigen für eine neue Theorie Propaganda zu machen, wie denn überhaupt von der modernen Naturforschung nicht selten ein blinder Köhlerglaube der stärksten Art dem größeren Publikum angemuthet wird. – Gerne hätten wir übrigens bei Frohschammers erschöpfender Kritik der Lehre Darwins ihn noch etwas näher auf den Artbegriff eingehen und nachweisen sehen, wie die von den Darwinisten empfohlene, nominalistische Verflüchtigung des Begriffes der Species ebenso der Naturwissenschaft alle Evidenz raubt, wie mit aller gesunden Logik in Conflikt bringt.

nimmermehr aber, wie es geschehen, die allgemeine Aufmerksamkeit in so hohem Grade erwecken. Darwins Hypothese ist aber eben nichts weniger als ein bloßer naturwissenschaftlicher Kanon, sondern eine wenn auch nicht gerade neue, doch neue begründete *Schöpfungstheorie*. Und als solche ist sie von einer großen nicht nur in alle Gebiete der Wissenschaft übergreifenden, sondern auch das religiöse und sittliche Leben aufs unmittelbarste berührenden Bedeutung. Sie würde, wäre sie als richtig zu erweisen, die durchgreifendste Aenderung der ganzen Naturbetrachtung bedingen. Es könnte nach ihr nicht mehr die Rede sein von einem eigenthümlichen Wesen der Arten und Gattungen, nicht mehr von irgend welcher teleologischen Naturbetrachtung, sondern alle Gestaltungen der Natur wären zufällig wechselnde, schwankende Erscheinungen. Die Idee und Existenz eines Schöpfers, so vorsichtig Darwin selbst | in dieser Beziehung sich ausdrückt, wäre für alle Zeiten abgethan, und die »Mutter Natur« selbst, oder vielmehr die in ihr, als unerbittlich strenge Gesetze liegenden »sekundären Ursachen« wären als »einzige Erklärungsgründe für das Entstehen und Vergehen der jetzigen und aller früheren Erdenbewohner« zu betrachten. So ist auch der Mensch selbst nach dieser Theorie, wenn auch Darwin es seinen Anhängern überlassen hat, diese Consequenz ausdrücklich zu ziehen, unrettbar nichts anderes, als eine auf dem Wege allmähliger Transmutation aus dem Affen zufällig entwickelte Gattung; und auch nach Darwin ist es, wie nach Lamarck, nicht zu widersprechen, daß in kommenden Millionen von Jahren der Affe durch fortgehende natürliche Züchtung geflügelt erscheinen, der Mensch aber durch Mißbrauch seiner Organisation von seinem ältern Zwillingsbruder in allen Stücken sich überflügelt sehen könnte. Doch ich will hierüber einen bekannten Anhänger der Lehre Darwins, der bis vor Kurzem die Verwandlungstheorie mit allen Waffen des Spottes und der Grobheit bekämpft, seit drei Jahren sich nun aber mit Vielen plötzlich zu ihr bekehrt hat, reden lassen. *Carl Vogt*, der vor andern Materialisten den

Vorzug hat, daß er ohne Scheu und Schaam die Consequenzen seiner materialistischen Doktrin selbst zieht, schreibt in seinem neuesten Buche: »Vorlesungen über den Menschen, seine Stellung in der Schöpfung und in der Geschichte der Erde« (Gießen 1863) nach Darlegung der Darwin'schen Lehre: »Die Consequenzen dieser Doktrin sind allerdings furchtbar für eine gewisse Richtung. Es unterliegt keinem Zweifel: die Darwin'sche Theorie setzt den persönlichen Schöpfer und dessen zeitweilige Eingriffe in die Umgestaltung der Schöpfung und in die Schaffung der Arten ohne Weiteres vor die Thüre, indem sie dem Wirken eines solchen Wesens auch nicht den geringsten Raum läßt. Sobald einmal der erste Anfangspunkt, der erste Organismus gegeben ist (!), so | entwickelt sich aus diesem durch natürliche Zuchtwahl in fortgesetzter Weise die Schöpfung durch alle geologischen Zeitalter unseres Planeten hindurch, nach den einfachen Gesetzen der Vererbung: – es entsteht keine neue Art durch schöpferischen Eingriff, es verschwindet keine durch göttlichen Vernichtungsbefehl – der natürliche Verlauf der Dinge, der Entwicklungsproceß sämmtlicher Organismen und der Erde selbst genügen an und für sich zur Hervorbringung sämmtlicher Erscheinungen. Auch der Mensch ist dann nicht ein Geschöpf in specieller Weise und verschieden von den übrigen Thieren gefertigt, mit einer ganz besonderen Seele und einem von Gott selbst eingeblasenem Odem versehen, sondern der Mensch ist dann nur das höchste Entwicklungsprodukt der fortgeschrittenen, thierischen Zuchtwahl, hervorgegangen aus der zunächst unter ihm stehenden Gruppe der Affen.« Eine wenn auch etwas rohe und frivole, doch deutliche Erklärung. Gerade dieser auch hier geltend gemachte Anspruch der Darwin'schen Hypothese auf universelle Geltung, der Versuch, sie zum Erklärungsprincip der gesammten organischen Schöpfung zu erheben, hebt dieselbe über das Gebiet der rein naturwissenschaftlichen Beobachtung weit hinaus, verwandelt sie vielmehr in ein *naturphilosophisches Axiom*, das, wie jede Schöpfungstheorie vor

Allem eine dialektisch-logische Prüfung bedarf und aushalten muß. Von Aristoteles bis auf Alexander von Humboldt war man auch in den Kreisen der Naturforscher der Ueberzeugung, daß die primären Ursachen der gesammten Erscheinungswelt, der Anfang des Seins, die Schöpfung, außer und vor jeder Beobachtung liegen, und daher auch dem Gebiete der exakten Naturforschung sich entziehen. Es kann nicht scharf genug an dieser unwidersprechlichen Wahrheit festgehalten werden, denn alle Angriffe der neuern Naturwissenschaft in materialistischem Sinne sind nur dadurch möglich, daß man jene Wahrheit in täuschender Weise | ignorirt und statt mit exakten Ergebnissen der Forschung – mit naturphilosophischen Axiomen operirt. Niemand kann etwas dagegen einwenden, wenn der Naturforscher sagt: für mich und meine naturwissenschaftlichen Forschungen existiren nur sekundäre Ursachen, da die primären vor und außer aller Beobachtung liegen; meine Aufgabe ist es, den Menschen, als das oberste der Säugethiere, als welches er sich ja nach seiner physischen Organisation darstellt, zu betrachten und zu beobachten. Der Uebergriff und zugleich die Thorheit des Naturforschers beginnt erst dann, wenn er nun aus der *physischen* Beschreibung des Menschen den *ganzen* Menschen oder mit der Beschreibung der *sekundären* Ursachen, die in der Schöpfung als wirkend zu erkennen sind, auch die *primären* gefunden, und damit das Räthsel der Schöpfung gelöst zu haben glaubt.[6] | In die-

[6] Frohschammer gibt a.a.O. von der Entstehung, resp. Transmutation des Menschen folgende im Sinne Darwins völlig correkte Beschreibung: »Nicht minder dann ist auch der Menschengeist Produkt der Leibesgestaltung und der Bethätigung derselben und ist unter gegebenen Naturverhältnissen erst durch Thätigkeit, Zwang und Gewohnheit entstanden. Wie der Schweif der Giraffe, der Rüssel des Elephanten, so entstand durch natürliche Züchtung allmählig auch der Verstand, das Gedächtniß, die Phantasie, der Wille des Menschengeistes und das ganze ethisch-historische Leben und Wirken der Menschheit. Man hätte sich diese Entstehung etwa so zu denken, daß irgend ein affenähnliches Ge-

sen großen und groben Irrthum fällt Darwin, und noch mehr als er selbst, die meisten seiner Anhänger, wenn sie rein sekundäre Ursachen als die »einzigen Erklärungsgründe für das Entstehen und Vergehen der gesammten organischen Welt«

schöpf einmal mit der Neigung geboren oder durch Lebensverhältnisse gezwungen wurde, die oberen Extremitäten nicht mehr zum Gehen oder Klettern, sondern nur zum Arbeiten zu gebrauchen, die hinteren Extremitäten dagegen ausschließlich zur Fortbewegung, zum Gehen; daß dann der dadurch für die Lebenserhaltung erlangte, offenbare Vortheil dabei beharren ließ, und fortgesetzte Uebung zur vollständigen Anpassung der oberen und hinteren Extremitäten an diese Beschäftigungen führte. Nach der Funktion dieser Extremitäten hätte sich nun, müßte weiter angenommen werden, auch die psychische Fähigkeit und Thätigkeit gerichtet und sich der menschliche Geist, der Verstand insbesondere gebildet – selbstverständlich nur allmählig, nur in langsam fortschreitender Vervollkommnung durch kleine körperliche und geistige Ansätze, Gewohnheiten und Thätigkeiten, die immer wieder in's Generationssystem der Menschennatur eingepflanzt und durch dieses als Naturanlage zur Vererbung gebracht wurden. Die Thierseelen wie der Geist des Menschen wären demnach Produkt zunächst äußerlicher Abänderungen der leiblichen Organisation, dann Werk der Lebensumstände und Thätigkeiten, dieß Alles angesammelt und zur Erblichkeit befestigt in unendlich langen Zeiträumen. Räumliche complicirte Verhältnisse einerseits, und die Zeit andererseits in ihrem Zusammenwirken hätten sich also zum Geist verinnerlicht, so zu sagen condensirt und durch langen Verlauf befestigt. Der Geist wäre das Werk von Raum und Zeit, ginge aus beiden hervor, gleichsam als Blüthe und Frucht ihres reichen endlos langen Zusammenlebens, so daß hiebei eine generatio aequivoca ganz eigenthümlicher Art stattfände. Welch schöne Gelegenheit hier zu geistreichen oder gar tiefsinnigen naturalistischen Spekulationen! Der Geist – Produkt complicirter Raumverhältnisse, unendlich langer Zeit und ursprünglich ganz einfacher Bewegung! Der innerlich angesammelte Reflex oder die Condensation von all diesem!« – Die völlig materialistische Grundlage der Darwin'schen Lehre liegt klar zu Tage. Wie die Thierseele reines Accidens des Körpers, so ist auch der menschliche Geist reine Gehirnfunktion. Selbst wenn man diesen Kanon des Materialismus zugestünde, würde die Theorie Darwins doch nichts erklären, da er nicht zu zeigen vermag, wie und warum bei Aenderung etwa der Extremitäten des Organismus auch das Gehirn die entsprechende Aen-

behaupten. Dieß ist nach doppelter Seite ein greifbarer Widerspruch. Denn es kann nicht von sekundären Ursachen geredet werden, ohne daß eine primäre vorhanden oder vorausgesetzt wäre, so wenig als man zwei zählen kann, ohne daß vor Allem das eins gegeben wäre. Oder man leugnet, in|dem man die sekundären Ursachen zu den einzigen Erklärungsgründen der geschaffenen Welt macht, überhaupt die Existenz einer primären Ursache und sagt, das Zweite ist das Erste. Wirklich verwickelt sich die Darwin'sche Theorie in diesen Widerspruch und macht, nachdem sie bescheiden mit der Untersuchung der sekundären Ursachen begonnen, zuletzt unter der Hand diese zu den obersten und letzten Erklärungsgründen alles organischen Lebens. Ein Kunststück, ein Trugschluß, in den wir die neuere materialistische Naturforschung so oder so immer wieder fallen sehen.

Lassen Sie mich, nachdem ich Ihnen gezeigt, warum die Darwin'sche Theorie als naturphilosophisches Axiom vor Allem auch einer logisch-dialektischen Prüfung unterstellt werden müsse, nun schließlich das Ungenügende und Widersprechende derselben in einer kurzen Beleuchtung seiner Transmutationshypothese noch näher hervorheben.

Aus einer oder einigen organischen Urformen ist nach Darwin die ganze Fülle des organischen Lebens hervorgegangen. Das heißt, Darwins Theorie, auf einen kurzen Ausdruck zurückgeführt, sagt im Grunde Folgendes: Gebt mir einige oder auch nur eine irgendwoher auf den Erdboden gesetzte Urzelle, dazu irgend einen Anfang der Bewegung und endlich beliebig viele Millionen Jahre, und ich construire euch die Entstehung der gesammten organischen Welt aus jener Einen Urzelle. Darwin selbst leugnet zunächst nicht, daß man für diese Urform, für dieses moderne Weltei eine erste Ursache anneh-

derung erfährt. Auch dieß ist nach ihm reiner Zufall, denn ein bestimmendes Gesetz besteht nach ihm nicht, und seine Annahme demnach eine auf blinden Glauben anzunehmende Hypothese.

men, es also irgendwie als geschaffen betrachten müsse. Ist dieß ernst gemeint, so entsteht freilich die Frage, warum denn nur *eine* Urform, und nicht vielmehr die Tausende verschiedener Arten des Pflanzen- und Thierreiches von jener unbekannten, die erste Urzelle setzenden Macht geschaffen sein sollen? Es wäre weiter die Frage, ob die hier dem großen Unbekannten, | der die erste Urzelle gesetzt hatte, zugewiesene Rolle, die in der That kaum etwas anderes ist, als eine Bedientenrolle für die Hypothese Darwins, mit dem Begriff eines Schöpfers überhaupt verträglich sei? Diese Fragen bedürften um so mehr einer Antwort, da die Darwin'sche Urzelle ja überhaupt kein naturwissenschaftliches Ergebniß, sondern, als vor und über jeder Erfahrung liegend, ein naturphilosophisches Axiom, eine auf Glauben anzunehmende Hypothese ist. Als solche müßte sie sich aber vor Allem auch dialektisch als vernünftig und von inneren Widersprüchen frei beweisen lassen. Eine Aufgabe, an die die meisten Anhänger Darwins gar nicht zu denken scheinen, vielmehr die Annahme seiner Hypothese in blindem Glauben von uns fordern. Ja, die Mehrzahl der Darwinisten ignorirt jenes mystische Wölkchen, das auch seine Theorie noch drückt, geradezu und versichert, bei Darwins Lehre bedürfe es überhaupt keines Schöpfers und keiner Schöpfung mehr, sie befreie uns von jeder primären Ursache, da sie die gesammte organische Welt aus rein sekundären Gründen erkläre. Sie sehen, daß diese ganze Behauptung, wie schon oben angedeutet, auf einem reinen Trugschluß ruht.

Wie hat nun aber jene Urzelle, jenes moderne Weltei sich entwickelt? Hat etwa der verborgene und unbekannte Hervorbringer desselben einen typischen Plan der ganzen Entwicklung des organischen Lebens in denselben keimartig eingesenkt und diesen nun in fortgesetzten Zeugungen sich aus demselben entwickeln lassen? Mit nichten, das wäre ja wieder eine um jeden Preis fern zu haltende Teleologie, oder die Annahme einer zweckmäßigen, vernünftig geordneten Entwicklung der Natur. Statt dessen, meint Darwin, habe jene Urform durch irgend welche Afficirbarkeit des Reproduktionssystems irgend welche kleine vortheilhafte Veränderungen erlitten, die sich theils | allmählig fixirten, theils durch immer fortgesetzte Affektion des Generationssystems zu immer neuen Gestaltungen entwickelten.

Sie sehen, das Princip der Darwin'schen Theorie ist demnach der reine, blinde *Zufall*. Irgend welche Afficirbarkeit hat irgend welche kleine vortheilhafte Veränderungen geschaffen. Es ist kaum möglich, Nichtssagenderes und Willkührlicheres über die Entstehung der geschöpflichen Welt auszusagen. Es fehlt, wie Sie sehen, jeder wahre Erklärungsgrund, alle Gesetzmäßigkeit und Nothwendigkeit der Entwicklung. Doch vielleicht kommt diese, wenigstens nach der Hand, in Darwins Theorie durch seine Behauptung der natürlichen Auswahl oder Züchtung. Ihren Ausgangspunkt nimmt diese Hypothese von der künstlichen Züchtung, welche der Gärtner an den Pflanzen, der Landbauer an den Hausthieren verwandter Gattungen vornimmt. Aber Sie wissen Alle, daß diese künstliche Züchtung nur als Kreuzung verschiedener Varietäten einer und derselben Art mit Erfolg möglich und daß die eigentliche Bastardbildung, z.B. das Maulthier, als Produkt der Kreuzung zwischen Pferd und Esel, sich unfruchtbar erweist, daß diese Bastarde sich nicht fortpflanzen, und vielmehr jene ursprüngliche Kreuzung zu ihrer Hervorbringung immer wiederholt werden muß. Ist diese Thatsache der im Allgemeinen[7] | fest-

[7] Die Fälle, in denen Bastardbildung und Fruchtbarkeit derselben (wenigstens für ein Paar Generationen) zwischen einzelnen ähnlichen Arten sich ergab, sind so beschränkt und selten, daß sie die Regel der specifischen Unterscheidung und Scheidung der Arten nur bekräftigen. Auch *T.H. Huxley*, sonst ein warmer Anhänger der Darwin'schen Lehre, bemerkt: »Trotz alledem muß unsere Annahme der Darwin'schen Hypothese so lange nur provisorisch sein, als ein Glied in der Beweiskette noch fehlt; und so lange alle Thiere und Pflanzen, die sicher durch Zuchtwahl von einem gemeinsamen Stamme entstanden sind, fruchtbar sind, und ihre Nachkommen untereinander, so lange fehlt jenes Glied.

stehenden Unfruchtbarkeit der Bastardbildung nicht ein deutliches Zeugniß für die scharfe Abgegrenztheit der verschiedenen Arten und damit eine Widerlegung der von Darwin zum allgemeinen Entwicklungsprincip erhobenen, natürlichen Züchtung? Aber diese natürliche Züchtung streitet nicht nur mit den Thatsachen, und läßt sich nirgends an der heutigen Thierwelt durch Beobachtung nachweisen, sie erscheint auch, rein begrifflich betrachtet, unhaltbar. Die künstliche Züchtung hat Darwin auf den Gedanken einer natürlichen Züchtung geführt. Jene wird vom Menschen geübt nach verständigem Calcul auf Grund der Beobachtung. Wer züchtet denn aber bei der »natürlichen Züchtung«? Ist es ein verborgener Verstand, der hiebei operirt und mit kluger Auswahl immer neue Züchtungsexperimente versucht? Fast sollte man es meinen, denn Darwin personificirt an mehreren Stellen geradezu den Begriff der natürlichen Züchtung. So sagt er, dieselbe »beobachte genau,« sie »wähle sorgfältig aus,« sie »finde mit nie irrendem Takte jede Verbesserung zum Zwecke weiterer Vervollkommnung heraus.« Wäre dieß in eigentlichem Sinne zu verstehen, so würde Darwin eben die teleologische Naturbetrachtung, die er sonst gründlich verbannen will, selbst wieder einführen. Es wäre dann ein ordnender, über allen Naturerscheinungen waltender, göttlicher Verstand anerkannt. Meint aber Darwin, wie nicht zu bezweifeln ist, jene Aussagen im uneigentlichen Sinne, so sind dieselben ein leeres Spiel mit Worten, welches den blinden Zufall, der bei ihm zur Ursache einer verständig und zweckmäßig wählenden Thätigkeit gemacht ist, verdecken soll. Auch hier also begegnen wir einem Widerspruch im Begriff der natürlichen Züchtung. |

Doch Darwin, der diesen ja gewiß gefühlt, hat, um demselben zu entgehen, seine Hypothese der natürlichen Züchtung durch eine weitere Hülfshypothese zu stützen gesucht. Denn

Denn für so lange kann nicht bewiesen werden, daß die Zuchtwahl alles das leistet, was zur Erzeugung natürlicher Arten nöthig ist.« –

es ist ihm zufolge, wie wir gesehen, eigentlich *der Kampf um das Dasein*, den die organische Welt unter einander kämpft, welcher die Natur zur Hervorbringung immer vollkommnerer Gestaltungen nöthigt. Gewiß ist es eine Thatsache, daß ein solcher Kampf der organischen Lebewesen in der gegenwärtigen Welt statt hat. Aber eignet sich diese Thatsache zum Beweise für die Darwin'sche Hypothese?

Sie eignet sich vielleicht zur theilweisen Erklärung der so wunderbaren Thatsache des thierischen Instinktes, aber nimmermehr zur Erklärung einer fortgehenden Verwandlung und Vervollkommnung der organischen Wesen. Denn wenn die höhere Organisation eines Thieres ihm Macht gibt über die niedriger organisirten, so ist nicht einzusehen, warum jene diese nicht schon längst verzehrt und ausgerottet haben. Umgekehrt zeigt aber die Naturforschung, daß manche Geschöpfe gerade um ihrer höheren Vollkommenheit willen unter gewissen Verhältnissen den unvollkommeneren unterlagen, und von ihnen verdrängt wurden. Auch dieser Kampf um das Dasein läßt sich nur begreifen bei einem verborgen über der Natur waltenden göttlichen Verstande, der durch verschiedene Begrenzung des thierischen Instinktes und andere in den Naturlauf geordnete Bedingungen jenem gegenseitigen Krieg der organischen Wesen seine Schranken gestellt, und damit ein im großen Ganzen unüberschreitbares Gleichgewicht der verschiedenen Arten des organischen Lebens befestigt hat. – Durch den Kampf um das Dasein aber die Entstehung und Entwicklung des organischen Lebens erklären zu wollen, heißt im Grunde nichts anderes, als die Furcht des Todes zum Princip alles Lebens zu machen! Hiemit ist zugleich, da Darwin und seine Anhänger, | wie wir sahen, auch den Menschen und die Menschheit durchaus unter dieselben Gesetze der Entwicklung, des Entstehens und Vergehens stellen, wie die Thierwelt, der *Egoismus*, als die einzige Basis aller Moral, und der Kampf Aller gegen Alle als das Fundament des socialen Bestandes der Menschheit proklamirt. Wenn irgendwo, erkennen wir hier deutlich die durch und durch materialistische Haltung der Darwin'schen Lehre.

Zum Schluß gestatten Sie mir, obgleich noch eine Reihe von kritischen Einwendungen gegen die Lehre Darwins zu erheben wäre, nur Einen Punkt noch im Vorbeigehen zu beleuchten. Eine, aber vielleicht die wichtigste, von den Hülfshypothesen, auf denen Darwin seine Theorie aufbaut, ist die Annahme *unermeßlich langer Zeiträume*, in welchen die Entstehung der organischen Wesen allmählig sich vollzogen habe. Bis vor Kurzem war es das Vorrecht der Geologen, mit Millionen, ja mit Hunderten und Tausenden von Millionen Jahren zu rechnen. Darwin hat das Verdienst, nach Lamarcks Vorgang, diese mythologischen Zahlenreihen auch in die Betrachtung der Entwicklung der Pflanzen- und Thierwelt, in die Botanik und Zoologie, übergetragen zu haben. Da nämlich die Darwin'sche Lehre von der fortgesetzten Verwandlung, so lange es Menschen oder doch beobachtende Naturforscher auf Erden gibt, nirgends in ihrer Allgemeinheit auch nur entfernt faktisch nachweisen läßt, da die Natur für sich nirgends sich fähig beweist, fortzuschreiten und sich zu verbessern, »da die Blume, welche der Botaniker heute beobachtet, so vollkommen ist, wie vor Jahrtausenden, da die sechseckigen Zellen der Bienen im 19. Jahrhundert nicht regelmäßiger gebaut werden, als zu der Zeit, da Israel in das Land voll Milch und Honig einzog, da unsere Nachtigall noch ebenso singt, wie die Philomele der Griechen,« da mit Einem Worte Darwin | auf dem Wege der wirklichen Beobachtung nicht nachweisen kann, wann und wo jene »irgendwelche vortheilhafte, kleine Veränderungen der Organisation« beginnen, so nimmt er unter dem Applaus vieler exakter Forscher zu einem wenig exakten Hülfsmittel, nämlich zur Annahme unendlich großer, wahrhaft mythologischer Zahlenreihen seine Zuflucht. Ein in der That unbegreifliches und wenig überlegtes Auskunftsmittel. Ich werde im zweiten Theile dieser Abhandlung auf die Kritik dieser Hypothese, die ein Hauptfundament der ganzen neueren materialistisch gerichteten Naturwissenschaft bildet, noch einmal zu sprechen kommen; hier sei in der Kürze nur Folgendes bemerkt. Die Zeit, als solche, erklärt nie und nimmer irgend einen Proceß des Werdens oder der Entwicklung. Sie bietet, sei es ein Jahr, sei es eine Milliarde von Jahren, stets nur die Möglichkeit irgend welcher Bildungsprocesse, kann aber nie ein Grund sein, daß dieser oder jener Bildungsproceß sich in ihr und zwar so oder so, langsam oder rasch, ebenmäßig oder in Krisen vollziehe. Aus dem reinen Nichts wird, wenigstens ohne einen allmächtigen Schöpfer, in alle Ewigkeiten nichts. Diese mythologischen Zahlenreihen der modernen Naturwissenschaft erklären also im Grunde gar nichts, übersteigen vielmehr alles klare menschliche Vorstellungsvermögen, und hüllen damit die Entwicklungsprocesse, die sich in diesen fabelhaften Zeitläuften vollzogen haben sollen, in einen phantastischen Nebel. Sie sehen aber auch hier: wir sind mit Hülfe der neuesten Forschungen in Beziehung auf die Lehre von der Entstehung der Erde und ihrer Lebewesen glücklich, wie bei dem Weltei, so auch bei den mythologischen und kosmogonischen Zahlenreihen der alten Hindus, Chinesen und Perser wieder angelangt. Doch gestehe ich offen, daß, wenn mir nur die Wahl bliebe, zwischen den Kosmogonien des antiken, oder denen des modernen europäischen Heidenthumes, ich für meine | geringe Person mich unbedingt auf die Seite des ersteren stellen würde.

Aber vielleicht fragen Sie, wie ist es möglich, daß eine Theorie, wie die Darwins, so willkührlich in ihrem Grundaxiome, so ungesichert in ihren naturwissenschaftlichen Beweisen, so phantastisch in ihren Hülfshypothesen, – solchen Beifall findet? Wir haben das Verdienstliche an den rein und wirklich naturwissenschaftlichen Forschungen Darwins nicht bestritten, selbst den Werth der von ihm aufgestellten Theorie für begränzte Gebiete der Beobachtung nicht in Abrede gestellt,[8] nur

[8] Auch für die Sprachwissenschaft, d. h. nicht für die Frage nach dem

den Versuch, seine Transmutationshypothese zu einer Schöpfungstheorie aufzublähen, entschieden bekämpft. Für Viele, zumal Naturforscher, die, wie man sagt, mit der Logik und den philosophischen Disciplinen nicht selten etwas brouillirt sein sollen, sind aber jene Vorzüge so wichtig und blendend, daß sie die bedenkliche Universalisirung der Darwin'schen Theorie ruhig mit in den Kauf nehmen. Es giebt aber heutigen Tages und zwar in allen Classen der Gesellschaft andererseits auch nicht Wenige, welche jede Lehre, die die Abwesenheit eines lebendigen Gottes und damit auch die intime Verwandtschaft des Menschen mit dem Affen proklamirt, freudig willkommen heißen. Tritt nun eine Theorie, wie die Darwins, in einigermaßen blendender Gestalt auf, verbrämt sie ihre Beweisführungen mit etlichen neuen naturwissenschaftlichen Beobachtungen, dieselben mögen noch so unzureichend sein, so ertönt alsbald aus Vieler Munde ein lautes: Heureka! Heureka! – an das sich sofort der frohe Triumphruf schließt: Seht doch, lieben Leute, mit Bibel und Christenthum ist es aus! Der und der | hat's ja sonnenklar bewiesen! Gegen diesen Standpunkt ziemt meines Erachtens nur noch die Waffe des Humors. Wer durchaus sich in seinen Vorältern in unendlich langen Zeiträumen aus dem Affen heraustransmutirt haben will, statt als aparte Species des »Homo sapiens« aus der Hand Gottes hervorgegangen zu sein, den muß man zuletzt gewähren lassen, denn de gustibus non est disputandum. Aber so lange die Frage der Abstammung des Menschen im Gebiete der Gründe und der vernünftigen Beweisführungen sich hält, so lange dieselbe nicht als eine ästhetisch-moralische Geschmackssache auftritt, wird es auch zu keiner Zeit an lauten und wohlbegründeten Protesten wider diese materialistischen Absurditäten fehlen.

Ursprung der Sprache, wohl aber für das Verständniß der Entwicklung und Abänderung der Sprachen scheint die Transmutations-Hypothese nicht ohne Werth.

Der Erwähnung werth ist hier schließlich auch noch die merkwürdige Umstimmung, welche durch die Hypothese Darwins bei unseren materialistisch denkenden Naturforschern in Beziehung auf die Frage nach *der Einheit des Menschengeschlechtes* in den letzten Jahren hervorgerufen worden ist. Während bis vor etlichen Jahren es denselben als Dogma feststand, daß die Menschheit vielartig geschaffen, der Rassenunterschied also ein ursprünglicher sei, sehen wir dieselben Kreise in Folge der Transmutations-Hypothese Darwins plötzlich zu der Anschauung von einer ursprünglichen Einheit des Menschengeschlechtes bekehrt. Freilich bildet hiebei der Affe den höheren Einheitspunkt aller Menschenrassen, und Carl Vogt hat, um auch diese Einheit leugnen zu können, neuerlich gemeint, da es drei Hauptarten Menschenähnlicher Affen gebe, den Gorilla, den Tschimpanse und den Orang, so könnten sich die Menschen ja auch in dreifacher Rassengestalt aus diesen Affenarten ursprünglich entwickelt haben. Wir überlassen es Herrn Vogt und seinen Freunden, den physiologisch-anatomischen Beweis für diese interessante Ent|deckung beizubringen. Einstweilen wird der Preis, den die Darwin'sche Hypothese für die Wiederanerkennung einer ursprünglichen Einheit des Menschengeschlechtes verlangt, von den Meisten als zu hoch erfunden werden. Denn um *diese* ursprüngliche Einheit des Menschengeschlechtes annehmbar zu finden, ist nicht weniger nöthig, als das Axiom des Materialismus von vorneherein gläubig anzunehmen: daß nämlich der Mensch überhaupt wesentlich nichts anderes, als ein zufällig höher organisirtes und mit Vernunft begabtes Thier sei.[9]

[9] Aus speculativen und biblischen Gesichtspunkten haben wir die Frage nach der ursprünglichen Einheit des Menschengeschlechtes und der Entstehung der Rassen beleuchtet in der Schrift: *Die Entstehung des Heidenthumes und die Aufgabe der Heidenmission. Nebst zwei Beilagen: Ueber den Ursprung der Sprache und über den christlichen Staat.* Barmen bei W. Langewiesche. 1859.

Sie sehen nach all' dem, unser Schlußurtheil über die Darwin'sche und verwandte moderne naturphilosophische Theorien ist also einigermaßen verschieden von dem des bekannten Botanikers Schleiden, der in der oben genannten Schrift sagt: »So wunderlich fremd, ja so abentheuerlich auch heute noch Manchem der Gedanke erscheinen mag, daß *alle* Organismen auf Erden, Pflanzen, wie Thiere, untergegangene und lebende, als eine einzige große Familie durch naturgemäße Abstammung untereinander zusammenhängen, so braucht man doch kein großer Prophet zu sein, um voraussagen zu können, daß es nicht lange währen wird, bis dieser Gedanke jedem Naturforscher geläufig und unbestrittenes Eigenthum der Wissenschaft geworden ist. Wenn sich auch gegenwärtig noch manche verständige und unverständige Stimmen gegen Darwin erheben, so hat er doch schon eine große Anzahl bedeutender Mitkämpfer gewonnen und die endliche Entscheidung kann nicht zweifelhaft sein.« Auch ich rechne mich, wie Herr Schleiden, nicht zu | den großen, sondern zu den kleinen Propheten, erlaube mir aber auf Grund dieser Annahme das entgegengesetzte Horoskop zu stellen. Ich glaube, daß, wer es übel meint mit den Naturwissenschaften, wer einen geheimen Zorn gegen dieselben im Busen trägt, denselben nicht wirksamer befriedigen kann, als wenn er Alles thut, der naturphilosophischen Hypothese Darwins allgemeine Anerkennung zu verschaffen. Denn ist nur erst einmal die Unterscheidung der Arten der Organismen als festbegrenzter Unterschiede der schöpferischen Gestaltung in der Natur aufgegeben, – ein Grundprincip, dessen sorgfältige Bewahrung seit Linné zu dem Fortschritt naturwissenschaftlicher Erkenntniß wesentlich beigetragen hat, ist an die Stelle verständiger Sonderung und Classifikation die auf den Zufall basirte Lehre Darwins von der unendlichen Verwandlung aller Lebewesen getreten, so steht zu erwarten, daß diese chaotische Vermischung aller organischen Wesen solch phantastische Theorien erzeugen wird, welche die früheren naturphilosophischen Spekulationen an Willkühr noch weit übertreffen werden. Ja ist diese Entwicklung nicht bereits in vollem Zuge? Ist es nicht die ärgste Phantasterei, den Menschen durch Verwandlung aus dem Affen hervorgehen zu lassen? Ist dieß nicht eine Erhebung der Hexerei zum Princip? – denn diese auf einen blindlings wirkenden Zufall gebaute Lehre von der unbedingten Verwandlungsmöglichkeit aller Lebewesen verdient in der That kaum einen andern Namen. Wir hoffen aber und vertrauen, die besonnenen Vertreter der Naturwissenschaft werden vor solchen naturphilosophischen, abgeschmackten Fabeln sich hüten, und die Darwin'sche Theorie werde, nachdem sie, wie schon so manche ähnliche naturphilosophische Entdeckung eine Weile Lärm gemacht, nach einigen Seiten die Naturforschung wohl auch fruchtbar angeregt hat, gleich ihren Vorgängerinnen in nicht langer Zeit zur Seite gelegt und soweit sie eine Theorie der Schöpfung | sein wollte, nur mehr als eine großartige, auf viele Zeitgenossen epidemisch wirkende Verirrung des menschlichen Geistes erkannt werden.

Das hoffen und glauben wir. Gegenüber der sichern Zuversicht und kühnen Keckheit aber, mit welcher der Materialismus in unsern Tagen mit immer neuen Versuchen sich allgemeine Geltung zu verschaffen auftritt, erheben wir im Namen der Vernunft und Sittlichkeit für unsern bescheidenen Theil wiederholt entschieden Protest. Diese Richtung muthet uns immer wieder mit großer Dreistigkeit einen Glauben zu, der die alleräußerste Verleugnung der menschlichen Vernunft erheischt, und gegen den Alles, was in der Bibel steht, zu glauben, ein wahres Kinderspiel ist. Was diese Richtung will, was sie, sie mag wollen oder nicht, in ihren letzten Consequenzen mit Nothwendigkeit heraufführt, hat schon Hamann scharf treffend gegeißelt, indem er das Credo der Materialisten seiner Tage also formulirt:

»Eine Vernunft, die sich für eine Tochter der Sinne und Materie bekennt, seht das ist unsere Religion; eine Philosophie, welche den Menschen ihren Beruf, auf allen Vieren zu gehen, offenbart, nährt unsere Großmuth und ein Triumph heidnischer Gotteslästerung ist der Gipfel unseres Genies!«

Friedrich Albert Lange

Die Arbeiterfrage in ihrer Bedeutung für Gegenwart und Zukunft*

(Auszug)

Vorwort |

Die nächste Veranlassung zur Entstehung der gegenwärtigen Schrift ist darin zu suchen, daß ich die Verpflichtung fühlte, meinen zahlreichen Freunden aus dem Arbeiterstande – und ich will auch meiner Freunde unter den Arbeitgebern dabei nicht vergessen – über meine Stellung zu der wichtigsten Frage der Gegenwart Rechenschaft zu geben. Wer in solchen Fragen das Glück hat, schlechthin mit einer der großen Parteien übereinzustimmen, spart sich endlose Erörterungen. Meine bisherige Thätigkeit auf dem Gebiet der politischen und socialen Fragen hat mich in zahlreiche Verbindungen gebracht, die ich zu klären, und, wenn es nicht anders ist, zu reduciren wünsche. Dazu ist aber eine Darlegung erforderlich, welche ausführlich genug ist, um wenigstens die gröbsten Mißverständnisse zu beseitigen. Wer in unserer Zeit eine Sache um ihrer überwiegenden guten Seiten willen fördert, der wird zur Armee gezählt, und wer eine Bewegung als Bundesgenosse unterstützt, von dem nimmt man an, daß er auch in allen ferneren Schritten den Führern dieser Bewegung folgt, wenn auch die Sachen, um die es sich handelt, ganz andere geworden sind. Dieser Zug der Zeit hat seine Berechtigung; allein man wird nicht leugnen, daß daneben auch das selbständige Denken noch eine gewisse Berechtigung hat.

* *Aus:* Die Arbeiterfrage in ihrer Bedeutung für die Gegenwart und Zukunft beleuchtet von Dr. Fr. A. Lange. Duisburg, 1865. Verlag von W. Falt & Volmer. 3–55, 162–170.

Durchaus abgeneigt, die Verwirrung in unserer socialen Frage durch den Versuch zur Bildung einer neuen Partei zu vermehren, abgeneigt mit einer der bestehenden durch Dick und Dünn zu gehen; nicht | minder aber fest entschlossen, in meiner Thätigkeit für das Wohl der gedrückten Volksklassen fortzufahren, konnte ich nichts thun, als meine eigenen Ansichten offen darzulegen, damit Jedermann zum Voraus wissen kann, wo ich mit ihm gehe, und wo nicht. Wenn ich hoffe, für diese Darlegung zugleich ein größeres Publikum zu interessiren, so gründet sich dies theils auf die Natur der Sache, da es Manchem lieb sein muß, in dieser Frage einmal ein Urtheil von *ganz unabhängiger* Seite zu hören, theils auch auf die Erfahrung, daß namentlich unter dem Arbeiterstande in Rheinland und Westphalen ein großer Theil der einsichtsvollsten Männer den Schwindel, der mit den Phrasen von *Selbsthülfe* und *Staatshülfe* getrieben wird, längst durchschaut hat, und sich nach einer reineren Quelle der Einsicht in diese Fragen sehnt, als sie von den Parteiblättern geboten wird. Die neuesten Vorgänge in der Arbeiterwelt von *Berlin* zeigen mir, daß man auch in andern Gegenden des großen Vaterlandes beginnt, den dichten Nebel, der sich über der socialen Frage verbreitet hatte, zu verscheuchen. Wenn meine Schrift hierzu mithelfen kann, so werde ich mich über die vielfachen Verdrehungen trösten, die ich aus meiner Kenntniß der Verhältnisse und Personen mit Sicherheit zum Voraus entnehmen kann. Doch die Polemik will ich mir noch verspart haben! Ich weiß sicher, daß meine Schrift Manchem unbequem, daß sie für Manchen ein Prüfstein sein muß, ob er es mit seinen Bemühungen für den Arbeiterstand ehrlich meint, oder nicht. Man kann den Lassalleanern ihre Annäherung an reaktionäre Elemente vorwerfen und sich dadurch an ihren wichtigsten Sätzen vorbeidrücken; mir kann man jenen Vorwurf nicht machen, und man wird mir Rede stehen müssen. Man kann vielen Freunden der Selbsthülfe vorwerfen, sie stünden im Dienst der Bourgeoisie; ich will aber den erst sehen, der dieselbe Beschuldigung gegen mich erhebt. Nichts liegt mir übrigens ferner, als die Neigung zu vermitteln. Wenn ich mich in der Form nach allen Seiten milde und, so weit es ging, freundlich ausgedrückt habe, so ist es mir doch nicht darum zu thun gewesen, die tiefen Gegensätze zwischen meiner Auffassung und der der beiden großen Parteien irgendwie zu bemänteln. Wo meine Schrift in der Sache selbst zurückhaltend ist, da liegt der Grund – abgesehen von der Rücksicht auf die Schranken der Gesetzgebung – | meist darin, daß ich es für unmöglich hielt, meine Ansichten in gebührender Kürze verständlich auseinanderzusetzen.

Dies betrifft namentlich auch meine Stellung zu der Frage des *allgemeinen gleichen und direkten Wahlrechtes,* welches die Lassalleaner zum Stichwort ihrer Partei erhoben haben. Nur so viel will ich hier in Kürze bemerken, daß ich von dem Grundsatze ausgehe, daß dies Wahlrecht, *sobald es von den Massen gefordert wird, stets auch gewährt werden muß*. Der Ruf nach demselben ist die Meldung zum Wort seitens der gedrückten Klassen der Bevölkerung, und das Wort muß ihnen gegönnt werden. Während dagegen Lassalle die Ansicht aufstellt, daß dies Wahlrecht, selbst zur Unzeit gegeben und anfangs schlecht benutzt, sich doch allmählig in seinen Ergebnissen bessern werde, halte ich umgekehrt dafür, daß es seinen größten Werth gerade im Augenblick der ersehnten Einführung hat, in einem Augenblick, in welchem die Massen von einem bestimmten Impuls durchdrungen nach einem bestimmten Ziele hinstreben – ein Zustand, der unter unsern socialen Verhältnissen nicht dauernd sein, wohl aber dauernde Folgen haben kann. Ein auch für gewöhnliche Zeiten allen Anforderungen der Gerechtigkeit entsprechendes Wahlgesetz soll noch gefunden werden; ich stimme in dieser Beziehung annährend mit den Ansichten überein, welche *Mill* in seinen »Gedanken über Repräsentativ-Verfassung« entwickelt. – Auch für die *sociale Frage* hätte ich mich an vielen Stellen auf Mill beziehen können, dessen Ansichten in mancher Beziehung den meinigen am nächsten stehen, und der namentlich diejenigen Punkte am vollständigsten entwickelt hat, in welchen die bisherige Volkswirthschaft einer Umbildung bedarf.

Es ist mir immer ein Räthsel gewesen, wie es kommt, daß unsre orthodoxen Volkswirthschafter Mill so häufig ehrenvoll erwähnen, ohne sich anscheinend des tiefen Gegensatzes bewußt zu sein, der zwischen ihm und unseren landläufigen Lehren besteht. Mill pflegt freilich mit ächt englischer Ruhe die stärksten Dinge so gleichmüthig in zwei Zeilen hinzusagen, daß man schon wohl orientirt sein muß, um seinen Sätzen immer die richtige Tragweite zu geben. Konnte ich schon deshalb mich nicht ohne große Weitläufigkeiten auf Mill beziehen, so hätte ich mich auch beständig gegen seine Verstümmelung – ich möchte sagen Engli|sirung – der besten und richtigsten Gedanken verwahren müssen. So sieht z. B. Mill ganz richtig ein, daß es vergeblich sein würde, die Arbeiter unter den gegenwärtigen Verhältnissen durch Moralpredigten von zu starker Vermehrung abzuhalten. Er betrachtet ganz richtig eine einmalige, dauernde und starke Verbesserung ihrer Lage durch *andere* Mittel als unumgängliche Vorbedingung für die gründliche Abhülfe. Die letztere aber findet er dann doch wieder schließlich bloß in der *verständigen Erwägung,* während ich streng daran festhalte, daß eine vollständige Erneuerung des Lebensprincips dazu gehört, namentlich des Princips der Gemeinschaft und der gegenseitigen Beziehungen des Menschen zum Mitmenschen.

Nicht der berechnende Verstand des Bauern und des zünftigen Handwerkers kann uns hier Vorbild sein, sondern wir müssen die Wirkung von der Steigerung reiner Lebensfreuden, von der Ausbreitung geistiger und durchgeistigter sinnlicher Genüsse, endlich aber von einer Vertiefung des Gemüthslebens und Veredlung des Charakters erwarten, wie sie sich nur ergeben kann, wenn den gedrückten Volksklassen, wie schon *Owen* es wollte, außer der materiellen Verbesserung auch Muße und Geselligkeit unter freien und neuen Formen geboten werden. Ich kann mir mit einem Wort die Perspektive auf eine vollendetere Zukunft der Menschheit nicht durch Mills kleinlich realistische Gesichtspunkte verbauen lassen und mag in dieser Hinsicht nicht mißverstanden werden: deshalb, und aus Rücksicht darauf, daß ich auch den Arbeitern verständlich bleiben wollte, habe ich Mill nicht erwähnt; denn die Erwähnung ähnlicher, aber dennoch in wichtigen Punkten abweichender Ansichten, läßt jenes summarische Verfahren nicht zu, mit welchem man sich in populärer Darstellung auf die breite Masse entgegengesetzter Meinungen beziehen kann.

Duisburg, im Januar 1865.

Fr.A. Lange

ERSTES KAPITEL.

Der Kampf um das Dasein. |

Vor hundert Jahren war es einer der beliebtesten Gegenstände volksthümlicher und wissenschaftlicher Schriften, die Zweckmäßigkeit der Schöpfung zu preisen; zu rühmen, wie in der Erhaltung der lebenden Wesen auf Erden Alles so trefflich in einander greift, und wie für jedes Bedürfniß durch besondere und kunstvolle Vorrichtungen gesorgt ist. Heutzutage hat man einen Zipfel des Schleiers gelüftet, welcher die Geheimnisse der Natur verhüllt; man hat einen Einblick gewonnen, in die Art, *wie jene Zweckmäßigkeit zu Stande kommt*; ein Blick in den unermeßlichen Hintergrund der engen Bühne des Lebens, die vor Jedermanns Augen liegt, ist der Kühnheit und Unermüdlichkeit unserer Forscher gelungen. Und das Gefühl, mit welchem wir in jene Unermeßlichkeit blicken, wenn wir die Ergebnisse der Forschung zusammenfassen und bloß mit menschlich theilnehmendem Herzen uns ihnen hingeben – das *erste* Gefühl, das uns beim Einblick in diese Geheimnisse der Schöpfung unwiderstehlich befällt, ist das eines *namenlo|sen Schauders*. Wir wissen, und wir bezeugen es, daß die tiefere Erkenntniß auch hiefür ihre Versöhnung hat; aber es ist für diesmal nicht unsere Aufgabe, hierüber zu reden. Wir behandeln den *Kampf um das Dasein,* und wir wollen diesen Kampf in seiner vollen Allgemeinheit betrachten, um seine Erscheinung im Gebiete der Menschheit richtig zu würdigen. Da sehen wir denn, wie das große, unter mancherlei Form immer wiederkehrende Mittel der Natur zur Erhaltung des Bestehenden nichts ist, als die riesenhafte Verschwendung neuer, und wieder neuer Lebenskeime und die prompte Vernichtung der zahllosen Keime und lebenden Wesen, welche nicht eben der günstige Wurf in die enge Bahn der bevorzugten Entwicklung bringt. So ist es im Pflanzenreich; so auch im Thierreich; und wenn auch die massenhafteste Erzeugung und Vernichtung den niedersten Formen der Organismen zukommt, so reicht das Gesetz doch bis in die höchsten hinauf, und selbst der Mensch ist ihm nicht entzogen.

Darwin, einer der berühmtesten Naturkundigen der Gegenwart, hat dem Kampfe um das Dasein ein Kapitel seines Epoche machenden Werkes über die Entstehung der Arten gewidmet. Seiner ruhigen, nur der Thatsache gewidmeten Erörterung wollen wir einige Sätze entnehmen.

»Ein Kampf um's Dasein folgt unvermeidlich aus der Neigung aller Organismen, sich in starkem Verhältnisse zu vermehren. Jedes Wesen, das während seiner natürlichen Lebenszeit mehrere Eier oder Samen hervorbringt, muß während einer Periode seines Lebens oder zu gewisser Jahreszeit oder in einem zufälligen Jahre Zerstörung erfahren;| sonst würde seine Zahl in geometrischer Progression rasch zu so außerordentlicher Größe anwachsen, daß keine Gegend das Erzeugniß zu ernähren im Stande wäre. Wenn daher mehr Individuen erzeugt werden, als möglicher Weise fortbestehen können, so muß jedenfalls ein Kampf um das Dasein entstehen, entweder zwischen den Individuen einer Art oder zwischen denen verschiedener Arten, oder zwischen ihnen und den äußeren Lebens-Bedingungen.«

»Es gibt keine Ausnahme von der Regel, daß jedes organische Wesen sich auf natürliche Weise in dem Grade vermehre, daß, wenn es nicht durch Zerstörung litte, die Erde halb von der Nachkommenschaft eines einzigen Paares bedeckt sein würde. Selbst der Mensch, welcher sich doch nur langsam vermehrt, verdoppelt seine Anzahl in fünfundzwanzig Jahren, und bei so fortschreitender Vervielfältigung würde die Welt schon nach einigen Tausend Jahren keinen Raum mehr für seine Nachkommenschaft haben. Linné hat berechnet, daß, wenn eine einjährige Pflanze nur zwei Samen erzeugte (und es gibt keine Pflanze, die so wenig produktiv wäre) und ihre Sämlinge gäben im nächsten Jahre wieder zwei u. s. w., sie in zwanzig Jahren schon eine Million Pflanzen liefern würde. Man sieht den Elephanten als das am langsamsten vermehrende von allen bekannten Thieren an. Ich habe das wahrscheinliche Minimum seiner natürlichen Vermehrung zu berechnen gesucht, unter der Voraussetzung, daß seine Fortpflanzung erst mit dreißig Jahren beginne und bis zum neunzigsten Jahre währe, und daß er in dieser Zeit nur drei Paar Junge zur Welt bringe. In diesem Falle würden nach fünfhun|dert Jahren schon fünfzehn Millionen Elephanten von dem ersten Paare vorhanden sein.«

»Wir können mit Sicherheit behaupten, daß alle Pflanzen und Thiere sich in geometrischem Verhältnisse vermehren, daß sie jede zu ihrer Ansiedelung geeignete Gegend sehr rasch zu bevölkern im Stande seien, und daß das Streben zur geometrischen Vermehrung zu irgend einer Zeit ihres Lebens beschränkt werden muß. Unsere genauere Bekanntschaft mit den größeren Hausthieren könnte zwar unsere Meinung in dieser Beziehung irre leiten, da wir keine große Störung unter ihnen eintreten sehen, aber wir vergessen, daß Tausende jährlich zu unserer Nahrung geschlachtet werden, und daß im Naturzustande wohl eben so viele irgendwie beseitigt werden würden.«

»Die für eine jede Art vorhandene Nahrungsmenge bestimmt die äußerste Grenze, bis zu welcher sie sich vermehren kann; aber in vielen Fällen wird die Vermehrung einer Thier-

Art schon weit unter dieser Grenze dadurch gehemmt, daß sie selbst wieder einer andern zur Beute wird.« – Einen sehr wesentlichen Antheil an dem großen Vernichtungswerk hat ferner das Klima. *Darwin* schätzt, daß der Winter 1854–55 auf seinen eigenen Jagdgründen *vier Fünftheile* aller Vögel zerstört hat. »Und dieß ist eine furchtbare Zerstörung, wenn wir berücksichtigen, daß bei den Menschen eine durch Seuchen verursachte Sterblichkeit von zehn Prozent schon ganz außerordentlich stark ist.« Die Ungunst des Klimas wirkt nicht nur direkt, sondern namentlich auch durch die Entziehung der Nahrung, und durch den furchtbaren Kampf, der zwischen den einzelnen | Arten und Individuen entbrennt, sobald die Nahrung zu fehlen beginnt. Selbst unter den Pflanzen herrscht ein beständiger Kampf auf Leben und Tod um das kleine Fleckchen Erde, aus dem sie ihre Nahrung ziehn. Eine große Menge von Pflanzen, welche unser Klima ganz gut aushalten, kann doch bei uns im Freien nicht gezogen werden, weil sie von stärkeren Bewerbern erstickt, verdrängt und ihrer Nahrung beraubt werden. Andre halten sich nur in großen Massen, wie z.B. der Weizen, der vereinzelt, im Garten, nicht aufkommen kann, während er auf freiem Felde durch das Bündniß der Massen sich gegen seine Feinde behauptet. Sät man aber verschiedene Spielarten von Weizen durcheinander, so kämpfen diese unter sich. Man darf nur den Samen immer wieder mischen und säen, so wird zuletzt diejenige Sorte, welche dem Boden am meisten angemessen ist, ganz allein übrig bleiben. »Wenn wir über diesen Kampf um's Dasein nachdenken«, sagt Darwin schließlich, »so mögen wir uns selbst trösten mit dem vollen Glauben, daß der Krieg der Natur nicht ununterbrochen ist, daß keine Furcht gefühlt wird, daß der Tod im Allgemeinen schnell ist, und daß es der Kräftigere, der Gesundere, der Geschicktere ist, welcher überlebt und sich vermehrt.«

Dieser Trost ist uns nun freilich nicht genügend, wenn wir bedenken, daß das Menschengeschlecht ganz denselben Gesetzen unterworfen ist, wie die übrigen organischen Wesen; daß auch in ihm beständig Mangel und Elend der natürlichen Vermehrung ein Ziel setzen, daß der stärkere Stamm den schwächeren verdrängt, oder daß Kriege und Revolutionen von Zeit zu Zeit ganze Völker decimiren müssen, damit | wieder eine Periode fröhlicher Ausbreitung folgen kann. Während für die Pflanze Wachsthum und Welken, Wuchern und Verschmachten nur auf- und niedersteigende Formen eines unbewußten Daseins sind; während das Thier wenigstens nur in der Gegenwart lebt, und sorglos das Glück des Augenblicks genießt, so lange eben die Verhältnisse günstig sind, kann sich der Mensch nicht dabei beruhigen, die Leiden und Freuden des Daseins gegen einander aufzurechnen. Er kennt die Schrekken der Vernichtung zum Voraus, und er haßt sie und sucht ihnen mit aller Anstrengung seiner Kräfte zu entgehen. Er hat eine Idee davon gefaßt, wie der Mensch leben und gedeihen sollte. Er kennt das natürliche Lebensziel und weiß, wie leicht sich stirbt, wenn dies erreicht ist. Der civilisirte Mensch geht von dem Grundsatz aus, daß dies Lebensziel ihm selbst und allen seinen Mitmenschen zukommt. Das Leben, was einmal geschaffen ist, soll auch erhalten werden. Die zarten Kinder, welche am meisten von Krankheit und Elend bedroht werden, sind es grade, die er auch am meisten liebt, und am sorgsamsten pflegen möchte, wenn es nur der Kampf um das Dasein gestattete. Wird aber ein Mensch in seiner Vollkraft durch einen Unglücksfall dahingerafft, von einem Mitmenschen erschlagen oder gar von wilden Thieren zerrissen, so nennen wir dies nicht einen natürlichen Tod. Wir *wollen* eben für den Menschen eine andere Natur, als die Natur der Thiere ist, und das ganze große Ringen und Streben der Menschheit hat zum Zweck, einen Zustand zu schaffen, in welchem der Lebende sich, sein Dasein genießend, in möglichster Vollkommenheit auslebt, und weder | einer plötzlichen Vernichtung, noch auch dem langsam nagenden Zahn des Elends zum Opfer fällt.

Die Wissenschaft läßt kaum einen Zweifel mehr darüber bestehen, daß der Mensch in grauer Vorzeit, Hunderttausende von Jahren hindurch, trotz seiner geistigen Ueberlegenheit, mit allen größeren und stärkeren Thieren im Wettbewerb um das Dasein stand. Als er in der Diluvialperiode mit den jetzt ausgestorbenen Geschlechtern des Höhlenlöwen, des Höhlenbären und der Höhlenhyäne zusammen wohnte, mochte er vielleicht einen unermeßlichen Zeitraum hindurch nur im Stande sein, durch die Flucht sich vor den Zähnen und Krallen jener Bestien zu retten, und die Ausbreitung der Art wurde schon durch die begrenzte Zahl der sichern Schlupfwinkel in Schranken gehalten. Mit der Gewinnung des Feuers und der ältesten, rohesten Steinwaffen begann eine Umwälzung auf Erden, welche im wissenschaftlichen Sinn erst als die wahre Schöpfung des Menschengeschlechtes betrachtet werden kann. Der Kampf gegen die Thierwelt wurde zur Jagd, und die Denkkraft, welche ehedem ganz der Sicherung vor Gefahren und der Gewinnung des nothdürftigsten Unterhaltes gewidmet war, begann sich höheren Aufgaben zuzuwenden. Die Thiergeschlechter von überlegener physischer Kraft wurden theils unterjocht, theils ausgerottet, oder in abgelegene Gegenden vertrieben. Dies Werk gab eine reichliche Nahrung, und Völker über Völker verbreiteten sich über den Erdboden; der Kampf um's Dasein aber verlor nur seinen früheren Charakter, aber nicht seine Bedeutung.

Zunächst streitet nach Darwin die ganze Thier- und | Pflanzenwelt nicht nur um den Boden überhaupt, sondern auch um den *günstigsten* Boden. Ein warmes und feuchtes Fleckchen inmitten einer rauheren Gegend ist übersät von zahlreichen Stauden, Kräutern und Blumen, die sich hier zu behaupten und die Mitbewerber zu verdrängen suchen, und da wo das Leben sich reich zusammendrängt, hält auch die Vernichtung die reichste Ernte. Kräftige Eindringlinge von Außen bemächtigen sich oft des Bodens und vertilgen die ganze frühere Vegetation. So kämpften die Menschen in verwüstenden Völkerwanderungen um die gesegnetsten Länder, und das üppige Kleinasien, das milde Italien wurden Gräber ganzer Völkerschaften. Dann kommt der furchtbare *Rassenkampf*. Der bevorzugte Europäer betritt die Gegenden, welche minder entwickelte Glieder der großen menschlichen Familie bisher ungestört behaupteten. Er bringt ihnen das Christenthum und den Tod. Eine entsetzliche, jeden Begriff übersteigende Verwüstung beginnt. Die Antillen, die Südsee-Inseln, weite Strecken von Nord-Amerika entvölkern sich; die Urbewohner von Van-Diemens-Land werden ausgerottet; die Australier auf kümmerliche Reste reducirt; aus Afrika dagegen werden Millionen unglücklicher Neger verschleppt, um in Amerika gleich Hausthieren ausgebeutet und gezüchtet zu werden. Hier ist es das Blatterngift, oder andere verheerende Krankheiten, welche die Europäer mitbringen, dort der Branntwein; hier werden Bluthunde auf die Unglücklichen gehetzt, dort werden sie mit der Feuerwaffe massenweise erlegt; hier wird ihnen durch Besetzung der Jagdgründe und Ausrottung der nutzbaren Thiere die Nahrung entzogen, dort werden sie mit grausamster Behandlung zu harter Arbeit gezwungen, der sie erliegen müssen. |

Inzwischen rastete der Würgengel auch in Europa nicht. Die Verwüstungen der Pest im Mittelalter übersteigen alle unsere Begriffe. Der schauderhafte dreißigjährige Krieg ließ in ganzen Länderstrecken Deutschlands nur rauchende Trümmer zurück. Eine alle Begriffe übersteigende Grausamkeit und Willkür der Justiz that das ihrige; besonders in den Inquisitionen und Hexenprozessen und Allem, was mit dem herrschenden Aberglauben zu schaffen hatte. Die Gefängnisse waren entsetzliche Höhlen des Jammers und der Tyrannei; oft schlimmer als die martervollen Todesstrafen. Die Hinterbliebenen, denen ihr Versorger geraubt war, mochten sterben und verderben. Die Sonne hat es gesehen, daß Heerden halb verhungerter Kinder, deren Väter im Kriege geblieben waren, auf die Weide getrieben wurden, um Gras und Wurzeln zu fressen, bis sie vor Elend hinsanken. Eine reiche Ernte brachte damals leicht

Ueberfluß und Ueppigkeit ins Land, aber bei einer Hungersnoth starben die Menschen wie Fliegen sogar in den Straßen der reichen niederländischen Handelsstädte.

Erst in den letzten Jahrhunderten sind allmählig Grundsätze der Humanität aufgekommen, welche jene Greuel beseitigt haben; aber das Vernichtungsgeschäft der Natur hat damit unter den Menschen nur wieder andere Formen angenommen. Diese Formen, wir müssen es gestehen, sind milder als in früheren Jahrhunderten. Wie kommt es nun, daß dennoch das Elend der leidenden Menschheit nie so tief empfunden wurde, wie grade jetzt? Wie kommt es, daß früher meist nur idealistische Schwärmer und dichtende Philosophen über die Mittel nachdachten, einen vollkomm|neren Zustand der menschlichen Gesellschaft herbeizuführen, während jetzt allmählig die Massen selbst den Gedanken fassen, daß ihrer Lage durch ganz neue und großartige Aenderungen und Einrichtungen müsse geholfen werden? Weshalb wurde ehemals das äußerste Elend als eine unvermeidliche Schickung betrachtet, was doch, wie die Erfahrung lehrt, keineswegs unvermeidlich war; während jetzt der Schranke des scheinbar unüberwindlichen Naturgesetzes selbst getrotzt und ein besserer Zustand verlangt wird, von dem man noch kaum eine unbestimmte Ahnung hat, wie er sich gestalten soll?

Die erste Antwort ist einfach die, daß die Entwöhnung von Greueln, die größere Ruhe und die größere Bildung ganz von selbst dazu führen müssen, daß auch die Ansprüche an das Leben steigen. Der Mensch besinnt sich auf seine höhere Bestimmung; er sieht an den Bevorzugten seiner Gattung, was er selbst auch werden könnte, wenn die Verhältnisse es ihm erlaubten. Er betrachtet die Verhältnisse mit prüfendem Blick; er rechnet, und er findet, daß Manches anders sein könnte. Es ist leider eine furchtbare Wahrheit, daß jene Tyrannen recht haben, daß wenigstens ihre teuflische Rechnung richtig ist, wenn sie den Grundsatz aussprechen, daß das Volk unter einem Druck gehalten werden müsse, bei dem es gar nicht zur

Besinnung komme. Die Geschichte zeigt uns, daß es zwar bisweilen die Momente der höchsten Noth sind, in welchen ein plötzlicher und allgemeiner Schrei der Entrüstung die Schranken des Bestehenden durchbricht; in der Regel aber ist es grade das Nachlassen eines schweren Drucks, welches die Spannkraft der | Nationen frei werden läßt. Dies hat für die große *französische Revolution* Tocqueville nachgewiesen. »Die Revolution, deren eigentlicher Zweck Aufhebung aller Einrichtungen des Mittelalters war, brach nicht in Gegenden aus, wo sich diese Einrichtungen und Gesetze am besten erhalten hatten, und wo ihre Strenge und Unbequemlichkeit auf dem Volke am schwersten lastete, sondern in Gegenden, wo solche sich weniger fühlbar machten, so daß ihr Joch am unerträglichsten dort zu sein schien, wo es in Wahrheit leichter als anderswo war.« Hieraus sollte aber der aufrichtige Menschenfreund entnehmen, daß er sich gar nicht wundern, oder darüber erschrekken darf, wenn das Volk, dem er den kleinen Finger bietet, die ganze Hand verlangt. Es hat eben die ganze Hand nöthig und wird dessen erst recht inne, wenn ihm der Finger geboten wird. Diejenigen, welche diese Wahrheit benutzen, um in philisterhafter Weise davor zu warnen, sich des Volkes anzunehmen, haben eben das Herz nicht auf dem rechten Fleck.

Wie also der Mensch im Einzelnen erst eine gewisse Ruhe haben muß, bevor er ernsthaft auf die Verbesserung seiner Lage denken kann, so sind auch grade die geordneteren Zustände der Gegenwart, die seltenen Kriege, die minder verwüstenden Krankheiten, die Vermeidung eigentlicher Hungersnoth ein Grund mit, weshalb das beklagenswerthe Loos der großen Masse der Menschheit jetzt ernsthafter empfunden wird als je. Aber ein zweiter Grund ist freilich ganz entgegengesetzter Art. Er besteht darin, daß dieser ganze Zustand der Ruhe und der vergleichsweisen Schonung doch wieder mit Uebelständen verknüpft ist, die in mancher | Beziehung viel schwerer auf der Seele lasten müssen, als der beständige Wechsel von Furcht und Hoffnung in den früheren stürmischen Zeiten. Wie ein Wanderer in der endlosen Einförmigkeit der Ebene weit mehr ermüdet, als wenn er bald einen steilen Berg hinankeucht, bald wieder lustig ins Thal herniedersteigt, so ist auch die Gleichmäßigkeit des Druckes, welchen die Völker der Kulturstaaten jetzt zu tragen haben, für das Gemüth unerträglicher, als das ewige Spiel von Furcht und Hoffnung in früheren Zeiten. Dazu kommt aber für den Arbeiterstand noch die Abgeschiedenheit von den andern Elementen der Gesellschaft, welche ihm zugleich die Theilnahme an all den Genüssen der Kultur entzieht, die er selbst durch sein unablässiges Schaffen möglich machen muß. Auch hierfür gibt es eine Parallele aus den Zeiten vor der französischen Revolution.

»Im achtzehnten Jahrhundert«, sagt Tocqueville, »konnte der französische Bauer nicht mehr eine Beute kleiner feudalistischer Despoten werden; er erfuhr nur selten offenbare Gewaltthätigkeit von Seiten der Regierung; er genoß bürgerliche Freiheit und besaß einen Theil des Bodens des Reiches, aber alle Menschen aus den andern Ständen hatten sich von ihm abgesondert und er lebte einsamer, als man ihn jemals anderswo auf der Welt gesehen hatte. Dies war eine neue und seltsame Bedrückung, deren Folgen eine besondere, sehr aufmerksame Betrachtung verdienen.«

Im Verfolg seiner scharfsinnigen Untersuchung führt Tocqueville (Das alte Staatswesen u. die Revolution, S 156 der in Leipzig 1857 erschienenen Uebersetzung) aus einem Schreiben des Finanzministers Necker folgende Worte an: | »Die ungeheure Kluft, die das Volk von den andern Klassen trennt, trägt dazu bei, daß man die Augen von der Art und Weise abwendet, wie man gegen alle diejenigen, die der Menge angehören, rücksichtslos verfahren kann. Ohne die für die Franzosen charakteristische, milde und menschenfreundliche Gesinnung, ohne den Geist des Jahrhunderts, würde der Anblick nur Trauer im Herzen desjenigen erwecken, der mit einem Elend Mitleid haben kann, von dem er selber befreit ist.« Und Tocqueville setzt hinzu, daß die Bedrückung sich weniger durch das

Böse zeigte, das man diesen Unglücklichen zufügte, als durch das Gute, das man ihnen versagte, sich selber zu bereiten. »Sie waren frei und Eigenthümer, und sie blieben doch ebenso unwissend und oft elender, als die Leibeigenen, ihre Vorfahren. Sie verblieben ohne Industrie mitten unter den Wundern der Kunst, und uncivilisirt mitten in einer Welt voll Licht und Aufklärung.« – »Aber die Ideen des Zeitalters begannen diese rohen Gemüther von allen Seiten zu durchdringen; sie kamen auf unterirdischen, abgelegenen Wegen daher, und nahmen, durch diese enge und dunkele Bahn sich drängend, seltsame Formen an. Sitten, Glaube und Gewohnheiten des Bauers schienen noch dieselben zu sein; er war gehorsam, ja sogar heiter.« – – – »Oeffnet diesem Menschen einen Ausweg, der ihn aus dem Elende führen könnte, das er so wenig zu empfinden scheint, und er wird sich mit solcher Heftigkeit nach dieser Seite hinstürzen, daß er, wenn ihr ihm im Wege steht, euch über den Leib schreiten wird, ohne euch auch nur zu bemerken.« – »Wir erblicken diese Dinge ganz deutlich von dem Standpunkte, auf dem wir | uns gegenwärtig befinden, aber die Zeitgenossen sahen sie nicht. Nur mit großer Mühe gelingt es Männern aus höheren Ständen deutlich zu unterscheiden, was in der Seele des Volkes, besonders in der des Bauern vorgeht. Erziehung und Lebensweise lassen diesem die Dinge in einem Lichte erscheinen, das nur für ihn scheint und andern Menschen unsichtbar bleibt. Aber wenn der Arme und der Reiche kein gemeinsames Interesse, keine gemeinsamen Beschwerden, keine gemeinsamen Angelegenheiten mehr haben, dann wird die Finsterniß, die den Geist des Einen dem des Andern verbirgt, unergründlich, und diese beiden Menschen könnten ewig neben einander wohnen, ohne jemals sich zu durchdringen. Man wird betroffen, wenn man sieht, in welcher seltsamen Sicherheit alle diejenigen, die auf den höheren und mittleren Stufen des Staatsgebäudes standen, noch beim Beginne der Revolution lebten, und sie unter einander von den Tugenden des Volkes reden hört, seiner Sanftmuth, seiner Hingebung, seinen unschuldigen Vergnügungen, als schon das Jahr 1793 unter ihren Füßen glüht: lächerlicher und doch schauervoller Anblick!«

»Lächerlicher und doch schauervoller Anblick!« wird man vielleicht einst auch beim Rückblick auf unsere Tage rufen, wenn nicht die Erfahrung der französischen Revolution doch wenigstens einige einflußreiche Männer sehend macht, durch deren Arbeit es gelingen möchte, den Umschwung, welcher aus den Verhältnissen unseres Zeitalters mit Nothwendigkeit folgen muß, in die Bahnen einer friedlichen Entwicklung hinüberzulenken. Thatsache ist, daß der Kampf um das Dasein grade jetzt wieder in der mächtigsten und | entscheidendsten Schicht der Nation – diesmal sind es die Arbeiter der Industrie – in seiner ganzen ermattenden Schwere empfunden wird, und daß die Geister beginnen, der Einförmigkeit dieses Druckes überdrüssig zu werden, und sich, selbst auf die Gefahr der Verschlimmerung hin, nach Veränderung zu sehnen.

Es gibt aber endlich noch einen dritten Grund, welcher dazu beiträgt, daß jetzt leichter als jemals zuvor Experimente im Großen versucht werden möchten, um den Kampf um das Dasein, wo nicht zu beseitigen, so doch ganz bedeutend zu erleichtern. Auch für diesen würde sich in den Zeiten vor der französischen Revolution eine Parallele finden, deren Verfolgung jedoch bei der großen Verschiedenheit der Zeiten zu weit führen würde. Es ist das Vertrauen des Volks auf die *Leistungsfähigkeit der Wissenschaft*. Wie damals, so wird auch heute gewiß diese Leistungsfähigkeit in Beziehung auf eine rationelle Gestaltung des Staatslebens ganz bedeutend überschätzt. So Ungeheures auch die Wissenschaft auf dem technischen Gebiet in den letzten zwei Menschenaltern mit immer steigender Rapidität der Entwicklung geleistet hat; so unzweifelhaft es auch ist, daß selbst für eine exakte Staatswissenschaft durch die neuesten Fortschritte der *Statistik* – der revolutionärsten aller Wissenschaften der erste Grund gelegt ist; so ungemein viel fehlt doch noch daran, daß man mit völliger Sicherheit sagen könnte, wie die wesentlichsten bestehenden Einrichtungen auf das Wohl und Wehe der Völker wirken. Vollends unmöglich bleibt es für jetzt, neue Formen des Staates und der Gesellschaft zu erfinden, von denen man, wie von einer auf dem Papier | construirten und berechneten Maschine, die Wirkungsweise im Voraus bestimmen könnte. Es ist aber eine unläugbare Thatsache, daß, während die mittleren Schichten der Bevölkerung sich oft genug hochmüthig und achselzukkend von den Theoretikern und Idealisten abwenden, grade die um ihr Dasein ringenden Massen eher ihr Heil von den ernsten Arbeitern der Wissenschaft erwarten, als von den glatten und gewandten Weltleuten, welche sich mit unglaublich wenig Ballast auf den Höhen des äußeren Lebens zu erhalten wissen. Man glaubt an das Unmögliche. Man hält die bestehenden Staatsformen für ein Werk der Mißgunst, welche die Durchführung dessen, was sich zum Wohl des Volkes ins Werk setzen ließe, nicht will aufkommen lassen. Man übersieht, daß dabei allerdings viel böser Wille im Spiel ist, der früher oder später gebrochen werden muß; aber auch eine gerechtfertigte Vorsicht, welche sich nicht eher in gefährliche Experimente wagen will, als bis das Verharren im Gegebenen offenkundig noch gefährlicher wird, als das Experiment.

Wenn nun die Wissenschaft die Zumuthung entschieden ablehnen muß, für irgend eine neue Ordnung der Gesellschaft Gewähr zu leisten, so ist es anderseits doch äußerst wahrscheinlich, daß unter ihrer Beihülfe, wenn erst die Bahnen der trägen Ueberlieferung verlassen werden, glücklichere Formen gefunden werden, als die gegenwärtigen. Denn die vom Alter geheiligten Zustände sind großentheils nur deshalb so verehrungswürdig, weil sie eben vom Alter geheiligt sind, und weil selbst eine mangelhafte, aber in den Gemüthern fest begründete Ordnung der Dinge bis zu einem | gewissen Grade zweckmäßiger ist, als eine höhere, jedoch schwankende und bestrittene Ordnung. Deshalb ist es auch nicht rathsam, Institutionen voll Lebenskraft gegen andere, anscheinend bessere leichthin zu vertauschen. Treten aber die sicheren Zeiten der Weltwende ein und stürzt das Alte zusammen, so kann man immerhin mit erhöhtem Muthe in die Zukunft sehen; denn wenn sich auch auf keine Theorie schwören läßt, wenn auch das Stückwerk der Erfahrung wieder bei jedem Neubau das Beste thun muß, so ist doch diese Erfahrung selbst durch die Geschichte gereift und durch die Statistik aufgeklärt. Der gegenwärtige Wendepunkt der Menschheit selbst aber dürfte dem ersten, noch unsicheren Uebergang aus dem Kindesalter in die Jahre der Mündigkeit vergleichbar sein.

Die wichtigste Frage, die sich uns hier aufdrängt, ist die, ob der Kampf um das Dasein, welcher nicht nur die Quelle der meisten socialen Uebel, sondern gradezu das eine, große, unter wechselnden Gestalten immer wieder erscheinende Grundübel ist, sich überhaupt beseitigen läßt, oder ob er nicht vielmehr, als ein ewiges Naturgesetz, durch unabänderlichen Schicksalsspruch dem Menschengeschlecht so gut wie allen andern organischen Wesen auferlegt ist. Hier ist aber zu bemerken, daß das Gesetz nichts weiter sagt, als daß die organischen Wesen ein so starkes *Streben* haben, sich zu vermehren, daß die einzelnen Individuen im beständigen Vernichtungskampf liegen müssen, und nur ausnahmsweise zur vollen Entwicklung gelangen. Dies Streben liegt auch im Menschen; es ist aber eine ganz andere Frage, ob seine *Wirkungen* nicht durch entgegenwirkende Bestrebungen | aufgehoben werden können. Wir können doch die Verbreitung unserer Kulturpflanzen und unserer Hausthiere regeln; warum nicht die unseres eigenen Geschlechtes?

Am einfachsten wollte hierin der Mann zu Werke gehen, welcher zuerst mit Energie darauf aufmerksam gemacht hat, daß das Vermehrungsgesetz die dauernde Wohlfahrt der Völker unmöglich mache, weil die Vermehrung der *Nahrung* nicht mit der Vermehrung der *Volkszahl* gleichen Schritt halten kann. Längst bevor *Darwin* durch seine lichtvollen Zusammenstellungen bewies, daß der Kampf für das Dasein eben der *Normalzustand der ganzen organischen Natur* und ihr großartiges Mittel zur Ausbildung und Vervollkommnung aller Arten von Wesen ist, hatte schon *Malthus* erkannt, daß die Neigung der Menschheit sich in geometrischer Proportion zu vermehren die wahre Quelle aller Leiden der arbeitenden Klassen ist; und er zog daraus den einfachen Schluß, daß das wahre Mittel die allgemeine Glückseligkeit zu fördern, in der Erschwerung der Ehen und überhaupt in der Hemmung der Fortpflanzung der besitzlosen Massen des Volkes zu suchen sei.

Sein Zweck war ein philanthropischer, sein Mittel aber noch grausamer als die Natur selbst. Es ist nicht nur deshalb so grausam, weil in der öden Freudlosigkeit des Daseins der Verkehr mit dem Weibe und die Aufziehung geliebter Kinder so ziemlich das einzige ist, was der großen Masse des Arbeiterstandes das Leben überhaupt noch werth macht; sondern auch deshalb, weil das menschliche Gefühl sich mit aller Gewalt gegen jede Beschränkung der persönlichen Freiheit sträubt, welche die starre Staatsgewalt in | ein Gebiet hinübergreifen läßt, welches sich höchstens einer vom Individuum selbst als berechtigt anerkannten Sitte unterwirft. Allerdings bestehen noch in vielen deutschen Staaten gesetzliche Hindernisse der Ehe, aber diese gehören eben auch zu den unglückseligsten Einrichtungen, welche bevormundende Afterweisheit einer selbstgefälligen Staatskunst hat hervorbringen können, und ihre Wirkung besteht bekanntlich nur in einer unglaublichen Steigerung der unehelichen Geburten. – Malthus hätte eben so gut den allgemeinen Selbstmord empfehlen oder die bei barbarischen Völkern übliche Aussetzung der Kinder anrathen können.

Uebrigens handeln diejenigen zwar minder grausam, aber keineswegs klüger als Malthus, welche ein ähnliches Ziel auf dem Wege der Ueberredung zu erreichen suchen. Es kann zwar nicht schaden, wenn man dem Arbeiterstand durch statistische Tabellen zeigt, daß in keinem andern Stande, namentlich von Seiten der Männer, die Ehen so früh geschlossen werden; wenn man aber meint, durch Aufklärung über diese Verhältnisse noch etwas mehr erzielen zu können, als eben Aufklärung, so ist man sehr im Irrthum. Ist doch der freie Wille, dem thörichte Erzieher und unwissende Staatsmänner noch so viel zumuthen, eben nur die Form, unter welcher wir uns unserer Handlungen und Entschlüsse bewußt werden, die zwar oft wie ein Blitz aus den Tiefen der Persönlichkeit hervorbrechen, immer aber, sammt der ganzen Natur der Personen, nur ein Produkt der bestehenden Verhältnisse sind. Man ändere diese Verhältnisse, und man wird die Entschlüsse ändern. Da es nun aber eben die höheren Stände sind, welche im Genuß einer reich | bewegten Jugend, bald von Wissenschaft und Kunst, bald vom Taumel gesellschaftlicher Vergnügungen gefesselt, erst spät den Ernst einförmiger Arbeit und damit denn auch gewöhnlich erst die Neigung zur Begründung einer eigenen Häuslichkeit kennen lernen, so liegt der Schluß sehr nahe, daß ganz dieselben Mittel, welche dazu führen können, dem Arbeiterstand ein reicheres, mit geistigen Genüssen gewürztes Leben zu verschaffen, auch geeignet sein werden, die vorzeitigen Ehen und die Erzeugung einer übergroßen Masse dem frühen Tode verfallener Kinder zu verhindern. Ob aber freilich damit schon der Kampf um das Dasein in eine geregelte Erhaltung und den Mitteln entsprechende Ausdehnung des Menschengeschlechtes umgewandelt würde, ist eine viel weiter greifende und nicht so leichthin zu bejahende Frage.

Zunächst haben wir uns nun mit der Frage zu beschäftigen, ob nicht das entgegengesetzte Mittel, nämlich eine gesteigerte Produktion von Gütern, welche zum Lebensunterhalt dienen, geeignet wäre, den Kampf um das Dasein in einen definitiven Sieg zu verwandeln, und der Menschheit für ihre Ausdehnung bis ins Unendliche immer noch mehr Mittel zum Unterhalt zu schaffen, als die Summe der jedesmal vorhandenen Individuen zur vollen Entfaltung ihres Daseins bedarf. Da diese Behauptung in vollem Ernste von *Max Wirth* aufgestellt und sogar als eine vorzüglich beachtenswerthe Widerlegung der Malthus'schen Lehre hervorgehoben ist, so müssen wir, um reinlich, wenn auch ohne gelehrten Apparat, zu verfahren, zunächst die Wahrheit, welche jener Lehre zu Grunde liegt, von der Form, die Malthus ihr gab, wohl unterscheiden. |

Denkt man sich, daß ein Elternpaar vier Kinder hat, so können von diesen in der nächsten Generation acht, in der zweitnächsten 16 Personen u. s. w. abstammen. Eine solche Reihe, wie 2, 4, 8, 16, 32, 64 u. s. w. nennt man eine *geometrische*, im Gegensatz zu der *arithmetischen* 2, 4, 6, 8, 10, 12, u. s. w.; man sieht, daß die erstere durch Multiplikation, die letztere durch Addition entsteht. Malthus meinte nun, daß sich die Bevölkerung zwar in geometrischer, die Nahrungsmittel aber nur in arithmetischer Reihe vermehren, bis der daraus entstehende Mangel den Ueberschuß an Menschen wieder vernichtet. Man muß freilich nicht denken, er hätte eine so grobe Annahme gemacht, daß eigentlich, wenn nicht grade der Hunger sie verhinderte, alle Menschen heirathen und jedes Paar durchschnittlich mindestens vier Kinder haben würde. Man kann sich die Sache auch so denken, daß in einer bestimmten Periode die Bevölkerung nur um einen Bruchtheil wächst, z. B. um 2, 4, 6, 8, 16 Zehntel der ursprünglichen Bevölkerung. Wenn dann die Nahrungsmittel aber auch nur um 2, 4, 6, 8 Zehntel der ursprünglichen Menge zunähmen, so müßte doch die Zehrung allmählig immer spärlicher werden, und Hunger und Elend könnten zuletzt nicht ausbleiben.

Malthus machte nun zunächst den Fehler, daß er über die Vermehrung der Lebensmittel eine Annahme machte, die auf nichts begründet ist. Er sah, daß thatsächlich immer mehr Menschen da sind, als ausreichende Nahrungsmittel, und er suchte dies durch seine Annahme zu erklären. Nun ist aber nur das eine richtig, daß eine Bevölkerung immer *strebt*, so weit die Mittel es zulassen, sich in geometrischer | Reihe zu vermehren; wie aber die Nahrungsmittel sich durch die Arbeit der Menschen vermehren lassen, das ist ganz unbekannt und hängt in jedem einzelnen Fall von besonderen Verhältnissen ab. Es kann sogar vorübergehend der Fall sein, daß Menschen in einem weiten, dünn bevölkerten, fruchtbaren und geschützten Lande durchaus kein Hinderniß finden, sich in geometrischer Reihe zu vermehren, was denn einige Generationen hindurch mit fabelhafter Schnelligkeit geschieht. Endlich aber wird die Vermehrung langsamer, und dies ist schon dem beginnenden Mangel zuzuschreiben.

Ein zweiter Fehler ist der, daß Malthus annahm, die Bevölkerung könne durch ihr Anwachsen gleichsam einen Vorsprung gewinnen, der erst später durch das anwachsende Elend eingeholt wird. Dieser Irrthum ging aus der mangelhaften Kenntniß der Thatsachen hervor; denn im Jahre 1798, als Malthus seine Gedanken über die Bewegung der Bevölkerung zuerst veröffentlichte, war die Statistik der menschlichen Lebensverhältnisse noch sehr unentwickelt. Heutzutage wissen wir, daß das Elend mit seiner Sense in ununterbrochener Arbeit ist, und nur nach guten Ernten, bei steigenden Löhnen und günstigen Verhältnissen etwas langsamer, im umgekehrten Falle dagegen schneller als gewöhnlich sein Vertilgungswerk vollbringt. Es ist gegenwärtig ein Fundamentalsatz der ganzen Bevölkerungswissenschaft, *daß eine gesteigerte Vermehrung eines Volkes oder eines Bestandtheils der Bevölkerung nicht durch die vermehrte Fruchtbarkeit, sondern regelmäßig durch die verminderte Sterblichkeit hervorgerufen wird.* So steht es z.B. fest, daß in | den meisten europäischen Ländern die Juden sich schneller vermehren, als die christliche Bevölkerung. Es ist aber ebenso sicher, daß dies nicht eine Folge davon ist, daß ihre Ehen etwa reicher mit Kindern gesegnet wären, sondern vielmehr davon, daß bei ihnen die Sterblichkeit geringer ist, daß ein größerer Bruchtheil der Kinder, welche geboren werden, auch zu einem reiferen Alter gelangt, und überhaupt die Lebensdauer durchschnittlich größer ist. Diese geringere Sterblichkeit ist aber wieder hauptsächlich eine Folge davon, daß es den Juden meist gelungen ist, sich ohne schwere körperliche Arbeit eine bequeme Lebensstellung zu erringen, in welcher namentlich auch die Pflege der Kinder einen günstigen Boden findet. Wo sich die stärkste Anzahl von Geburten findet, da hält meist auch der Tod die rascheste Ernte, und zwar nicht nur unter den Kindern, welche nicht die genügende Pflege finden, sondern auch unter den Erwachsenen, welche unter der Last der Ernährung einer zu starken Familie verarmen und dann leicht einem widrigen Geschick zum Opfer fallen. Der Einzelne kann freilich bei einem kräftigen Körper den Wirkungen des Mangels lange Zeit Widerstand leisten; aber dafür unterliegt ein anderer so viel schneller. Betrachtet man nun die große Masse der Bevölkerung, so macht sich das jedem Statistiker bekannte *Gesetz der großen Zahlen* geltend, welches jeden Zufall ausschließt. Je größer nämlich die Masse ist, die ich betrachte, desto sicherer wird mir der Durchschnitt aus allen Fällen eine bestimmte Wirkung bestimmter Ursachen angeben. *So kann ich durch das Fallen und Steigen der Sterblichkeitszahl den Grad der Entbehrungen des Vol|kes so sicher beurtheilen, wie durch das Thermometer den Temperaturgrad der Luft.* Und wenn man fragt, woran denn die Leute eigentlich sterben, da doch das Verhungern und Erfrieren eine äußerste Seltenheit ist, so ist die Antwort einfach die: sie sterben so ziemlich an denselben Todes-Ursachen, wie die Angehörigen der bevorzugten Klassen, nur schneller. Hier knickt die Entbehrung einen altersschwachen Greis, der bei besserer Pflege weit später an Altersschwäche gestorben wäre, dort nimmt die Schwindsucht einer armen Frau einen rapiden Verlauf; hier trifft es den Säugling, der keine kräftige Milch bekommt, dort die Mutter, die im Wochenbett der Stärkung bedurft hätte. Manche ziehen sich hitzige Krankheiten durch eine Erkältung zu, die ein besser genährter Körper überstanden hätte; andere wissen sich nach einer geringen Störung des organischen Kreislaufs nicht mehr zu erholen und siechen hin. Die schlechte Luft elender Zimmer, in denen neben dem Krankenbett gekocht, gewaschen, hin und her gegangen wird, wo

Kinder schreien, wo zahlreiche Personen athmen, ist ohnehin eine Tod bringende Umgebung; aber in guten Zeiten könnte man vielleicht ein Zimmer mehr miethen, ein Stück Arbeit ausgeben, die Kohlen weniger schonen und häufiger lüften – kurz, die Todes-Ursachen stecken in jedem Winkel, der Eine kommt noch einmal eben durch, der Andere nicht, und wenn man die Sterbehilfe nimmt, addirt, dividirt und das Resultat mit den Erfahrungen in den geschützten Ständen vergleicht, so hat man das Verzeichniß der im Kampf um das Dasein Gefallenen vor sich. Und neben den Gefallenen gibt es auch Verwundete! Eine ungleich | größere Zahl hat sich äußerlich erholt oder gar keine Krankheit erlitten, trägt aber doch den Keim eines frühen Todes in den Anfängen der Schwindsucht, in einem chronischen Magenübel, in Blutarmuth und hundert anderen Ursachen mit sich und schleppt so die Wirkungen einer Handelskrisis, eines strengen Winters oder einer fehlgeschlagenen Ernte in spätere Jahre hinüber. Da nun beständig theils solche geschwächte Personen, theils die von Natur zarten und der Pflege bedürftigen kleinen Kinder in Menge vorhanden sind, und dem Leben aller dieser Individuen jede Zugabe an Verpflegung zu gute kommt, so wirkt der Mechanismus, welcher die Zahl der vorhandenen Menschen nach der Zahl der vorhandenen Subsistenzmittel regelt, in industriellen und bereits einem Generationen alten Druck unterworfenen Gegenden mit einer außerordentlichen Feinheit und Präcision. Die Wahrheit der Malthus'schen Lehre besteht also darin, daß *das Anwachsen der Bevölkerung beständig die Grenze erreicht, welche das Anwachsen der Subsistenzmittel zuläßt.*

Merkwürdig ist, daß Malthus selbst diesen Satz, den er noch nicht beweisen konnte, mit ungewöhnlichem Scharfsinn errathen hatte und sogar die ganze von Darwin kürzlich ausgeführte Verallgemeinerung schon erfaßt hatte. Ein geistreicher französischer Statistiker, *Guillard,* hat sich das Vergnügen gemacht, Malthus gleichsam in zwei Personen zu spalten, die eine, welche in den oben nachgewiesenen Vorurtheilen befangen ist, die andere, welche die richtigere Erkenntniß schon gewonnen hat. Von den Sätzen, welche dem letzteren Malthus angehören, wollen wir einige hier folgen lassen. |

»Die Natur hat im Pflanzen- und Thierreich die Keime des Lebens mit freigebiger Hand ausgestreut, aber sie ist sparsam gewesen mit dem Raum und den Nahrungsmitteln.«

»Die Bevölkerung wächst in demselben Verhältnisse, wie die Subsistenzmittel.«

»Die Lohnhöhe regelt und begrenzt den Stand der Bevölkerung.«

Wir wollen nun sehen, was *Max Wirth* gegen Malthus vorbringt, und geben zu dem Zweck aus seinen *Grundzügen der National-Oekonomie* die ganze Stelle, welche den eigentlichen Kernpunkt der Widerlegung enthalten soll und deshalb zum größten Theil dort mit gesperrter Schrift gedruckt ist.

»So lange nur der dritte Theil der Erde angebaut ist, und so lange dieser angebaute Theil noch des zehn- bis zwanzigfachen Ertrages fähig ist, bleibt die Frage der Lebensmittel eine secundäre. Es kommt darauf an, wie es mit den beiden Faktoren der Güter- und Lebensmittel-Erzeugung steht, mit der Arbeit und dem Kapital. Die Arbeit, oder vielmehr die Arbeitskraft, vergrößert sich vollkommen in demselben Maße mit der Bevölkerung; es fragt sich nur noch, ob das Kapital eben so in geometrischer Progression sich vermehren kann. Wenn dies der Fall, dann ist kein Hinderniß vorhanden, warum die Lebensmittel nicht in gleicher Weise vervielfacht werden könnten, wie die Menschen. Nun verdoppelt sich das Kapital, zu 5 pCt. mit Zinseszins gerechnet, in 14 Jahren; in neuen Ländern, wo der Gewinn höher ist, aber noch weit rascher. Nach Malthus selbst ist die schnellste Verdoppelung der Bevölkerung in | Nordamerika innerhalb 16 Jahren vor sich gegangen. Der Zinsfuß steht dort durchschnittlich weit höher als 5 pCt.: so daß das Kapital sich schon in 10 Jahren verdoppeln kann. Nehmen wir an, daß dasselbe in 10 Jahren in Betreff des Kapitals geschehe, so finden wir, daß, während binnen 25 Jahren die

Bevölkerung ihre Hände verzwiefacht, sich das Kapital mehr als vervierfacht haben kann, daß jene also nach Verlauf der Periode, während welcher die Vermehrung vor sich gegangen, noch mehr Werkzeuge und Kräfte zur Erzeugung von Lebensmitteln haben kann, als vorher. Sind nur Arbeiter und Kapital da, dann hat es mit den letzteren keine Noth.«

Man sieht auf den ersten Blick, daß hier nur von einer *Möglichkeit* die Rede ist. In der That könnte es keinem Vernünftigen einfallen, die Vermehrung des Kapitals durch Zins und Zinseszins wirklich als Maßstab der Vermehrung der Subsistenzmittel der Bevölkerung hinzustellen. Nur insofern ein gespartes Kapital auch als Subsistenzmittel dienen *kann*, zeigt sich allerdings, daß Malthus mit seiner arithmetischen Reihe Unrecht hat; was freilich kaum eines Beweises bedurfte. Daß aber der Kapitalzins und die Vermehrung der Subsistenzmittel eines Volkes ganz verschiedene Dinge sind, bedarf eigentlich nur einer Erinnerung und keines Nachweises. Es liegt ja z.B. ganz auf der Hand, daß auch in einem Lande, dessen Subsistenzmittel abnehmen, statt zuzunehmen, das Kapital immer noch seine Zinsen trägt, also auch, sofern man annimmt, daß diese Zinsen gesammelt und angespart werden, eine bestimmte Verdoppelungsperiode hat. Besteht nun das Ka|pital nicht in Geld, sondern etwa in einigen Morgen Ackerland, so ist auch in diesem Falle noch denkbar, daß etwa der ganze Ertrag in Geld oder in natura so lange angespeichert wird, bis er den Werth des Grundstücks und aller inzwischen aufgewandten Bearbeitungskosten erreicht. Es ist nur klar wie die Sonne, daß dies in einem Lande mit abnehmenden Subsistenzmitteln im Allgemeinen nicht geschehen kann, weil eben nicht Ueberfluß, sondern Mangel an Bodenerzeugnissen vorherrscht. Man wird den Ertrag der Aecker eben verzehren, der Kapitalist wird wohl meist auch seine Zinsen verzehren; und die ganze Verdoppelung des Kapitals ist, im Großen betrachtet, eine rein ideelle, ein Faktum der Rechnung, welches durch den zum Lebensunterhalt der Menschen nothwendigen Consum im Laufe der Verdoppelungsperiode reichlich aufgewogen wird. Die einzelnen begünstigten Kapitalisten können freilich auch in diesem Falle ihr Kapital thatsächlich verdoppeln. Thun sie dies durch einfache Anspeicherung, so schaffen sie dem Lande keine neuen Subsistenzmittel, sondern sie entziehen ihm solche. Legen sie dagegen das Kapital zur Erzeugung von nothwendigen Lebensmitteln an, z. B. in Drainirung, landwirthschaftlichen Maschinen u. s. w., so können sie unter Umständen die dem Kapitalwerth entsprechende Summe von Subsistenzmitteln schon binnen wenigen Jahren vervielfachen. Dies kann auch durch industrielle Anlagen geschehen, sofern für den Exportwerth Subsistenzmittel importirt werden können. Es ist aber wiederum klar, daß dies in einem armen oder im Verfall begriffenen Lande nur auf vereinzelten Punkten geschehen wird, indem im Großen und Ganzen aus der Hand in den | Mund gelebt, oder vielleicht auch in Folge eines unaufhaltsamen Sittenverfalls das Kapital nicht angelegt, sondern vergeudet wird – Alles dies unbeschadet des Zinsfußes und der Verdoppelungsperiode.

Wenn nun statt dessen in einem Lande die Erzeugung von Subsistenzmitteln *zunimmt,* so wird der Zinsfuß doch davon wenig berührt. Dieser regelt sich nach dem großen Kapitalmarkt, während die zur Vermehrung der Produktion angewandte Summe vergleichsweise gering und doch sehr folgenreich sein kann. Eine verbesserte Düngungsmethode kann sich über ein ganzes Land verbreiten, ohne daß dadurch eine ungewöhnliche Nachfrage nach Kapital entstünde. Jedenfalls haben die durch solche Verbesserungen etwa hervorgerufenen Schwankungen des Geldmarktes durchaus kein direktes Verhältniß zu der Menge der Subsistenzmittel; also kann auch die Verdoppelungsperiode des Kapitals durch Zins und Zinseszins kein Maßstab für die Vermehrung der Subsistenzmittel sein. Wir können überhaupt aus jener Verdoppelungsperiode weiter nichts entnehmen, als die aschgraue Möglichkeit einer Verdoppelung der Subsistenzmittel. Welches sind nun aber die Bedingungen, unter welchen diese Möglichkeit zur Wirklichkeit wird? Sie sind sehr einfach! Zunächst muß *der ganze Zinsvertrag des Kapitals gespart werden;* denn sonst wird eben einfach der Consum die Zinsen wegnehmen und die Verdoppelung tritt nicht ein; sodann muß aber auch das Kapital, welches durch die Ersparnisse verdoppelt werden soll, *so groß sein, daß seine Zinsen mindestens dem Werth des halben Consums der gesammten Bevölkerung gleichkom|men.* Wie wollte es sonst durch seine Verdoppelung so groß werden, daß es später den Consum einer zweiten, gleich großen Bevölkerung decken könnte? *Max Wirth* kommt nun aber auf die erstere Bedingung, daß nämlich die Zinsen auch *gespart* werden müssen, erst an einer späteren Stelle zu sprechen, auf die letztere aber gar nicht. Was kann uns aber der ganze Vergleich zwischen der Verdoppelung der Bevölkerung und der Verdoppelung des Kapitals durch die Zinsen irgendwie helfen, wenn wir auch nicht die entfernteste Ahnung davon haben, *ob es bei einer wachsenden Bevölkerung überhaupt so große überflüssige Kapitalien gibt,* daß die Verzinsung derselben den Ueberschuß an Menschen ernähren könnte?

Hatten wohl die Ansiedler von Nord-Amerika, zu der Zeit, da sich ihre Anzahl schon binnen sechszehn Jahren verdoppelte, viel zinsbares Kapital übrig? Gewiß nicht! Ihre überflüssige Arbeitskraft war ihr überflüssiges Kapital, und die günstigen Verhältnisse des weiten, fruchtbaren, unbesetzten Landes erlaubten ihnen, mit ihrer Arbeit so viel zu gewinnen, daß sie eine starke Familie davon mit ernähren konnten. Man sieht, daß in diesem Falle der Faktor der Natur der entscheidende ist. Nächst diesem kommt die Arbeit; das Kapital braucht nicht viel größer zu sein, als einige Werkzeuge, Mundvorrath für ein Jahr und eine Reserve. Der Faktor der Natur darf aber auch da, wo er nicht so auffallend mitwirkt, niemals außer Acht gelassen werden. Was helfen Kapital und Arbeit, wenn der Boden besetzt ist und nicht mehr geben will? Industrie und Handel sind doch schließlich auch auf Landesprodukte angewiesen, | deren Erzeugung ihre Grenze hat. Und wenn diese Grenze noch lange nicht erreicht ist, so ist doch so viel sicher, daß der Ertrag desselben Quantums von Kapital und Arbeit immer kleiner wird, je mehr man sich jener Grenze nähert. Allerdings macht Wirth gleich im Eingange seiner Deduktion uns darauf aufmerksam, daß erst der dritte Theil der Erde angebaut ist, und daß dieser angebaute Theil noch des zehn- bis zwanzigfachen Ertrages fähig ist. Kann dies aber irgendwie ein Grund dagegen sein, daß es *thatsächlich der Mangel* ist, welcher in unsern Gegenden dem stärkeren Anwachsen der Bevölkerung ein Ziel setzt? Zum Auswandern, zur Anwendung neuer Kulturarten gehört immer Geld, Unternehmungslust und Bildung. Die Leute, welche von der Hand in den Mund leben, haben dies Alles nicht und können es nicht haben. Wir wollen einmal zugeben, daß dies Alles Kapital sei, und daß es sonach wirklich nur auf Kapital und Arbeit ankomme, um die Subsistenzmittel zu vervielfältigen. Folgt dann aber nicht ganz einfach, daß dies wichtigste aller Kapitale nicht hinlänglich vorhanden ist, und daß jene Kapitale, welche sich mit 5 pCt. verzinsen und sich in vierzehn Jahren verdoppeln, eben bei weitem nicht ausreichen, um der Menge den Kampf um das Dasein zu erleichtern? Wenn nicht gar das Urtheil so zu stellen ist, daß Geld und Mühe von denjenigen, welche über das große Kapital gebieten, thatsächlich *eher auf alles Andere verwandt werden, als auf die Vermehrung der nothwendigsten Lebensbedürfnisse.* Was nützt uns denn nun die Anhäufung von Kapitalien, welche sich mit Zins und Zinseszins verdoppeln, ohne den Armen mehr Brod zu | schaffen? Was soll es bedeuten, wenn man den Satz ausruft: »Sind nur Kapital und Arbeit da, dann hat es mit den Lebensmitteln keine Noth,« wenn man diesen Satz in einer Welt ausruft, in welcher die große Masse der Wesen eben durch den Mangel an Lebensmitteln zu Grunde geht?

Wie tief übrigens Wirth in der irrthümlichen Vorstellung befangen ist, als sei die Verdoppelung des Kapitals durch den Zins wirklich ein Maß der Mehrproduktion, zeigt folgende auffallende Fortsetzung der besprochenen Stelle. »Es mag sein, daß das Kapital im Ackerland nicht in allen Ländern 5 pCt. trägt, daß also eine rein Ackerbau treibende Bevölkerung, die sich in 25 Jahren verdoppelte, nach dieser Frist, da das Kapital sich vielleicht erst in 30 Jahren verzwiefacht, an den Mitteln zum Unterhalt geschmälert würde; – allein es ist zu erwägen, daß auf der andern Seite das Kapital im Handel und in der Industrie mehr als 5 pCt., oft weit mehr als 10 pCt. trägt, so daß der geringere Gewinn bei dem im Ackerbau angelegten Kapital in dem betreffenden Lande wieder ausgeglichen wird. Es können also 5 pCt. ohne Ueberschätzung als Mittelsatz des Kapitalgewinns angenommen werden. Bei 5 pCt. Gewinnsatz kann das Kapital leicht in 20 Jahren verdoppelt werden, während die Bevölkerung sich im günstigsten Falle in derselben Zeit in demselben Maßstabe vermehrt.«

»Wo die Produktion ihren geregelten Lauf geht, da kehrt in jedem Jahre das Kapital mit Gewinn zurück, und nach 20 Jahren ist für die verdoppelte Bevölkerung genügendes Kapital zum Fortbetriebe der Beschäftigung derselben vorhanden. Ob die arbeitenden Hände aber gerade Le|bensmittel oder andere Waaren produciren, womit sie sich Lebensmittel eintauschen können, ist völlig gleichgültig, wofern sie nur so viel Werthe produciren, daß das Kapital stets mit Gewinn zurückkehrt.«

Was in der Welt hat denn der niedrige Zinsfuß der in Grundstücken angelegten Kapitale mit der vorliegenden Frage zu schaffen? Allerdings verzinst sich das in ländlichen Grundstücken angelegte Kapital schlecht; allerdings vermehrt sich die Bevölkerung auf dem Lande langsamer als in industriellen Orten; allein diese beiden Thatsachen verhalten sich nicht wie Ursache und Wirkung, sondern es sind beides Wirkungen ein und derselben gemeinsamen Ursache: der Erschwerung der selbständigen Niederlassung und der Gründung eines eignen Herdes. Der Wunsch, diesen Schritt zu thun, steigert den Preis der ländlichen Grundstücke; die Schwierigkeit in den Besitz zu gelangen verzögert die Ehe. Rücksichten auf die Vererbung beschränken oft die Kinderzahl. Was aber die Verdoppelung des angelegten Kapitals betrifft, so ist der kleine Bauer gewiß höchst selten in der Lage, die Zinsen seines Kaufpreises zurückzulegen. Auch hat Wirth wohl dies eigentlich gar nicht gemeint; er hat vielmehr wohl, wie dies auch volkswirthschaftlich ganz gerechtfertigt ist, die allmählige Erhöhung des Ertrags durch verbesserte Landwirthschaft, Urbarmachung öder Strecken und andere Anstrengungen mit in die Verzinsung des Kapitals hineingerechnet; dann ist aber zu leugnen, daß wir von der Verzinsung in diesem Sinne irgend eine sichere Kenntniß haben. Zugänglich sind uns nur die Erfahrungen des Kapitalisten, der sein Geld in Grundstücken anlegt, | und etwa die des Oekonomen, der die Sache im Großen treibt. Bei diesen kann auch allein das aufgewandte Kapital angegeben werden. Die große Masse des Bauernstandes hat aber jedenfalls einen ganz andern Maßstab dadurch, daß es ihr einerseits an Kapital fehlt, und daß überhaupt der Kleinbetrieb eine Menge technischer Nachtheile hat, daß dagegen andrerseits hier Unternehmer und Arbeiter ein und dieselbe Person ist. Während dort der Durchschnittssatz der Verzinsung auch wenigstens annähernd der gewöhnlichste ist, ist hier der Durchschnitt ganz ideell, weil die Steigerung des Bodenertrages durchaus keine gleichmäßige und regelmäßige ist. Ganze Gegenden stagnieren, während andere im lebhaftesten Fortschritt sind. Für den Kapitalisten macht dies wenig Unterschied, da er in den letzteren eben auch mehr bezahlen muß, und der Pächter den Lohn weiterer Fortschritte, wie billig, für sich nehmen wird. Der kleine Bauer aber nimmt immer den größeren Theil des Kapitals, wodurch er sein Land zu einem höheren Ertrag bringt, als das der Nachbarn, aus seinem Kopf und seinen Armen. – Es gibt aber auch Maßregeln im Großen, welche ohne großen Kapital-Aufwand den Ertrag ganzer Fluren, ja ganzer Landstriche auf einmal um ein ganz Bedeutendes vermehren. So die *Zusammenlegung der Grundstücke*. Nach Rau (polit. Dekon. I, S 209. A.) stieg durch die Consolidationen in Nassau der Heu-

Ertrag von vierzehnhundert Morgen Wiesen auf mehr als das Doppelte. Wo bleibt da die Berechnung der Verzinsung?

So ist es denn entschieden zu leugnen, daß wir irgend einen Grund dafür haben, anzunehmen, daß bei geregelter | Produktion das Kapital, von welchem die ganze Bevölkerung lebt, sich binnen zwanzig Jahren verdoppele; es ist als ein ganz verfehltes Unternehmen zu bezeichnen, wenn man den Zinsfuß des *geliehenen* Kapitals als Maßstab jener Vermehrung benutzen will. Auf direktem Wege können wir überhaupt bis jetzt nicht ermitteln, wie stark die Produktion von Subsistenzmitteln steigt; auf indirektem aber zeigt uns die Statistik mit über jeden Zweifel erhabener Deutlichkeit, *daß die Produktion niemals so stark steigt, um den allgemeinen Mangel zu verhüten, welcher dem Menschen im großen Ganzen die natürliche Lebensdauer und Gesundheit nicht zu Theil werden läßt.*

Hienach versteht sich schon von selbst, daß es unbegründet ist, wenn Wirth im Verfolg obiger Stelle behauptet, daß schon bei einer Ersparniß von *vier Fünfteln* der Zinsen des in einem Lande vorhandenen Kapitals der Bevölkerung die Mittel zur Subsistenz niemals fehlen können. Er gründet dies auf die Annahme, daß das Kapital sich »unter gewöhnlichen Verhältnissen« rascher vermehre als die Bevölkerung. »Thatsache ist, daß die Bevölkerung sich nicht rascher als alle 25 Jahre verdoppelt. Thatsache ist, daß das Kapital sich in längstens 20 Jahren, meist aber noch rascher, verzwiefachen kann. Thatsache ist es endlich, daß mit Verdoppelung der Bevölkerung sich auch die Arbeitskraft verdoppelt.« Von diesen Sätzen ist keiner richtig; der letzte deshalb nicht, weil der Procentsatz der Kinder höchst verschieden ist, doch ist das Nebensache. Die angenommenen Perioden von 20 und 25 Jahren geben aber den falschen Anschein eines möglichen und sogar wahrschein|lichen Ueberschusses von Subsistenzmitteln, und es ist von Wichtigkeit, sich darüber keine Illusion zu machen, daß dieser Ueberschuß im Allgemeinen nicht besteht. Wo die Statistik uns einen Ueberschuß des Consums von Fleisch, Brod u.

dgl. auf den Kopf der Bevölkerung nachweist, da hat dies jedesmal seine besondern Gründe, und es kann ebenso wohl das Gegentheil vorkommen, ohne daß der Zins des angehäuften Kapitals sich wesentlich ändert.

Der wichtigste Punkt der ganzen Frage liegt übrigens immer in der *Kritik des gegenwärtigen Zustandes*, oder, wenn man denn streng in der Theorie bleiben will, in der Kritik des Zustandes, von welchem man ausgeht. Geht man von einem möglichst günstigen Zustande aus, bei welchem eine Bevölkerung mit leichter Mühe der Natur die Nahrung abgewinnt und dabei zugleich mit allen Vortheilen der Kultur sich gegen Kälte und Sonnenbrand, gegen wilde Thiere und feindliche Stämme zu schützen weiß, so wird man immer finden, daß dieser günstige Zustand sich mit der Vergrößerung der Bevölkerung verschlechtert. Geht man dagegen einfach von den gegenwärtigen Verhältnissen Deutschlands, Frankreichs und anderer neueren Kulturvölker aus, so muß vor allen Dingen immer wieder an die Thatsache erinnert werden, daß diese Völker seit unabsehbarer Zeit bereits *im Kampf um das Dasein* begriffen sind; daß sie in ihrem Bestande schwanken, je nachdem die Produktionskraft über die Vernichtung durch Mangel und Elend den Sieg davon trägt, oder umgekehrt. Hält man dies fest, so kann man nicht nur zugeben, daß die Vermehrung der Mittel zum Lebensunterhalt mit der Vermehrung der Bevölke|rung Schritt halten kann, sondern man sieht sogar, daß dieser Zusammenhang einen unglaublich einfachen Grund hat. Es ist eben *die Regulirung der Volksvermehrung durch den Mangel*. Es ist dabei ziemlich gleichgültig, ob man mit *Malthus* annimmt, daß sich die Bevölkerung in 25 Jahren naturgemäß verdoppelt, oder ob man mit *Wappäus* sich daran hält, daß die Bevölkerung auch in den günstigsten Fällen nicht über 3 pCt. jährlich zu steigen pflegt. *Thatsache ist, daß es Entbehrungen sind, welche ihrem stärkeren Steigen Schranken setzen. Thatsache ist, daß die große Masse diese Entbehrungen um so bitterer empfindet, je deutlicher sie ein schöneres und geschütztteres Dasein an den Bevorzugten der Gattung wahrnimmt. Thatsache ist, daß das Verhältniß der Produktion von Subsistenzmitteln zur Bewegung der Bevölkerung das wichtigste aller socialen Probleme in sich schließt.*

Wir sahen bisher, daß *Malthus,* der erste, der auf das große Problem aufmerksam machte, den Knoten mit dem Schwert zerhauen und der Vermehrung der Bevölkerung mit Gewalt einen Damm setzen wollte. Wir haben uns sodann befaßt mit dem Versuche Max Wirths, zu zeigen, daß die Sache in Wirklichkeit nicht so schlimm sei, als man meint; denn darauf läuft doch die ganze Beweisführung, die wir oben widerlegten, hinaus. Es bleibt nun die Frage übrig, wie sich denn die Legion der volkswirthschaftlichen Schriftsteller in dieser Frage verhält, und welche Rolle der Kampf um das Dasein in den brennenden Fragen der Gegenwart, insbesondere in der *Arbeiterfrage,* spielt. |

Hiebei ist denn zunächst zu bemerken, daß die große Masse derjenigen, die sich an der Lösung der socialen Fragen versuchen, das Naturgesetz der Concurrenz um das Leben nicht kennt, oder nicht hinlänglich beachtet; daß dagegen die Männer der Wissenschaft es in mehr oder weniger deutlicher Form einstimmig anerkennen, ohne sich eben sehr dadurch zu eifriger Bekämpfung dieses Zustandes gestachelt zu fühlen. So herrscht hier eine Theilung der Arbeit von höchst unfruchtbarer Art: die Einen haben den Eifer; die Anderen die Einsicht. Von Jenen werden manche treffliche Dinge angeregt, ja, oft Dinge, die in einem gewissen Sinne betrachtet, mehr Werth haben könnten, als die materielle Verbesserung. Man sucht die Sitten zu verbessern, den Branntweingenuß einzuschränken, den Volksunterricht zu heben, die Segnungen der Kirche oder auch die Segnungen der Aufklärung zu verbreiten; und man übersieht dabei gewöhnlich, daß der Wettbewerb um das Dasein stets mit neuem Elend auch neue sittliche Uebel zeugen wird. Von Diesen, den Theoretikern, wird in stetigem Streben ein immer vollständigeres Bild der socialen Zustände entrollt;

sie zeigen uns die Sterblichkeitsverhältnisse der Armen und der Reichen, der Landbewohner und der Arbeiter der Industrie. Sie verfolgen (Marc d'Espine) den Einfluß einer besseren oder schlechteren Pflege von der Wiege bis zum Grabe durch alle Stadien des Lebens; sie zeigen uns durch Jahrhunderte hindurch den Einfluß der Getreidepreise auf die Sterblichkeit (Legoyt); sie berechnen die mittlere Lebensdauer für die verschiedensten Berufsklassen (Engel). Fast alle namhaften Nationalökonomen endlich entwickeln, wie die *Lohnhöhe* | durch den Anwachs der Bevölkerung beschränkt wird. Seit Malthus aber hat Niemand mehr einen namhaften Versuch gemacht, Vorschläge darüber zu machen, wie sich die Menschheit den Verwüstungen des Wettbewerbs um das Dasein entziehen könnte.

Im Grunde ist dies auch den Männern der Wissenschaft kaum zuzumuthen; denn einmal bedarf die Förderung der reinen Erkenntniß einer gewissen Gemüthsruhe und Freiheit von störenden Gefühlen und Bestrebungen. Sodann aber ist auch der Fall so verzweifelter Natur; die Mittel, jener Vernichtung des hoffnungsvollen Lebens zu entgehen, sind, wenn es deren überhaupt giebt, so ganz außerhalb der gewöhnlichen Wege zu suchen, daß Männer, welche ihrer ganzen Stellung nach auf den Ruf der Besonnenheit und der nüchternen Kritik Anspruch machen, sich nicht sehr geneigt fühlen können, mit ihren etwaigen Einfällen hervorzutreten.

Wir dürfen jedoch nicht verschweigen, daß es noch einen ganz andern Grund giebt, welcher vielleicht beide Klassen von Männern, die diese Frage berühren, davon abhält, auf eine Aenderung dieses schlimmsten Uebelstandes der gesellschaftlichen Zustände bedacht zu sein. Es ist dies ein falscher Begriff vom Wesen des Staates in Verbindung mit der Furcht vor einer allgemeinen Revolution. – Seit den Zeiten des griechischen und römischen Alterthums gefallen sich Philosophen und Politiker darin, den Staat als einen großen Menschen zu betrachten, zu dem sich die einzelnen Stände verhalten, wie verschiedene höhere oder niedere Seelenvermögen, oder auch wie verschiedene Theile des Körpers. | *Aristoteles*, der einflußreichste aller Philosophen, ließ sich zwar auf solche Bilder nicht ein, aber auch er hält im Staat das *Ganze* für wichtiger als die *Theile*; und wie bei denen die den Staat einem Menschen vergleichen, eigentlich alle andern Theile nur da sind, *um dem denkenden Haupte zu dienen*, so liegt bei Aristoteles der Zweck des Staates in der Herstellung eines vollendeten – und natürlich auch *tugendhaften*! – Lebens unter den Bevorzugten. Nicht nur die Sklaven, sondern auch die Bauern und Handwerker sind nur dazu da, um dies höhere Leben der Bevorzugten möglich zu machen. Diese aristotelische Lehre war mit dem ganzen Zustand der antiken Kultur in Uebereinstimmung. War doch die vollendetste Bildung, die wir bis auf den heutigen Tag kennen, die griechische, gar nicht denkbar ohne die Arbeit der Sklaven! – Unsere neueren Staatswissenschaften entstanden theils unter dem nachwirkenden Einfluß des Alterthums, theils unter dem Einfluß der modernen Fürstengewalt. Von dem letzteren Standpunkt aus löst sich die Frage noch einfacher. Für den absoluten Monarchen ist die Statistik gleichsam nur ein Maßstab für seine Macht, seinen Reichthum, seine Größe, auf die es vor allen Dingen ankommt. Daß diese Anschauungen auch auf den Männern der Wissenschaft lasten, ist aus der Theilung der Arbeit auf geistigem Gebiet sehr leicht zu erklären. Bei der Seltenheit einer freien, die Resultate aller Wissenschaften in einen Brennpunkt sammelnden Philosophie sind auch unsere gelehrtesten und erfolgreichsten Forscher bis zu einem gewissen Grade Kinder des allgemeinen Vorurtheils, indem sie zwar in ihrem engeren Kreise | sehr scharf sehen, außerhalb desselben aber nichts. Rechnet man dazu das Unglück einer vom Staat bezahlten und gewerbsmäßig betriebenen »Philosophie«, welche stets bereit ist, das Bestehende für das Vernünftige zu erklären, so wird man genug Gründe der Zurückhaltung entdecken, wo einmal die wissenschaftlichen Fragen selbst so ganz unmittelbar auf die Elemente zukünftiger Weltrevolutionen hinführen, wie dies in dem Gesetz der Konkurrenz um das Dasein der Fall ist. Man hält sich daher meist ruhig daran, daß die wachsende Bevölkerung auch die Macht des Staates vermehrt, daß auf der Basis der Industrie mit ihrem ganzen Jammer eine blühende Kultur sich erhebt, und daß endlich sogar die Noth, indem sie z. B. zur Auswanderung treibt, die Keime der Kultur in immer neue Weltgegenden verpflanzt. Ganz als ob noch heute die Masse, gleich den Sklaven des Alterthums, nur dazu da wäre, die Folie zu bilden für die Entfaltung der Blüthen des höheren Lebensgenusses, wie bei einem Baum, der eben auch ein Ganzes bildet, nur der Wipfel dazu da ist, Blüthen und Früchte zu tragen, während der Stamm die Last zu tragen hat und die Wurzeln aus dem Dunkel der Erde – gleichsam als die arbeitenden Klassen dieses Staates – die Nahrung zu saugen haben. Man freut sich über die steigende Macht des Staates, als ob gar keine Individuen da wären, die unter dem immer steigenden Druck der Konkurrenz um das Dasein zu leiden hätten, oder als ob es eben nur darauf ankäme, die Herden eines glücklichen Besitzers zu vermehren. Der Gedanke vollends, daß ein Staat sich einmal auflösen, daß dieses »höhere Ganze« untergehen könnte, wird mit der | Vorstellung des völligen Ruins, des einfachen Untergangs verknüpft. Daß sich sämmtliche Individuen oft nach einem solchen Untergang weit munterer befinden, als früher, kommt gar nicht in Betracht; das »Ganze« ist ja die Hauptsache, die »Macht« ist die erste und wichtigste Eigenschaft dieses Ganzen und der »Staatswillen« muß ja unbedingt durchgeführt werden! Auf diese Weise kommt man dazu, die ganze Geschichte zu vergessen; zu übersehen, daß unsere Staaten wenigstens darin den lebenden Wesen gleichen, daß sie sterben müssen, und daß von Zeit zu Zeit neues Leben aus den Ruinen emporkeimen muß, wenn sich das Leben überhaupt erhalten soll.

Daher denn auch die Perhorrescirung jeder *Revolution*. Man sollte sagen, nichts sei philosophisch leichter zu erkennen, psychologisch leichter zu begründen, in der Geschichte leichter mit Händen zu greifen, als daß die bestehenden Formen des Staatslebens immer nur den Anforderungen gewisser Zeitverhältnisse und Bildungsstufen entsprechen, daß sie aber theils durch die Macht der Gewohnheit, theils durch die Gewohnheit der Macht sich länger zu erhalten pflegen, als diese Stufen dauern, daß sich auch dem berechtigten Verlangen nach neuen Zuständen ein materieller Widerstand entgegenzustellen pflegt, der, mit größerer oder geringerer Erschütterung, von den treibenden Kräften der neuen Zeit gesprengt wird. Und nun höre man dagegen, wie einer der ersten Philosophen der Gegenwart, dessen Namen wir hier aus Schonung verschweigen, sich über die Revolutionen äußert:

»Jede Revolution fehlt gegen den Grundbegriff des | Staates; denn es wirft sich ein Theil auf, vor dem Ganzen zu sein, und das Vernunftrecht kehrt ins Faustrecht zurück. Da der Staat die Bedingung für die Verwirklichung alles Rechtes ist, so ist er schlechthin unverletzlich; und das Gesetz muß ihn schützen, wenn es überhaupt das Recht schützen will.«

»In der Revolution, welche ungehemmt ihrem Zuge folgt, kommt das Unheil des entfesselten natürlichen Menschen zu Tage. Die allgemeine Vernunft wird von leidenschaftlichen erregten Kräften überholt; und die Leidenschaft, welche nur auf sich hört, hält sich für Vernunft und verzerrt das sittliche Maß, welches sie nur nach sich bestimmt. Die sittlichen Empfindungen, welche an das Alte banden, werden durch Spott zersetzt. Gehorsam heißt nun Knechtessinn, Mäßigung Feigheit, dagegen Frechheit Freimuth, selbst Frevel an der menschlichen und göttlichen Ordnung Heldenthum. Nur durch einen solchen Schein, *nur durch solche sittliche Spiegelbilder der sophistischen Leidenschaft vermag sich das Unrecht vor sich selbst und vor Andern zu halten.*« – –

»Wie der Krieg, den kein Vernünftiger an und für sich sucht, mögen auch Revolutionen Gutes mit sich führen, *aber nur nebenbei und in Seitenwirkungen,* indem sie Kräfte erregen und Charaktere hervorbringen. Aber nicht die, welche Revolutionen stiften, darf die Geschichte preisen, sondern nur die, *welche in unvermeidlichen oder unvermiedenen Revolutionen den Sturm beschwören,* das Recht festhalten, in der Zerrüttung schaffen und den umgestürzten Staat fester und gerechter aufrichten.« |

Hören wir aber auch dagegen eine Aeußerung eines unserer anerkanntesten Staatsrechtslehrer von leidlich conservativer Richtung. Wir brauchen seinen Namen nicht zu verschweigen; es ist R. v. Mohl, der sich so über die Revolutionen ausspricht: »Gewaltsame Umwälzungen sind keine bloße Naturgewalt und Thatsache, weil sie die logisch richtigen Folgen menschlicher Fehler und Leidenschaften sind, und schon in ihren Ursachen vermieden, möglicherweise selbst noch im Verlaufe durch stärkere Gegenmittel aufgehalten werden können. Unrecht und Unsittlichkeit aber sind sie nur, wenn sie ohne hinreichende Rechtfertigung begonnen wurden, d.h. wegen unwichtiger Beschwerden, ohne vernünftige Aussicht auf Erfolg, und so lange noch andere regelmäßige Mittel zur Abhülfe vorhanden waren. Allerdings führen sie in der Regel unermeßliche Uebel und Verbrechen mit sich; allein die größere Hälfte der Schuld trifft Diejenigen, welche durch Beharren auf unerträglichem Widersinne und Unrechte zu einem so fürchterlichen und so unsicheren Heilmittel hingedrängt haben. Die Frage ist schließlich eben hier, wie noch in einigen anderen Fällen des Staatslebens, ob der Mensch Gewalt und Unrecht bis zu wesentlicher Beeinträchtigung seiner ganzen Lebenszwecke widerstandslos zu tragen verpflichtet und sittlich berechtigt ist? Ob es im Staatsleben keinen Zustand der Nothwehr gibt?«

Bei alledem ist die Furcht vor der Revolution in der Gegenwart doch etwas mehr, als eine verzeihliche Schwäche. Sind doch diesmal nicht nur die Einzelnen in ihrer Ruhe, in ihrem Besitzstand, in ihren liebgewordenen Gewohnheiten, in dem Wohl ihrer theuersten Angehörigen bedroht; | sondern es steigt nur zu leicht der schreckende Gedanke empor, daß es sich früher oder später um den Umsturz des Bestehenden in einem viel eminenteren Sinne als jemals vorher handeln könnte. Nun kann eine solche Furcht, so allgemein sie verbreitet sein mag, doch freilich auch irrthümlich sein. In den Wirren der Reformationszeit glaubten viele geistig hochstehende Männer fast an den nahen Weltuntergang; diesmal spricht man nur vom *Untergang unserer Kultur*. Bei allen revolutionären Bewegungen der Neuzeit taucht dieser Gedanke wieder auf. Am bekanntesten ist, wie der treffliche *Niebuhr* sich durch die vergleichsweise geringen Stürme des Jahres 1830 so erschrecken ließ, daß er zu fürchten begann, Europa werde in die Barbarei zurücksinken. Aber gewiß ist auch, daß grade ein Geist wie Niebuhr sich gewiß nicht so durch den augenblicklichen Lärm hätte schrecken lassen, wenn ihm nicht sein tiefer Einblick in die Geschichte und das Staatsleben alter und neuer Zeit ein Gefühl davon gegeben hätte, daß eine so furchtbare Gefahr in der That in der Luft liege.

Und, was ist denn auch, bei Licht besehen, die *Weltwende*, welche jetzt von vielen Seiten verkündet wird, wesentlich Anderes, als eine freundlichere Bezeichnung für dasselbe unheimliche Unbekannte, welches Andere als den bevorstehenden Untergang unserer ganzen Kultur bezeichnen? Kann auch eine »Weltwende« in friedlicher Form gedacht werden, so bleibt sie deshalb doch nur ein friedlicher Untergang der alten Formen der Kultur, weil sie eben den Anfang eines ganz neuen Zustandes bezeichnen soll. War doch das Christenthum sogar eine Weltwende, welche ihren Sieg | auf dem Wege eines beständigen Unterliegens gewann, und welche deshalb doch stark genug war, die Trümmer der antiken Kultur vom Erdboden zu fegen. Eine Revolution aber, welche hervorginge aus einem allgemeinen Aufstreben der Bevölkerungsschichten, die das Ringen um ihr Dasein müde sind; eine solche Revolution würde, selbst unterdrückt, geschweige denn siegreich, einen tieferen und allgemeineren Einfluß üben, als je eine frühere. Die Frage, ob denn unsere gegenwärtige Kultur, in welcher jedenfalls geschmackloser Luxus, gespreizte Scheinbildung und egoistische Blasirtheit eine hervorragende Rolle spielen, die Sympathie edler Männer wirklich in so hohem Grade verdiene, wollen wir hier eben so wenig erörtern, als die entsprechende, ob nicht alle Aussicht vorhanden wäre, binnen Kurzem die Keime einer einfacheren, aber gesunderen und harmonischeren Bildung aus unsern jetzt durch den Druck des Lebens niedergehaltenen Volksschichten hervorgehen zu sehen. Wer den Menschen wirklich im vollen Sinne des Wortes als Menschen anerkennt; darf auch ohne solche Hoffnung nicht zweifelhaft darüber sein, auf welcher Seite er steht, wenn das Bewußtsein einer höheren Bestimmung in den Massen zum Durchbruch kommt. Es gilt für ihn nur, den Uebergang in den neuen Zustand zu erleichtern, die Kämpfe zu mildern, und von den ewigen Gütern der Menschheit hinüber zu retten, was er vermag. Einen bewußten Widerstand gegen eine solche Bewegung, sobald sie mit unverkennbarer Allgemeinheit und Tiefe hervortritt, würde nach unserer Ansicht der volle Fluch treffen müssen, den der kurzsichtige Doktrinär der Revolution als solcher entgegenschleudert. Wir | können uns hier auch nicht lange mit dem etwas spitzfindigen Unterschiede zwischen *Evolution* und Revolution aufhalten. Sobald man diesen Unterschied macht und unter ersterem eine großartige, innerlich berechtigte Entwicklung versteht, welche *unter gesetzlichen Formen* zu einer Umgestaltung der öffentlichen Zustände führt, dann kann der ruhige Denker sich nur für die Evolution aussprechen. Das R setzen eben diejenigen davor, welche sich einer berechtigten Entwicklung mit äußerer Gewalt, gestützt auf die Rechtsformen einer vergangenen Zeit entgegenstellen.

Ob wir nun gegenwärtig nahe vor einer solchen Periode des Umschwungs stehen oder nicht, kann natürlich Niemand wissen. Wir haben bisher nur versucht, die thörichte Sicherheit aufzurütteln, die Elemente zu einem solchen Proceß in der Gegenwart nachzuweisen und dabei den unwillkürlichen Haß des Philisters gegen alles Neue und Werdende – um nicht zu sagen gegen alles Erhabene und Heilige – nach Kräften zu bekämpfen. Wir haben noch nicht von der unmittelbaren Gegenwart gesprochen. Was wir vor Augen sehen, ist wie ein Feuer bei Nacht, dessen Entfernung nicht zu schätzen ist. Ja, was den Gedanken der *Weltwende* betrifft – einen Lieblingsgedanken Lassalles, der im Allgemeinen wohl aus dem Fortschritt der letzten Jahrhunderte zu entnehmen ist – so möchten wir uns zu der Ansicht bekennen, daß ihre Nähe noch nicht in so engem Sinne aufzufassen ist, und daß ihr noch manche Vorspiele vorangehen werden, deren eines vermuthlich die *Arbeiterfrage* liefern wird. Zu gering wird man freilich auch die Bedeutung einer Frage nicht anschlagen dürfen, | die mit unverkennbar tiefem Zusammenhang jetzt gleichzeitig in Deutschland, Frankreich, England und Italien einer Krisis entgegenreist, während jenseit des Oceans durch einen verwandten Zug der Zeit auf Tod und Leben um den Fortbestand der Sklaverei gekämpft wird.

Vom Standpunkte der vorausgehenden Betrachtung aus, wird man leicht erkennen, daß die Arbeiternoth der Gegenwart nichts ist als *die den gegenwärtigen ökonomischen Verhältnissen entsprechende Form des allgemeinen Kampfes um das Dasein*. Es ist wahr, daß die Arbeit unter der Herrschaft von Angebot und Nachfrage zu einer Waare geworden ist, die gleich andern Waaren zu Markte geht. Es ist wahr, daß es eine sich nicht sehr hoch über die Verzweiflung erhebende Linie giebt, welche der Arbeitslohn im Großen und Ganzen nicht überschreiten kann, weil dann der Regulator des Elends nachläßt, die Bevölkerung sich mehrt und das Angebot der Arbeit steigt, bis der Lohn wieder fällt und die Vernichtung des Lebens ihre Schuldigkeit thut. Man kann wohl darüber streiten, ob dieser Mechanismus, der durch Ferdinand Lassalle als das *Ricardo'sche Gesetz* bekannt geworden ist, wirklich den Namen eines »Gesetzes« verdiene, man kann über den größeren oder geringeren Spielraum streiten, welchen günstige Verhältnisse gestatten mögen; man kann endlich – und das dürfte das allein Wichtige sein – bei der näheren Betrachtung der *Ansprüche* verweilen, welche eine Generation von Arbeitern an das Leben macht, und deren verschiedene Höhe von bedeutendem Einfluß sein kann; aber man kann in keiner Weise leugnen, daß die Erscheinung selbst von der | Statistik beobachtet, von der Theorie gefordert und von der Wissenschaft gelehrt wird. Der Umstand, daß sie kürzlich dennoch in Deutschland mit vorübergehendem Erfolg geleugnet wurde, wird noch in späten Zeiten als ein Staunen erregender Beweis für den Einfluß, aber auch für die Leichtfertigkeit der Tagespresse betrachtet werden können.

Weniger überraschend ist der Umstand, daß man bisher noch nicht hinlänglich beachtet hat, daß eben das Ricardo'sche Gesetz – um es kurz zu sagen – nur ein *Specialfall des Darwin'schen Gesetzes* ist, und daß daher auch die Betrachtung jenes Gesetzes für sich allein entweder gar nicht zur Lösung der Arbeiterfrage führen kann, oder doch nur zu einer solchen Lösung, welche dem Kampf um das Dasein eine, zur Abwechselung vielleicht erträglichere Form verleiht. Auf diese Schwierigkeit werden wir zurückkommen, wenn wir auf die in Betreff der Arbeiterfrage jetzt streitenden Theorien näher eingehen können. Dies ist jedoch von der richtigen Höhe der Betrachtung aus nicht möglich, so lange wir nicht einen ferneren Schritt zur Ermittelung der allgemeinen Gesetze des gesellschaftlichen Lebens gethan haben. |

FÜNFTES KAPITEL

Der Weg zur Rettung.

Wir haben in unserm ersten Kapitel gesehen, daß der Kampf um das Dasein in unserm Zeitalter, trotz mancher äußerlichen Verbesserung, eine besonders unglückliche Wendung genommen hat; daß der ermattende Druck eines einförmigen, freudlosen Daseins und die schleichende Verkümmerung des Lebens in unsern geregelten Zuständen schlimmer wirken, als der dramatische Wechsel von Glück und Unglück, Handeln und Leiden in früheren Perioden der Geschichte.

Wir haben im folgenden Kapitel gesehen, daß die bittern Empfindungen, unter welchen ein so großer Theil der Menschheit leidet, durch das Bewußtsein höherer Befähigung und durch die beständige Vergleichung mit den besser gestellten Gliedern der Gesellschaft sehr verstärkt werden, und daß sich allmählig ein neues Rechtsbewußtsein herausbildet, welches nicht nur die Beseitigung der Schranken zwischen den verschiedenen Ständen, sondern auch die Ermäßigung der Ungleichheiten durch eine veränderte Richtung der Gesetzgebung im Sinne hat. Im dritten Kapitel sahen wir, daß | die Arbeiter durch die Fortschritte der Industrie bisher zwar an eine Reihe neuer Bedürfnisse gewöhnt, aber dem eigentlichen Elend, besonders dem Hunger, nicht entrissen sind, und daß der gesammte Fortschritt der neueren Decennien im Wesentlichen bloß den besitzenden Klassen zu gute kommt. Wir sahen, daß die Erhöhung der Lebenshaltung zwar einen unverkennbaren Werth hat, daß sie aber für sich allein unter den gegenwärtigen social-politischen Verhältnissen zur Lösung der Arbeiterfrage nur sehr wenig beitragen kann. Endlich haben wir in diesen drei Kapiteln öfter Gelegenheit genommen, die *Schwierigkeiten,* welche sich einer Lösung der Arbeiterfrage entgegenstellen, bis in ihre innerste Wurzel zu verfolgen, und darauf hinzudeuten, daß diese Frage für sich allein, mit vereinzelten Maßregeln irgend welcher Art, überhaupt nicht zu lösen ist, daß vielmehr schon der bloße Gedanke ihrer Lösung unzertrennlich ist, von der Annahme eines *vollständigen Umschwungs im geistigen Leben der Völker,* daß wir aber auch einen solchen Umschwung für wahrscheinlich, ja für sicher bevorstehend halten. Trotzdem werden unsere Leser von uns fordern, daß wir, nachdem wir namentlich im *vierten Kapitel* manche viel bewunderte Bestrebungen als unzulänglich oder einseitig dargestellt haben, uns nicht in die Wolkenhöhe eines bloß geistigen Princips der Weltverbesserung zurückziehen, sondern auch einige greifbare Sätze hinstellen, welche auf die Bestrebungen der Gegenwart Anwendung erleiden. Indem wir dieser sehr natürlichen Forderung entsprechen, enthalten wir uns jedoch für diesmal nicht nur einer näheren Begründung unserer Sätze, sondern selbst einer Ableitung derselben aus | einem einheitlichen Princip. Das erstere geschieht besser und lebhafter in einer späteren Polemik gegen wirkliche Gegner; das letztere würde unser Schriftchen zu einem Buch machen, welches dem augenblicklichen Zweck (vergl. d. Vorwort) nicht dienen könnte. Wir geben daher hier nur eine Reihe unzusammenhängender *Thesen,* denen wir nachher noch ein kleines Schlußwort folgen lassen.

1. *Die Arbeiter haben sich selbst um die Angelegenheiten ihres Standes zu kümmern.* Sie haben alle diejenigen als Standesgenossen zu betrachten, welche NUR Arbeiter sind, d. h. alle, welche weder durch Unternehmergewinn, noch durch Amt, Rang und erbliche Vorzüge irgend welcher Art in ihrer socialen Stellung begünstigt sind. Sie sollen die Begünstigten nicht hassen und anfeinden, wohl aber sich des *socialen Kampfes* bewußt bleiben, welchen die Verhältnisse von der Gegenwart fordern.

2. *Der wichtigste Theil ihrer Selbsthülfe ist der politische.* Sie sollen ihr Augenmerk auf die Gesetzgebung und Verwaltung des Landes richten; auch die Ereignisse in andern Ländern beachten und fragen, wie sich dort die Arbeiter halten. Sie sollen dahin trachten, Einfluß im Staate zu gewinnen, was sie auch können, wenn sie sich an *einfache Grundfragen* halten und in diesen *einmüthig* auftreten.

3. *Ueberall, wo es möglich ist, müssen sie Genossenschaften bilden.* Die Verwaltung derselben muß in den Händen der Arbeiter liegen. Die Genossenschaften müssen sowohl von den höheren Ständen als auch vom | Staate unabhängig sein, und müssen den ausgesprochenen Zweck haben, nicht nur den Ein-

zelnen, sondern dem ganzen Stande zu dienen. Die Genossenschaften als solche müssen sich von der Tagespolitik fern halten. Wenn einst die Staatsgewalt die Arbeiter-Idee rückhaltlos vertritt, können Vorschüsse aus öffentlichen Mitteln angenommen werden.

4. *Die Bildungsbestrebungen der Arbeiter müssen sich den dringenderen Zwecken dienend anschließen.* Der erwachsene und mündige Arbeiter soll sich nicht durch *vorbereitenden* Unterricht hinhalten lassen, sondern seine Studien an der Arbeiterfrage selbst machen. Bildungsvereine, welche der Befreiung vom Aberglauben und Vorurtheil dienen, sind nützlich; ebenso Bildungsschulen für jüngere Arbeiter; sie dürfen aber den Blick nicht von dem Nothwendigsten abziehen.

5. Wenn sich der Staatswille, in welcher Weise es auch sei, der Sache der Arbeiter entschieden zuwendet, so sind folgende Forderungen zu stellen:

a) Revision der gesammten Gesetzgebung in Beziehung auf das Bedürfniß der Unbemittelten und Rechtsunkundigen.
b) Vollständige Freiheit für Associationen und Verbrüderungen jeder Art, welche die Rechte Unbetheiligter nicht beeinträchtigen.
c) Aufhebung aller strafrechtlichen Bestimmungen, durch welche die Verkündigung der Wahrheit und die offene Besprechung bestehender Uebelstände verhindert werden.
d) Vollständige Preßfreiheit und Untersagung aller | Maßregeln, durch welche die Ausübung derselben erschwert und insbesondere vertheuert wird.
e) Allgemeiner und unentgeltlicher Volksunterricht in allen für die Staatsbürger gemeinsamen und nothwendigen Gegenständen.
f) Beförderung der Produktiv-Genossenschaften, besonders auch für den Großbetrieb der Landwirthschaft, durch Geldmittel und geeignete Gesetze.

6. Erst nach Erlangung dieser Grundlagen (zu denen man sich eine Reihe von Ergänzungen hinzudenken möge) kann daran gedacht werden, die Menschheit mit Bewußtsein und Ruhe auf einen Standpunkt zu erheben, bei dem der Kampf um das Dasein seine Schrecken verliert. Die ganze gegenwärtige Bewegung ist in Beziehung auf diese Hauptfrage nur vorbereitend, was jedoch nicht ausschließt, daß das Ringen der Arbeiter nach Freiheit und würdigem Dasein schon während dieser vorbereitenden Zeit ihnen große geistige und materielle Vortheile bringt.

Sonach läuft denn Kern und Wesen der ganzen gegenwärtigen Arbeiter-Bewegung auf einen großen geistigen Kampf hinaus, dessen Ziel und Ende nur in der Besiegung der *falschen Willensrichtung* zu suchen ist, die sich allen großen und durchgreifenden Verbesserungen in der Lage des eigentlichen Volkes von jeher entgegengestellt hat. Dieser Kampf ist aber nicht rein äußerlich zu fassen, sondern er ist zugleich *in dem Gemüth jedes Einzelnen auszufechten.* | Nichts ist leichter, als daß in erregten Zeiten Verzagtheit in Trotz, Kriecherei in Grausamkeit umschlägt; denn eben wo das höhere Bewußtsein der Berechtigung fehlt, da wird der Durchbruch altgewohnter Schranken leicht zur verwüstenden Ueberschwemmung. Nicht mit Unrecht zittert man vor dem Sklaven, der plötzlich die Kette bricht; während das Walten des freien Mannes Vertrauen einflößt. Deshalb müssen wir auch wünschen, daß der Arbeiter nicht von der Freiheit im Sturm irgend einer europäischen Bewegung überrascht werde. Wilde Gedanken von Haß und Rache werden durch nichts so sicher verbannt, als durch die geistige Arbeit, welche mit freiem Sinn die Verhältnisse des Lebens durchdenkt und sich mit männlicher Offenheit der Erreichung eines bestimmten Zieles widmet. Wem der Glanz der Großen dieser Welt noch imponirt; wer durch Furcht, durch Augendienerei, durch Entwürdigung seiner selbst noch heute dem Götzen der Gewalt geopfert hat; grade der wird am ehesten, wenn morgen ein Wirbelwind diese Altäre stürzt, die gefallene Größe verhöhnen oder in unmenschlichem Wüthen sich für die Schmach früherer Erniedrigung zu entschädigen suchen. So brachen die Greuel der französischen Revolution hervor aus den unterdrückten Massen, welche nur die Zersetzung und endlich die Sprengung der alten Autoritäten wahrnahmen, welche aber niemals an den erhabenen Ideen der leitenden Geister wirklichen Antheil gehabt hatten. Es ist Zeit, daß die europäische Menschheit vor der Wiederholung eines so großen Unglücks gewarnt werde. Es ist aber auch Zeit, daß der großen Wendung der Dinge, die unausbleiblich herannaht, mit Besonnenheit und Einsicht vorgear|beitet werde. Die *Offenheit* und *Wahrheit* ist das große Mittel, welches beide Zwecke erfüllt, welches das Ersehnte befördert und das Gefürchtete abwendet. Darum möge man die Arbeiter nicht nur gewähren lassen, wenn sie ernsten Blicks ihre Lage prüfen, wenn sie statt sich dem finstern Groll und dumpfen Zagen hinzugeben, ihr Auge dem Sonnenlicht eines neuen Zeitalters zuwenden und die Mittel und Wege erwägen, wie es herbeizuführen sei; man möge sich freuen, daß sie darauf aus sind, sich als menschliche Wesen im Bewußtsein ihres Rechtes und ihrer höheren Bestimmung jene Freiheit zu erringen, die nur dem Segen bringt, der sie *errungen* hat. Man sollte nicht die *Gefahr*, sondern den Anfang der *Rettung* aus einer großen Gefahr in dieser Bewegung erblicken. Und, wie der Arbeiter diesen Kampf innerlich durchkämpfen und sich zur geistigen Selbständigkeit und Freiheit erheben muß, bevor er den Sieg erringen und benutzen kann, so können auch die übrigen Klassen der Bevölkerung sich diesem Kampf nicht entziehen. Wer hat es nicht oft auf den Blättern der Geschichte mit Staunen verzeichnet gesehen, wie im Moment einer großen Umwälzung die Wirkung des neuen Gedankens auch die Gemüther der bevorzugtesten Kinder der Vergangenheit mit geheimnißvollem Zauber ergreift? Das ist nicht Furcht, was die Hand am Schwerte lähmt; das ist nicht Ueberraschung, was das drohende Scepter plötzlich in den Staub sinken läßt; nicht gemeine

Beschränktheit, was die schlau berechneten Rathschläge zum Verderben wendet; es ist eine verborgene Macht, die aus den Tiefen des gemeinsamen Daseins hervorbricht; es ist das überwältigende Gefühl der großen Wen|dung der Dinge, welches in die Herzen aller Betheiligten einzieht, auf welcher Seite sie auch stehen mögen. Weshalb aber den Sturz und die Verzweiflung heraufbeschwören? Wahrheit und Offenheit können davor behüten. Wer den starren Egoismus in sich selbst besiegt, den wird das Rad der Zeiten nicht zermalmen. Er wird selbst der Sieger sein, ob er auch ein unseliges Recht zum Opfer bringt. Nicht den wollen wir loben, der die Hebung des Arbeiterstandes rühmt, und in demselben Athemzug hinzusetzt, daß sie dem Unternehmer Vortheil bringt; sondern den, welcher, des äußeren Nachtheils sicher, der Menschlichkeit die Ehre gibt und zur gerechteren Vertheilung von Genuß und Anstrengung mit Bewußtsein die Hand bietet. Wenn eine solche Gesinnung sich allgemein verbreitete, so wären die Opfer gering und die Vortheile unermeßlich. Wir hoffen nicht darauf; aber schon die Entschlossenheit weniger edel denkender Männer vermag viel zur Linderung des Uebergangs und zur Verherrlichung der neuen Epoche. Soll die Menschheit ewig mit der Barbarei wieder beginnen, wenn eine Culturperiode sich ausgelebt hat und ein neues Zeitalter anfängt? Wir sagen nein! Es ist der Aufklärung der Gegenwart unwürdig, diesen Gedanken zu fassen. Von der Hand, welche jetzt dem Arbeiter sich hülfreich entgegenstreckt, wird er einst auch das Palladium freieren Denkens und edlerer Sitte entgegennehmen. Eine neue Blüthe der Kunst und Wissenschaft, der Humanität und Sittlichkeit wird sich über den Trümmern der vergangenen Weltordnung schnell und herrlich entfalten. *Bildung* und *Brüderlichkeit* werden dann die guten Genien sein, welche die Menschheit von Stufe zu | Stufe aufwärts leiten. Jahrhunderte mögen vergehen, bevor der Kampf um das Dasein in ein friedliches Zusammenleben der Völker des Erdbodens verwandelt ist; allein der Wendepunkt der Zeiten, der *Sieg des guten Wil-*

lens zur Besserung unserer Zustände kann nicht in allzugroßer Ferne liegen. Gewiß wird dieser Sieg niemals ein vollkommener sein; allein es ist schon etwas Großes, wenn der Grundsatz beständiger und aufrichtiger Arbeit am Wohl der Massen zur öffentlichen Anerkennung kommt und den Grundsatz der unbedingten Erhaltung aller bestehenden Rechte und Lasten aus dem Bewußtsein der Regierungen und der Völker verdrängt. Dieser Sieg des guten Willens kann aber nicht durch Vertrauensseligkeit nach irgend einer Seite hin herbeigeführt werden. Nur der selbstbewußten That beugt sich der Widerstand; dem festen Auftreten schließt sich Unterstützung von allen Seiten an, und deßhalb liegt die ganze Lösung der Arbeiterfrage vor allen Dingen in den Händen der Arbeiter selbst.

Ludwig Büchner

Die Stellung des Menschen in der Natur*
(Auszug)

Die Moral

Das einzig richtige und haltbare Moralprincip beruht auf dem Verhältniß der *Gegenseitigkeit*. Es gibt daher keine bessere Richtschnur für moralisches Verhalten, als den alten und wohlbekannten Spruch: »Was Du nicht willst, daß man Dir thu', das füg auch keinem Andern zu«. Ergänzt man diesen Spruch durch den weiteren: »Was Du willst, daß man Dir thue, das thue auch Andern« – so hat man den ganzen Codex der Tugend- und Sittenlehre in der Hand, und zwar besser und einfacher, als die dickleibigsten Handbücher der Ethik oder die Quintessenz aller Religionssysteme der Welt ihn uns liefern könnten. Alle weiteren moralischen Anleitungen, mag man sie aus dem Gewissen, aus der Religion oder aus der Philosophie herleiten, werden neben diesen einfachen und praktischen Regeln vollkommen entbehrlich. Natürlich müssen diese Regeln um so wirksamer erscheinen, je höher das Verhältniß der Gegenseitigkeit durch größere Ausbildung der Gesellschaftszustände überhaupt entwickelt ist, und je mehr der Einzelne durch Einsicht und Bildung befähigt ist, die Gesellschaftszwecke und sein persönliches Verhältniß zu denselben wie zu

* *Aus:* Die Stellung des Menschen in der Natur in Vergangenheit, Gegenwart und Zukunft. Oder: Woher kommen wir? Wer sind wir? Wohin gehen wir? Allgemein verständlicher Text mit zahlreichen, wissenschaftlichen Erläuterungen und Anmerkungen. Von Dr. Ludwig Büchner, Verfasser von »Kraft und Stoff«, Physiologische Bilder«, »Aus Natur und Wissenschaft«, »Sechs Vorlesungen über Darwin« ec. ec. (Erkenne dich selbst.) Leipzig, Verlag von Theodor Thomas. 1869, 323–349. – *Büchners umfangreiche* Anmerkungen, Erläuterungen und Zusätze *werden hier nicht mitgeteilt.*

seinen Nebenmenschen zu begreifen und sein Verhalten darnach einzurichten. Es ist daher ein allgemein anerkanntes und durch die Geschichte hinlänglich bewiesenes Faktum, daß sich der Moralbegriff im Allgemeinen, wie im Einzelnen in demselben Maaße weiter entwickelt und stärker hervor|bildet, in welchem Bildung, Einsicht und Erkenntniß der nothwendigen Gesetze des Gemeinwohls in der Zunahme begriffen sind, und daß dem entsprechend stets größere öffentliche Ordnung mit der Milderung der Strafgesetze Hand in Hand gegangen ist. Als Einzelner oder Urmensch kennt der Mensch überhaupt keine Moral und folgt blindlings den Trieben der Leidenschaft, des Hungers, der Grausamkeit u.s.w., die er mit den Thieren gemein hat; seine moralischen Eigenschaften entwickeln sich erst durch das Zusammensein mit Andern im Innern einer nach gewissen Grundsätzen der Gegenseitigkeit geregelten Gesellschaft und durch die Erkenntniß der Gesetze, welche für das Bestehen einer solchen Gemeinschaft nothwendig sind. Das angeborne Gewissen oder Sittengesetz, welches so Viele für das eigentlich Bestimmende in den Handlungen der Menschen halten, ist nichts weiter als ein großer Aberglaube oder eine »Kinderschulenmoral«, wie sich der Philosoph Schopenhauer so bezeichnend ausdrückt. Denn das Gewissen bildet und entwickelt sich erst mit der fortschreitenden Erkenntniß der Pflichten, welche der Einzelne theils gegen eingebildete Uebermächte (wie Götter, Heroën u.s.w.), theils gegen seine Mitmenschen, theils gegen die Gesellschaft, theils gegen den Staat u.s.w. zu erfüllen hat oder erfüllen zu müssen glaubt. Dieser Glaube aber ist ganz und gar abhängig von der jeweiligen Stufe der allgemeinen Bildung oder Erkenntniß, auf der sich ein Volk oder ein Einzelner befindet, und daher wechselnd nach Zeit, Ort und Umstän|den. *Moses,* der größte Lehrer und Führer des jüdischen Volkes, fühlte keine Gewissensbisse, als er Dreitausend seines Volkes zum Sühnopfer für den Herrn hatte niedermetzeln lassen, sondern fürchtete nur, daß es noch nicht genug sei, während man heutzutage eine solche Handlung als eine grenzenlose Scheußlichkeit und Brutalität ansehen würde; und der verehrte *David*, der Liebling aller Theologen, eroberte die Stadt Rabba (2. Sam. 12, 31) und »führte alles Volk hinaus, legte es unter eiserne Sägen, Hacken und Keile und verbrannte sie in Ziegelöfen; so that er allen Städten der Kinder Ammon's.« (Angeführt bei Radenhausen, Isis, Band II. S. 34 u. folgd.). Die Phönizier, Karthager, Perser u.s.w., obgleich zu den *gebildeten* Nationen des Alterthums zählend, ließen sich durch ihr Gewissen nicht abhalten, ihre eigenen Kinder lebend zu verbrennen oder unschuldige Menschen lebendig zu begraben; und die Inquisitoren des Mittelalters und ihre Helfer früherer und späterer Zeit glaubten nur ihre Pflicht zu thun, wenn sie im Laufe von elf Jahrhunderten ungefähr *neun Millionen* Menschen als Hexen und Zauberer verbrannten und so viele andere Unschuldige unter den entsetzlichsten Qualen leiden ließen. Wenn die römischen Kaiser die neu entstehenden Christen-Gemeinden mit den blutigsten Verfolgungen heimsuchten, so glaubten sie ebensowohl etwas Gutes zu thun und vor ihrem Gewissen rein dazustehen, wie die späteren Christen selbst, als diese nach dem Siege ihrer Lehre alle jene Verfolgungen und Greuel | im reichlichsten Maaße an Andersdenkende zurückgaben. Auch die menschenmordenden Kriege der Neuzeit werden in der Regel und oft aus den unbedeutendsten Anlässen von Leuten geführt, welche sich aus dem von ihnen veranlaßten, oft schrecklichen Tod und Elend so vieler Tausende nicht das geringste Gewissen machen und Ruhm, Ehre und Ansehen dabei gewinnen, während man in einem späteren und glücklicheren Zeitalter solches Thun wahrscheinlich als die schwerste moralische Versündigung ansehen wird. Gewissen ist daher nichts Feststehendes, Angebornes, sondern etwas Wechselndes, Gewordenes oder eine Aeußerung menschlicher Erkenntniß, welche mit der Erkenntniß selbst fort- und voranschreitet. Diese fortschreitende Erkenntniß hat so Vieles als unschuldig oder erlaubt erkennen lassen, was früher für schwere Sünde galt, und andererseits so Vieles zum Verbrechen, zur Sünde gestempelt, was es früher nicht war; daher auch die Begriffe von *Gut* und *Bös* bekanntlich die größten und auffallendsten Verschiedenheiten, ja sogar vollständige Gegensätze zu verschiedenen Zeiten und bei verschiedenen Völkern zeigen, was Alles ganz unmöglich wäre, wenn das angeborne Gewissen des Menschen ihm ein für allemal bindende, innere Vorschriften auferlegen würde. Das Gewissen ist auch ganz unabhängig vom Gottesglauben und von religiösen Vorstellungen überhaupt; es ändert sich nicht oder kaum nach Maaßgabe einzelner Glaubensbekenntnisse, sondern richtet sich lediglich nach der Erkenntniß oder nach der Bildungsstufe jedes Einzelnen. Daher | auch jede Besorgniß, das Gewissen könne mit einer bestimmten Glaubensform verloren gehen, gänzlich unbegründet ist; im Gegentheil muß sich dasselbe um so mehr schärfen und verfeinern, je mehr sich das allgemeine Gewissen der Menschheit durch die fortschreitende Bildung hebt, und je unabhängiger diese in ihrem Denken und Sein von allen bloß äußerlichen Regeln und Glaubensnormen wird. Sind doch auch die Menschen der Gegenwart, obgleich ihre Anhänglichkeit an bestimmte Glaubensregeln weit hinter derjenigen früherer Zeiten zurücksteht, im Allgemeinen viel weniger zu Verbrechen und Gewaltthaten geneigt, als ehedem! und haben Duldsamkeit, Mitleid, Sinn für Gemeinnütziges, Achtung vor dem Gesetz, Menschenliebe u.s.w. in demselben Maaße zugenommen, in welchem Wissen, Bildung und Wohlstand sich gehoben haben! Denn neben *Bildung* sind *Glück* und *Wohlstand* Hauptquellen der Moral und Tugend. Der Mensch muß im Allgemeinen glückselig sein, wenn er Tugend üben soll, und alle Sünden und Laster gehen Hand in Hand mit Hunger, Elend, Krankheit oder Müßiggang. Rechnen wir dazu, daß moralische Eigenschaften oder Anlagen ebensowohl *erblich* sind, wie körperliche und geistige Anlagen überhaupt, so muß es uns klar werden, daß der ganze moralische Fortschritt der Menschheit an ihrer fortdauernden socialen und geistigen Um- und Fortbildung gelegen ist, und daß Sünde und Verbrechen aus der Welt verschwinden werden, sobald die immer noch so reichlich fließenden Quellen der Unwissen | heit, der Unbildung und des materiellen Elends verstopft sein werden.

Die Moral kann daher definirt werden als das Gesetz der gegenseitigen Achtung des allgemeinen, wie des privaten, gleichen Menschenrechtes zum Behuf der Sicherung allgemeinen Menschenglücks. Alles, was dieses Glück und diese Achtung stört oder untergräbt, ist *bös*, Alles, was dieselben fördert, *gut*. Das Böse besteht nach dieser Definition nur noch in der Ausartung oder den Uebergriffen des menschlichen und privaten Egoismus gegenüber diesem allgemeinen Glück sowohl, wie den Interessen des Nebenmenschen. Was der Gesammtheit oder dem Nebenmenschen nützlich ist, ist im Allgemeinen auch gut; und der Begriff des Guten verkehrt sich erst dadurch in sein Gegentheil, daß der Einzelne den Begriff des ihm selbst Nützlichen oder Vortheilhaften dem Begriffe des für die Gesammtheit oder für einen andern Gleichberechtigten Nützlichen in ungebührlicher Weise voranstellt. Die größten Sünder sind daher die Egoisten oder Diejenigen, welche ihr eigenes Ich höher stellen, als die Interessen und Gesetze des Gemeinwohls, und dasselbe auf Kosten und zum Nachtheil der mit ihnen Gleichberechtigten in übermäßiger Weise zu befriedigen trachten. Zwar ist der Egoismus an sich durchaus nichts Verwerfliches und bildet eigentlich die letzte und höchste Triebfeder aller unserer Handlungen, sowohl der schlechten wie der guten. Auch wird man den Egoismus der menschlichen Natur niemals zu beseitigen im Stande sein; | und es kommt daher nur darauf an, denselben in die richtigen Bahnen zu lenken oder ihn vernünftig und menschlich zu machen, indem man seine Befriedigung in Uebereinstimmung mit dem Wohle Aller und mit den Interessen der Gesammtheit zu bringen sucht. Dazu kann es aber kein besseres Mittel geben, als die von uns vorgeschlagene Reform der menschlichen Gesellschaft selbst im Interesse des Gemeinwohls. Denn sobald man es durch eine richtige Organisation der Gesellschaft dahin gebracht hat, daß die Befriedigung des eigenen Ich zugleich die Interessen der Gesammtheit befriedigt, und daß umgekehrt die Befriedigung der allgemeinen Interessen zugleich die Befriedigung des eigenen Ich bedeutet, hört jeder aus egoistischen Motiven hervorgehende Conflikt zwischen den Interessen des Einzelnen und denen der Gesellschaft oder des Staates auf, und der Hauptanlaß zu Verbrechen und Sünde ist hinweggenommen. Der Einzelne wird dann viel leichter, als gegenwärtig, im Stande sein, nach persönlicher Glückseligkeit und angenehmen Empfindungen zu streben oder das eigne Ich zu befriedigen, ohne daß er die Interessen der menschlichen Gesellschaft verletzt; er wird nur sein eignes Wohl befördern, indem er das Wohl der Gesammtheit befördert, und wird das Wohl der Gesammtheit befördern, indem er sein eignes befördert.

In dieser Uebereinstimmung der Interessen des Einzelnen mit den Interessen der Gesammtheit oder aller Andern liegt daher das ganze, große Moral-Princip der Zukunft. Gelingt es, jene Uebereinstimmung herzustellen, | so haben wir Moral, Tugend und edle Gesinnung im Ueberfluß. Gelingt es nicht, so fehlen uns dieselben in demselben Maaße, in welchem die Gesellschaft jenem Ziele fremd bleibt; und keine äußeren oder inneren Mittel, keine Religion, kein Gewissen, keine Moralprediger, keine Strafgesetze u.s.w. werden auch nur entfernt im Stande sein, jenen Mangel dauernd zu ersetzen. *Das öffentliche Gewissen ist zugleich das Gewissen des Einzelnen*, und jenes öffentliche Gewissen kann nur Folge vernünftiger Staats- und Gesellschafts-Zustände und einer auf den Grundsätzen allgemeiner Menschenliebe aufgebauten Erziehung und Bildung Aller sein. Die Zeit der erziehungs- und bildungsfähigen, allen äußeren und inneren Eindrücken so leicht zugänglichen Jugend ist es, in welcher der Grund zur Bildung jenes Gewissens und damit aller Moral gelegt werden muß; und es muß oberste Aufgabe der öffentlichen und allgemeinen Erziehung sein, die guten und der menschlichen Gesellschaft nützlichen

Triebe und Anlagen in dem jungen Menschen zu erwecken und zu stärken, die schlechten und schädlichen dagegen zu schwächen und zu unterdrücken. Ein ganz neues und moralisch anders angelegtes oder organisirtes Geschlecht wird sich auf diese Weise nach und nach heranbilden, und Verbrechen, Sünde, Laster u.s.w. werden in demselben Maaße verschwinden, wie der Boden kleiner werden wird, auf dem sie allein gedeihen können! |

Die Religion.

Die Religion ist nicht minder, wie Verbrechen und Sünde, ein Erzeugniß der Unwissenheit. Je weniger der Mensch weiß von Geschichte, Natur, Philosophie u.s.w., desto mehr fühlt er sich, nachdem er überhaupt angefangen hat, über sich und die ihn umgebenden Erscheinungen nachzudenken, veranlaßt, an unbekannte übernatürliche und außermenschliche Einwirkungen zu glauben und denselben alles ihm räthselhaft Erscheinende im Natur- und Menschenleben aufzubürden. Je religiöser daher ein Mensch ist, um so weniger fühlt er das Bedürfniß der Bildung und Erkenntniß in sich; und die alten Hebräer konnten daher auch nicht jene Kunst und Wissenschaft bei sich entwickeln, wie die freier denkenden Griechen, weil ihnen ihr Gott Jehova Alles ersetzte. Mit dem rohesten, aus einer mangelhaften oder gänzlich fehlenden Kenntniß der Naturgesetze entspringenden Aberglauben fangen die Nationen an und erheben sich von da allmählig und langsam zu jenem Wissen, das in der Zukunft bestimmt ist, jede Art von Religion zu ersetzen und unnöthig zu machen. Diejenigen, welche in einer solchen Abschaffung der Religion oder in einer Ersetzung des Glaubens durch das Wissen eine Gefahr für Moral und Sittlichkeit und damit für Staat und Gesellschaft erblikken, müssen darüber belehrt werden, daß Moral und Religion oder Glauben und Sittlichkeit ursprünglich und im Princip gar nichts miteinander zu thun haben und wahrscheinlich erst | im Laufe der Geschichte und aus Gründen äußerer Zweckmäßigkeit mit einander vermengt worden sind. Denn je höher wir in der Geschichte der Religionen aufwärts steigen, um so mehr sehen wir das Moralgesetz und die über seine Aufrechthaltung wachende Priesterschaft aus demselben verschwinden und an ihre Stelle Dogma und äußeren Cultus oder Ceremonien der Gottesverehrung treten. Auch stellen die neuesten Untersuchungen von *Rénan, Bournouf* und Anderen außer Zweifel, daß bei den arianischen Völkern die Moral durchaus kein integrirender oder nothwendiger Bestandtheil der Religion war, sondern daß man in deren alten Religionen nur zwei Elemente antrifft, den *Gottesbegriff* und den *Ritus* nämlich. Ebenso verhält es sich mit dem *Priesterthum* bei den Ariern, deren ursprüngliche religiöse Richtung entschiedener *Pantheismus* war, während im Gegensatze dazu die religiöse Richtung der Semiten (aus welcher das Christenthum hervorgegangen ist) der *Monotheismus* und damit auch die Pflege eines starken Priesterstandes war. Im ganzen *Sanskrit,* der klassischen Ursprache des arianischen Menschenstammes, findet sich kein einziges Wort, welches »erschaffen« im Sinne des semitischen oder christlichen Dogmas bedeutet. Auch die berühmten mosaischen Moral-Vorschriften oder die s.g. *Zehn Gebote* standen, wie schon *Goethe* nachgewiesen hat, *nicht* auf den Tafeln, auf welchen Moses die Gesetze des Bundes niederschrieb, welchen Gott mit seinem Volke schloß. |

Schon die außerordentlich große Verschiedenheit der vielen, über den Erdboden verbreiteten Religionen läßt erkennen, daß dieselben in keinem nothwendigen Zusammenhange mit der Moral stehen können, da die Moral-Vorschriften bekanntlich überall, wo einigermaaßen geordnete Staats- und Gesellschafts-Zustände bestehen, in ihren wesentlichen Grundzügen dieselben sind, während bei dem Fehlen solcher Zustände sofort ein wildes und regelloses Durcheinander oder auch ein gänzlicher Mangel der moralischen Begriffe angetroffen wird.[1] Auch zeugt die Geschichte unwidersprechlich, daß Religion und Moral in Stärke und Entwicklung keineswegs Hand in Hand gegangen sind, sondern daß sogar im Gegentheil die religiösesten Zeiten und Länder die meisten Verfehlungen gegen die Gesetze der Moral, die meisten Verbrechen erzeugt haben und, wie die tägliche Erfahrung lehrt, noch erzeugen. Die Geschichte beinahe aller Religionen ist erfüllt von so entsetzlichen Greueln, Blutthaten und grenzenlosen Schlechtigkeiten aller Art, daß bei der bloßen Erinnerung daran das Herz des Menschenfreundes erstarrt, und daß man sich mit Ekel und Abscheu von einer menschlichen Geistes-Verirrung abwendet, welche solche Thaten erzeugen konnte. Wenn man zur Rechtfertigung der Religion anführt, daß sie die menschliche Civilisation gefördert und gehoben habe, so erscheint auch | dieses Verdienst den Thatsachen der Geschichte gegenüber als ein höchst zweifelhaftes und im besten Falle seltenes oder vereinzeltes. Im Allgemeinen aber kann gewiß nicht geleugnet werden, daß sich die meisten Religionssysteme mehr culturfeindlich, als culturfreundlich erwiesen haben. Denn die Religion duldet, wie schon erwähnt, keinen Zweifel, keine Discussion, keine widersprechenden Untersuchungen, diese ewigen Pioniere der Zukunft der Wissenschaft und des Geistes! Schon der einfache Umstand, daß der Zustand unserer heutigen Bildung bereits seit lange alle und selbst die höchsten, von den ehemaligen Religionen aufgestellten und erstrebten geistigen Ideale weit hinter sich gelassen hat, kann zeigen, wie wenig der geistige Fortschritt von der Religion beeinflußt wird. Ewig wird die Menschheit zwischen Wissenschaft und Religion hin- und hergestoßen; aber sie schreitet geistig, moralisch und physisch um so mehr voran, je mehr sie sich von der Religion ab- und dem Wissen zuwendet.

[1] In *China*, wo man in religiösen Dingen bekanntlich sehr gleichgültig oder tolerant ist, gilt der schöne Grundsatz: »Die Religionen sind verschieden, die Vernunft ist nur eine, wir Alle sind Brüder.«

Es ist daher klar, daß für unsere heutige Zeit und für die Zukunft eine andere Grundlage der Bildung und Sittlichkeit gesucht und gefunden werden muß, als sie uns die Religion und als sie uns namentlich der mit unserer ganzen Bildung im Widerspruch stehende phantastische und unpraktische Gottesglaube liefern kann. Es ist eine ganz ungegründete Befürchtung, daß der Verlust dieses Glaubens, welcher wahrscheinlich noch niemals Jemanden ernstlich vom Verbrechen abgehalten, dafür aber zahllose Greuel der Geschichte verschuldet hat, | der Gesellschaft und der Menschheit überhaupt schädlich werden könne. Nicht die Gottesfurcht wirkt mildernd oder veredelnd auf die Sitten, wofür das Mittelalter die schlagendsten Beweise liefert, sondern die mit dem Fortschritt der Bildung Hand in Hand gehende Veredlung der Weltanschauung überhaupt. Man unterlasse es daher, ewig mit dem Bekennen heuchlerischer Glaubensworte zu prunken, welche nur dazu da zu sein scheinen, um fortwährend durch die Thaten und die Handlungen ihrer Bekenner Lügen gestraft zu werden! Der zukünftige Mensch wird Gott nicht mehr vermissen, wenn er nicht mehr in dem längst überwundenen und nur von unserer eignen Person abstrahirten Glauben an denselben erzogen wird; er wird sich im Gegentheile weit glücklicher und zufriedener fühlen, wenn er nicht auf jedem Schritte seiner geistigen Voran-Entwicklung mit jenen quälenden Widersprüchen zwischen Wissen und Glauben zu kämpfen hat, welche seine Jugend beängstigen und sein Mannesalter unnöthigerweise mit dem langsamen Abthun der in der Jugend eingesogenen Vorstellungen beschäftigen. Was man Gott opfert, entzieht man dem Menschen und absorbirt einen großen Theil seiner besten geistigen Kräfte in Verfolgung eines unerreichbaren Zieles[2]. Jedenfalls ist das Geringste, was man in dieser Bezie-

[2] Der *persönliche* Gott ist ein Anthropomorphismus oder ein von unserm eignen Wesen abstrahirtes und nach demselben gebildetes Gedankending; der *unpersönliche* hingegen ein logisches Unding.

hung von | Staat und Gesellschaft der Zukunft erwarten darf, eine vollständige Scheidung zwischen kirchlichen und weltlichen Dingen oder eine absolute Befreiung des Staates und der Schule von jedem kirchlichen Einfluß. Die Erziehung muß auf das *Wissen*, nicht auf den *Glauben* gegründet werden; und die Religion selbst darf in den öffentlichen Schulen nur als Religions-Geschichte und als objective oder wissenschaftliche Darlegung der verschiedenen, unter den Menschen verbreiteten Religionssysteme gelehrt werden. Wer nach einer solchen Erziehung noch das Bedürfniß einer bestimmten Glaubensnorm oder Glaubensregel empfindet, mag sich einer beliebigen, ihm gut scheinenden Religionssekte anschließen, aber nicht beanspruchen, daß die Gesammtheit die Kosten dieser speziellen Liebhaberei trage!

Was speziell das *Christenthum* oder den fälschlicherweise *Christenthum* genannten *Paulinismus* angeht, so steht dasselbe durch seinen dogmatischen Theil oder Inhalt in einem so grellen und unversöhnlichen, ja gradezu lächerlichen Widerspruch mit allen Erwerbungen und Grundsätzen der neueren Wissenschaft, daß das künftige tragische Schicksal desselben nur noch eine Frage der Zeit sein kann. Aber auch sein ethischer Inhalt oder seine Moral-Grundsätze zeichnen sich in nichts Wesentlichem vor denen anderer Zeiten und Völker aus und waren bereits *vor* seinem Erscheinen der damaligen Menschheit ebenso, und zum Theil besser, bekannt. Nicht bloß hierin, sondern auch in seinem angeblichen Charakter | als *Weltreligion* wird es von dem viel älteren und wahrscheinlich verbreitetsten Religionssystem der Erde, von dem berühmten *Buddhismus*, übertroffen, welcher weder den Begriff eines persönlichen Gottes, noch den einer persönlichen Fortdauer kennt und dennoch eine höchst lautere, liebevolle und selbst ascetische Moral lehrt. Auch die Lehre des *Zoroaster* oder *Zarathustra* hat schon 1800 Jahre vor Chr. die Principien der Humanität und der Duldsamkeit gegen Andersdenkende in einer Weise und Reinheit gepredigt, welche den semitischen Religionen und speziell dem Christenthume unbekannt war.

Das Christenthum entstand oder verbreitete sich bekanntlich zu einer Zeit allgemeinen sittlichen Verfalles und größter moralischer, wie nationaler Verderbniß; und sein außerordentlicher Erfolg muß zum Theil aus einer Art geistigen und moralischen Katzenjammers erklärt werden, welcher sich nach dem Untergange der antiken Cultur und unter dem demoralisirenden Einflusse des allmähligen Zusammensturzes des großen römischen Weltreiches der Gemüther der damaligen Menschen bemächtigt hatte. Aber auch damals schon erkannten geistig Höherstehende und tiefer Blickende die ganze Gefährlichkeit dieser neuen Geistesrichtung; und es ist sehr bezeichnend, daß unter den römischen Kaisern die besten und wohldenkendsten, wie Mark *Aurel*, *Julian* u.s.w., die eifrigsten Verfolger des Christenthums gewesen sind, während die schlechten, ein *Commodus*, ein *Heliogabalus* u.s.w., dasselbe duldeten. Nachdem dasselbe mehr und mehr zu | Herrschaft gelangt war, bestand eine seiner ersten Versündigungen gegen den geistigen Fortschritt in der aus christlichem Fanatismus hervorgegangenen Zerstörung der berühmten, die gesammten geistigen Schätze des Alterthums enthaltenden Bibliothek zu Alexandrien – ein unberechenbarer Schaden für die Wissenschaft, der nie mehr ersetzt werden konnte. Wenn zu seinem Lobe behauptet zu werden pflegt, daß im Mittelalter die christlichen Klöster die Bewahrer der Wissenschaft und Litteratur gewesen seien, so ist auch dieses nur in einem sehr beschränkten Sinne richtig, da in den Klöstern in der Regel eine grenzenlose Unwissenheit und Rohheit herrschte und unzählige Geistliche nicht einmal lesen konnten. Kostbare, in den Klosterbibliotheken enthaltene Bücherschätze auf Pergament wurden dadurch vernichtet, daß die Mönche, wenn sie Geld brauchten, die Bücher als Pergament verkauften oder die einzelnen Blätter herausrissen und Psalmen darauf schrieben. Häufig löschten sie die alten Klassiker ganz aus, um Platz für ihre thörichten Legenden und Homilien zu gewinnen; ja das Lesen der Klassiker, z. B. des *Aristoteles*, wurde durch päbstliche Erlasse gradezu verboten. – In *Neuspanien* zerstörte der christliche Fanatismus alsbald Alles, was von Kunst und höherer Bildung unter den Eingebornen vorhanden war; und daß dieses nicht unbedeutend war, zeigen die vielen, in Ruinen zerfallenen Monumente, welche das ehemalige Bestehen eines ziemlich hohen Bildungs-Grades außer Zweifel stellen. Aber an dessen Stelle ist heute auch nicht | eine Spur christlicher Sittigung an den jetzigen Indiern zu bemerken, und der dortige katholische Clerus hält dieselben absichtlich in der stupidesten Unwissenheit und Verdummung. (Siehe *Richthofen*: Die Zustände der Republik Mexiko, 1854, Berlin.)

So hat das Christenthum stets consequent nach dem Grundsatze seines Kirchenvaters *Tertullian* gehandelt, welcher sagt: »Wißbegier ist nach Jesus Christus, Forschung ist nach dem Evangelio nicht mehr nöthig.« Wenn nichtsdestoweniger die Cultur der europäischen und speziell der christlichen Völker im Laufe der Jahrhunderte so enorme Fortschritte gemacht hat, so muß eine vorurtheilsfreie Geschichtsbetrachtung sagen, daß dieses nicht *durch* das Christenthum, sondern *trotz* desselben geschehen ist. Fingerzeig genug dafür, welcher Ausbildung diese Cultur noch fähig ist oder fähig sein muß, wenn sie einmal von den beengenden Schranken alten Aberglaubens und religiöser Befangenheit vollständig befreit sein wird! Achtzehnhundert Jahre lang ist die Menschheit gewissermaaßen an der Nase herumgeführt worden. Wird sie nicht endlich einmal sich entschließen, dieses lächerliche Joch abzuschütteln und zu den Gesetzen der gesunden Vernunft zurückzukehren?!

Die Philosophie.

Hat sich die Religion, hat sich das Christenthum für unsere Zeit überlebt, so gilt dasselbe in nicht geringerem Grade von der eigentlichen oder spekulativen Philosophie, | welche leider so lange Zeit hindurch, namentlich in Deutschland, einen nachtheiligen und den wahren und freien Geist der Forschung beeinträchtigenden Einfluß auf die Geister geübt hat. Ihr Spiel mit halbklaren, unklaren oder gänzlich inhaltslosen Worten oder Redensarten hat sie bei den Gebildeten allmählig verhaßt gemacht,[3] und das Vertrauen auf ihre Formeln und Seherspüche ist in demselben Maaße geschwunden, in welchem der Geist der Forschung klarer, erkenntnißbedürftiger und – *redlicher* geworden ist. Wir sind heute nicht mehr geneigt, Schein für Sein, Worte für Thaten, Einbildung für Wirklichkeit zu nehmen, und haben eingesehen, daß nur in der wissenschaftlichen Erfahrung und in den Thatsachen ein fester Fuß für philosophische Theorien zu suchen und zu finden ist. Jenes »wüste Gemansche von Sein und Nichts«, wie *B. Suhle* (A. Schopenhauer und die Philosophie der Gegenwart) vortrefflich jene s.g. dialektische Methode der Philosophen von Fach bezeichnet, welche in der ersten Hälfte unsres Jahrhunderts herrschend war und in dem großen *Hegel* ihren Gipfelpunkt erreichte; oder jene »Sündfluth von Worten, ausgegossen über eine Wüste von Ideeen«, wie | *Helvetius* so treffend die Erzeugnisse der noch lange nicht ausgestorbenen scholastischen Philosophie des Mittelalters genannt hat – imponirt uns heutzutage nicht mehr; wir haben hinter den Schleier des

[3] Seit den Zeiten der Scholastik, ja eigentlich schon seit Plato und Aristoteles ist, wie *Schopenhauer* vortrefflich auseinandersetzt, die Philosophie großentheils *ein fortgesetzter Mißbrauch allgemeiner und zu weit gefaßter Begriffe*, wie »Substanz«, »Grund«, »Ursache«, »das Gute«, »Sein«, »Werden« u.s.w., u.s.w., und ist dadurch allmählig zu einem bloßen Wortkram herabgesunken..

Geheimnisses geblickt und nichts dahinter gefunden, als das ausgemergelte Gerippe philosophischer Geistes- und Gedanken-Leere, behängt mit dem bunten Flitter philosophischer Terminologie oder Ausdrucksweise. Es gibt nun und nimmer eine Möglichkeit, das menschliche Wissen über die Erfahrung und die menschliche Philosophie über die aus der Erfahrung gezogenen Schlüsse hinaus zu erweitern. Die erhabenen Geistesflüge der Philosophie-Professoren, bisher überall als das Höchste gepriesen, sind daher einfach lächerlich; und das vornehme Gebahren der philosophischen Metaphysiker erinnert an das Sprüchwort: Du sublime au ridicule, il n'y a qu'un pas! (Suhle). Alle Schlüsse auf Transcendentes oder die Erfahrung Ueberfliegendes sind unlogisch; ein s.g. transcendentes Wissen gibt es nicht. Es gibt auch keine ursachlosen Ursachen; daher das Suchen der Philosophen nach einer ersten oder obersten Ursache ein ganz und gar vergebliches ist. Die Causal-Verknüpfung oder das Verhältniß von Ursache und Wirkung ist end- und anfanglos. Die nothwendige Consequenz einer *ersten* Ursache ist die unsinnige, aller Logik und Erfahrung widersprechende Annahme, es müsse die Geschichte des Daseins aus *zwei* verschiedenen oder getrennten Theilen bestehen, von denen der erste Veränderung *ohne* Ursächlichkeit, der zweite Veränderung *mit* | Ursächlichkeit wäre. Alles in der Welt hängt nothwendig und gesetzmäßig zusammen – ein Urtheil, dessen Bestand wir übrigens in der wirklichen Welt nur in einer Anzahl von Fällen unmittelbar nachzuweisen im Stande sind. Daher unser Wissen Stückwerk und einer fortwährenden Verbesserung und Ergänzung fähig und bedürftig ist, während uns der philosophische Irrthum »unbegrenzte Erkenntniß« vorzuschwindeln versucht. Wir müssen uns daher Ueberzeugungen zu bilden suchen, welche nicht ein- für allemal feststehen, wie dieses Philosophen und Theologen zu thun pflegen, sondern welche sich mit der voranschreitenden Wissenschaft selbst ändern und verbessern. Wer dieses nicht anerkennt und sich einem feststehenden, als letzte Wahrheit betrachteten Glauben ein für allemal gefangen gegeben hat, mag dieser nun *theologischer* oder *philosophischer* Art sein, ist natürlich unfähig, einer auf wissenschaftliche Gründe gestützten Ueberzeugung gerecht zu werden. Leider ist unsre ganze Erziehung noch auf eine solche frühzeitige und systematische Lenkung oder Fesselung des Geistes im Sinne dogmatischer (philosophischer oder theologischer) Glaubenslehren angelegt; und einer verhältnißmäßig nur geringen Anzahl stärkerer Geister gelingt es in späteren Jahren, sich durch eigne Kraft von jenen Fesseln zu befreien, während die Mehrzahl in den gewohnten Banden gefangen bleibt und ihr Urtheil nach dem berühmten Spruch Bischof *Berkeley's* bildet: »Wenige Menschen denken; Jeder aber will eine Meinung haben«. Daher | denn die vielen schiefen oder verdammenden Urtheile über neue wissenschaftliche Fortschritte, mögen diese auch an sich so klar wie die Sonne und so unbestreitbar wie die Wirklichkeit selbst sein!

Große Philosophen haben den *Tod* die Grund-Ursache aller Philosophie genannt. Ist dieses richtig, so hat die empirische oder erfahrungsmäßige Philosophie unsrer Tage das größte philosophische Räthsel gelöst und (logisch wie empirisch) gezeigt, daß es keinen Tod gibt, und daß das große Geheimniß des Daseins in ewiger und ununterbrochener *Verwandlung* besteht. Unsterblich und unvernichtbar ist Alles, der kleinste Wurm sowohl, wie der ungeheuerste Himmelskörper – das Sandkorn oder der Wassertropfen sowohl, wie das erhabenste Wesen der Schöpfung: der Mensch und sein Gedanke. Nur die Formen, in welchen das Sein sich ausdrückt, sind wechselnd; das Sein selbst aber bleibt ewig das Nämliche, Unvergängliche. Indem wir sterben, verlieren wir nicht uns selbst, sondern nur unser persönliches Bewußtsein oder die zufällige Form, welche unser an sich ewiges und unvergängliches Wesen für eine kurze Zeit angenommen hatte; wir leben weiter in der Natur, in unserm Geschlecht, in unsern Kindern, in unsern Nachkommen, in unsern Thaten, in unsern Gedanken – kurz in dem ganzen materiellen und psychischen Beitrag, den wir während unsres kurzen persönliches Daseins zu dem Bestehen der Menschheit, wie der Gesammtnatur geliefert haben. »Die Menschheit«, sagt *Radenhausen* (Isis, Band III. S. | 121), »besteht und strömt fort, ob auch der Einzelne nach kurzem Lebenslaufe verschwindet; sein Leben geht aber ebensowenig wie das des Wassertropfens verloren. Denn wie dieser seinen Kreislauf nicht vollenden konnte, ohne Verbindungen anderer Stoffe zu lösen oder herbeizuführen, so läßt auch jeder Mensch die Spuren seines Daseins zurück in dem was er löste oder in neue Verbindungen brachte, in dem Beitrage zum Bildungsschatze der Menschheit, den jedes menschliche Leben liefert, vom geringsten bis zum größten«.

Wo sind die Todten? fragt *Schopenhauer* und antwortet: Bei uns selbst! Trotz Tod und Verwesung sind wir noch alle beisammen!

Drum streitet, Thoren, ferner nicht,
Ob Ihr im Geist unsterblich seid!
Denn keines Todes Macht zerbricht
Der Dinge Unvergänglichkeit,
Die Alles, was da ist und lebt,
In einem ew'gen Kreise führt
Und, wo sie zur Vernichtung strebt,
Die Flammen neuen Lebens schürt!
Unsterblich ist der kleinste Wurm,
Unsterblich auch des Menschen Geist,
Den jeder neue Todessturm
In immer neue Bahnen reißt!
So lebet Ihr, gestorben auch,
In künftigen Geschlechtern fort,
Und dieser ewige Gebrauch
Verwechselt nichts als Zeit und Ort!

So wenig wie ein Atom oder der denkbar kleinste Stofftheil im Leben der Gesammtnatur verschwinden oder zu Grunde gehen kann, so wenig kann auch die kleinste | That oder der geringste Gedanke eines Menschen im Gesammtleben der Menschheit wieder zu Grunde oder verloren gehen. Denn beide pflanzen sich in Folge der von ihnen gegebenen Anstöße in unendlicher Reihenfolge fort, ähnlich wie die durch einen fallenden Stein erregten Schwingungen einer Wasserfläche in immer weiteren und schwächeren Kreisen weiter vibriren. Und wenn auch diese Bewegung selbst sich nach und nach ebensowohl verlieren oder zur Ruhe kommen muß, wie jene Schwingungen, so hat sie doch inzwischen so und so viele andere (physische oder geistige) Bewegungen ausgelöst, welche ihrerseits wieder dasselbe Spiel erneuern und fortsetzen. So ist das Leben des Einzelnen zugleich das Leben der Menschheit, und das Leben der Menschheit zugleich das Leben des Einzelnen! Wer sich an dieser großen Wahrheit nicht genügen lassen kann oder will und wer in ihr nicht einen genügenden, alle andern Motive weit hinter sich lassenden Antrieb zur Tugend, zum Rechthandeln zu finden im Stande ist, den wird auch keine äußere Gewalt oder Einwirkung auf die Dauer auf der richtigen Bahn zu halten im Stande sein. Weder philosophische, noch theologische Glaubenssätze sind auch nur entfernt im Stande, hierfür ein genügendes Aequivalent zu bieten und mit Hülfe ihrer theils egoistischen, theils eingebildeten Motive jenen felsenfesten moralischen Halt zu ersetzen, welchen der Einzelne aus der Erkenntniß der Unvergänglichkeit seines Wesens im Zusammenhange mit der gesammten Menschheit gewinnen muß. |

Materialismus und Idealismus.

Gewöhnlich werden Materialismus und Idealismus als absolute Gegensätze angesehen, und wird der Materialismus als eine traurige, trost- und hoffnungslose, trübe und öde Lehre geschildert, welche nur für Hypochonder, Menschenfeinde oder für reine Verstandesmenschen gut sei, während im Gegensatze dazu der s.g. Idealismus darauf ausgehe, die höheren geistigen und gemüthlichen Bedürfnisse des Menschen zu befriedigen und ihn durch eine höhere Auffassung der Welt und des Lebens über die Mängel und Nichtigkeiten dieses Erdenlebens zu erheben. In Wirklichkeit ist dieses so wenig richtig, daß vielmehr mit vollem Rechte der Materialismus der Wissenschaft als der höchste Idealismus des Lebens bezeichnet werden muß. Denn – und der Verfasser hat dieses bereits in früheren Jahren und an anderem Orte ausführlicher dargelegt – je mehr wir uns von allen trügerischen Vorspiegelungen einer außer und über uns befindlichen Welt oder eines s.g. *Jenseits* befreien, um so mehr sehen wir uns natürlicherweise mit allen unseren Kräften und Strebungen auf das *Diesseits* oder auf die Welt, in der wir bereits leben, hingewiesen, und empfinden das Bedürfniß, diese Welt und unser Leben so schön und nutzbringend als möglich für den Einzelnen, wie für die Gesammtheit einzurichten. Es ist klar, daß damit dem Idealismus oder dem idealistischen Streben der Menschennatur ein ganz unermeßliches Feld | des Ergehens und Wirkens eröffnet ist; allerdings ein Feld, welches nicht mehr hinter den Sternen, sondern vor unsern Füßen liegt und welches Wirklichkeit an die Stelle der Einbildung setzt. Es gibt daher keine eifrigeren Pioniere des Fortschritts, keine größeren Freunde der Freiheit und keine begeisterteren Vertheidiger des allgemeinen und gleichen Menschenrechtes und Menschenglückes, als die Materialisten und Freidenker. Ihr Glaube – denn auch die Materialisten haben einen Glauben – geht dahin, daß der Mensch besser ist, als er scheint, daß er mehr vermag, als er weiß, und daß er glücklicher zu sein verdient, als er ist. Himmel und Hölle, diese uralten Schreckbilder des geistlichen Despotismus, existiren auch für den Materialisten; aber er sucht und findet dieselben nicht, wie jener, außerhalb des Menschen, sondern nur in dessen eignem Innern, und zeigt, daß es nur auf den Menschen selbst und sein Betragen ankommt, ob er den Himmel oder die Hölle auf Erden haben soll!

Dieses Streben nach humaner Vollendung oder nach irdischer Besserung und Glückseligkeit hat dem Materialismus den weiteren Vorwurf eingetragen, daß er nur sinnlichen Genuß und sinnliche Freuden im Auge habe, und daß er daher über der Befriedigung des bloß thierischen Triebes die höheren geistigen Bedürfnisse des Menschen, die Interessen seiner Seele vergesse und vernachlässige. Dieser Vorwurf beruht auf einer so lächerlichen und offenkundigen Verwechslung des wissenschaftlichen oder theoretischen Materialismus mit dem praktischen | oder dem Materialismus des Lebens, daß er kaum eine ernstliche Zurückweisung verdient. Der Materialismus der Wissenschaft und der Materialismus des Lebens sind himmelweit verschiedene Dinge, welche nur die Böswilligkeit oder die Bornirtheit mit einander verwechseln kann. Wer sein Leben der Forschung, sein persönliches Interesse der Wahrheit und die Kraft seiner Thätigkeit der Verbesserung des Menschheitslooses opfert, der hat keine Muße, sinnlichen Genüssen nachzugehen, und ist in Wirklichkeit ein weit größerer Idealist, als Diejenigen, welche in ihrem Idealismus ein Mittel finden, um gute Aemter, fette Pfründen, reiche Besoldungen oder glänzende Auszeichnungen zu gewinnen. Würde aber auch der Materialismus – abgesehen von seinen wissenschaftlichen Vertretern – bei größerer Verbreitung unter den Massen dazu beitragen, daß das Streben nach den Freuden und Genüssen dieser Erde, welches übrigens gegenwärtig schon mächtig genug ist, unter den Menschen noch stärker würde, so könnte man dieses im Sinne des Fortschritts nur mit Genugthuung begrüßen, – *vorausgesetzt*, daß die *Art* des Genusses der wissenschaftlich-materialistischen Weltanschauung eine solche würde, welche nicht bloß den rohen und thierischen Trieb befriedigt, sondern welche gleichzeitig veredelnd auf Körper und Geist wirkt. Damit würden wir uns wieder mehr jener heiteren und genießenden Weltanschauung des klassischen Alterthums nähern, von welcher uns finsteres Mönchsthum und kirchliche Herrschbegierde leider nur allzuweit entfernt haben; | und jene zahllosen und ungeheuren Hülfsmittel der Cultur, welche die Alten nicht besaßen, würden den

Genuß ins Unberechenbare erleichtern, vermehren und veredeln.

Alles dieses zeigt, daß Materialismus und Idealismus nicht, wie so Viele in grenzenloser Beschränktheit meinen, geborne Feinde, sondern daß sie im Grunde nur verschiedene Ausdrükke für eine und dieselbe Sache sind. In der *Theorie* überbietet der Materialismus insofern weit die alte idealistische Philosophie an idealem Gehalte, als er nicht, wie diese, eine Menge von Thatsachen der Erfahrung einfach als unerklärliche hinnimmt und daher aus übernatürlichen oder angebornen Ursachen herleitet (z.B. den Geist), sondern den Dingen auf den Grund geht und ihren innersten, letzten Zusammenhang zu erfassen sucht; und in der *Praxis* überbietet er alle andern Systeme und Weltanschauungen im idealistischen Sinne dadurch, daß er die ideale Welt *in* uns an die Stelle der idealen Welt *außer* uns setzt und dieselbe ihrer Verwirklichung entgegen zu führen sucht. Keine andre Philosophie hat jemals so, wie diese, im engsten Zusammenhange mit dem Leben selbst gestanden; und der beste Prüfstein ihres Werthes und ihrer Richtigkeit wird in dem Einfluß liegen, den sie auf das Leben und dessen Gestaltung bereits ausgeübt hat und noch ausüben wird. So wie ihre Theorie einfach, einheitlich, klar und bestimmt, so ist es auch ihre praktische Tendenz; und ihr ganzes Programm in Bezug auf die Zukunft des Menschen und des Menschengeschlechts kann mit sechs Worten | ausgedrückt werden, welches Alles enthalten, was für diese Zukunft theoretisch wie praktisch verlangt werden kann oder muß; sie heißen:

Freiheit, Bildung und Wohlstand für Alle!

Karl Zittel

Der Darwinismus und die Religion * |

Wenn es ein unläugbares Bedürfniß ist, die religiösen Anschauungen der Gegenwart mit der ganzen geistigen Zeitentwicklung in einem Gleichgewichte zu erhalten, so dürfen wir selbstverständlich kein bedeutendes wissenschaftliches Ereigniß der Neuzeit, insofern dasselbe mit den herkömmlichen religiösen Vorstellungen in einen Widerspruch oder auch nur in eine Berührung kommt, unbeachtet lassen. Wir würden dadurch, daß wir uns dagegen abschließen, als wäre das Alles nicht da, für unsere religiöse Ueberzeugungen nicht nur Nichts gewinnen, sondern dieselben der größten Gefahr Preis geben. Was hilft es mir, wenn ich an meinem Hause alle Fensterläden zuschließe, damit das Sonnenlicht meine Augen nicht blende? Es dringt durch alle Ritzen herein und thut nur um so weher.

Das gilt nunmehr vorzüglich von den Ergebnissen auf dem Gebiete der Naturwissenschaften. Sie stehen, insofern sie auf die Gestaltung und die Entwicklung der Erde und des Lebens zurückgehen, in unmittelbarer Berührung mit dem religiösen Glauben, und diese Berührung ist seit mehreren Jahrzehnten zum großen Theile eine höchst unfreundliche gewesen. Wenn früher die Naturwissenschaft sich darauf beschränkte, die Thatsachen des Naturlebens festzustellen und die Ordnung und die Gesetze seiner Entwickelung darzulegen, die Räthsel des Daseins aber und derjenigen Erscheinung in dem Geistesleben, welche sich der Sinnenwahrnehmung entziehen, der Philosophie zu überlassen, so sprechen es jetzt ihre keckesten

* Karl Zittel: Der Darwinismus und die Religion. *In:* Jahrbuch des Deutschen Protestanten-Vereins. Bd. 2 (1871), 147–161.

Jünger geradezu aus, nur der Naturforscher sei ein wirklicher Philosoph, alles Andere nur Träumerei. Man sieht übrigens an ihnen, was das Philosophiren für ein unendlich leichtes Ding ist, und wie dazu kaum etwas Weiteres nöthig ist, als ein gutes Mikroscop und einige Geduld zum Beobachten.

Die wichtigste Erscheinung der Neuzeit auf diesem Gebiete ist unstreitig der *Darwinismus;* für uns natürlich nicht in seiner Geltung als naturwissenschaftliche Theorie, sondern in seiner Prätension, das Räthsel alles Daseins gelöst zu haben. Wenn ich mir nun herausnehme diese | Theorie und ihr Verhältniß zur Religion und Sittlichkeit zur Sprache zu bringen, so geschieht es in keiner andern Absicht, als mir und vielleicht auch manchen Andern Klarheit darüber zu verschaffen, wie wir mit unsrer christlichen Ueberzeugung uns dazu zu stellen haben. Dazu drängt es uns um so mehr, da die darwinische Theorie in der gebildeten Welt, zum wenigsten in den Männerkreisen, zu einer Modesache geworden ist, welcher zu widersprechen, wie bei jeder Mode, ein höchst undankbares Geschäft ist. Mode nenne ich es insofern, als die Hinneigung dazu im *Allgemeinen* vielmehr aus der Anziehungskraft der Neuheit als aus einer gründlichen Sachkenntniß hervorgeht. Bekannt ist, wie der Materialismus diese modische Theorie ausdeutet, um bis in die untersten Schichten der Gesellschaft, wo von einer Beurtheilung der Sache keine Rede mehr ist, der Religion und mit der Religion eben auch der Anerkennung eines Sittengebotes den Garaus zu machen. In den Kreisen der Fachwissenschaft ist die Begeisterung dafür, welche hie und da zu einem wirklichen Fanatismus geworden ist, leicht erklärlich. Der außerordentliche Fleiß und Scharfsinn des Begründers hat die Wissenschaft mit so vielen höchst wichtigen Erfahrungen und Beobachtungen bereichert, zu so großen und tiefgreifenden Ergebnissen geführt und unstreitig der Naturwissenschaft eine ganz neue Bahn des Forschens eröffnet, daß die Trompetenstöße der Jünger jedenfalls gerechtfertigt und selbst die Mißtöne darunter, von einem gar zu wilden Blasen erregt, entschuldigt sind. Aber auch für die populäre Anschauung hat dieselbe so viel Anziehendes, ist so leicht übersichtlich, erscheint so verständlich und einleuchtend und durch die zunächst liegenden Erfahrungen so begründet, daß man über den allgemeinen Beifall, den sie findet, sich nicht wundern kann. Allerdings ist ihr unsre Affenabstammung, welche sie behauptet hat, in vieler Menschen Herzen entgegengestanden, und selbst Herrn K. Vogts Rundreisen haben nur wenig vermocht, den Widerwillen gegen diese Verwandtschaft zu beseitigen. Allein es gibt hier einen rettenden Ausweg. Es ist nämlich nach der Darwin'schen Theorie durchaus nicht nothwendig, daß der Schimpanse unser Großvater sei; wir können, ungehindert von der Theorie, in den Stammbäumen viel weiter zurückgehen, und unsre Ahnen in einem längst untergegangenen Geschlechte suchen, von dem möglicherweise die Affen eine verkümmerte Abzweigung sind. So könnte man unbeschadet des Systems von der unangenehmen Verwandtschaft sich verwahren, und dennoch die Befriedigung haben, daß man ein Darwinianer comme il faut sei.

Was übrigens diese Popularität des Darwinismus für uns in religiöser Beziehung einer ernsten Beachtung werth macht, ist weniger sein | Widerspruch mit unsern religiösen Traditionen, als vielmehr die oben erwähnte eifrige Ausdeutung desselben durch den Materialismus, um aus ihm eine Vernichtungswaffe gegen das Christenthum und überhaupt gegen alle und jede Religion zu machen. Wir dürfen uns nicht verhehlen, daß dieses in gebildeten und halbgebildeten Kreisen nicht ohne Erfolg geblieben ist, und es scheint mir darum für alle ernsten Christen geboten, sich darüber ins Klare zu setzen, welche Stellung sie mit ihrer religiösen Ueberzeugung zu den Ergebnissen der Darwin'schen Theorie zu nehmen haben.

Bevor ich mich darüber ausspreche, ob und in wie weit eine Verständigung mit dem Darwinismus von religiöser Seite möglich sei, ist es nöthig, das System selbst mit einigen Zügen zu zeichnen, allerdings mager und unvollkommen genug, wie es eben einem Laien in der Wissenschaft kaum anders möglich ist. Für den vorliegenden Zweck mag es jedoch genügen.

Die Darwin'sche Theorie steht entgegen der *Urerschaffungstheorie*, welche nicht nur der biblischen Naturanschauung und Schöpfungstheorie zu Grunde liegt, sondern auch in der Wissenschaft früher eigentlich als selbstverständlich angenommen war. Diese Urerschaffungstheorie ist diejenige Ansicht von der Entstehung der Lebewesen, nach welcher die einzelnen *Arten als solche* von Anfang in ihrer Besonderheit geworden und als solche erhalten worden sind. Dieser Ansicht stehen mancherlei Erfahrungen und auch wissenschaftliche Bedenken entgegen, welche man früher weniger beachtete. Es ist ja längst bekannt, wie der Gärtner durch ein beharrliches Verfahren seine Pflanzen zwingt, ihre Natur so sehr zu verändern, daß die Urform darin kaum mehr zu erkennen ist, wie man durch Kunst allmählig einzelnen Arten so weit von einander entfernte, daß man die äußersten Abweichungen kaum mehr unter *eine* Pflanzengattung zu bringen vermochte; wie man ferner verschiedene Arten so sehr einander näherte, daß ihr Unterschied in einzelnen Exemplaren nicht mehr zu erkennen ist. Auch gegen die Annahme des *Erhaltens* der Arten traten mancherlei kaum zu beseitigende Schwierigkeiten auf. Die Wissenschaft hat sich in unsrer Zeit mit großem Eifer der
3 Untersuchung der organischen Ueberreste zugewandt, welche die Erde in ihren äußern Schichten als Versteinerungen aufbewahrt. Hier zeigte sich nun, daß viele Thier- und Pflanzenformen der früheren Zeiten gänzlich verschwunden und an ihre Stelle andere getreten sind, die einer andern Reihe von Lebewesen angehören. Noch schwieriger mußte der Versuch werden, sich auch nur einigermaßen eine Begränzung der Urarten zu denken, was und wie viel der späteren Arten unter ihnen zusammenzu|fassen sei; Z. E. Darf man die hundert Arten von Spinnen unter *eine* Urspinne des Paradieses zusammenfassen? Und wenn man das thut, wie entstanden daraus die vielen Unterarten?

Diese letzte Frage, welche die Naturforscher schon lange beschäftigte, hat nun bei ihrer weitern Verfolgung die Forschung der Darwin'schen *Abstammungslehre* zugeführt, *welche sämmtliche jetzt bestehende Arten von Pflanzen und Thieren aus wenigen Urformen entstehen läßt*, und diese Urformen selbst auf *einen gemeinsamen Ausgang von einer Urzelle* zurückführt. »Alle Organismen, so sagt ein Jünger der Schule, sowohl die heute noch bestehenden als die in fossilem Zustande gefundenen, sind als die Nachkommenschaft einer einzigen oder mehrerer einfach organisirter Grundformen zu betrachten. Durch einen langsamen Umbildungsprozeß, der auch gegenwärtig noch vor sich geht, nur daß seine äußerst allmählige, kaum erkennbare Bewegung für die Zeit unserer Naturerkenntniß unsern Sinnen nicht wahrnehmbar ist, hat sich aus diesen Anfängen des organischen Lebens all' die Fülle und Mannigfaltigkeit entwickelt, die jetzt unter den verschiedenen Himmelsstrichen oft so überwältigend auf den menschlichen Geist einwirkt.« Für mehr als eine *Hypothese* kann allerdings diese Theorie nicht gelten; denn einen mathematischen Beweis dafür kann man ebenso wenig führen, wie für die erst genannte Urzeugungstheorie. In diesem Sinne ist aber auch das copernikanische System eine Hypothese, und es wird nur darauf ankommen, ob aus der Darwin'schen Theorie sich alle Erscheinungen in der Lebewelt ebenso genügend erklären lassen, wie die in der Sternenwelt aus dem copernikanischen Systeme, was freilich nach meiner bescheidenen Laienansicht nicht in gleichem Grade der Fall ist.

Zunächst ist anzuerkennen, daß Darwin auf dem Wege vielfacher Erfahrung und sehr scharfer Beobachtung die Wandelbarkeit der Arten bis auf einen gewissen Grad nachgewiesen hat. Seine eigenen ausdauernden Versuche mit Züchtungen von Thier- und Pflanzengattungen, sowie eine große Reihe fremder von ihm gesammelter Erfahrungen haben in der That keinen Zweifel darüber gelassen, wie biegsam die Natur in dieser Beziehung sei. Auch für den Laien ist es durch diese Versuche klar geworden, nicht nur wie, zum wenigsten bis zu einem unbestimmten Grade, veränderlich die Daseinsformen der Lebewesen sind, sondern auch unter welchen Bedingungen sie sich ändern, und wie sie, wenn diese Bedingungen in einer langen Zeit gleichmäßig fortwirken, immer weiter auseinander gehen und von denen sich entfernen, für welche diese Bedingungen nicht vorhanden | sind. Bei den Pflanzen macht jeder Gärtner diese Erfahrung in kleinerem Maßstabe und jeder Thierzüchter bei den Hausthieren; man denke nur an die Umwandlungen der Blumen, der Gemüsepflanzen, der Hühner, Tauben, Hunde u.s.w. Den Einfluß, welchen hier die menschliche Kunst auf die Umwandlung der Lebensformen und Organismen ausübt, übt aber die Natur durch den Zwang der klimatischen und anderer Verhältnisse in viel größerem Maßstabe aus. Die Beobachtungen hierüber reichen jedoch nur auf eine sehr kurze Zeit zurück. Denken wir uns nun einen solchen Prozeß in einer Folgenreihe von Jahrtausenden zurück, so führt uns schon eine arithmetische Berechnung auf eine bedeutende Verminderung der Daseinsformen; und was hindert, in solcher Weise durch Millionen und wenn man will Milliarden von Jahren – die Phantasie hat keine Grenze – zurückzugehen bis zu einer einheitlichen Daseinsform? Diese Vorstellung schmiegt sich – wenn ich so sagen darf – unserm Denken, das ja überall auf das Gewinnen einer Einheit abzielt, so sehr an, daß gar nicht zu verwundern ist, wie leicht dieselbe Eingang findet.

Wir werden aber dabei nach zwei Dingen zu fragen haben, zuerst nach dem Hergang dieser Wandlungen, und sodann nach der eigentlichen Ursache derselben. In Beziehung auf den Hergang ist es unmöglich, mit einigen Worten eine genügende Vorstellung zu geben; es ist das eben der Gegenstand der sehr ausgedehnten Ausführungen Darwins. Den Ausgangspunkt bildet der Eiweißstoff als Grundbedingung der organischen Entwickelung. Woher dieser vor dem Vorhandensein aller Organismen gekommen sei, weiß ich nicht; doch wollen die Berthelot'schen Versuche nachgewiesen haben, daß organische Stoffe aus unorganischen sich bilden können, was bis auf die neueste Zeit die meisten Naturforscher geläugnet haben. Aus Eiweißstoffverbindungen entstand das Protoplasma, wie sie's nennen, die erste Anlage einer organischen Bildung, und nun kommt die Electricität und macht das Ding lebendig; noch kein wirklicher Organismus, aber es zuckt und regt sich Etwas, und wandelt sich und verbindet sich, und endlich ist es die *organische Zelle* geworden.

Damit ist die Hauptsache gewonnen, allerdings ein schweres und kaum begreifliches Stück Arbeit; aber die Wissenschaft läßt auch der Natur dafür Zeit, soviel sie haben will. Blieb die Zelle nackt und beweglich, so ist das einfache Infusions-Thierchen bereits da. Bekommt die Zelle durch äußere Anlagen von Stoffen eine Hülle oder Kapsel, so wird sie unbeweglich, und die einfache Urpflanze ist fertig, eine einzellige Alge. Alles sehr einfach. Es ist begreiflich, daß jetzt in der einen Zelle die Anlage zu dem ganzen | Thiergeschlecht, in der andern zu der ganzen Pflanzenwelt liegt. Die Zellen schnüren sich und theilen sich; das liegt eben so in ihnen. Möglicher Weise kann dabei eine Zelle sich gänzlich in mehrere, jede für sich selbständige Zellen trennen, und so fort bis zu einer unermeßlichen Anzahl, wie es denn auch jetzt noch einfache Algen und Infusorien in Menge gibt. Es können aber Umstände eintreten, unter denen die Theilung nicht alsobald zu einer völligen Absonderung wird, und also die Zellen an einander in einer *organischen Verbindung* bleiben. Was wird nun aus unserer unbeweglichen eingekapselten Urzelle? Rundum reiht sich Zelle an Zelle in organischer Verbindung miteinander und wir haben die ursprünglichsten Wasserpflanzen in allerlei Formen, wie es der Zufall wollte, aber natürlich zunächst ohne Wurzeln und Blätter. Myriaden solcher Organismen werden durch Stürme und Wellen aus dem Wasser geworfen und gehen zu Grunde; eines aber findet im Schlamme eine Existenz und seine Zellenvermehrung findet nach der Richtung statt, wo sein Element sich findet, nach unten dem Wasser zu, es bildet Wurzeln; damit entsteht ein Reiz nach der entgegengesetzten Richtung, eine Zellenbildung nach Oben, hier aber dem Elemente, in dem die Zelle existiren soll, der Luft sich anpassend, es werden Blätter oder so Etwas. Das Alles wird je nach den verschiedenen Verhältnissen in unendlich verschiedener Weise stattfinden, und zwar immer mannigfaltiger nach eingetretener Samenbildung und Samenverbreitung, wo alsdann einerseits viel konstantere Richtungen in der Entwickelung, aber auch in diesen Richtungen viel weiter führende Divergenzen eintreten müssen. Das Alles ist für uns Laien recht merkwürdig; aber diese Wandlungen in der Pflanzenwelt gehen uns doch nicht gerade schwer zu Gemüthe. Anstößiger dagegen wollen sie uns in der Thierwelt werden. Zwar auf den untersten Stufen machen wir uns noch wenig daraus. Die Schwämme mögen sich allmählig zu Polypen sacken und aus den einfach hohlen die doppelhohlen sich umstülpen, wir haben Nichts dagegen, es liegt uns noch zu ferne. Von hier aus wird uns aber der Uebergang zu den lang gegliederten, dann zu den darmtragenden Weichthieren und endlich zu den Wirbelthieren schon viel schwerer begreiflich, und einen noch viel schwereren Kampf haben wir mit unsern Laienvorurtheilen und gewohnten Anschauungen durchzumachen, wenn wir uns bei dem weitern Fortgang mit dem Eintritt anscheinend so ungeheurer Divergenzen befreunden müssen. Wir müssen uns aber dabei immer in das Gedächtniß zurückrufen, daß uns für diese Entwickelungen Millionen von Jahren zu Gebote stehen. Denken wir uns die ersten Anfänge der Wirbelthiere in den Knorbelfischen. |

In gerader Linie zweigten sich zuerst die Fische mit einer wirklichen Wirbelsäule ab, in aufsteigender Linie aber die Reptilien, die halb für das Wasser, halb für das Land ausgestattet waren. Es ist wohl einmal so ein junger übermüthiger Knorbelfisch unvorsichtiger Weise in einen halb vertrockneten Sumpf gerathen und mußte nun nothgedrungen lernen auf dem Boden sich zu bewegen, und in der Luft zu athmen, wenn auch nur ausnahmsweise. Wir rücken so bis in die Periode der Sourier vor. Die großen Schlingel bringen nun die Kleinen und Schwachen um. Es gibt aber unter diesen Einzelne, die sich zu retiriren wissen auf Bäume, wo sie sich freilich in andrer Weise ernähren und bewegen müssen. Dieser neuen Lebensart passen sich mehr und mehr die Freßwerkzeuge, die Lungen und Bewegungswerkzeuge an, – wieder eine Million Jahre (wir brauchen nicht zu sparen) es sind Vögel da. Andere aber haben es bequemer gefunden auf das feste Land sich zurückzuziehen an Orte, wo das träge Gethier der großen Reptilien nicht hinkommt. Es ist da auch nicht übel; nur mit dem Athmen fällt es schwer und noch einigem Andern; aber von Generation zu Generation bequemen sich die Organe mehr und mehr dazu, und ehe wir uns versehen haben wir Säugethiere so und so, in tausend Formen, je nachdem die durch allerlei Verhältnisse ihnen angewiesene Lebens- und Vertheidigungsweise diese oder jene Organe bei ihnen vorzugsweise oder in einer besondern Weise entwickelt hat. Wir sind nun auf dem Wege bis zu dem Menschen, und der freundliche Leser legt jetzt die weitere Strecke bis dahin wohl selbst ganz gemächlich zurück.[1] |

[1] Seit die obigen Zeilen geschrieben wurden, ist ein Jahr verflossen, und während dieser Zeit ist das neue Buch von Darwin über die Abstammung des Menschen erschienen. Nur ungern versage ich mir, auf dessen Inhalt hier einzugehen. Allein einerseits enthält dasselbe in Beziehung der hier besprochenen Grundsätze Nichts Neues, anderseits aber so viele Einzelnheiten über Abstammung, Wandlung und Verwandtschaften der Menschen mit den Thieren, daß auch für die nothdürftigste Darstellung hier kein Raum wäre. Mit großem Interesse folgt man dem Verfasser bis dahin, wo er das für seine Forschungsweise unerreichbare eigentliche Geistesleben in seine Schablonen zu bringen sucht, was eben nicht gelingt. Was die Abstammung des Menschen betrifft, so wird dieselbe allerdings nicht von jetzt lebenden Affengeschlechtern abgeleitet, und wir sind also dieser Verwandtschaft wenigstens in gerader Linie enthoben. Unser Urahne, ein hariger Vierhänder, gehört vielmehr einer Zeit an, da die jetzigen Affengeschlechter selbst noch nicht existirten, und es giebt weder von ihm selbst noch von den nächsten Uebergangsformen mit Sicherheit als solche zu bestimmende Ueberreste. Harige Vierhänder

Mit der Möglichkeit und dem Hergang dieser Wandlungen sind wir nun im Reinen; aber nun tritt uns die Hauptfrage entgegen: *Was ist die Ursache derselben?* Worin liegt der Grund, daß überhaupt die Lebewesen sämmtlich nicht in ihrer ursprünglichen Daseinsform geblieben, sondern in diese Wandlungen eingetreten sind? Der Grund ist: *Der Kampf um das Dasein.* Damit, und das ist das wesentlich Neue, wenn ich so sagen darf, der kühne Griff des Darwinismus, ist das alleinige Prinzip der Entwickelung der ganzen organischen Lebewelt aufgestellt. Mit bewunderungswürdigem Scharfsinn und Fleiß hat Darwin nachzuweisen gesucht, wie alle Lebensäußerungen und in weiterer Folge alle Umgestaltungen und Weiterbildungen nur allein aus diesem Kampfe um das Dasein hervorgehen. Jedes Lebewesen sucht Raum und Nahrung, es sucht zu beseitigen, was es daran hindert, und hat deshalb zu kämpfen mit natürlichen Verhältnissen und mit andern Wesen, die es ihm streitig machen oder die ihm selbst zur Nahrung dienen sollen, oder von denen es aus gleichem Grunde angegriffen wird. In diesen Kämpfen jeder Art bilden sich seine Organe zu größerer Vollkommenheit aus, die Sinneswerkzeuge, die Ernährungswerkzeuge, die Vertheidigungs- und Angriffswaffen, je nach den besondern Verhältnissen in den mannigfaltigsten Richtungen und Abstufungen; in mannigfaltigen Abstufungen nämlich darum, weil auch in gerader Linie die Entwikkelungen auf verschiedenen Stufen stehen bleiben, wenn für die einen Exemplare eine Nöthigung zur Weiterbildung nicht mehr vorhanden ist, andere aber in Verhältnisse kommen, wo ihre Organisation auf dieser Stufe nicht mehr ausreicht. So können wir uns denken, daß die Affen, auf ihrer Affenculturstufe angekommen, sich im Allgemeinen behaglich genug

waren aber unsere Stammeltern, und wenn Rafael sein berühmtes Bild von Adam und Eva noch einmal zu malen hätte, so würde er ohne Zweifel die lüsterne Eva mit ihren Vorderhänden in den Aesten des Baumes sich festhalten und dem grinsenden Gatten den Apfel der Erkenntniß mit der linken Hinterhand herabreichen lassen.

fühlten und Affen blieben, während einzelne Exemplare zufällig in sehr schwierige Lage kamen, wo sie zu Anstrengungen genöthigt wurden, die über die Affennatur hinausgingen; damit kam die Menschheit zum Durchbruch, der Affe wurde Mensch, absichtslos und wider seinen Willen durch den Kampf um's Dasein.

Ich muß mir versagen, auf die Schilderung des Kampfes um das Dasein in der Natur einzugehen, und zwar versage ich mir es ungern; denn die ganze Darwin'sche Darstellung der Schöpfungsentwickelungsgeschichte in der belebten Natur bietet ein so lebendiges Bild, daß seine Anschauung einen großen Genuß bietet. Allerdings kann ich nicht verhehlen, daß mir bei der nähern Betrachtung dieses Bildes mannigfache Bedenken in Betreff der consequenten Durchführung des Systems aufgestiegen. So ist es meinem Laienverstande durchaus nicht klar, wie das Geschäft der Fortpflanzung, was doch für die Erhaltung und Fortentwickelung der organischen Welt | gewiß nicht untergeordneter Art ist, auf den Kampf um das Dasein zurückgeführt werden mag. Die Art, wie Notter und Andere es gethan haben, ist nicht eben bewundernswerth, aber um so wunderlicher. Nicht anders verhält es sich mit der Sorge mancher Thiere, namentlich mancher Insekten, für eine Nachkommenschaft, die sie weder selbst noch deren Bedürfnisse kennen. In der That haben auch später Darwinianer für die Erhaltung der Arten und Vervollkommnung der Lebewelt überhaupt noch weitere Triebe zugestanden, welche die Natur in die Thiere gelegt habe, ohne daß diese sich eines Zweckes bewußt sind. Wo aber bleibt dabei die Absichtslosigkeit in der Natur, worauf doch der Darwinismus den Hauptnachdruck legt?

Die vorstehende flüchtige Skizirung der Darwin'schen Theorie macht natürlich nicht den geringsten Anspruch auf eine wissenschaftliche Genauigkeit, und ich gebe das Ungenügende und in einzelnen Zügen vielleicht auch Verzeichnete zum Voraus zu. Darauf kömmt es aber hier nicht an, sondern allein darauf, ob und wie weit wir von unserm religiösen

Standpunkte aus uns mit dem Prinzip des Darwinismus und den nothwendigen Folgerungen daraus zu verständigen vermögen. Wir haben in dieser Beziehung, wie ich glaube drei Gesichtspunkte in's Auge zu fassen, den anthropologischen, den ethischen und den religiösen.

In erster Beziehung stellt sich sogleich heraus, daß eine Verständigung zwischen der kirchlich dogmatischen Vorstellung von der *Schöpfung des Menschen* und der Darwin'schen Entwickelungstheorie schlechthin unmöglich ist. Der dogmatische *erste* Mensch ist der *vollkommene* Mensch, das Ebenbild Gottes, und seine Weiterentwickelung geht erst durch den Eintritt der Sünde in *absteigender Linie*. Der Darwinsche erste Mensch steht auf der *untersten* Stufe und seine Weiterentwikkelung geht stetig in *aufsteigender* Linie. Beide Anschauungen stehen sich so grundsätzlich entgegen, daß von einer Verständigung oder Ausgleichung keine Rede sein kann, wenn nicht der eine Theil seinen Standpunkt ganz aufgibt. Der Darwinismus kann es nicht, weil er damit sich selbst aufgeben würde. Ebenso wenig kann es der kirchliche Dogmatismus; nicht etwa darum, weil die ersten Kapitel der Bibel die Schöpfung des Menschen anders erzählen; wer noch immer jene wunderbar schönen, an religiösen Grundideen so überreichen Sagen als ein dürres Protokoll über den Schöpfungsact ansehen kann, mit dem ist überhaupt nichts zu reden. Aber die ursprüngliche Vollkommenheit des Menschen und die Veränderung seiner Natur durch den Sündenfall, bilden so sehr die ganze Unterlage des | kirchlichen Lehrsystems, daß in dieser Beziehung eine Concession unmöglich ist. Dagegen hat die unbefangene vom kirchlichen Dogmatismus emancipirte Theologie diese Concession längst gemacht, und zwar nicht sowohl der Naturwissenschaft, als sich selbst. Sie denkt sich überhaupt das göttliche Schaffen als ein allmähliges, noch heute nicht abgeschlossenes, nach welchem jede höhere Lebensform in einer früheren, niedrigeren begründet ist und aus dieser nach einer, durch einen höheren Willen bestimmten, Ordnung sich herausbildet und herausbilden muß. So läßt *R. Rothe* (in seiner Ethik) den Menschen, als letztes Produkt der allmähligen Organisation der Materie, unmittelbar aus dem thierischen Organismus hervorgehen, nicht als ein absolut Neues, sondern als eine steigernde Vervollkommnung des Thierlebens. Diese Theologie hält es des Menschen nicht unwürdiger, daß er als die letzte Vervollkommnung des Thierlebens in die Welt tritt, als daß er aus einem »Erdenklos« gemacht wird. Dagegen tritt sie, abgesehen davon, daß sie diese Menschwerdung nicht einem blinden Zufall anheimfallen lassen will (wovon hernach), der Naturwissenschaft mit der entschiedenen Forderung entgegen, daß in dem *Geistesleben* des Menschen ein wesentlich *neuer* Faktor anzuerkennen sei, welcher mit der Menschwerdung, sei es auf welchem Wege es wolle, in die Lebewelt eingetreten sei. Zugegeben mag dabei immerhin werden, daß dieses Geistesleben nicht mehr Gegenstand naturwissenschaftlicher Forschung sei, und darum für sie als solche nicht existire; aber eine wirkliche absolute Abläugnung desselben hebt natürlich die Möglichkeit einer Verständigung auf. Allein der Darwinismus, sofern er nicht dem Materialismus anheimgefallen ist, hat keine Veranlassung zu dieser Abläugnung des Geisteslebens, auch nicht wenn dieses nicht blos als eine Steigerung des thierischen Organismus, sondern als den Eintritt eines wesentlichen neuen Faktors betrachtet wird. Denn immerhin ist dieser Eintritt oder, wenn man lieber will, Hervortritt des Geisteslebens bedingt durch die letzte Steigerung der organischen Entwickelung bis zu dem Punkte, wo derselbe dadurch ermöglicht wurde.

Der zweite Gesichtspunkt ist der *ethische*. Hier muß wohl von dem Darwinismus selbst anerkannt werden, daß von dem Grundsatze, der Kampf um das Dasein, welcher in dem System immer ein Kampf um das individuelle natürliche Dasein ist, sei der einzige Grund aller Bewegung in der Lebewelt, zu einem wirklichen *Sittengebote* nicht zu kommen sei. Das System tritt aus dem *Naturgesetz*, (indem es nur eine Nothwendigkeit, ein

Müssen gibt, und das darum doch wesentlich ein | anderes ist als das Sittengebot mit seinem »Du sollst«,) nicht heraus und es *kann* auch als naturwissenschaftliches System nicht heraustreten; die wirkliche Willensfreiheit, die Grundbedingung der Sittlichkeit, die Fähigkeit, sich in Folge einer Unterscheidung zwischen Gut und Böse in der Erfüllung der Anforderungen des *natürlichen* Triebes zu beschränken und selbst demselben entgegenzuhandeln, hat in ihm keinen Platz. In dem Kampfe für das Dasein gibt es für das Individuum durchaus keinen andern Standpunkt, als den selbstischen, den egocentrischen, wie der Darwinismus selbst mit dem größten Nachdruck behauptet. Das ist aber gerade der Gegensatz zu dem ethischen Standpunkte, welcher vielmehr die schlechthinige Hingabe an das objective Gute ist, und die völlige Beherrschung und vielfach die gänzliche Abweisung jenes selbstsüchtigen Instinktes verlangt. Wenn einige Darwinianer den sittlichen Character des Systems dadurch retten wollen, daß sie einzelne sittliche Grundsätze, wie die Nächstenliebe, dadurch in dasselbe zu verschmelzen suchen, daß sie nachweisen, es sei für die Selbsterhaltung doch immerhin *nützlich*, wenn die Menschen sich unter einander vertragen, so lange sie einander brauchen, wie die Bienen, so wird wohl Niemand im Ernste dieses Hereinziehen eines sehr zweifelhaften Utilitätsprinzipes als einen wirklich sittlichen Beweggrund anerkennen. Wir würden daher das Zugeständniß verlangen müssen, daß dem Darwinismus, als naturwissenschaftlicher Theorie, das ethische Gebiet, wie das eigentliche Geistesleben überhaupt, unerreichbar ist. Aber eine Nothwendigkeit, dasselbe zu leugnen, liegt für ihn, sofern er nicht dem Materialismus zutreibt, durchaus nicht vor, ja er ist im Allgemeinen dazu auch gar nicht gewillt. Er wird nur zugeben müssen, daß es noch einen andern Kampf um ein Dasein gebe, als nur den um das physische individuelle Dasein, nämlich den Kampf um das geistig persönliche Dasein. Wir räumen dem ersten sein volles Recht auch unter den Menschen ein. Aber wir fordern auch die Anerkennung des zweiten als die dem Menschen *besonders* gesetzte Bestimmung und verlangen von dem Einzelnen seine Durchführung auch selbst mit dem freien Opfer des physischen Daseins.

Der dritte Gesichtspunkt ist der *religiöse,* und hier insbesondere, inwieweit mit dem Darwinismus eine teleologische
Weltanschauung, die unbedingte Grundlage aller Religion, 4
noch vereinbar ist. Zwei Weltanschauungen stehen grundsätzlich in einem unvereinbaren Gegensatze. Die eine läugnet jeden Zweck der Natur, und erklärt die scheinbare Zweckmäßigkeit in ihrer Ordnung für das *zufällige* Ergebniß unbewußt wirkender, mechanischer Kräfte. Das Leben und alle Entwikkelung in der | Natur entsteht aus den zufälligen Bewegungen, Verbindungen und Lösungen der Materie. Die Bewegung selbst wird hervorgebracht durch die der Materie ursprünglich inwohnenden Eigenschaften oder Kräfte, Schwerkraft, Anziehungskraft, Abstoßungskraft u.s.w. und je nachdem die Stofftheilchen sich durch irgend welchen Zufall in dieser Weise zusammen gefunden haben sind die Dinge geworden wie sie sind, Pflanze, Fisch, Vogel, Mensch. Von einer Vernünftigkeit in diesem Prozeß des Werdens und Entwickelns in der Natur ist natürlich hier keine Rede, weder der Stoff ist vernünftig, noch die Schwerkraft, noch der Zufall; es geht alles mechanisch fort, nachdem der erste Anstoß gegeben ist; woher dieser Anstoß und der Stoff und die Kräfte, bleibt auf sich beruhen. Selbstverständlich kann auch hier von einem *Zweck* in der Natur keine Rede sein; ein Zweck ohne Vernunft, ein zufälliger Zweck ist ein Widerspruch in sich selbst. Die Menschen, so lehrt die materialistische Weltanschauung, legen in ihrer Einbildung irrthümlicher Weise einen Zweck in die Natur, weil sie eben gewohnt sind, bei ihrem eigenen vernünftigen Handeln sich einen Zweck zu setzen, zu bedenken, was sie wollen, und darnach ihre Handlungen einzurichten. Mit dieser mechanisch materialistischen Weltanschauungsweise kann sich die Religion niemals befreunden. Alle Religion beruht auf der Anerkennung einer Welt*ordnung* und auf dem Bewußt-

sein unserer Abhängigkeit von derselben. Ordnung aber ist der Gegensatz von Zufall, eine zufällige Ordnung ist ein Widerspruch in sich selbst. Wie aber unser religiöses Bewußtsein einen vernünftigen Grund fordert für diese Ordnung, der wir angehören, und durch die unser ganzes Dasein bestimmt ist, so verlangt es auch für seine Beruhigung einen vernünftigen Zweck derselben; es fühlt sich gedrungen, diesen Zweck immer mehr verstehen zu lernen und sich innerlich mit ihm in Uebereinstimmung zu setzen, und wo seine Wahrnehmungen zur vollen Erkenntniß desselben nicht ausreichen, da will es ihn zum wenigsten ahnen.

Wenn auch viele Darwinisten ihre Theorie gegen einen rein mechanischen Materialismus zu verwahren suchen, so steht dieselbe doch jedenfalls in der Beziehung auf jener Seite, als sie von einer teleologischen Weltanschauung Nichts wissen will. Besonders ist von Bedeutung, daß das System einen andern Träger der Entwickelung, als den Zufall, entschieden abweist. Zwischen diesem Darwin'schen Cultus des Zufalls und dem religiösen Glauben an das Walten einer die menschliche Erkenntniß übersteigenden Vernunft in der Ordnung und Entwickelung des Weltganzen scheint eine unübersteigliche Kluft zu liegen. Wird die Vernünftigkeit oder, was dasselbe ist, die Zweckmäßigkeit der Weltordnung und Naturentwicke|lung geläugnet, und der vernunftlose und eben darum absichtslose Zufall an ihre Stelle gesetzt, so hat die Religion ihren Gegenstand verloren und zerfällt als eine leere Täuschung in sich selbst. Allein die Sache sieht in der That schlimmer aus, als sie ist. Einmal ist es schon mit dem Darwin'schen Cultus des Zufalls nicht ganz so grimmiger Ernst, wie die Worte lauten. Schon die Bildung der organischen Urzelle geschieht nach zwingenden Naturgesetzen, die allerdings als der Materie inwohnend gedacht sind, aber doch immerhin »Gesetze« sind, für welche der Zufall als zureichender Grund nicht zu denken ist. Auch ist Darwin dem Naturzwecke in der That nicht so unbedingt abhold, wie man annimmt. Er sagt zwar: »Wenn mir Jemand irgend einen Character oder eine Gewohnheit an einem Lebewesen nachweisen kann, der lediglich einem andern Zweck als dem der Selbstvertheidigung seines Trägers dient, so gebe ich meine ganze Theorie auf.« Allein der Zweck der Selbstvertheidigung oder Selbsterhaltung ist eben auch ein Zweck, und zwar, besonders wenn unter dem Begriff der Erhaltung nicht blos die des Einzelwesens, sondern auch die der Art gefaßt wird, ein Zweck, der in den meisten Fällen von den Einzelwesen unbewußt verfolgt wird. Weiß doch die Biene, wenn sie die Zelle für eine ihr unbekannte Made baut, eben so wenig, warum sie es thut, als die Rebe, wenn sie ihre Ranke um den Baumzweig schlingt, damit sie nicht zu Boden sinkt, und selbst der Mensch muß mit seinem Thun die Fortentwickelung der Lebewelt fördern, ohne daß er daran denkt.

Dagegen müssen wir der Naturwissenschaft unbedingt zugestehen, daß die Zwecksetzung in der Natur durchaus kein Faktor für ihre Forschungen sein könne. Sie hat zu rechnen mit den Stoffen und den unmittelbaren auf sie und in ihnen wirkenden erkennbaren Kräften, nicht aber mit der Voraussetzung einer diese bestimmenden Macht, von der es für ihre Forschungen keine unmittelbare Wahrnehmungen gibt; sie rechnet mit der Natur, wie sie dieselbe vorfindet, nicht mit einer Macht gewissermaßen hinter der Natur, welche die Speculation und das religiöse Bewußtsein als den eigentlichen zureichenden Grund dieser Natur setzt. Jedes Hereinziehen einer solchen in die naturwissenschaftlichen Forschungen würde die Rechnung derselben alteriren. Sie hat keinen Zweck vorauszusetzen, wie das religiöse Bewußtsein, sondern nur zu untersuchen, was eben ist und wie es so geworden. Mag immerhin der menschliche Geist sich gedrungen fühlen, nach dem zureichenden Grunde dieser Erscheinungswelt zu fragen, einen Naturzweck vorauszusetzen und anzuerkennen und sein eigenes Verhältniß zu demselben zu begreifen; für die Naturforschung im engeren Sinne des | Wortes ist das nicht vorhanden, und es gibt dafür keine Stelle in dem Systeme. Aber sie hat auch ihrer Seits gar keinen vernünftigen Grund, jener Anforderung des religiösen Bewußtseins sich entgegenzustemmen, lediglich aus dem Grunde, weil die Befriedigung derselben nicht auf dem Wege der Naturforschung zu suchen ist. Ein redlicher, nunmehr verstorbener Darwinianer sagt: »Die großartige unendliche Harmonie und Zweckmäßigkeit, die wir bis in die kleinsten Kreise hinab in der organischen Schöpfung wahrnehmen können, tritt uns oft so überraschend entgegen, daß wir fast unwillkürlich zu außerordentlichen Erklärungsgründen unsre Zuflucht nehmen, und eine obwaltende Vorsehung provociren, wo doch weiter Nichts ist, als eine ewige ursprüngliche Nothwendigkeit.« Der Mann hat wirklich eine teleologische Anwandlung; aber es graut ihm davor, weil er sie nicht brauchen kann für sein System. Wir lassen ihm dieses wissenschaftliche Grauen, und enthalten uns gern jeder Zumuthung, daß er irgend eine Zweckforderung in sein wissenschaftliches Forschen hineintrage. Für unsre religiöse Anschauung ist es an sich völlig einerlei, ob die Lebewesen in ihrer Mannigfaltigkeit durch Urzeugung oder Abwandlung vorhanden sind, und was für Triebkräfte diese hervorgebracht haben, der Kampf um das Dasein allein, oder auch andere; aber wir halten fest an der Ueberzeugung, daß auch der Darwin'sche Kampfestrieb nicht das Erzeugniß eines bewußtlosen Zufalles oder, was am Ende dasselbe ist, einer unerklärten und unerklärlichen »ursprünglichen Nothwendigkeit« sei, sondern daß er im Dienste einer höhern Weltordnung stehe, daß diese Weltordnung, eben weil sie eine Ordnung ist, einem vernünftigen Zwecke dienen müsse, auch wenn wir nicht überall, denselben verstehen. Weil wir uns bewußt sind, daß wir selbst innerhalb dieser Ordnung stehen, und eben darum mit unserm ganzen Dasein nicht ein Spiel des vernunftlosen Zufalls oder blos mechanisch wirkender Kräfte sind, sondern eine *Bestimmung* haben, welche dem dem menschlichen Geiste inwohnenden Vervollkommnungstriebe entspricht, haben wir Religion.

Nachschrift. Nachdem vorstehende Betrachtung bereits dem Drucke übergeben war, kam mir das neueste Buch von *A. R. Wallace* mit dem Essay: »Ueber die Grenzen der Anwendung der Zuchtwahltheorie auf den Menschen,« in die Hände, worin er sich sehr eingehend über die Schöpfung des Menschen ausspricht. Wallace ist nicht ein principieller Gegner der Darwin'schen Theorie; vielmehr hatte er schon vor diesem auf die große Bedeutung der *natürlichen Zuchtwahl* in der Entwickelung der Lebewesen hingewiesen, und dieselbe durch eine Menge der scharf|sinnigsten Beobachtungen erläutert. Er schränkt aber die Theorie gerade an dem wichtigsten Punkte, der Schöpfung des Menschen, sehr wesentlich ein, und zeigt durch eine Reihe sehr in die Augen fallender Gründe, daß ein Fortschritt in der Entwickelung von dem Thiere zu dem Menschen aus der natürlichen Zuchtwahl sich durchaus nicht erklären lasse, wie vielmehr nach dieser Theorie ganz andere Resultate hätten hervorgehen müssen. Das Ergebniß seiner Forschung geht dahin, daß »ähnlich wie der Mensch die Entwickelung von Pflanzen und Thieren seinen Zwecken gemäß leitet, so eine *noch höhere Intelligenz* die Entwickelung des Menschen in *bestimmter Richtung* und für eine *bestimmte* Aufgabe geführt habe.« Hiermit ist der Boden für eine Verständigung zwischen Naturwissenschaft und Religion vollständig gegeben, und ich bin überzeugt, daß in dieser Richtung alle billig Denkenden von beiden Seiten, denen es um nichts Anderes, als um die Wahrheit zu thun ist, sich zusammenfinden.

Albert Stoeckl

Der Darwinismus*

I.

Unter den Formen, welche der moderne Materialismus angenommen hat, steht wohl die Darwin'sche obenan. Der Darwinismus hat in der Gegenwart die übrigen Formen des Materialismus so ziemlich verdrängt, und wer heutzutage auf den Rang eines »wissenschaftlichen« Naturforschers Anspruch machen will, wird dieses Ziel kaum je erreichen, wenn er nicht seine materialistischen Ansichten nach der Schablone der Darwin'schen Formeln zu formuliren weiß. Die Darwin'sche Hypothese erscheint den materialistischen Naturforschern der Gegenwart ganz besonders geeignet, das Göttliche aus der Schöpfung zu entfernen, mit der Idee Gottes aufzuräumen, und namentlich den Menschen in ein solches Verhältniß zur Natur zu bringen, daß darüber seine höhere, geistige Natur verloren geht. Darum sind Darwinismus und Materialismus heutzutage so ziemlich gleichbedeutende Begriffe geworden.

Nach Darwin's Hypothese[1] sind all' die verschiedenen Formen der auf der Erde existirenden lebenden Wesen, alle Arten und Gattungen derselben durch die Thätigkeit auch jetzt noch um uns wirksamer Gesetze aus Einer oder aus | einigen wenigen primären Lebensformen entstanden. Was insbesondere die thierischen Lebensformen betrifft, so haben wir anzunehmen,

* R. Stoeckl: Der Darwinismus. *In:* Der Katholik. Bd. 32 (1874), 37–50, 172–192, 284–307.

[1] Ausgeführt in seinen zwei Hauptwerken: »Ueber die Entstehung der Arten« u. s. w. und: »Die Abstammung der Menschen«. Vgl. auch »Homo versus Darvin«. Leipzig 1872, worauf wir in dieser Abhandlung vielfach reflectirt haben.

daß durch unbedeutende Veränderungen jener Urform oder jener Urformen, welche Veränderungen aber, Generation auf Generation, einen unberechenbar langen Zeitraum hindurch, immer mehr sich anhäuften, eine Art von thierischen Wesen nach der anderen hervorgebracht worden ist; daß die kaulfroschartigen Larven der Accidinus[2] sich zum Fisch entwickelten, Fische dann zu Amphibien, Amphibien zu Reptilien und Vögeln, diese zu Säugethieren, einschließlich der Affen der alten Welt, durch welche letzteren dann endlich die Steigerung zum Menschen erreicht wurde. Der Mensch ist also nach dieser Auffassung nichts weiter, als das bis jetzt letzte Glied in der Kette dieser Fortentwickelung der lebenden Wesen aus der Urlebensform von Art zu Art, von Gattung zu Gattung, das seinen Ursprung zunächst und unmittelbar aus dem Affengeschlechte nimmt; alle Kräfte oder Vermögen, die im Menschen sich vorfinden, sind blos das Resultat dieser Entwickelung, und es gibt Nichts, wodurch der Mensch dem Wesen nach von den ihm untergeordneten Thieren sich unterschiede.

Die wirkende Ursache dieser Fortentwickelung der Lebensformen bis herauf zum Menschen ist aber nach Darwin – und das ist das Charakteristische seiner Lehre – die »*natürliche Zuchtwahl*«, verbunden mit dem »*Kampf um's Dasein*«. Diesen Punkt müssen wir uns näher betrachten.

Der Mensch, sagt Darwin, kann durch künstliche Züchtung nicht nur Spielarten, sondern auch Raçen und Unterarten bei Thieren hervorbringen, indem nämlich durch diese künstliche Züchtung gewisse, anfänglich nur individuelle Ver|schiedenheiten in den folgenden Geschlechtern befestigt und weiter ausgebildet worden, womit von dem Anfangs nur eigenthümlich modificirten *Theile* aus wegen des innigen Zusammen-

[2] Accidinus sind Seethiere (Seescheiden), stets an einer Stütze (Felsen, Seegras u. s. w.) befestigt, die kaum wie Thiere erscheinen und aus einem einfachen, zähen, leberartigen Sacke mit zwei kleinen vorspringenden Oeffnungen bestehen.

hanges aller Theile untereinander die Modification den *ganzen* Organismus angreift und mehr oder minder umgestaltet. Diese künstliche Züchtung besteht darin, daß der Mensch in verständiger Auswahl unter einer Anzahl von Exemplaren, welche gewisse *Eigenthümlichkeiten* zeigen, die er fortzupflanzen und zu Spielarten auszubilden wünscht, die kräftigsten und fähigsten ausscheidet und sich begatten läßt; die junge Brut wird dann von den Erzeugern dieselben Eigenthümlichkeiten ererben, und damit ist schon der erste Schritt zur Hervorbringung der Spielart gethan. Trifft man dann bei der jungen Brut wieder dieselbe Auswahl, und fährt man so fort, so wird es zuletzt dahin kommen, daß die Eigenthümlichkeiten, um die es sich handelt, sich vollständig entwickeln und befestigen, und daß man so wirklich eine neue constante Spielart gewinnt. Das ist die *künstliche* Zuchtwahl.

Es liegt nun nahe, daß das, was der Mensch durch künstliche Zuchtwahl zu Stande bringt, die *Natur* durch *natürliche* Auswahl und Züchtung – *natürliche* Zuchtwahl – werde bewerkstelligt haben. Indem nämlich die ursprünglichen Lebensformen sich fortpflanzen, konnten und mußten dieselben im Laufe ihrer Fortpflanzung verschiedene kleine Abänderungen annehmen, theils in Folge der verschiedenen äußeren Verhältnisse, in welchen sie sich befanden und denen sie sich anpassen mußten, theils in Folge constanter Uebung bestimmter Gliedmaßen des Organismus und Vernachlässigung anderer. Das Gesetz der Veränderung kann ja überhaupt als ein allgemeines Naturgesetz betrachtet werden, da, wie die Erfahrung lehrt, selbst jetzt innerhalb ein und derselben Art keine zwei Individuen sich vollständig gleichen. Um so mehr muß dieses Gesetz der Veränderung bei der Fortpflanzung der ursprünglichen Lebensformen gewirkt | haben, da sie einerseits verschiedenen äußeren Verhältnissen, in welche einzutreten für sie unvermeidlich war, sich anpassen, und daher je nach diesen verschiedenen Verhältnissen verschiedene Eigenthümlichkeiten annehmen mußten, und andererseits die verschiedenartige Lage, in welcher sie sich befanden, es auch mit sich brachte, daß sie bestimmte Organe vorzugsweise gebrauchen und üben mußten, während der Gebrauch und die Uebung anderer Organe zurücktrat, was unvermeidlich dazu führte, daß die erstgenannten Organe eine größere und vollkommenere Entwickelung gewannen, während die letzteren mehr oder weniger verkümmerten. So konnte es also in jener Fortpflanzung der Lebensformen ohne solche Veränderungen nicht abgehen. Und diese Veränderungen konnten dann in ihrem Verhältnisse zu den veränderten Individuen wiederum von verschiedener Art sein, d. h. sie konnten ihnen für ihren Verstand und für ihre Gesammtentwickelung nützlich oder schädlich oder aber für den gedachten Zweck ganz gleichgiltig sein.

Nun findet aber zwischen allen lebenden Wesen auf der Erde ein beständiger »*Kampf um's Dasein*« statt, in welchem die einen untergehen, die anderen sich erhalten. Es werden nämlich auf der Erde viel mehr lebende Wesen producirt, als möglicher Weise lebend bleiben können. Blieben sie alle leben, mit allen ihren nachfolgenden Geschlechtern, so könnte sie die Erde nicht mehr ernähren. Es ist also nothwendig, daß die einen immer wieder untergehen, während die anderen sich erhalten. Und das geschieht eben im Kampfe um's Dasein, der unter den lebenden Wesen fortwährend wüthet. Alle lebenden Wesen liegen gegen einander im beständigen Kriege; die Einen suchen die Anderen zu vernichten, weil und insofern sie ihnen ein Hinderniß ihrer Selbsterhaltung und der Ausbreitung ihres Geschlechtes bilden. Alle kämpfen um ihr Dasein, und da ihr Dasein wesentlich bedingt ist durch den Untergang Anderer, so müssen sie nothwendig diese anderen zu beseitigen suchen, und da | diese anderen gleichfalls ihr Dasein vertheidigen, so muß daraus nothwendig ein Krieg Aller gegen Alle, ein allgemeiner, nie endender Kampf um's Dasein resultiren.

In diesem Kampfe um's Dasein werden nun gerade jene Exemplare die meiste Aussicht haben, sich zu erhalten und die übrigen zu überwinden und zu überleben, welche durch

Anpassung an die äußeren Umstände und Verhältnisse oder durch Uebung und Gewöhnung *nützliche* Abänderungen erfahren haben. Denn jene Individuen, in welchen die Veränderungen, die sie erfahren, für ihren Organismus günstig sich gestaltet haben, sind eo ipso auch kräftiger, und weil sie kräftiger sind, darum sind sie auch mehr befähigt, sich den anderen schwächeren Formen gegenüber zu behaupten und im Kampfe um's Dasein zu siegen. Solche Individuen werden daher naturgemäß überlebend bleiben, während die anderen im Kampfe um's Dasein untergehen.

Nun existirt aber in der Natur auch das Gesetz der *Vererbung,* nach welchem die zeugenden Individuen die ihnen zukommenden Eigenthümlichkeiten auch auf ihre Nachkommen fortpflanzen. In Kraft dieses Gesetzes werden daher jene überlebenden Individuen die ihnen nützlich gewordenen Abweichungen wieder auf ihre Nachkommen vererben; und wenn nun diese nur nach zehn Generationen wieder einmal in gleicher Richtung und Stärke variieren, so ist das Maß der Abänderung auf's Neue vermehrt. So kann nach tausend, zehntausend und hunderttausend Generationen in einzelnen Nachkommen der ersten Urform jene Abweichung eine hundert-, tausend-, ja zehntausendfach gehäufte, es kann aus der anfänglich ganz unbemerkbaren Abweichung unbemerkbar und unfühlbar eine wirkliche *Abart,* ja eine eigene *Art,* eine andere *Sippe* und zuletzt nach Millionen und mehr Generationen eine andere *Ordnung* oder Klasse von Organismen entstehen. Eine Abänderung ferner, welche in *einer* Gegend, Lage, Gesellschaft u. s. w. nützlich ist, kann in der anderen schädlich sein. Es können mithin aus der|selben Grundform unter verschiedenen äußeren Verhältnissen Abänderungen in ganz verschiedener Richtung entstehen, fortdauern, und so auch auf diesen Grund hin mit der Zeit allmälig aus derselben Grundform ganz verschiedene Sippen, Familien und Klassen sich bilden.

Und in solcher Weise ist dann der Proceß auch wirklich vor sich gegangen. Das Facit des Ganzen ist somit folgendes:

Die Entstehung der Arten ist so zu erklären, daß im Kampfe um's Dasein jene Zwischenformen, welche schädliche oder gleichgiltige Abweichungen vom Urtypus annahmen, untergingen, dagegen die Organismen mit *nützlichen* Abweichungen sich erhielten, ihre besonderen Eigenthümlichkeiten im Laufe ihrer Fortpflanzung immer mehr häuften, ausbildeten und befestigten, und so endlich nach Millionen und mehr Generationen zu ganz verschiedenen und constanten Arten sich entwickelten.

Das sind die *allgemeinen Grundsätze* des Darwin'schen Systemes. Nach diesen Grundsätzen wird denn auch die allmälige Entstehung des *Menschen aus dem Affengeschlechte* erklärt. Nachdem nämlich einmal vierfüßige Bestien aus dem primitiven Wurm (Accidinus) sich entwickelt hatten, wurde ein Theil derselben durch natürliche Zuchtwahl in vierhändige Thiere verwandelt, die zum Klettern und auf Bäumen zu leben befähigt waren – die Affen. Im Laufe der Zeit verloren jedoch manche Affen allmälig die Kletterkraft und mußten weniger auf Bäumen und mehr auf dem Boden leben. Der Grund hiervon lag darin, daß in der Weise jener Geschöpfe, sich einen Unterhalt zu verschaffen, oder in den Verhältnissen ihres Geburtslandes ein Wechsel eintrat. Vielleicht wechselte das Klima; es wehte kalt statt heiß; oder es wuchsen weniger Bäume; oder solche Früchte, wie da wuchsen, waren für den Geschmack jener Geschöpfe nicht lockend genug. Mag dem sein, wie ihm will, – es wurde jenen Geschöpfen in Folge der gedachten Veränderungen passender, etwas weniger auf Bäumen und mehr auf | dem Boden zu leben. Damit mußte nun aber nothwendig ihr Körperbau sich ändern, um den neuen Bedingungen ihres Daseins zu entsprechen. Da sie nämlich, indem sie von den Bäumen auf die Erde herabstiegen, um auf dem Boden zu leben, genöthigt waren, sich gegen viele und verschiedenartige ihnen feindliche Raubthiere zu vertheidigen, so mußten sie fähig werden, Waffen anzufertigen, Steine und Speere mit wirklichem Zweck, d.h. nach einem von ihnen selbst intendirten Ziele zu schleudern, sich mit Steinen oder Keulen zu vertheidigen, ihre Beute anzugreifen oder auf andere Weise ihre Nahrung zu erlangen. Demgemäß wurde es in Rücksicht auf diesen Zweck für sie vortheilhaft, eine aufrechte Haltung zu gewinnen und somit zweifüßig zu werden. Beide Arme und der ganze obere Theil des Körpers mußten nämlich zu dem gedachten Zwecke frei werden, und dazu war es erforderlich, daß sie fest auf ihren Füßen standen. So nahmen dann jene Geschöpfe die aufrechte Haltung an; ihre Füße wurden abgeflacht und die große Zehe eigenthümlich verändert, obwohl dies den Verlust der Kraft des Ergreifens nach sich zog. Die Hände, jetzt weniger zu solch rauher Arbeit wie Baumklettern benützt, erlangten eine größere Feinheit und Ausbildung und wurden zu menschlichen Händen. Das Becken wurde breiter, das Rückgrat eigenthümlich gebogen und der Kopf in veränderter Lage befestigt. Das Gehirn nahm an Größe zu und in Folge dessen entwickelte sich in ihnen vernünftige Geisteskraft. Sie wurden des Haares aus Putzzwecken entkleidet, und endlich wurden sie auch des Schwanzes – jetzt ein etwas unbequemes Anhängsel des unvernünftigen Thieres, – weil sie ihn nicht mehr zum Anhängen an den Baum oder zum Fühlen brauchten, entledigt, und nur einige wenige zugespitzte Wurzel-Segmente blieben zurück, die vollständig im Körper liegend wurden. So entstand aus dem Affen durch eine Reihe »unfühlbarer« Abstufungen zuletzt der Mensch.

Reflectiren wir nun zunächst auf die *allgemeinen* | *Grundsätze* der Darwin'schen Hypothese, so lehrt die Logik, daß, wenn eine Hypothese aufgestellt wird, dieselbe wissenschaftlich gar keinen Werth hat, wenn sie nicht nachträglich durch gewichtige Beweise zu stützen gesucht wird. Denn was nützte uns wissenschaftlich eine Meinung, die der Eine oder der Andere zur Erklärung irgend welchen Phänomens beibringt, wenn uns nicht Beweise beigebracht werden, die diese Meinung als in der Natur der Verhältnisse begründet und somit als wahr oder wenigstens als wahrscheinlich erscheinen lassen! Und in unserem Falle müssen diese Beweise auf Thatsachen beruhen, d.h. es müssen solche naturwissenschaftliche Thatsachen beigebracht werden, aus welchen wir schließen können und müssen, daß der Proceß der Entwickelung der lebenden Wesen nach ihren verschiedenen Arten wirklich in der Weise vor sich gegangen sei, wie Darwin uns lehrt.

Merkwürdiger Weise kann aber Darwin für seine Hypothese *gar keine* solche thatsächlichen Beweise beibringen. Er bleibt beim bloßen Analogiebeweise aus der Prämisse der künstlichen Züchtung stehen und geht um keinen Schritt weiter. Durch künstliche Züchtung können Spielarten, Raçen und Unterarten von Thieren erzeugt werden: – ergo a pari sind durch natürliche Züchtung aller Arten und Gattungen der lebenden Wesen aus einer oder aus einigen ursprünglichen Urformen entstanden. Das ist Alles. Nun ist es vom logischen Standpunkte aus allgemein anerkannt, daß der Analogiebeweis für sich allein und ohne Unterstützung durch einen anderen stringenten Beweis eine äußerst schwache Beweiskraft hat, da er ja seinem Wesen nach zu den bloßen Wahrscheinlichkeitsbeweisen gehört. Eine Hypothese also durch eine bloße Analogie beweisen zu wollen, ist das allermißlichste Verfahren, das sich nur denken läßt. Noch mißlicher aber wird die Sache, wenn der angezogene Analogiebeweis noch dazu unrichtig ist. Und das findet in unserem Falle statt. Denn die künstliche Züchtung kann es, so lange sie auch | fortgesetzt wird, nie dahin bringen, aus einer Art eine andere Art zu erzeugen; sie kann es höchstens zur Erzeugung mehr oder minder eigenthümlich ausgeprägter Spielarten bringen. Das ist von Darwin selbst zugestanden. Folglich könnte Darwin nach den Gesetzen der Logik aus seiner Prämisse der künstlichen Züchtung nur so viel schließen, daß auch durch natürliche Züchtung neue *Spielarten* erzeugt werden können. Er schließt aber mehr; er schließt, daß die natürliche Züchtung nicht blos neue Spielarten, sondern ganz neue *Arten*, ja ganz neue Gattungen und Ordnungen von lebenden Wesen erzeugt haben könne. Das ist denn doch unstreitig ein gänzlich falscher Schluß, dessen Falschheit noch dadurch erhöht wird, daß von Darwin die Möglichkeit dieser Erzeugung neuer Arten und Gattungen durch die natürliche Zuchtwahl ohne Weiteres auch für Wirklichkeit genommen, folglich daraus, daß es so zugegangen sein konnte, ohne Weiteres geschlossen wird, daß es wirklich so zugegangen sei.

So läuft denn hier Alles auf einen bloßen Analogiebeweis hinaus, der noch dazu falsch ist; thatsächliche, naturgeschichtliche Beweise aber, mit denen allein hier etwas auszurichten wäre, fehlen gänzlich. Es ist das auch nicht zu wundern. Denn es gibt eben gar keine Thatsachen, die zur Unterstützung dieser Hypothese beigebracht werden könnten. Im Gegentheil, alle Thatsachen, die uns die naturwissenschaftliche Beobachtung bietet, sprechen gegen dieselbe. Es ist nämlich eine unleugbare Thatsache, daß die Arten der lebenden Wesen constant und unveränderlich sind. So weit die menschliche Erfahrung in der Geschichte zurückreicht, kann nicht Ein Beispiel gegeben werden, daß auf dem Wege natürlicher Zuchtwahl im Sinne Darwin's eine neue Art lebender Wesen entstanden wäre. Wir haben Abbildungen von Thieren aus den ältesten Zeiten der Menschengeschichte; sie sind aber nach ihren wesentlichen Formen ganz gleichförmig mit jenen Thieren ihrer Art, die gegenwärtig leben, und selbst die fossilen Ueberreste solcher Arten von lebenden | Wesen, die heute noch existiren, weisen dieselbe Formation auf, wie sie dieselbe gegenwärtig haben. Es ist ferner ein constantes Naturgesetz, das die Erfahrung bei jedem Schritte gewährleistet und von dem es faktisch gar keine Ausnahme gibt, daß Individuen einer bestimmten Art immer wieder nur Individuen derselben Art erzeugen. Allerdings können auch Individuen einigermaßen aneinander gränzender Arten sich vermischen und Bastarden erzeugen; aber auf diesen Bastarden ruht der Fluch der Unfruchtbarkeit; sie sind unfähig, ihre Art fortzupflanzen, und fallen entweder wieder in eine der beiden Arten zurück oder sie gehen an Unfruchtbarkeit zu Grunde. In den naturwissenschaftlichen Thatsachen, wie sie der menschlichen Beobachtung vorliegen, hat also die Darwin'sche Hypothese nicht die mindeste Stütze; vielmehr wird sie durch jene auf das Entschiedenste widerlegt.

Allerdings glaubt Darwin, gegen dieses Dementi der naturwissenschaftlichen Erfahrung seine Hypothese damit decken zu können, daß er auf die *Länge der Zeit* hinweist, welche die »natürliche Zuchtwahl« gebraucht habe, um ihr Resultat zu erzielen. Die natürliche Zuchtwahl, sagt er, brauchte Millionen, ja Milliarden von Jahren, um unfühlbar und unbemerkbar allmälig die verschiedenen Arten zu schaffen. Die Menschengeschichte reicht aber blos dreitausend und einige Jahre zurück; daher ist auch die naturwissenschaftliche Beobachtung auf diesen Zeitraum beschränkt. Das ist aber nur eine Spanne Zeit, die gegen die Milliarden von Jahren, die vorangegangen sind, förmlich verschwindet; kein Wunder also, wenn das unfühlbare und unbemerkbare Wirken der natürlichen Zuchtwahl während dieses Atomes von Zeit, wie es die historische Periode uns bietet, dem menschlichen Auge nicht offenbar geworden ist. – Gegen diese Exception ist aber Folgendes zu bemerken:

Für's Erste ist die Annahme von Milliarden von Jahren, die der historischen Periode vorangegangen sein sollen, eben auch wieder eine *Hypothese*, für welche kein thatsächlicher | Beweisgrund beigebracht werden kann. Es ist aber mit den Gesetzen einer vernünftigen Logik unverträglich, eine Hypothese wieder durch eine Andere stützen zu wollen. Die Häufung von Hypothesen, um einer Lieblingshypothese auf die Beine zu helfen, ist immer ein sicheres Zeichen, daß es mit jener Hypothese, die solcher schwachen Stützen bedarf, nicht gut steht. In der That, in jene Milliarden von Jahren, die der historischen Periode vorausgegangen sein sollen, kann man alles hineinsetzen, was man will; denn da ist alle wissenschaftliche und empirische Controlle ausgeschlossen; kein Mensch kann in dieselben hineinsehen; die Einbildungskraft dessen, der selbe für seine Zwecke postulirt, hat hier den freiesten Spielraum.

Das ist aber doch sicher kein exactes wissenschaftliches Verfahren.

Es ist aber noch ein anderer Gesichtspunkt in's Auge zu fassen. Darwin sagt uns, daß die »natürliche Zuchtwahl« eine Art Gottheit ist, die nie schlummert noch schläft, die Alles prüft, stets aussucht, was im thierischen Leben nützlich und vortheilhaft ist, es dann aufbewahrt, damit es auf künftige Generationen übertragen werden kann, und daß durch diese angehäuften und angeerbten nützlichen Veränderungen im thierischen Leben neue Arten entwickelt werden. Es gibt nun lebende Wesen, die jedes Jahr eine frische Nachkommenschaft hervorbringen oder sogar noch öfter. Rechnen wir daher die historische Periode nur zu dreitausend Jahren an, so müssen wir nicht weniger als dreitausend Generationen jener Thiere, die jährlich Junge bringen, annehmen. Ist nun die natürliche Zuchtwahl wirklich ein Naturgesetz und wirkt sie gleich einem Gotte in der Natur fort und fort, so hätte man im Laufe dieser dreitausend Generationen doch wenigstens einige Ansätze zum Uebergang in eine andere Art an jenen Thieren erkennen müssen. Denn so ungeheuer auch der Zeitraum sein möge, den die natürliche Zuchtwahl braucht, um eine neue, constante Art zu erzielen: einen Anfang muß ja die Sache doch einmal nehmen, | und dieser Anfang, so gering er auch sein möge, muß bemerkbar sein. Zeigt sich aber irgendwo thatsächlich ein solcher Anfang? In den Schriften alter Naturforscher wird auf Viele von den obengenannten Thieren Rücksicht genommen. Wir haben Bilder von ihnen in alten Monumenten. Wir finden Skelette von ihnen in alten Gräbern, Hügeln und Höhlen. Es gibt also jetzt viele lebende Thiere, die mit ihren Vorfahren bis auf die dreitausendste Generation zurückverglichen werden können. Kann Darwin denn zeigen, daß auch nur eines von ihnen durch aufeinander folgende, während dreitausend Generationen aufgehäufte Veränderungen es wirklich zu einer höheren Form oder auch nur zu den allerersten Anfängen derselben gebracht hat? Kann er auch nur mit Einem

Beispiele zeigen, daß dreitausend Generationen das Geringste zum Beweise der Wahrheit seiner Hypothese gethan haben? Er kann es nicht. Dreitausend Generationen haben buchstäblich für seine Hypothese Nichts gethan. Verhält es sich aber also, dann helfen ihm auch seine endlosen Zeiträume, die er für seine Hypothese zu Hilfe nimmt, Nichts. Wir sind nämlich durch diese Prämissen unwiderstehlich zu dem Schlusse genöthigt: Wenn dreitausend Generationen gar Nichts geleistet haben für die Begründung der Wahrheit der Darwin'schen Hypothese, dann werden auch dreißigtausend, dreihunderttausend und noch mehr Generationen dafür Nichts leisten. Denn wenn man Nichts mit einer *Million* multiplicirt, wird es immer Nichts geben. In Phantasien mag man sich in Bezug auf jene endlosen Zeiträume ergehen; aber solche sind eben keine wissenschaftlich begründete Ansichten.

Aber sehen wir davon ab, und nehmen wir einmal an, daß der historischen Zeit Myriaden von Jahren vorausgegangen seien, während welcher der Proceß der natürlichen Zuchtwahl sich abgewickelt und die verschiedenen Arten der lebenden Wesen hervorgebracht hat. Hier mußte nun nach Darwin's Hypothese jeder Art lebender Wesen, die gegen|wärtig auf der Erde existiren, eine fast endlose Serie von Zwischenformen präexistirt haben, durch welche hindurch sie sich allmälig aus der ursprünglichen Urform herausgebildet hätten, die aber sämmtlich im »Kampf um's Dasein« untergegangen wären. Verhält es sich aber also, so müßte man erwarten, daß diese Zwischenformen oder wenigstens doch einige derselben im fossilen Zustande angetroffen würden. Aber von keiner derselben hat die Geognosie je auch nur eine Spur entdeckt. Auch sogar kein solcher Theil jener angeblichen Zwischenformen kann gefunden werden, der Grund zu dem Glauben bieten könnte, jene Zwischenformen-Serien hätten in Wirklichkeit existirt. Von den Myriaden aufeinander folgender Glieder, in Myriaden Ketten der thierischen Abstammung, die existirt haben müßten, wenn die Darwin'sche Hypothese wahr wäre, können keine zwei Glieder vorgebracht werden, die so passen, um zu beweisen, daß sie einst verbunden waren. Auch die Geognosie versagt also der Darwin'schen Hypothese ihre Unterstützung. Dagegen steht es geognostisch fest, daß in den ältesten, primären Schichten der Erde sich bereits die vier typischen Hauptgattungen der Thiere in festgestellter Unterschiedenheit vorfinden. In den ältesten fossilienhaltigen Schichten, den silurischen, finden wir nicht die einfachen Formen, mit welchen nach Darwin das organische Leben begonnen haben soll; vielmehr eine schon ziemlich mannigfaltige und theilweise hoch organisirte Thierwelt. Wenn darin auch die Wirbelthiere fast vollständig fehlen, so nehmen die Weichthiere nach ihrer ganzen Organisation, insbesondere nach der Vollkommenheit der Athmungsorgane und des Blutumlaufes, schon eine verhältnismäßig hohe und derjenigen der Wirbelthiere genäherte Stellung in der thierischen Rangordnung ein, und die Trikoliten, die jetzt völlig ausgestorben, in den silurischen Schichten aber mit vielen hundert Arten vertreten sind, gehören zu den Krustaceen (krebsartigen Thieren), welche die vollkommenste Abtheilung der Gliederthiere bilden. Daraus muß ohne allen Zweifel | geschlossen werden, daß die höheren Arten der Thiere nicht aus niederen Formen durch eine Menge von Zwischenformen entstanden seien, weil ja sonst die höheren mit den niederen Formen nicht gleichzeitig hätten existiren können, während doch dieses nach den soeben angezogenen Beobachtungen unstreitig der Fall gewesen ist.

So können also die allgemeinen Grundsätze der Darwin'schen Hypothese in keiner Weise darauf Anspruch machen, wissenschaftlich begründet zu sein. Es fehlt hier jeder, auch nur einigermaßen genügender Beweis; vielmehr spricht die ganze Kette empirischer Thatsachen, die uns die Naturbeobachtung bietet, entschieden gegen dieselbe. Es wäre geradezu unbegreiflich, wie eine durch gar keinen positiven Beweisgrund gestützte Hypothese so allseitige Aufnahme finden konnte, wenn man nicht wüßte, daß es dem Materialismus überhaupt nicht auf Gründe ankommt, sondern daß er sich an jeden Strohhalm anhängt, um seine absolut negativen Bestrebungen durchzusetzen.

Etwas anders verhält es sich da, wo Darwin daran geht, seine allgemeinen Grundsätze auf die Erklärung des Ursprunges des *Menschen* im Besonderen anzuwenden, d.h. wo er die Abstammung des Menschen von Affen plausibel zu machen sucht. Hier gibt er sich Mühe, einige thatsächliche Beweise für seine Aufstellung beizubringen. Es ist von Interesse, dieselben kennen zu lernen. Davon im folgenden Artikel. |

II.

Vor Allem beruft sich Darwin für die Abstammung des Menschen vom Affen auf die *Aehnlichkeit des Körperbaues* des Menschen mit dem Körperbaue der ihm zunächst stehenden Thiere, namentlich des Affen. »Es ist notorisch,« sagt er, »daß der Mensch mit anderen Säugethieren nach demselben Typus oder Modell construirt ist. Alle Knochen in seinem Skelett können mit den correspondirenden Knochen in einem Affen, einer Fledermaus oder einem Seehunde verglichen werden. Ebenso ist es mit seinen Muskeln, Nerven, Blutgefäßen und Eingeweiden. Das Gehirn, das wichtigste aller Organe, folgt demselben Gesetze[3].«

Aber gesetzt auch, es verhält sich mit der Aehnlichkeit des Körperbaues des Menschen mit dem des Affen durchweg so, wie Darwin annimmt, folgt daraus denn schon, daß der Mensch vom Affen abstamme, und durch natürliche Zuchtwahl aus demselben sich gebildet habe? Keineswegs. Nur dann würde man diesen Schluß aus der gegebenen Prämisse ziehen können, wenn man anderweitige empirische Anhaltspunkte hätte, die es evident erscheinen ließen, daß der Mensch einen

[3] Darwin, Abstammung des Menschen. Bd. 1. S. 10.

solchen ähnlichen Körperbau *nur* auf dem Wege der Abstammung vom Affen erhalten haben könnte. Solche An|haltspunkte fehlen aber gänzlich. Daß der menschliche Körper in mancher Beziehung Aehnlichkeit aufweist mit dem Körper jener Thiere, die zunächst unter dem Menschen stehen, erklärt sich leicht daraus, daß der Mensch zum Leben auf der Erde bestimmt ist, und daher auch einen solchen Körper haben muß, der für jenes Leben auf der Erde geeigenschaftet und auf dasselbe angewiesen ist. Nie aber berechtigt diese Thatsache zu dem Schlusse, daß der Körper des Menschen aus dem des Affen sich entwickelt habe, und dies zwar um so weniger, als andererseits wiederum eminente Vorzüge den menschlichen Körper vor dem Affenkörper auszeichnen. Wir brauchen in dieser Beziehung nur hinzuweisen auf die aufrechte Stellung des Menschen, auf seine edle Kopfbildung, auf sein Antlitz mit dem ausdrucksvollen Auge, auf die für den Dienst des Geistes berechnete und diesem Zwecke vollkommen entsprechende Bildung seiner oberen Extremitäten der Arme und Hände, auf seinen Stimm- und Sprachapparat u. s. w. Dazu kommt, daß die mikroskopischen Untersuchungen zur Evidenz herausgestellt haben, daß wie das Blut irgend einer niederen Art von dem jeder anderen Art, so auch das Blut des Menschen von dem des Affen und überhaupt jeder niederen Thierart sich ganz bestimmt unterscheidet. Dasselbe wird daher wohl auch mit dem Zellgewebe der Fall sein, da dieses aus dem Blute sich bildet. All' dieses ist geeigenschaftet, den Schluß Darwin's aus der Aehnlichkeit des menschlichen, und thierischen Körperbaues auf Abstammung des Menschen vom Thiere entschieden zurückzuweisen. Wenn daher Darwin zur Unterstützung dieses seines Schlusses die gedachte Aehnlichkeit zwischen Menschen- und Thierkörper auch noch so sehr urgirt, wenn er darauf hinweist, daß der Mensch geneigt ist, von den niederen Thieren gewisse Krankheiten, wie Wasserscheu, Blattern, Drüse u. s. w. zu empfangen und ihnen mitzutheilen; wenn er bemerkt, daß Affen vielen nicht ansteckenden Krankheiten unterworfen sind, wie wir, – dem Katarrh, der Apoplexie, der | Entzündung der Gedärme, dem Staar im Auge u.s.w., daß Medicamente bei ihnen dieselben Wirkungen hervorbringen, wie bei uns, daß viele Arten von Affen einen besonderen Geschmack für Thee, Kaffee und Spirituosen haben u.s.w. – so kommt er damit keinen Schritt weiter, weil immer der Obersatz des Schlusses: »Alle Wesen, die einander in irgend welchen Beziehungen ähnlich sind, stammen von einander ab,« entschieden als unwahr zurückgewiesen werden muß, nicht blos an und für sich schon, sondern um so mehr in dem Falle, wenn neben der Aehnlichkeit auch die durchgreifendsten Verschiedenheiten obwalten.

Einen weiteren Beweis für seine Aufstellung entnimmt Darwin aus der *embryonischen Entwickelung* des Menschen und der Thiere. Der Mensch, sagt er, entwickelt sich aus einem Eie, das den hundert fünfundzwanzigsten Theil eines Zolls im Diameter mißt, und dieses Ei unterscheidet sich ursprünglich in keiner Hinsicht von den Eichen, aus welchen andere Thiere sich entwickeln. Der menschliche Embryo selbst kann, in der frühesten Periode seiner Entwickelung, kaum von dem Embryo anderer Glieder aus dem Reiche der Wirbelthiere unterschieden werden. Daraus folgt, daß der Ursprung des Menschen und der Thiere auf Eine ursprüngliche Urform zurückzuführen sei, und daß deren Verschiedenheit nur auf der fortschreitenden Entwickelung beruht, die durch die natürliche Züchtung in Gang gesetzt worden.

Allein auch dieser Beweis ist nicht stichhaltig, weil die Prämissen desselben keineswegs unanfechtbar sind. Man kann nämlich allerdings zugeben, daß das menschliche Ei von dem thierischen, was die äußere Form betrifft, nicht unterschieden werden könne, wenigstens nicht nach den bisher damit angestellten Versuchen; aber es ist ebenso gewiß, daß zwischen denselben ein wesentlicher Unterschied stattfinden müsse; denn sonst wäre es unmöglich zu erklären, warum denn das menschliche Ei nur zum Menschen, das Ei des Hundes nur zum Hunde, das des Affen nur zum Affen u. s. w. sich ent|wikkelt. Durch mikroskopische Untersuchung und durch chemische Analyse läßt sich dieser Unterschied allerdings nicht auffinden; denn das Leben selbst, dessen materieller Träger das Ei ist, entzieht sich eben aller empirischen Untersuchung; aber verschieden, wesentlich verschieden muß das Leben und das demselben zu Grunde liegende Lebensprincip in dem menschlichen und thierischen Ei sein; denn sonst wäre das constante und unveränderliche Naturgesetz, daß jede Art nur wieder Individuen ihrer Art erzeugt, geradezu unerklärlich. Darum treten denn auch in den Embryonen, sobald sie sich nur einigermaßen aus dem ursprünglichen Ei herausentwickeln, bei aller Aehnlichkeit, die sie miteinander haben, doch auch schon ganz auffallende und leicht bemerkbare Unterschiede hervor, woraus offenbar erhellt, daß in den einen eine von der der anderen ganz verschiedene Lebenskraft wirksam ist. Darwin beruft sich allerdings zur Stütze seines Beweises noch auf eine andere Thatsache, die vor ihm schon andere Materialisten zur Begründung der Metamorphosenhypothese angezogen haben. Es stehe nämlich fest, daß die thierischen Embryonen sämmtlich eine Reihe von Entwickelungsformen durchlaufen, von denen jede der analoge Typus der dauernden Gestaltung eines in der Skala niedrigeren Geschlechtes ist. So gehe der Mensch im Fortgange seiner embryonischen Organisation progressiv durch Zustände hindurch, die im Allgemeinen einem Fische, einem Amphibium, einem Vogel und den niederen Säugethieren gleichen. Die deutschen Materialisten, wie Büchner (Kraft und Stoff, S. 73 ff.) zogen aus dieser angeblichen Thatsache den Schluß, daß es ja hienach wohl möglich sei, daß in der Urzeit des Werdens und Bildens unter Mitwirkung ungewöhnlicher Naturkräfte z. B. der Embryo eines Fisches in seinem Entwikkelungsprocesse die ihm eigenthümliche Entwickelungsform überschritten und zur zunächst höheren Entwickelungsform sich erhoben habe, d. h. daß aus einem Fischembryo höherer Art ein Amphibium der niedrigsten Classe entstanden sei

u. s. w. Darwin dagegen ge|braucht die fragliche Thatsache zu dem Zwecke, um dadurch zu beweisen, daß die Embryonen aller Thiere und des Menschen ursprünglich ganz gleichartig seien, woraus hervorgehe, daß diese auch ursprünglich aus Einer Urform hervorgegangenen und nur durch die mittelst der natürlichen Zuchtwahl in Gang gesetzte fortschreitende Entwickelung zu dem geworden seien, was sie sind. Allein auch hier halten die Prämissen dieses Schlusses nicht vor. Neuere naturwissenschaftliche Beobachtungen, mit aller Sorgfalt angestellt, haben nämlich gezeigt, daß jener embryonale Entwickelungsproceß, nach welchem der Embryo jeder höheren Thierart die Entwickelungsstufen der unter ihr stehenden nacheinander durchmacht, in der behaupteten Gleichmäßigkeit und Allgemeinheit gar nicht existirt. Namentlich macht, wie Owen nachgewiesen hat, der Embryo des Menschen keineswegs die Formen der niederen Thiere durch. Und wäre solches auch der Fall, so wäre doch der Schluß Darwin's noch durchaus nicht berechtigt; denn immer noch bliebe die Frage ungelöst, wie denn blos *äußere* Bedingungen, wie solches doch unstreitig die Bedingungen der natürlichen Zuchtwahl sind, es dahin bringen konnten, daß die einen Embryonen auf einem niedrigeren Entwickelungsstandpunkte geblieben sind, während die anderen weit darüber hinaus sich entwickelt haben und fortwährend entwickeln.

Vorzugsweise aber beruft sich Darwin zur Bestätigung seiner Ansicht über die Abstammung des Menschen vom Affen durch natürliche Zuchtwahl auf die sog. *»rudimentären« Bildungen,* die im menschlichen Körper angetroffen werden. Rudimentär-Organe nennt Darwin solche, die in ihrer Entwickelung zurückgedrängt oder verkümmert erscheinen. Sie sind gegenwärtig für den Menschen entweder ganz unnütz oder von ganz geringem Nutzen. Die Entstehung dieser rudimentären Organe ist nach Darwin dahin zu erklären, daß ein früherer Vorfahre des Menschen die fraglichen Organe in vollkommenem Zustande besaß, daß aber, unter veränder|ten Lebensgewohnheiten, dieselben allmälig stark reducirt wurden, entweder durch einfachen Nichtgebrauch oder durch geschlechtliche Vermischung gerade jener Individuen, die am wenigsten mit einem überflüssigen Theile belastet waren, bis sie endlich ganz verkümmerten, so daß nur mehr die Rudimente derselben vorhanden sind. Da aber diese Rudimentär-Organe nur verständlich sind im Hinblicke auf ihre vollständige Entwickelung, die sie in untergeordneten Thierarten aufweisen, so sind sie zugleich ein Beweis dafür, daß sie im Menschen erst rudimentär geworden sind in Folge der natürlichen Zuchtwahl, die eben dafür sorgte, daß jene Organe, die für den Menschen nutzlos sind, allmälig verkümmerten, damit andere Organe, die für ihn um so nothwendiger waren, sich um so mehr und um so höher entwickeln konnten. Es kommt jedoch auch vor, daß solche Rudimentär-Organe in einzelnen Menschen in stärkerer Entwickelung auftreten, als bei anderen, oder daß Rudimentär-Organe, die für gewöhnlich bei den Menschen ganz fehlen, bei einzelnen Menschen als etwas Ungewöhnliches vorkommen. In solchen Fällen deuten sie dann in dem menschlichen Organismus auf eine Neigung hin, in den Typus eines ehemaligen Vorfahren wieder zurückzufallen. In jedem Falle aber sind sie ein Beweis dafür, daß die Entstehung des Menschen keineswegs auf eine »getrennte Schöpfung«, sondern vielmehr auf die durch die »natürliche Zuchtwahl« bedingte Entwickelung aus dem Thiergeschlechte zurückführen sei.

Zu diesen rudimentären Organen gehören beispielsweise die Muskeln der oberen Stirnhaut, da die Menschen gegenwärtig für gewöhnlich nicht mehr im Stande sind, durch dieselben die obere Stirnhaut zu bewegen. – Außerdem befinden sich sowohl die äußeren Ohrmuskeln, die dazu dienen sollen, das äußere Ohr zu bewegen, als auch die inneren Muskeln, welche die verschiedenen Theile bewegen, im Menschen in rudimentärer Lage, da dieser nicht im Stande ist, das Ohr zu bewegen, während die Thiere dazu befähigt sind. | In Folge dessen ist denn auch die ganze äußere Ohrmuschel bei dem Menschen rudimentär geworden. – Ferner gehört dazu die Nickhaut oder das dritte Augenlid; denn während dieses bei manchen Thieren, wie namentlich bei Vögeln, stark entwickelt und für sie von großer Wichtigkeit ist, da sie schnell über den Augapfel gezogen werden kann, existirt sie beim Menschen als ein bloßes Rudiment, genannt die halbmondförmige Falte. – Ebenso besitzen die Menschen den Geruchsinn in einer »rudimentären Lage«, und die über den Körper des Menschen zerstreuten Haare sind gleichfalls nur die Rudimente des gleichförmigen haarigen Kleides der niederen Thiere, das der Mensch deßhalb verlor, weil er ursprünglich ein tropisches Land bewohnte, wo die Haarbedeckung ihm nicht nützlich war. Dies beweist unter Anderem auch »das schöne, wollähnliche Haar, – das sog. Lanugo – mit dem der menschliche Fötus während des sechsten Monates dicht bedeckt ist; denn diese wollige Bekleidung des Fötus haben wir zweifellos anzusehen als die rudimentäre Darstellung des ersten bleibenden Haarkleides bei den Säugethieren, die behaart geboren werden.« – Ferner haben Personen, die zu ein und derselben Familie gehören, oft einige Haare in den Augenbrauen, die viel länger sind, als die übrigen, so daß diese Eigenthümlichkeit angeerbt scheint. Diese Haare stellen anscheinend die Vibrissae dar, die als Fühlorgane von vielen der niederen Thiere gebraucht werden, und sind daher gleichfalls als rudimentäre Bildungen zu betrachten. – Zu diesen rudimentären Bildungen gehören weiter auch die hinteren Backen- oder Weisheitszähne. Diese sind nämlich beim Menschen, namentlich beim civilisirten Menschen, kleiner als die anderen Backenzähne; sie kommen später hervor, sind dem Verfalle viel mehr unterworfen und gehen früher verloren als die anderen Zähne. Dies hat jedenfalls seinen Grund darin, daß die civilisirten Menschen gewöhnlich von weicher, gekochter Nahrung leben, und so ihre Kinnbacken weniger gebrauchen. In Folge dessen verkümmern die hin|teren Backenzähne und werden rudimentär. Dasselbe gilt von den Augenzähnen. Es ist nämlich anzunehmen, daß dieselben früher, als die Menschen noch zumeist auf die Vertheidigung mit den Zähnen angewiesen waren, viel größer sein mußten, analog den Hauern der wilden Schweine und der Elephanten. Aber da die Menschen allmälig die Gewohnheit erlangten, statt der Zähne Steine, Keulen oder andere Waffen zu gebrauchen, um ihre Feinde zu bekämpfen und ihre Beute zu erreichen, so verkümmerten in Folge des Nichtgebrauches die großen Augenzähne, und wurden rudimentär. – Endlich gehört zu den rudimentären Organen im menschlichen Körper der Os coccyx. Dieser repräsentirt den Schwanz der übrigen Wirbelthiere, und ist als Rudiment des letzteren beim Menschen zu betrachten. Der Os coccyx ist nämlich kurz, gewöhnlich nur vier Wirbel enthaltend, und diese sind in einer rudimentären Lage; denn sie bestehen, mit Ausnahme des einen zur Basis dienenden, aus dem Centrum allein. Sie sind mit einigen kleinen Muskeln versehen; eine von diesen ist nur eine rudimentäre Wiederholung der Streckmuskel des Schwanzes, die in vielen Säugethieren so stark entwickelt ist. – Daß aber der Mensch den Schwanz verloren hat, resp. derselbe in ihm rudimentär geworden ist, läßt sich daraus erklären, daß er für den Menschen unnütz war. Es ist nämlich Thatsache, daß der Schwanz sowohl nach seinem Bau, als auch nach seiner Länge sogar bei solchen Thieren, die zu demselben Geschlechte gehören und beinahe dieselben Lebensgewohnheiten befolgen, sehr verschieden ist. Deßhalb ist es »wahrscheinlich«, daß der Schwanz ihnen nicht von großer Wichtigkeit sei, und wenn dieses der Fall ist, so dürfen wir uns nicht wundern, daß er bei manchen dieser Thiere, und namentlich bei dem Menschen, dem er am wenigsten nützt, rudimentär geworden ist. So Darwin.

Was ist nun von dieser Beweisführung Darwin's zu halten? Lassen wir einstweilen die Frage, ob es wirklich »rudimentäre Bildungen« in Darwin'schem Sinne im mensch|lichen Organismus gebe, dahingestellt, und fragen wir, ob durch das Vorhandensein solcher rudimentären Bildungen wirklich das bewiesen sei, was Darwin beweisen will, nämlich daß der Mensch durch natürliche Zuchtwahl vom Affen abstamme? Wir müssen das entschieden verneinen. Denn das Vorhandensein solcher rudimentärer Organe wäre dann eben eine Thatsache, die der Erklärung harrt. Und da davon verschiedene Erklärungen gegeben werden können, so könnte die Darwin'sche Erklärung, daß die rudimentären Organe durch Verkümmerung in Folge der natürlichen Zuchtwahl entstanden seien, nur unter der Bedingung als die wahre Erklärung sich charakterisiren und die übrigen Erklärungsweisen ausschließen, daß bereits anderweitige zwingende Beweise für das wirkliche Bestehen der natürlichen Zuchtwahl vorhanden wären. Nun sind aber solche, wie wir gesehen haben, gar nicht vorhanden; die ganze Theorie Darwin's von der natürlichen Zuchtwahl schwebt vollständig in der Luft und kann nicht eine einzige naturwissenschaftliche Thatsache für sich anrufen. Daraus folgt, daß auch die Erklärung der sog. rudimentären Organe aus der natürlichen Zuchtwahl als eine rein willkürliche erscheinen muß, die durch Nichts erwiesen ist und durch Nichts erwiesen werden kann. Wenn aber dieses der Fall ist, dann ist es gewiß wissenschaftlich völlig unverantwortlich, wenn man aus einer solchen gänzlich unerwiesenen und unerweisbaren Prämisse den Schluß ziehen will, daß der Mensch vom Affen abstamme und durch natürliche Zuchtwahl aus demselben entstanden sei, und diese Operation als einen wahren und stricten Beweis für diese Abstammung des Menschen vom Affen hinstellt. Selbst in dem Falle also, daß wir die Theorie Darwin's von den rudimentären Organen ohne Weiteres zugäben, müßten wir den daraus von ihm gezogenen Schluß als gänzlich unberechtigt abweisen. Man könnte daraus unmöglich auf die Abstammung des Menschen vom Affen schließen. Dies um so weniger, als die Erklärungen, welche Darwin von der Entsteh|ung der einzelnen rudimentären Bildungen gibt, überall ganz unsicher und unbestimmt auftreten, und überall mit Ausdrücken operirt wird, wie: »Vielleicht ist es so und so gegangen,« »wir können wohl annehmen, daß es sich so verhalte,« »wir können zuversichtlich glauben, daß dieser oder jener Proceß stattgefunden« u.s.w. Auf solche leere Vermuthungen kann man doch wahrhaftig nicht einen Satz von so ungeheurer Tragweite wie die Abstammung des Menschen vom Affen gründen!

Aber es ist mit dem Princip der rudimentären Bildungen gar nicht so weit her, wie Darwin voraussetzt, d.h. es ist gar nicht wissenschaftlich sicher gestellt, ob es denn überhaupt »rudimentäre Bildungen« im Sinne Darwin's gibt. Die Beispiele, die Darwin beibringt, sind wenigstens keineswegs dazu geeignet, uns hievon eine sichere Ueberzeugung zu geben. Die Beweglichkeit der oberen Stirnhaut, sowie der äußeren Ohrmuschel ist für die Thiere, die mit dieser Eigenschaft ausgestattet sind, sicher von Nutzen; warum sollte sie es für den Menschen nicht sein? Wir sehen gar nicht ein, warum denn gerade beim Menschen die natürliche Zuchtwahl auf Beseitigung dieser Eigenschaft sollte hingewirkt haben, da sie doch auch für den Menschen hätte nützlich sein können. Und wenn die ganze äußere Ohrmuschel ein bloßes Rudiment sein soll, weil sie ganz unnütz ist: wie kommt es denn dann, daß der Mensch die äußere Ohrmuschel nicht ebenso vollständig verloren hat, wie den Schwanz? Hat vielleicht die natürliche Zuchtwahl auch die Gesetze der Aesthetik im Auge gehabt, und demgemäß dem Menschen die Ohren deßhalb erhalten, weil er ohne sie sehr häßlich wäre, während sie ihm den Schwanz nahm, weil dies denn doch ein zu sehr entstellendes Anhängsel wäre? Und wenn man den physiologischen Zweck oder Nutzen der äußeren Ohrmuschel noch nicht kennt, folgt denn daraus schon, daß sie gar keinen Zweck und gar keinen Nutzen hat? – Aehnliches ist zu sagen von der halbmondförmigen Falte. Ist dieselbe ein Rudiment, so | ist gar nicht abzusehen, warum denn gerade beim Menschen das dritte Augenlid zum Rudiment wurde, während es doch dem Menschen wenigstens ebenso nützlich sein könnte, als den Vögeln, Hayfischen und Känguruh's. – Der Verlust der haarigen Bekleidung, von welcher beim Menschen die über den Körper zerstreuten Haare die Rudimente sein sollen, ist sicher damit nicht hinreichend erklärt, daß der Mensch ursprünglich in einer heißen Zone gelebt hat. Denn abgesehen davon, daß auch die Haare vor der Sonnenhitze schützen, hat ja das Menschengeschlecht über alle Zonen sich ausgebreitet, und wenn daher nach Darwin's Ausdruck die natürliche Zuchtwahl wie ein Gott ist, der überall unfühlbar dasjenige auswählt und ordnet, was für die Geschöpfe in ihren verschiedenen Lagen nützlich ist, so hätte sie doch wenigstens jenen Menschen, die in kalten Zonen leben, ihre natürliche Haarbedeckung zum Schutze gegen die Kälte belassen und sie nicht zum bloßen Rudiment herabsetzen müssen. – Was ferner den Geruchsinn betrifft, der im Menschen gleichfalls rudimentär geworden sein soll, weil er ihm von äußerst geringem Nutzen gewesen, so ist gar nicht abzusehen, wie man von einem rudimentären Charakter desselben sprechen könne. Er paßt ja gerade so für den Menschen, wie er ist. Wenn er uns nicht unterstützt, wie er es bei den Fleischfressern thut, um unsere Beute zu finden, so warnt er uns gewiß vor Gefahr und ist oft eine Quelle des Genusses. Wenn dieser Sinn jedoch vollständiger entwickelt wäre, möchte er oft die Ursache einer Qual für uns sein. Man würde z. B. nicht gerne stets eine Ratte riechen, wenn Ratten gerade in der Nähe sind, oder durch gewisse Gerüche an Plätze und Personen erinnert werden, die wir lieber vergessen. – Sehen wir ferner auf jene langen Haare, welche bei einzelnen Personen in den Augenbrauen vorkommen und die Rudimente der Vibrissae sein sollen, so ist dies eine ganz willkürliche Annahme, die von Darwin nicht mit einem einzigen Beweise belegt werden kann, da sie bei den Menschen, bei welchen sie | vorkommen, durchaus nicht als Fühler dienen. – Das Gleiche gilt von den Weisheits- und Augenzähnen des Menschen. Einen Beweis, daß diese Zähne früher bei dem Menschen größer und vollständiger entwickelt waren und dann durch die Civilisation rudimentär geworden, kann Darwin gar nicht erbringen; er muß zu Vermuthungen seine Zuflucht nehmen und diese

Vermuthungen sind von der Art, daß sie wiederum dasjenige, was bewiesen werden soll, schon voraussetzen. Denn wenn Darwin vermuthet, daß jene Zähne früher größer sein mußten, weil die Menschen sie zum Zerreißen der Beute u.s.w. gebrauchen mußten, so ist damit vorausgesetzt, daß die Menschen ursprünglich in einem wilden, thierähnlichen Zustande gewesen seien. Das ist es ja aber gerade, was durch die Existenz rudimentärer Organe bewiesen werden soll. – Den Os coccyx endlich als Rudiment des Schwanzes erklären, heißt wiederum eine ganz willkürliche Behauptung aufstellen. Denn Thatsache ist es, daß der Os coccyx beim Menschen nie ein Schwanz ist; er hat keine Gelenke, auch hat er keine Muskeln, die ihn bewegen könnten, wie ein Schwanz sie haben muß. Der Beweis, den Darwin für seine Ansicht beibringt, daß der Os coccyx einmal ein Schwanz gewesen, beruht auf bloßen Vermuthungen. Die Länge des Schwanzes, meint er, unterscheidet sich bei Thieren, die nicht zu derselben Species, aber zu demselben Genus gehören; deßhalb ist es »wahrscheinlich«, daß der Schwanz ihnen nicht von großer Wichtigkeit ist; »wenn aber dies der Fall,« so »dürften wir erwarten«, daß er mehr oder weniger rudimentär wird. Was soll denn mit solchen Wahrscheinlichkeiten, mit solchen beständigen »Vielleicht« für die wissenschaftliche Begründung eines Satzes gedient sein? Eine Thatsache kann nun einmal für die gedachte Behauptung nicht angezogen werden, und alles Uebrige ist wissenschaftlich völlig irrelevant. Hat der Mensch je einmal einen Schwanz gehabt, so ist die Darwin'sche Erklärung des Verlustes desselben ebenso viel und gar nicht mehr werth, als die Meinung | Lord Monboddo's, »daß der Mensch seinen Schwanz durch das Daraufsitzen abgerieben habe.« Das eine hat ebenso viel Wahrscheinlichkeit wie das andere.

Mit den sog. »rudimentären Organen« ist es also Nichts; es kann gar nicht bewiesen werden, daß im Menschen überhaupt rudimentäre Organe im Sinne Darwin's vorhanden sind, und ist daher der daraus gezogene Schluß auf die Abstammung des Menschen vom Affen schon unzulässig unter der Voraussetzung, daß es wirklich rudimentäre Organe gäbe, so fällt er nun, nachdem diese Voraussetzung gar nicht zutrifft, noch völlig in sich selbst zusammen. Wenn daher Darwin meint, daß das Vorkommen solcher »Rudimente« im Menschen unter der Voraussetzung der »getrennten Schöpfung« des Menschen schwer zu erklären sei, so ist darauf zu erwiedern, daß jene »Rudimente« in Wahrheit nichts Anderes sind, als gewisse Aehnlichkeitspunkte im Körperbau des Menschen und gewisser Thiere, und daß diese Aehnlichkeitspunkte genügend erklärt sind, wenn man annimmt, daß der Schöpfer seine Geschöpfe bildet nach einem idealen Plane, der jene Aehnlichkeiten in sich schließt, und zwar deßhalb in sich schließt, weil der Mensch eben auch ein organisch-leibliches Leben zu leben bestimmt ist, und daher zur Ermöglichung des Letzteren ähnliche Organe besitzen muß, wie das Thier.

So also verhält es sich mit den Beweisen, die Darwin uns für die Abstammung des Menschen vom Affen durch natürliche Zuchtwahl bietet. Sie haben sämmtlich gar keinen wissenschaftlichen Werth. Ebenso wenig befriedigend, ja sich selbst widersprechend ist die von Darwin angegebene *Art und Weise*, wie der Affe allmälig in »unfühlbarer« Weise zum Menschen wurde. »Es gab Affen,« heißt es, »denen es mit der Zeit passender wurde, weniger auf Bäumen und mehr auf dem Boden zu leben, sei es in Folge einer Veränderung in der Weise, sich ihren Lebensunterhalt zu verschaffen, sei es in Folge der Bedingungen ihres Geburtslandes. Da aber damit die Bedingungen ihres Daseins sich | veränderten, so mußte auch ihr Körperbau sich ändern; sie mußten zweifüßig und zweihändig werden und die aufrechte Stellung annehmen« u.s.w. Ganz gut! Für den Menschen ist es ohne Zweifel ein Vortheil, aufrecht und zweifüßig zu sein; daß es jedoch ein Vortheil für ein affenähnliches Geschöpf gewesen sein soll, das gewohnt war, auf Bäumen zu leben und seine Nahrung in deren Früchten zu finden, seine Kraft zum Erklettern derselben zu verlieren, um dafür die aufrechte Stellung des Menschen zu gewinnen, das ist nicht so leicht abzusehen. Während sie vorher sich an den wohlschmeckenden Früchten der Bäume mit Leichtigkeit ersättigen konnten, mußten sie, nachdem sie die Kletterkraft verloren, jene saftigen Früchte mit den spärlichen Wurzeln vertauschen, die sie im Stande sein mochten, aus dem Boden auszugraben. Und das soll ein Vortheil für sie gewesen sein? Dazu kommt, daß sie, so lange sie die Kletterkraft besaßen, sich durch den Aufenthalt auf den Bäumen leicht gegen ihre Feinde schützen konnten, während sie nach Verlust jener Kletterkraft diesen schutzlos preisgegeben waren. Das kann doch sicher für sie nicht vortheilhaft gewesen sein; die natürliche Zuchtwahl hätte, statt für ihren Vortheil zu wirken, sie vielmehr in eine weit nachtheiligere Lage gebracht, als jene war, in welcher sie sich vorher befunden. Jetzt mußten sie erst Werkzeuge zur Vertheidigung gegen ihre Feinde sich verschaffen, während sie vorher auf den Bäumen der reißenden Thiere hätten spotten können. – Das Gehirn, heißt es weiter, entwickelte sich bei diesen fortgeschrittenen Affen in hohem Grade, so daß sie in Folge dessen auch an Intelligenz zunahmen. Aber wie paßt denn das zu den Gesetzen der natürlichen Zuchtwahl? Allerdings überragt das Gehirn des Menschen das aller Thiere an Größe und Umfang in hohem Maße, und zwar gilt dieses nicht blos von dem civilisirten Menschen, sondern auch vom Menschen im Stande der Wildheit. Aber da muß ja gerade die Frage entstehen, wie es denn bei jenen fortgeschrittenen Affen zu einer solchen Größe des Gehirns gekommen sei? | Durch Uebung dieses Organs konnte eine solche Vergrößerung nicht bewirkt werden, da ja die höhere »Intelligenz«, also auch die erhöhte »intelligente« Thätigkeit erst in Folge der Vergrößerung des Gehirns eingetreten ist. Durch das Anpassen an die Lebensumstände, insofern diese eine größere Entwickelung des Gehirns forderten, kann jene Vergrößerung gleichfalls nicht erklärt werden, weil die wirkliche Größe des Gehirns bei den wilden Menschen, in welche die Affen sich ursprünglich transformirt haben sollen, weit über die wirklichen Bedürfnisse derselben hinausreicht; denn sie gebrauchen ja ihre Intelligenz höchstens dazu, um etwa Waffen oder Geräthschaften in primitivster Form anzufertigen. Außer diesen zwei Ursachen der größeren Entwickelung eines Organes kennt aber die Theorie der natürlichen Zuchtwahl keine andere. Somit ist die ungeheure Vergrößerung des Gehirns bei dem Uebergange des Affen zum Menschen etwas, was aus den Principien der natürlichen Zuchtwahl gar nicht erklärt werden konnte, mithin als eine völlig unerklärte und unerklärliche Erscheinung betrachtet werden muß. Wenn es gestattet ist, mit solchen willkürlichen Annahmen, die nicht einmal in dem eigenen System eine Begründung haben, zu operiren, dann hat allerdings die Transformation des Affen zum Menschen keine Schwierigkeit; daß aber solche verzweifelte Kreuz- und Quersprünge irgendwie einen wissenschaftlichen Werth beanspruchen könnten, das wird gewiß Niemand behaupten.

Noch mißlicher aber wird die Sache, wenn es sich gar um den Ursprung der höheren, geistigen Kräfte des Menschen handelt. Nach Darwin sollen die »geistigen und moralischen Kräfte« des Menschen durch Entwickelung aus den Fähigkeiten der niederen Thiere entstanden sein. Er schreibt daher auch den Thieren nicht blos Instinkt, sondern auch Vernunft und Intelligenz zu, und behauptet, daß letztere allerdings bei den niederen Thieren noch in äußerst geringem Maße vorhanden sei, daß aber, je weiter wir auf der Skala der Thier|geschlechter aufsteigen, die intelligente Anlage immer mehr hervortritt und sich entwickelt, bis sie endlich im Menschen zu ihrer vollendeten Entwickelung gelangt. Es ist also keineswegs richtig, wenn man in der Vernunft, in der intelligenten Anlage einen wesentlichen, einen Fundamentalunterschied des Menschen von dem Thiere erblicken will; ein solcher wesentlicher Unterschied findet auch in dieser Richtung zwischen Mensch und Thier nicht statt; das Thier hat dem Wesen nach dieselben Geistesfähigkeiten wie der Mensch, nur erscheinen sie in diesem in höchster Entwickelung. Und das allein ist es, was den Menschen in dieser Richtung vor dem Thiere auszeichnet; diesen Vorzug zu einem wesentlichen zu urgiren, kann nicht gestattet sein.

Aber gerade hier ist der Punkt, wo die innere Schwäche und Unhaltbarkeit des Darwin'schen Systems sich am offensten und handgreiflichsten darlegt. In dem Augenblicke, wo die Darwin'sche Theorie mit der *Psychologie* in Berührung tritt, ist es förmlich um sie geschehen. Darwin selbst muß zugestehen, daß der Unterschied zwischen Mensch und Thier in Hinsicht auf die Geisteskraft »enorm« sei, sogar wenn wir den Geist eines der niedrigsten Wilden, der keine Worte hat, um eine Zahl höher als vier auszudrücken, und der keine abstrakten Ausdrücke für die gewöhnlichsten Gegenstände oder Gemüthsbewegungen gebraucht, mit dem des höchst organisirten Affen vergleichen. »Die Feuerländer Fupina's,« sagt er, »rangiren unter die niedrigsten Barbaren; aber ich war fortwährend von Staunen ergriffen, wie sehr die drei Eingebornen an Bord Ihrer Majestät Schiff »Beagle«, die einige Jahre in England gelebt hatten und ein wenig englisch sprechen konnten, uns in Anlagen und in den meisten unserer geistigen Fähigkeiten ähnlich waren[4].« Allerdings ist der gedachte Unterschied »enorm«, und es muß daher nothwendig die Frage entstehen, ob denn die »enorme« Kluft, | die zwischen Mensch und Thier in der gedachten Richtung sich aufthut, möglicher Weise überbrückt werden könne. Die Psychologie verneint das entschieden und stellt hiefür eine Wolke von Beweisen in's Feld. Darwin könnte sich also mit seiner Entwickelungstheorie der Psychologie gegenüber nur unter der Bedingung halten und den Sieg über selbe erringen, wenn es ihm gelänge, durch schlagende Beweise nachzuweisen, daß die Geisteskräfte des Menschen *nur* als eine höhere Entwickelung der »Geisteskräfte« der Thiere betrachtet werden können. Wirklich macht

[4] Ebd. Bd. I. S. 34.

Darwin diesen Versuch und fordert uns dadurch heraus, die Beweise, die er in Bezug auf die einzelnen Geisteskräfte beibringt, und die Art und Weise, wie er deren Genesis aus seiner Entwickelungstheorie erklären will, vom psychologischen Standpunkte aus zu prüfen. Diese Prüfung wird es zur Evidenz herausstellen, wie sehr wir recht haben, wenn wir behaupten, daß der Zusammenstoß des Darwin'schen Systems mit der Psychologie den völligen Untergang desselben unvermeidlich macht.

»Es ist behauptet worden,« sagt Darwin, »daß der Mensch allein einer fortschreitenden Entwickelung (in geistiger Beziehung) fähig ist; daß er allein Gebrauch von Werkzeugen oder Feuer macht; andere Thiere zähmt; Eigenthum besitzt oder eine Sprache anwendet; daß kein Thier sich selbst bewußt ist, sich selbst begreift, die Kraft der Abstraction hat oder allgemeine Ideen besitzt; daß der Mensch allein einen Schönheitssinn hat, 6
der Laune unterworfen ist, das Gefühl der Dankbarkeit, des Geheimnisses u. s. w. hat; an Gott glaubt oder mit einem Gewissen begabt ist[5].« Allein das ist ganz unrichtig. Denn:

Was vorerst die *Entwickelungsfähigkeit* betrifft, so findet sich solche auch bei den Thieren. Die Erfahrung lehrt z. B., daß junge Thiere leichter gefangen werden können, als alte, ja daß es unmöglich ist, viele von solchen alten | Thieren in derselben Art Falle oder an derselben Stelle zu fangen, oder sie durch dieselbe Art Gift zu verderben. Sie haben also im Laufe ihres Lebens Vorsicht gelernt. Unsere zahmen Hunde ferner sind in gewissen moralischen Eigenschaften vorgeschritten, wie in der Zuneigung, Treue, Gemüth und wahrscheinlich auch in allgemeiner Intelligenz. Die gewöhnliche Ratte endlich hat verschiedene andere Arten von Ratten besiegt und vernichtet. Dies muß unstreitig ihrer überlegenen Erfahrenheit zugeschrieben werden, welche Eigenschaft sie wohl der gewohnheitsmäßigen Uebung all' ihrer Fähigkeiten ver-

[5] Ebd. Bd. I. S. 49.

dankt, um das Ausgerottetwerden durch die Menschen zu vermeiden[6].

Was ist nun hierauf zu sagen? Es mag ganz wahr sein, daß der Instinkt der Selbsterhaltung bei Vögeln, Ratten und anderen Thieren im Laufe ihres Lebens mehr oder weniger scharf wird, je nachdem er mehr oder weniger ausgeübt wird, aber läßt sich diese Ausbildung oder Schärfung des Instinktes auch nur im Entferntesten vergleichen mit der Vervollkommnungsfähigkeit des Menschen? Der Mensch vervollkommnet sich nach Intelligenz und Wille, und diese Vervollkommnungsfähigkeit ist bei ihm eine ganz unbegrenzte, indem er stets fortzuschreiten vermag an Erkenntniß und sittlicher Kraft. Und was vom einzelnen Menschen gilt, das gilt auch vom ganzen Menschengeschlechte, da auch dieses, wie die Geschichte lehrt, einer unbegrenzt fortschreitenden Vervollkommnung in geistiger Beziehung fähig ist. Findet sich von einer solchen unbegrenzten Vervollkommnungsfähigkeit in den Thieren auch nur eine Spur? Wenn Darwin das Beispiel des zahmen Hundes anzieht, so hütet er sich wohl zu *beweisen*, daß der Hund der Jetztzeit in den angeführten »moralischen« Eigenschaften dem Hunde vor tausend Jahren voraus ist. Es ist ja überhaupt unmöglich, zu beweisen, daß irgend ein Thier, von den Accidien bis hinauf zum | Affen, fortgeschritten sei, wenn es nicht etwa diejenigen sind, die durch die Geschicklichkeit und Sorgfalt des Menschen selbst zu einer höheren Entfaltung ihres Instinktes gebracht worden oder in anderer Weise mit dem Menschen in Berührung gekommen sind.

»Es ist oft gesagt worden,« fährt Darwin fort, »daß kein Thier ein *Werkzeug* gebraucht. Aber der Chimpanse knackt im Naturzustande eine Frucht, ähnlich wie eine Wallnuß, mit einem Steine auf. Die anthropomorphen Affen ferner bauten, wahrscheinlich durch Instinkt geleitet, für sich temporäre flache Dächer; aber, wie viele Instinkte stark durch die Vernunft

[6] S. 49. 55.

controlirt werden, mochten die einfacheren, wie die des Erbauens eines flachen Daches, leicht zu einer willkürlichen und bewußten Handlung werden. Vom Orang endlich ist bekannt, daß er sich des Nachts mit den Blättern der Pandanus zudeckt; und Boehm führt an, daß einer dieser Paviane sich gegen die Sonnenhitze zu schützen pflegte durch das Bedecken des Kopfes mit einer Strohmatte. In diesen letzteren Gewohnheiten erblicken wir wahrscheinlich die ersten Schritte zu einigen der einfacheren Künste, namentlich roher Baukunst und Kleidung, wie sie unter den frühen Vorfahren des Menschen entstanden[7].«

Aus diesen angeblichen Thatsachen soll sich also nach Darwin's Ansicht ergeben, daß die *Kunstthätigkeit* keineswegs, wie man gewöhnlich annimmt, ein ausschließlicher Vorzug des Menschen sei, den er mit dem Thiere nicht theilt, daß vielmehr die menschliche Kunstthätigkeit bereits in den Thieren sich vorfinde und im Menschen nur in höherer Entwickelung vorhanden sei. Aber es ist in Wahrheit kaum begreiflich, wie man aus den gegebenen Prämissen diesen Schluß ziehen kann. Die menschliche Kunstthätigkeit ist durch Vernunft und vernünftige Ueberlegung geleitet; der Mensch producirt die Werke seiner Kunst mit Bewußtsein, zu einem | bewußten Zwecke und nach einem bewußten Plane; der Mensch besitzt die ihm eigenthümlichen Kunstfertigkeiten nicht instinktiv, sondern muß sie erlernen; die menschliche Kunst ist bei den einzelnen Menschen sowohl, als auch bei dem gesammten Menschengeschlechte vervollkommnungsfähig, und zwar in's Unbegrenzte; die menschliche Kunstthätigkeit erstreckt sich endlich auf Kunstproducte der verschiedensten Art und beschränkt sich nicht blos auf die durch das Gesetz der Zweckmäßigkeit allein geleitete und beherrschte mechanische Kunst, sondern tritt in der schönen Kunst auch in das Gebiet des Idealen ein. Findet sich in den sog. Kunstfertigkeiten der Thiere hievon auch

[7] S 53.

nur eine Spur? Die thierischen Kunstfertigkeiten reichen nie und nirgends über das blos Instinktive hinaus; daher braucht sie das Thier für's Erste nicht zu erlernen und für's Zweite sind sie immer nur auf einen bestimmten, engen Kreis von Wirkungen oder Producten beschränkt – der Vogel kann nur sein Nest, die Biene nur ihre Waben bauen – und entbehren aller und jeder Vervollkommnungsfähigkeit – die Bienen haben von jeher ihre Waben nicht anders gebaut, als wie sie dieselben jetzt bauen, und keine bringt es dazu, dieselben besser zu bauen, als die andere. Daß das Idealschöne nie und nirgends in den Bereich der thierischen Kunstfertigkeiten eintritt, ist ohnedies klar. Und Angesichts dessen will man noch glauben machen, daß die *menschliche* Kunstthätigkeit bereits in den Thieren stecke, in denselben präformirt sei? Was hilft es, darauf hinzuweisen, daß der Chimpanse Wallnüsse mit einem Steine aufmacht? Wenn der Chimpanse dies thut, so hat er es zweifellos Tausende von Jahren so gemacht. Wie kommt es doch, daß er während jener ganzen Zeit es nicht gelernt hat, ein Werkzeug zum Aufbrechen der Nüsse zu verfertigen, ja daß nicht einmal der Mensch ihn solches lehren kann! Wenn es ferner Affen gibt, die für sich temporär flache Dächer bauen, so gibt ja Darwin selber zu, daß sie solches wenigstens anfänglich blos instinktmäßig thun; wenn er aber | hinzufügt, daß diese instinkte Handlung leicht allmälig zu einer willkürlichen und bewußten werden konnte, so ist es ein unverzeihlicher Leichtsinn, wissenschaftlich mit solchen angenommenen Möglichkeiten zu operiren, wo man zu deren Begründung nicht eine einzige Thatsache aufbringen kann. Da könnte ja auch der Instinkt des Vogels beim Nestbau oder der Instinkt des Maulwurfs beim Boden-Aufwühlen zu einer willkürlichen und bewußten Handlung werden! Was sind doch das für elende, unwissenschaftliche Spielereien! Bedecken sich endlich Paviane gegen die Sonnenhitze mit Strohmatten, so ist dagegen zu erinnern, daß das Vieh gleichfalls den Schatten der Bäume als Schutz gegen die Sonnenhitze sucht. Wer wird darin mehr als Aeußerungen des Thierinstinktes finden können! Als »ersten Schritt zur Baukunst« könnten wir das Verfahren des Pavians nur dann ansehen, wenn er die Strohmatte selbst zu dem Zwecke machen würde, um sich gegen die Hitze zu schützen. Das aber wird der Pavian wohl bleiben lassen. – Warum endlich spricht Darwin gar nichts vom Gebrauche des Feuers? Er selbst sagt, daß man gewöhnlich dem Menschen allein den Gebrauch des Feuers zuschreibe; wir sollten erwarten, daß er auch gegen diese angebliche Prärogative des Menschen seine Instanzen aus der Thierwelt beibringen werde. Er thut es aber nicht; er schweigt hievon gänzlich; jedenfalls, weil er außer Stande ist, vom Gebrauche des Feuers in der Thierwelt auch nur die leiseste Spur aufzufinden. Und doch wäre diese Instanz eine der wichtigsten für seine Hypothese gewesen! |

III.

Gehen wir auf den nächsten Punkt über! Es ist die *Sprache*. »Es ist nicht die bloße Kraft der Articulation,« sagt Darwin, »die den Menschen von anderen Thieren unterscheidet; denn, wie Jedermann weiß, können auch Papageien sprechen; sondern es ist die große Kraft, bestimmte Töne mit bestimmten Ideen zu verbinden, die der Mensch vor dem Thiere voraus hat. Nichtsdestoweniger aber ist diese Sprache kein den Menschen von dem Thiere *wesentlich* unterscheidendes Merkmal; sie ist vielmehr gleichfalls schon in den Thieren präformirt, und es bedurfte nur der höheren Entwickelung der Thiernatur zur menschlichen, um sie entstehen zu machen. Da nämlich Affen im Naturzustande zu ihren Gefährten Signal-, Gefahr-Schreie äußern, so erscheint es überhaupt nicht unglaublich, daß ein ungewöhnlich kluges affenähnliches Thier gedacht haben sollte, das Knurren eines Raubthieres nachzuahmen, um so seinen Affengefährten die Natur der erwarteten Gefahr anzuzeigen.

Und dies würde ein erster Schritt zur Sprachenbildung gewesen sein[8].« Wurde dann die Stimme mehr und mehr gebraucht, so mußten die Stimmorgane mehr und mehr gestärkt und vervollkommnet werden nach dem Princip der angeerbten Gebrauchswirkungen: und dieses mußte wiederum auf die Kraft | der Sprache zurückwirken. Die Entwickelung der Sprache mußte dann nothwendig auch die weitere Entwickelung der Geisteskraft zur Folge haben, so daß also das eine von dem anderen unterstützt wurde.

Sehen wir uns diese Ausführungen näher an! Es kann keinen Augenblick zweifelhaft sein, daß die menschliche Sprache von dem, was man in einem gewissen analogen Sinne als »Thiersprache« bezeichnen kann, wesentlich verschieden ist. Die sog. »Thiersprache« besteht für's Erste aus lauter unartikulirten Naturlauten, und für's Zweite drücken diese Naturlaute lauter Empfindungen und instinktive Strebungen aus. Die menschliche Sprache dagegen ist einerseits wesentlich eine artikulirte, die in einem wohlgeordneten System von Vokalen und Consonanten sich bewegt, und andererseits ist sie wesentlich Trägerin des Gedankens; denn ein Wort ohne Gedanke, der seinen Inhalt bildet, ist in keiner Sprache zu finden. Und diese Sprache, die das wesentliche Correlat des Denkens und ohne dasselbe gar nicht möglich ist, sollte in der von Darwin angegebenen Weise entstanden sein! Man nimmt an, daß einmal ein ungewöhnlich kluges affenähnliches Thier existirt habe, dessen Existenz man aber in keiner Weise beweisen kann, nimmt ferner an, daß dasselbe das Knurren eines Raubthieres nachgeahmt habe, was man wieder nicht beweisen kann, und nimmt endlich an, daß in der Nachahmung dieses Knurrens der Ursprung der menschlichen Sprache zu finden sei, was man erst recht nicht beweisen kann. Und dann ist die Sache abgethan; der Ursprung der menschlichen Sprache ist erklärt, und damit zugleich ein neuer Beweis zu den übrigen hinzuge-

[8] S. 57.

bracht, daß der Mensch vom Affen abstamme. Ja, wenn es gestattet ist, in *solcher* Weise zu argumentiren, dann kann man *Alles* beweisen, auch das Absurdeste. Was nützt es da, darauf hinzuweisen, daß Klangnachahmungen und interjectionale Naturlaute, aus welchen dieser Hypothese gemäß die Sprache sich herausgebildet haben soll, für die Sprache selbst ganz unfruchtbar sind, während | doch nach der gedachten Ansicht die Wurzelwörter jeder Sprache sich auf jene Klangnachahmungen oder Interjectionslaute zurückführen lassen müßten! Der ungewöhnlich kluge Affe hat einmal mit seinem Nachahmen des Knurrens gewisser Raubthiere der menschlichen Sprache ihren Ursprung gegeben – dabei bleibt es, und wer das nicht »zuversichtlich glaubt,« der steht nicht auf der Höhe »moderner« Wissenschaft.

Weiter! Zu den angeblich unterscheidenden Merkmalen des Menschen vom Thiere gehören ferner (wie Darwin sich ausdrückt) »*Selbstbewußtsein, Individualität, Abstraction, allgemeine Ideen, Schönheitssinn.*« Es würde nutzlos sein, meint Darwin, diese hohen Fähigkeiten zu discutiren, da kaum zwei Auctoren in deren Definitionen übereinstimmen. Aber wenn auch allerdings Niemand voraussetzt, daß eines der niederen Thiere darüber nachdenkt, woher es kommt oder wohin es geht, was Tod oder Leben ist u. s. w., so können wir doch nicht sicher sein, ob denn z. B. ein alter Hund mit einem ausgezeichneten Gedächtnisse und einiger Einbildungskraft, wie seine Träume zeigen, nie über seine vergangenen Jagdvergnügungen nachdenkt. Und das würde eine Form des Selbstbewußtseins sein. Daß fromme Thiere ihre »geistige Individualität« bewahren, ist außer Frage. Wenn meine Stimme in dem Geiste meines Hundes, wie ich die Erfahrung machte, einen Zug alter Verbindungen erweckt, so mußte er seine »geistige Individualität« bewahrt haben, obgleich jedes Atom seines Gehirns mehr denn einmal während eines Zwischenraumes von fünf Jahren eine Veränderung erfahren hat. Wenn wir endlich männliche Vögel erblicken, die sorgsam ihre Federn und glänzenden Farben vor den weiblichen zur Schau stellen, während andere Vögel, nicht so geschmückt, keine solche Schaustellung machen, dann ist es unmöglich, zu bezweifeln, daß die weiblichen die Schönheit ihrer männlichen Gefährten bewundern und daher einen Schönheitssinn haben[9]. |

Unstreitig stehen wir hier bei dem Cardinalpunkte, auf den es zumeist ankommt, wenn es sich darum handelt, ob der Mensch wesentlich vom Thiere verschieden sei oder aber vom Affen abstamme. Es ist die Vernunft, als Denkvermögen gefaßt, die hier in die Erörterung hereintritt. Denn das Selbstbewußtsein, die Abstractionskraft, das Vermögen, allgemeine Ideen zu bilden, das Bewußtsein der persönlichen Identität, der »Schönheitssinn,« – das sind lauter Dinge, die im Menschen durch die Vernunft, durch das Denkvermögen bedingt sind und daraus erfolgen. Läßt es sich beweisen, daß das Thier gleichfalls Vernunft, Denkvermögen hat, in dem Sinne, daß es zum Selbstbewußtsein durchzudringen, zu abstrahiren, allgemeine Ideen zu bilden u. s. w. vermag, dann ist für die Darwin'sche Theorie, wenn auch noch nicht Alles, doch sehr viel gewonnen. Läßt es sich aber nicht beweisen, dann ist die Darwin'sche Theorie verloren. Und es läßt sich *nicht* beweisen; vielmehr muß eine vernünftige Erwägung der Frage nothwendig zum Gegentheil führen. Die Denkkraft ist nämlich im Menschen wesentlich auf das Uebersinnliche gerichtet; durch das Denken dringt der Mensch vor zu den *Ursachen* der Dinge, zu dem causalen und finalen Zusammenhange, in welchem sie zu einander stehen, durch das Denken *abstrahirt* er und bildet er allgemeine Begriffe, die in der unmittelbaren Erfahrung keineswegs vorliegen, sondern übersinnlicher Natur sind, durch das Denken *urtheilt* der Mensch über das, was seiner Erkenntniß entgegentritt, und *erschließt* aus einer Wahrheit andere Wahrheiten, die seiner unmittelbaren Wahrnehmung sich entziehen, und all' dies nach bestimmten unabänderlichen und ewigen Geset-

[9] S. 52. 63.

zen. Nun aber findet sich von all' dem in der Thierwelt keine Spur. Darwin selbst muß dies zugestehen, da er auch nicht den leisesten Versuch macht, in Thieren diese Denkoperationen nachzuweisen. Es ist das auch sehr erklärlich; denn um zur Erkenntniß des Uebersinnlichen, des Idealen befähigt zu sein, dazu gehört ein geistiges Princip, und | das findet sich im Thiere nicht. Ferner ist der Mensch durch die Denkkraft befähigt, in sich selbst hineinzusehen, sich selbst für sein Denken gegenständlich zu machen und das Selbstbewußtsein, sowie das Bewußtsein seiner persönlichen Identität zu gewinnen. Auch diese Erscheinung kommt in der Thierwelt nirgends vor. Dafür haben wir gleichfalls das eigene Geständniß Darwins, indem er ausdrücklich zugibt, daß keines der niederen Thiere darüber nachdenkt, woher es kommt und wohin es geht, was Tod oder Leben ist. Er kann sich nur wieder in Vermuthungen ergehen. »Wir können nicht sicher sein,« meint er, »ob ein alter Hund nicht über seine Jagdvergnügungen nachdenkt.« Was soll aber das? Der Jägersmann allerdings ist sich selbst bewußt, wenn er sich der Jagdgeschichten erinnert, und des Theiles, den er daran genommen, und discutirt sie mit seinen Freunden; aber kann Darwin sich selbst einen Jagdhund denken, der sich auch nur der Umstände einer Jagd vom Tage vorher erinnert und sich darüber mit seinen Hundegefährten unterhält? Hat er je eine Hundemeute gesehen, die zusammen über die Ereignisse der Jagd, wenn sie vorüber ist, conferiren, daß jeder sich bewußt zeigt, durch den Ton, in dem er bellt, des Theiles, den er daran genommen? – Und wenn Darwin von der »geistigen Individualität« seines Hundes spricht, so ist es allerdings richtig, daß der Hund nach fünf Jahren noch derselbe Hund ist, wie vor dieser Zeit; aber wie wird es Darwin gelingen, nachzuweisen, daß er das Bewußtsein dieser seiner Identität habe, daß er den bewußten Gedanken habe: Ich bin noch derselbe, der ich vor fünf Jahren war. – Und was endlich den Schönheitssinn betrifft, so mag man einigen Thieren einen solchen zuschreiben; aber dann ist derselbe nur ein begränzter und beschränkter *Instinkt*, der von Zeitalter zu Zeitalter derselbe bleibt, also nicht vervollkommnungsfähig ist und zudem nur innerhalb einer sehr beschränkten Ordnung wirkt und über dieselbe nicht hinausgeht, wie z. B. der Vogel nur sich selbst oder andere seiner Art »bewundert«. | Aber läßt sich dieser thierische nur im entferntesten mit dem menschlichen Schönheitssinn vergleichen, der das Schöne in allen Gebieten der Natur und des Lebens erfaßt, und nicht blos beim sinnlichen Schönen stehen bleibt, sondern auch in das Gebiet des Idealschönen sich erhebt und gerade hier seine eigentliche Heimath findet? Nein, es ist unmöglich, die höheren geistigen Fähigkeiten des Menschen an Thieren aufzuspüren; es fehlt diesen auch der leiseste Anklang an dieselben. Und es ist auch nicht anders möglich, da, wie schon gesagt, jene höheren geistigen Kräfte des Menschen ein geistiges Princip in ihm voraussetzen, das dem Thiere fehlt. Das Thier lebt ein rein animalisches, sensitives, kein geistiges Leben. Es besitzt sinnliches Empfindungsvermögen, sinnlichen, instinktiven Trieb, willkürliche Bewegungskraft, – weiter Nichts. In den höheren Thieren ist das sensitive Leben mehr entwickelt, als in den niederen, sie sind nicht auf die augenblicklichen sinnlichen Eindrücke beschränkt, sondern haben auch eine Art Imagination, Gedächtniß, ja sogar eine Art Combinationsvermögen, – von den Alten vis aestimativa genannt – vermöge dessen sie dasjenige, was ihnen nützlich oder freundlich ist, von dem, was ihnen schädlich oder feindlich entgegensteht, unterscheiden. Ebenso treten concupiscible und irascible Bewegungen bei denselben hervor. Weiter aber reicht das Gebiet ihres physischen Lebens nicht. Alle Versuche, ihnen Vernunft, »geistige Kräfte« beizulegen, und damit den wesentlichen Unterschied derselben von dem Menschen zu verwischen, um die Abstammung des letzteren von den ersteren zu ermöglichen, scheitern an offenkundigen und unwiderlegbaren Thatsachen und ist man genöthigt, diesen Thatsachen gegenüber mit den lächerlichsten Vermuthungen sich zu behelfen.

Eine weitere Instanz für die angebliche wesentliche Verschiedenheit des Menschen vom Thiere, fährt Darwin fort, ist der *Glaube an Gott*, die *Religion*. Aber auch diese Instanz ist von keinem Belange. »Es gibt keinen Beweis | dafür, daß der Mensch von Anfang an mit dem veredelnden Glauben an die Existenz eines allmächtigen Gottes begabt war. Im Gegentheil, es sind genügende Zeugnisse, nicht von flüchtigen Reisenden, sondern von Männern, die lange unter Wilden gewohnt haben, beigebracht worden, daß zahllose Raçen existirt haben und noch existiren, die keine Idee von einem oder mehreren Göttern haben und in ihren Sprachen keine Worte besitzen, um eine solche Idee auszudrücken. Der Glaube an Gott muß also erst mit der Herausbildung des Menschen aus der Wildheit entstanden sein. Die Art und Weise, wie er entstand, läßt sich leicht aufweisen. Es ist nämlich wahrscheinlich, daß Träume zuerst den Begriff von Geistern haben entstehen lassen; denn Wilde unterscheiden nicht leicht zwischen subjectiven und objectiven Eindrücken. Wenn ein Wilder träumt, glaubt er, daß die Figuren, die vor ihm erscheinen, aus der Ferne kommen und über ihm stehen, oder die Seele geht auf Reisen aus und kommt mit einer Erinnerung von dem, was sie gesehen, nach Hause zurück. Der Glaube an solche geistige Triebkräfte konnte dann leicht in den Glauben an die Existenz eines oder mehrerer Götter übergehen, sobald die Fähigkeiten der Einbildung, der Neugier, der Vernunft u. s. w. in dem Wilden sich weiter entwickelten. Das Gefühl der religiösen Verehrung ist allerdings ein höchst zusammengesetztes, indem es aus Liebe, vollständiger Unterwerfung unter einen erhabenen und geheimnißvollen Höheren, einem starken Sinne der Abhängigkeit, Furcht, Ehrfurcht, Dankbarkeit, Hoffnung für die Zukunft und vielleicht noch anderen Elementen besteht. Daher konnte kein Wesen eine so complicirte Erregung erfahren, bis es in seinen geistigen und moralischen Fähigkeiten wenigstens bis zu einem mäßig hohen Niveau vorgeschritten war. Nichtsdestoweniger sehen wir eine bestimmte Annäherung zu diesem Gemüthszustande in der tiefen Liebe eines Hundes zu seinem Herrn, begleitet von vollständiger Unterwerfung, etwas Furcht und vielleicht anderen Gefühlen. Professor Braubach | geht so weit, zu behaupten, daß ein Hund seinen Herrn wie einen Gott ansieht[10].«

Da haben wir's also! Der Glaube an Gott ist aus Träumen wilder Menschen entstanden! Andere Vertreter des Materialismus nehmen an, der Glaube an ein göttliches Wesen habe seinen Grund in der Unwissenheit des Volkes, insofern nämlich die gewöhnlichen Menschen die natürlichen Ursachen der ihnen vor Augen tretenden Naturerscheinungen nicht kannten und sich daher eine über der Natur stehende Ursache fingirten, die sie Gott nannten; wieder andere glaubten den Grund des Gottglaubens zu finden in der Furcht, insofern nämlich die Menschen, indem sie sich furchtbaren Naturereignissen ausgesetzt sahen, gegen die sie sich nicht zu schützen vermochten, aus Furcht vor denselben zu dem Glauben kamen, daß ein höheres Wesen diese Ereignisse über sie verhänge, um sie zu strafen oder ihnen seinen Unwillen kundzugeben, welches höhere Wesen sie einen Gott nannten; wieder andere führten den Glauben an Gott auf die Hoffnung der Menschen zurück, von einem höheren Wesen einmal Compensation für die Leiden zu erhalten, denen sie hienieden unterlagen und die sie nicht verschuldet zu haben glaubten u. s. w. Diesen Erfindungen liegt doch noch wenigstens ein Gedanke zu Grunde; hier aber ist der Ursprung des Gottesglaubens gar in Träumen zu suchen; der Gottglaube ist daher selbst ein Traum! Merkwürdig ist es nur, daß die Thiere, die doch auch mitunter Träume haben, wie z. B. der Hund, nicht gleichfalls aus diesen Träumen einen Gottglauben herausspintisiren! Die größte Idee, deren der Mensch überhaupt fähig ist, die Idee Gottes, des Schöpfers Himmels und der Erde, des absolut Gerechten, der das Gute belohnt und das Böse bestraft, sollte aus einem Traume, aus dem Traume ei-

10 S. 65 ff.

nes wilden Menschen entstanden sein! Und das wird behauptet, ohne auch nur den Schatten eines Beweises | dafür zu führen! – Doch sehen wir uns die Sache näher an! Es ist wahrscheinlich, heißt es, daß Träume zuerst den Begriff von Geistern haben entstehen lassen. Aber wie ist das möglich! Geister sind unsichtbare Wesen; die Traumgebilde aber, die dem Menschen im Schlafe vorschweben, sind stets sinnlicher Natur, Gebilde der Einbildungskraft. Wie war es also dem Willen möglich, diese sinnlichen Traumgebilde auf einmal zu unsichtbaren Wesen zu transformiren! Er hätte ja zuerst schon den Begriff des Geistes haben müssen, um die gedachte Transformation bewerkstelligen zu können. Der Glaube an solche geistige Triebkräfte, heißt es weiter, konnte dann leicht in den Glauben an die Existenz eines oder mehrerer Götter übergehen. Wirklich? Wenn wir doch nur wüßten, wie das zuging! wie der Wilde mit den »Geistern«, die aus seinen Traumgesichtern aufstiegen, den Begriff eines Gottes verband, eines Gottes als des Herrn Himmels und der Erde, als des großen Vergelters, der »die Sünde haßt und die Gerechtigkeit liebt,« der das Gute belohnt und das Böse bestraft! Da liegt eine so große Kluft mitten inne, daß es ganz unmöglich wäre, sie zu überbrücken, selbst wenn wir uns den Menschen nicht als Wilden denken, sondern mit vollkommen entwickelten Geisteskräften. Nein, solche Erklärungen sind nichts Anderes, als verzweifelte Kunststücke, die gemacht werden, um eine Theorie zu retten, die nun einmal nicht zu retten ist. Die Gottesidee ist kein Traum; ihr Ursprung liegt – von der göttlichen Offenbarung abgesehen – in dem großen Princip der Causalität, auf welchem alle und jede Wissenschaft beruht, insofern durch dieses Causalitätsprincip die menschliche Vernunft genöthigt ist, von den Geschöpfen auf den Schöpfer zu schließen. Jede andere Erklärung über den Ursprung des Gottglaubens geht an ihrer eigenen Absurdität zu Grunde. Wenn Darwin uns versichert, daß es »zahllose« Menschenraçen gegeben habe und noch gebe, welche gar keine Idee von einem oder von mehreren Göttern haben, so bleibt er hiefür einerseits den Beweis | schuldig, und andererseits würde diese Thatsache seiner Theorie durchaus nicht aushelfen, weil gar nicht abzusehen wäre, warum die einen Menschenraçen zum Gottglauben sich erhoben haben, die anderen dagegen nicht, da doch die einen wie die anderen nicht ohne alle Traumgesichte hätten schlafen können. Gibt es in Wirklichkeit solche Menschenraçen, in welchen gar keine Spur eines Gottglaubens sich findet, so kommt dies sicher nicht daher, daß dieselben erst unmittelbar aus dem thierischen Leben herausgetreten sind, sondern daher, daß sie in Folge von sittlicher und socialer Verwilderung den Gottglauben verloren haben. Anders wäre diese Thatsache gar nicht zu erklären; namentlich wäre in der Darwin'schen Theorie, wie schon angedeutet, dieselbe vollständig räthselhaft. Wenn aber Darwin sich gar auf den Hund beruft, und in der »Liebe und Anhänglichkeit« desselben an seinen Herrn eine »bestimmte Annäherung« an das religiöse Gefühl und Bewußtsein zu finden meint, wenn er gar der Professorenweisheit sich anschließt, daß der Hund seinen Herrn als einen Gott betrachte: so weiß man wahrlich nicht, was man zu der Erfindung einer solchen Hundereligion sagen solle. Nur dann hätte diese Behauptung einigen Sinn, wenn man beweisen könnte, daß der Hund irgend einen bestimmten Zweck habe, wenn er sich dem Menschen anschließt oder daß er wisse, was er thut. Aber kann Darwin ein solches Hundebewußtsein beweisen? Sicher nicht. Der Hund ist eben nichts anderes, als ein Thier, begabt mit Instinkten, die ihn dahin bringen, sich den Menschen anzuschließen. Er handelt aus instinktiven Antrieben, und denkt weder nach, noch zieht er Schlüsse über seine Ausführung. Fort also mit dieser Hundereligion! Habt ihr keine anderen Beweise für eure Theorie, so bleibt uns auch mit euren Hunden vom Leibe!

Es folgt endlich die *sittliche Anlage* des Menschen, der »*moralischen Sinn*«, wie sie Darwin nennt. Diese sittliche Anlage ist von jeher für eines der bedeutendsten und | hervorstechendsten Merkmale betrachtet worden, wodurch der Mensch sich vor dem Thiere unterscheidet. Aber auch in dieser Richtung ist Darwin anderer Ansicht. Er gibt zwar zu, daß von allen Unterschieden zwischen dem Menschen und den niederen Thieren der moralische Sinn oder das Gewissen der bei Weitem wichtigste sei, ist aber deßungeachtet der Meinung, daß die Thatsache des Gewissens die Abstammung des Menschen vom Thiere nicht hindern, weil das Gewissen sich gleichfalls aus dem Thierleben entwickeln könne: »Es scheint mir,« sagt er, »in hohem Grade wahrscheinlich, daß ein Thier, mit gut ausgebildeten socialen Instinkten begabt, unausbleiblich einen moralischen Sinn oder ein Gewissen erlangen würde, sobald seine intellectualen Kräfte sich so gut oder beinahe so gut wie beim Menschen entwickelt hätten.« Denn für's Erste müssen jene socialen Instinkte dazu führen, Vergnügen an der Gesellschaft seiner Gefährten zu finden, einen gewissen Betrag von Sympathie mit ihnen zu fühlen und ihnen verschiedene Dienste zu leisten. Das sind schon die ersten Anfänge der Sittlichkeit. Für's Zweite, sobald die Geisteskräfte dieses Thieres hoch genug entwickelt wären, würden die Bilder aller vergangenen Handlungen und Beweggründe unaufhörlich durch dessen Gehirn gehen, und müßte jenes Gefühl der Nichtbefriedigung, das aus einem unbefriedigten Instinkt resultirt, entstehen, so oft es sich herausstellen würde, daß der andauernde und stets gegenwärtige sociale Instinkt irgend einem anderen Instinkte nachgegeben hätte, der zur Zeit stärker gewesen. Das wären die ersten Anfänge der Gewissensunruhe, der Gewissensbisse. Für's Dritte, nachdem jenes Thier mit seinen Artsgefährten den Gebrauch der Sprache erlangt hätten, so daß nun die Wünsche der Mitglieder derselben Gemeinde bestimmt ausgedrückt werden konnten, würde die öffentliche Meinung, wie jedes Mitglied für das öffentliche Wohl zu handeln hätte, naturgemäß in großer Ausdehnung die Führerin zur Handlung werden. Damit wäre auch eine gewisse Norm der Sitt|lichkeit für jene Thiere gewonnen – die öffentliche Meinung. Zuletzt endlich würde die Gewohnheit eine sehr wichtige Rolle in der

Leitung des Benehmens eines jeden einzelnen Mitgliedes jener Thiergemeinde spielen: denn die socialen Instinkte und Antriebe, wie alle anderen Instinkte, würden durch Gewohnheit bedeutend gestärkt werden, sobald sie sich den Wünschen und dem Urtheile der Gemeinde gehorsam bezeigen würden. Damit wäre die Moralität dann völlig befestigt[11].

Das also soll die Genesis des moralischen Sinnes und des sittlichen Gewissens sein! In *solcher* Weise sollen aus unvernünftigen und unverantwortlichen Thieren vernünftige, nachdenkende und sittlich verantwortliche Menschen sich entwikkeln können und wirklich entwickelt haben! *Diese* Erklärung des Ursprungs der Moralität ist wo möglich ein noch verzweifelteres Kunststück, als die obige Erklärung der Genesis des Gottglaubens. In der That, was gehört denn in Wahrheit dazu, daß ein Wesen eine sittliche Anlage haben könne. Vor Allem ist dazu erforderlich die *Freiheit* des Willens. Ohne Freiheit des Willens läßt sich gar keine Moral denken, denn, wie Darwin selbst zugesteht, das Wesentliche des moralischen Sinnes ist das Bewußtsein der Pflicht. Aber wo keine Freiheit ist, wo ein Wesen seine Handlungen nicht ganz in seiner Gewalt hat, so daß es dieselben thun oder unterlassen kann, da kann von einer Pflicht, von einem sittlichen »Muß« gar nicht die Rede sein; der Pflichtbegriff ist auf ein unfreies Wesen schlechterdings nicht anwendbar. Ferner ist zur sittlichen Anlage erforderlich ein göttliches Gesetz, welches die Richtschnur und den Maßstab des Handelns bildet. Und dies Gesetz muß *über* demjenigen stehen, dessen Handeln dadurch normirt werden soll; es muß von einer höheren Auctorität, welcher er vermöge der sittlichen Ordnung unterworfen ist, ihm aufgelegt sein; sonst | wäre es außer Stande, ihm eine sittliche *Pflicht* aufzulegen, die er unweigerlich und unter jeder Bedingung zu erfüllen hätte. Ebenso muß dieses Gesetz von demjenigen, den es sittlich bindet, klar *erkannt* sein; denn was ich nicht erkenne, das kann ich

[11] S. 71 ff.

ja nicht üben; eine Norm, deren Inhalt mir unbekannt ist oder die ich nicht als mich verpflichtend erkenne, kann mir ja für mein Handeln kein Maßstab und kein Imperativ sein. Das also sind die wesentlichen Voraussetzungen der sittlichen Anlage, des moralischen Gewissens, und dieses moralische Gewissen selbst ist dann nichts Anderes, als die bewußte und überlegte Anwendung des sittlichen Gesetzes auf mein Handeln, das nach dem Maßstab des Gesetzes sich bestimmende Urtheil, daß eine fragliche Handlung sittlich gut oder sittlich bös und demgemäß sittlich erlaubt oder unerlaubt sei. Daran schließt sich dann die sittliche Verantwortlichkeit von selbst an; denn insofern ich für's Erste einen freien Willen und durch diesen mein Handeln in meiner Gewalt habe, und insofern ich für's Zweite durch Anwendung des erkannten Gesetzes auf mein Handeln weiß, daß eine Handlung gut oder bös sei, bin ich für die Handlung, für welche ich mich entscheide, in jedem Falle verantwortlich, und kann und muß mir dieselbe entweder zum Verdienste oder zur Schuld angerechnet werden.

Wo ist nun, so fragen wir, von allen diesen Erfordernissen der sittlichen Anlage und des sittlichen Gewissens in der oben dargelegten Darwin'schen Thiermoral auch nur eine Spur zu finden! Die Freiheit des Willens, ohne welche die Sittlichkeit ein Ding der Unmöglichkeit ist, wird von Darwin gar nicht berührt, gleich als brauchte man dieselbe gar nicht; von einem sittlichen Gesetze ist wiederum keine Rede, folglich auch von keiner Superiorität des Gesetzes über dem Menschen, von keiner Erkenntniß desselben, von keiner Anwendung desselben auf die Handlungen. Dafür werden wir abgespeist mit einem »Ueberwiegen der socialen Instinkte über die übrigen Antriebe«, worin die Moralität bestehen soll, gleich | als ob der Begriff einer instinktiven Moral nicht ein über alles Maß absurder Begriff wäre; der Unterschied zwischen sittlich gut und bös läuft darauf hinaus, ob die socialen Instinkte über die selbstsüchtigen Antriebe siegen oder umgekehrt, und wenn wir fragen, in welchen Fällen denn die socialen Instinkte über die übrigen Antriebe siegen sollen, damit ein Wesen in solchen Fällen sittlich handle, dann werden wir auf die öffentliche Meinung verwiesen, und zwar auf die öffentliche Meinung, wie sie in einer Thiergemeinde sich bilden soll! Hat man denn schon so etwas gehört? Eine solche Verkehrung aller sittlichen Begriffe, einzig zu dem Zwecke, um eine Hypothese zu halten, die von allen und jeden Beweisgründen verlassen ist, müssen jeden ruhig denkenden Geist in Entrüstung versetzen, wenn sie nicht so ungeheuer lächerlich wäre.

Und alles, was Darwin über die Entstehung des moralischen Sinnes in der Thierwelt sagt, ist wiederum nichts als leere Vermuthung, ohne das kleinste Titelchen von Beweis, um die Vermuthung zu unterstützen. Um seinen Vermuthungen einen positiven Rückhalt zu geben, müßte Darwin hinweisen können auf eine bestimmte Thierart, welche den gedachten Proceß der Moralbildung thatsächlich durchgemacht hat. Das kann aber Darwin nicht und thut es daher auch nicht. In der That, kein Affe irgend einer Art weist auch nur das geringste Zeichen eines Fortschrittes zur Moralität auf, wie ihn Darwin skizzirt hat. Sogar der Hund, der bei Darwin doch für so Vieles herhalten muß, versagt in diesem Punkte seine Dienste. Darwin würde ihm vergebens Vorlesungen über Gewissen und moralischen Sinn halten. Alles, was das arme unvernünftige Thier thun könnte, würde etwa sein, interessirt auszusehen und mit dem Schwanze zu wedeln, erfreut über die ihm geschenkte Aufmerksamkeit, und vielleicht sich wundern, was diese Aufmerksamkeit bedeuten solle; aber es würde sich keinen Schritt dem Besitze eines Gewissens oder moralischen Sinnes nähern. |

Doch wir sind noch nicht zu Ende. Mit der Moral, die nach Darwin in Folge der höheren Entwickelung der Thierwelt bis herauf zum Menschen allmälig sich gestalten soll, hat es, wenn wir Darwin glauben wollen, eine ganz eigenthümliche Bewandniß. Er »wünscht nämlich,« wie er sich ausdrückt, »nicht zu behaupten, daß irgend ein streng geselliges Thier, wenn seine Geistesfähigkeiten auch so thätig und hoch entwickelt werden sollten, wie beim Menschen, genau denselben moralischen Sinn, wie der Mensch, erlangen würde. In derselben Weise, wie verschiedene Thiere einen Schönheitssinn haben, obgleich sie ganz verschiedene Gegenstände bewundern, so mögen sie einen Sinn für Recht und Unrecht haben, der sie dahin führt, ganz verschiedenen Linien in Bezug auf ihr Benehmen zu folgen. Wenn z. B. um einen extremen Fall zu nehmen, die Menschen unter genau denselben Bedingungen zu Bienen erhoben wären, so würde kaum ein Zweifel darüber sein können, daß unsere unverheiratheten Frauen es für eine heilige Pflicht halten würden, ihre Brüder zu tödten, wie die Arbeitsbienen die Drohnen, und die Mütter darnach trachten würden, ihre fruchtbaren Töchter zu tödten, wie die Bienenkönigin ihre weiblichen Jungen, und Keiner würde dagegen Einspruch erheben. Nichtsdestoweniger würde die Biene oder irgend ein anderes geselliges Thier, in unserem angenommenen Falle, wie es mir scheint, ein Gefühl von Recht, Unrecht oder Gewissen erlangen. Denn der Antagonismus zwischen socialen und selbstsüchtigen Instinkten würde doch auch in ihr dasein, so daß oft ein Kampf darüber in ihr stattfinden würde, welchem Antriebe zu folgen sei, und Befriedigung oder Nichtbefriedigung würde sie gleichfalls fühlen, sobald vergangene Eindrükke bei dem unaufhörlichen Durchgange durch das Gehirn in Vergleich käme. In diesem Falle würde ein innerlicher Mahner dem Thiere sagen, daß es besser gewesen wäre, dem einen als dem anderen Antriebe gefolgt zu sein[12].« |

Nun, da hätten wir also eine Bienenmoral, ganz verschieden von der Menschenmoral, verbunden mit dem Beisatze, daß der Mensch, wenn er zur Biene entwickelt wäre, eine ganz andere, ja eine ganz entgegengesetzte Moral haben würde, als er gegenwärtig besitzt. Wie er jetzt ist, darf er seine Brüder und Schwestern nicht tödten, im angenommenen Falle aber wäre

[12] S. 73.

es seine heiligste Pflicht, sie zu tödten. Aber da könnte Darwin wohl noch andere mögliche Fälle annehmen. Er könnte annehmen, daß der Mensch unter genau denselben Bedingungen zu Krähen, Dohlen oder Staaren sich erhoben, oder zu Hunden, Pferden, Schafen oder Kaninchen, kurz zu allen den Thieren, von denen er als gesellig in ihren Gewohnheiten redet, und er könnte uns dann immer ein neues Moralsystem vorlegen, das aus jedem der gegebenen Fälle seinen Ursprung nimmt. So würden wir eine Krähen-, Kaninchen-, Pferde-, Hunde-, Schaf-Moral u. s. w. gewinnen, von denen die eine von der anderen verschieden ist, ja nicht selten dazu im Gegensatz sich befindet. Es wird wohl doch nicht nothwendig sein, auf solche barocke Einfälle weiter einzugehen. Wir wollen ihnen dasjenige zu Theil werden lassen, was sie verdienen – Heiterkeit.

Aber es ist noch eine andere Stelle in Darwin's Buche »über die Abstammung des Menschen«, die gleichfalls von dem Thema der Moral handelt, und die wir nicht mit Stillschweigen übergehen können. Auf S. 168, wo er von, »der Einwirkung der natürlichen Zuchtwahl auf civilisirte Nationen« spricht, sagt er: »Bei Wilden ist der an Körper oder Geist Schwache bald ausgestoßen, und diejenigen, die gewöhnlich überleben, legen einen kräftigen Gesundheitszustand an den Tag. Wir civilisirten Menschen auf der anderen Seite thun unser Möglichstes, den Ausstoßungsproceß zu verhindern; wir bauen Asyle für den Blödsinnigen, den Krüppel und den Kranken; wir richten Armengesetze ein, und unsere Mediciner strengen ihre äußerste Geschicklichkeit an, um das Leben eines Jeden bis zum letzten Augenblicke zu erhalten. | Es ist Grund zu glauben, daß das Impfen Tausende erhalten hat, die wegen ihrer schwachen Constitution früher den Blattern würden erlegen sein. So verbreiten die schwachen Mitglieder der civilisirten Gesellschaften ihre Art. Keiner, der sich mit dem Züchten der Hausthiere abgegeben hat, wird bezweifeln, daß dies der Menschenraçe höchst verderblich ist. Es ist überraschend, wie bald Mangel an Sorgfalt oder falsch geleitete Sorgfalt zur Degeneration der

Hausthiere führt; aber den Menschen ausgenommen ist kaum ein Thier so unwissend, um den schlechtesten es zu gestatten, sich zu vermehren. Aber freilich, wir können nun einmal unsere Sympathie nicht zurückhalten, wenn wir auch gleich durch die harte Vernunft zum Gegentheil gedrängt werden, ohne den edelsten Theil unserer Natur zu verschlechtern. Daher müssen wir nun einmal ohne Klagen die unzweifelhaft schlechte Wirkung tragen, daß der Schwache lebend bleibt und seine Art fortpflanzt.«

Fassen wir diese Ausführung wohl in's Auge! Vorher hat Darwin die ganze Moral auf die socialen Instinkte gegründet, insofern nur dasjenige Wesen moralisch sein und moralisch handeln soll, welches den socialen Instinkten im Gegensatz zu den übrigen in seiner Natur gelegenen Antrieben folgt, somit Sympathie mit seines Gleichen fühlt und ihnen die dieser Sympathie entsprechenden Dienste leistet. Nun aber sagt Darwin, daß wir durch unsere Sympathie mit den Schwächeren unseres Geschlechtes, durch das Bauen von Asylen für Blödsinnige, Krüppel und Kranke, durch Armengesetze, durch das Impfen – durch das Bemühen, auf diese Weise das Leben unserer Mitgeschöpfe zu verlängern, unserer Sorgfalt eine falsche Richtung geben und eine Degeneration der Menschenraçe veranlassen. Damit sind also alle unsere hilfsbedürftigen Mitmenschen, alle Schwachen und Kranken, alle unter irgend welchen Naturfehlern Leidende, außer die Moral gesetzt, d.h. gegen sie haben wir keine sittliche Verpflichtung; wir brauchen ihnen nicht zu helfen, | ja wir *dürfen* ihnen nicht einmal helfen, weil sie, falls ihnen geholfen würde, sich fortpflanzen und dadurch die Degeneration der Menschenraçe herbeiführen würden. Sie müssen geradezu ausgestoßen werden. Bei den Wilden geschieht solches und darum bleibt ihre Raçe stark und kräftig; die civilisirten Völker dagegen folgen in dieser Richtung der Vernunft nicht; sie hegen und pflegen vielmehr jene, die ausgestoßen werden sollten, und so muß nothwendig ihr Ruin verkümmern und degeneriren. *Das* also wäre das

Resultat des Ganzen! Ein moralisches Band soll nur bestehen zwischen den Starken, Kräftigen, Mächtigen; die Schwachen, Kranken, Hilfsbedürftigen sollen aus der menschlichen Gesellschaft ausgestoßen, ihrem Schicksale hilflos anheimgegeben werden; so fordert es das Gedeihen der Raçe. Furchtbarer Gedanke! Selbst Darwin scheint der Gedanke *zu* schreckliche zu sein; darum sucht er denselben durch ein angehängtes Correctiv zu mildern. Die Erhaltung der Kranken, Schwachen, Hilfsbedürftigen, meint er, gereicht allerdings zum Verderben der Menschenraçe, und sollten daher nach den Forderungen der Vernunft alle Sympathien mit denselben verbannt werden; aber – wir *können* nun einmal unsere Sympathien mit ihnen nicht zurückhalten, ohne den edelsten Theil unserer Natur zu verschlechtern, und so müssen wir denn, obgleich wir das dadurch bedingte Verderben unserer Raçe vor Augen sehen, doch bei denselben bleiben. Aber sind denn nach Darwin unsere Sympathien, unsere Gefühle, nicht durch den Proceß der natürlichen Zuchtwahl entstanden? Dafür also, daß wir Sympathien haben, die eine falsche Richtung nehmen und nach Degeneration der Raçe streben, falls sie Gegenständen zugewendet werden, die ihrer am meisten bedürfen, dafür ferner, daß wir jene Sympathien gerade in dieser Richtung nicht zurückhalten können, ohne den edelsten Theil unserer Natur zu verschlechtern, dafür sind nicht wir, sondern die natürliche Zuchtwahl verantwortlich. So hat ja dann die natürliche Zuchtwahl selbst uns Menschen in ganz verkehrter | Weise gebildet! Statt uns eine solche Gemüthsconstitution zu geben, daß dadurch die Erhaltung und Vervollkommnung unserer Raçe gesichert und gefördert würde, hat sie uns vielmehr in eine solche Gemüthsconstitution hineingeführt, die zur Degeneration und zur Verschlechterung unserer Raçe tendirt. Die Bienen stoßen bekanntlich die kranken, schwachen, verstümmelten oder überhaupt nutzlose Bienen aus ihrem Bienenstocke aus und überlassen sie ihrem Schicksale; warum hat die natürliche Zuchtwahl uns nicht gleichfalls zu Bienen gemacht oder uns wenigstens eine Gemüthsconstitution gegeben, die der der Biene ähnlich ist? Wenn die natürliche Zuchtwahl eine Art Gottheit ist, die nie schlummert noch schläft, die Alles prüft, stets aussucht, was im thierischen Leben nützlich und vortheilhaft ist u. s. w. – wie kommt es denn, daß sie gerade beim höchsten und vornehmsten Geschöpfe, das sie bildet, einen so ungeheuren Fehler gemacht hat, daß sie ihm Sympathien und diesen Sympathien eine Richtung gibt, die nothwendig zum Verderben der Raçe ausschlagen muß, ja ihn sogar in die Unmöglichkeit setzt, diese Sympathie zurückzuhalten? Und wie können jene Sympathien der »edelste Theil unserer Natur« sein, wenn sie nothwendig auf die Verschlechterung und Degeneration unserer Natur hintendiren? Wir sehen schon, dieses Correctiv, das Darwin seiner entsetzlichen und grausamen Lehre von der Ausstoßung der Schwachen, Kranken und Hilfsbedürftigen unseres Geschlechtes hinzufügt, um ihm die Spitze abzubrechen, hilft zu Nichts; es kann ihm den Stachel nicht nehmen, weil es selbst widersprechend ist und zum Ganzen des Systems schlechterdings *nicht* paßt. Es bleibt schon dabei, wir müssen uns mit jenem furchtbaren Gedanken der Ausstoßung schon vertraut machen. Der Darwinianer *muß* sein Herz verschließen gegen den Schrei des Unglücks, des Schmerzes, der Noth; er *darf* dem Kranken, er *darf* dem Schwachen nicht helfen; ihm muß es als selbstverständlich gelten, daß derselbe unter der Last des auf ihm liegenden Uebels untergeht. Die Er|haltung und das Wohl der Raçe fordert es so. Es ist ein unabweisbares Verhängniß. Dieses Verhängniß schreitet dahin gleich einem ehernen Wagen. Wen es zermalmt, den zermalmt es; es läßt sich nicht ändern. Im Alterthume wurden die Kinder, wenn sie schwach oder kränklich zur Welt kamen, nicht erhalten oder erzogen, sondern erbarmungslos ausgesetzt und dem Tode geweiht. Bei den Spartanern wurden sie in die Kluft des Taygetus geworfen. Der Darwinianer muß, wenn er consequent sein will, zu dieser Sitte wieder zurückkehren. Er muß das schwache, gebrechliche und kränkliche Kind aus den Armen der Mutter reißen und erbarmungslos sein junges Leben vernichten. Denn bleibt es lebend und wächst es in seiner Schwäche oder Kränklichkeit heran, dann pflanzt es seine Art fort und trägt damit bei zur Degeneration der Raçe. Er leistet also der Menschheit einen Dienst, wenn er sie gleich von Anfang an von einem Individuum befreit, das, würde es lebend bleiben und sich weiter entwickeln, für sie eine verderbliche Last werden würde. – Das ist die Darwin'sche Moral!

Wir stehen am Ende unserer Kritik des Darwin'schen Systems. Wir glauben zur Evidenz nachgewiesen zu haben, daß die Darwin'sche Hypothese einerseits aller und jeder wissenschaftlichen Begründung entbehrt, und andererseits mit den psychologischen und ethischen Thatsachen in einem so schreienden Widerspruche steht, daß alle Versuche, sie damit zu versöhnen, absolut nutzlos sind. Das ganze Gewebe dieser Hypothese bewegt sich in lauter Vermuthungen, die in dem Augenblicke ihren Krystallisationskern verlieren und sich in Nebel auflösen, wo man ihnen mit festem Blicke auf den Grund schaut und die Sonde der wissenschaftlichen Untersuchung an sie anlegt. Eine eigentlich wissenschaftliche Bedeutung hat also diese Hypothese nicht und wird sie auch nicht gewinnen, wenn auch alle deutschen Materialisten sich andächtig zu den Füßen des Engländers niederlassen und preisend und rühmend seine Weisheit einfangen. Aber es ist ein | grausiges Zeichen der Zeit, daß eine Hypothese, wie die Darwin'sche, so allgemeinen Anklang finden konnte und finden kann, wie sie ihn thatsächlich gefunden hat und findet. Um ihres wissenschaftlichen Gehaltes willen ist sie nicht das Kind der Zeit geworden; das ist gewiß; denn der ist dürftig und armselig genug, – wir haben es gesehen. Was der modernen Gesellschaft an dieser Hypothese so sehr gefällt, das ist ihre *Tendenz*. Die Darwin'sche Hypothese geht darauf aus, Gott den Schöpfer aus der Welt zu schaffen, jede transcendente religiöse und sittliche Ordnung zu beseitigen, den Menschen zu entgeistigen und ihn in aller und jeder Beziehung auf gleiche Linie mit dem

Thiere zu stellen. Das ist ihre Tendenz, und diese Tendenz ist es, welche der modernen Welt gefällt. *Darum* hat diese Lehre auf allen Kathedern unserer modernen Hochschulen freudige Aufnahme gefunden, *darum* wird sie in Zeitschriften und populären Volksschriften allgemein verbreitet, um sie auch dem Volke zugänglich zu machen: *darum* dringt sie von den Hochschulen bereits in die niederen Schulen herab, um die Menschen schon von Jugend auf allen höheren Ideen, aller höheren sittlichen und religiösen Ordnung zu entfremden und sie mit dem Gedanken zu befreunden, daß der Mensch nichts weiter als ein Thier sei, dem Wesen nach nicht besser und nicht schlechter als jedes andere Thier. Verthierung des Menschen, ja das ist die Tendenz dieser Lehre, und dieser eben gefällt unserer Zeit. Und eben deßhalb ist der Darwinismus, wie schon gesagt, auch ein Zeichen der Zeit, furchtbar und schrecklich. Ein Geschlecht, das alle idealen Güter des Lebens von sich wirft, das sich darin gefällt, in die Region der Thierheit hinabzusteigen und jubelnd nach einer Hypothese greift, die in ihm die Ueberzeugung von seiner Thierheit zu erzeugen und zu befestigen sucht, wenn sie auch wissenschaftlich noch so hohl, gehaltlos und unbegründet ist: – ein solches Geschlecht ist in schrecklichem Niedergange begriffen, dessen Ende der Abgrund des Verderbens ist. In der ganzen Geschichte ist der Mate|rialismus immer nur dann erst aufgetreten, wenn ein Volk im Niedergange begriffen war, und der Auflösung, dem Untergange sich näherte. Im vorigen Jahrhundert war es in Frankreich die Straße des Materialismus, auf welcher man der Revolution, der Auflösung aller gesellschaftlichen Ordnung zuschritt. Der Materialismus hatte sich in allen Schichten der französischen Gesellschaft festgesetzt; er zerfraß die sittlichen Bande, durch welche die menschliche Gesellschaft zusammengehalten wird, und nachdem er sie zerfressen, mußte die Gesellschaft unvermeidlich aus den Fugen gehen und zu einer ungeheuren Ruine zusammenstürzen. Das war die Revolution. Der Darwinismus leistet heutzutage wiederum dieselben Pionierdienste, und – gleiche Ursachen erzeugen gleiche Wirkungen. Möge Gott uns schützen! Aber eben deßhalb ist es für Jeden, dem die höchsten Güter des Lebens theuer sind, eine heilige Pflicht, der Verbreitung dieser unheilvollen Lehre mit aller Kraft entgegenzuwirken, und namentlich die Jugend vor den verderblichen Einflüssen derselben zu schützen. Die »moderne« Pädagogik hat bereits ganz in das Fahrwasser der Darwin'schen Lehre eingelenkt; die Schulen sind schon vielfach von derselben angesteckt und vergiftet; abgewendet kann daher das Aeußerste nur mehr werden durch eine tüchtige Familienerziehung. Es liegt namentlich an den Familienvätern, ihre Familien vor dieser geistigen Seuche zu bewahren, in denselben den christlichen Geist zu nähren, den höchsten, heiligsten Gütern des Lebens in der Familie ein Asyl zu eröffnen, und so das kommende Geschlecht, dem sie das Leben gegeben, vor der moralischen Verthierung mit allen ihren furchtbaren Folgen zu bewahren.

Und nun zum Schlusse nur noch Eine Bemerkung! Das Geheimniß des Lebens ist es, das uns der Darwinismus aufzuklären sucht. Die Entstehung des Lebens nach den verschiedenen Formen oder vielmehr Arten, in welchen es verwirklicht ist, will er uns klar machen. Wir haben gesehen, wie schlecht ihm das gelungen ist. Er wendet Alles auf, was | an naturhistorischen Kenntnissen zu Gebote steht, um seinen Zweck zu erreichen, und doch löst sich das ganze vielverschlungene System in lauter völlig unhaltbare und unbegründete Behauptungen und Vermuthungen auf. Wie groß, wie überwältigend groß steht dem gegenüber *das Christenthum* da! Da finden wir das Geheimniß des Lebens gelöst: *Es ist eine Schöpfung Gottes.* Gott hat durch sein allmächtiges Schöpferwort die tausend und tausendfältige Pflanzenwelt geschaffen; Gottes schöpferischer Wille hat der Thierwelt mit all' ihren unübersehbaren Arten und Gattungen das Dasein gegeben; und – was die Hauptsache ist: »Deus creavit hominem ad imaginem et similitudinem suam,« – Gott hat den Menschen geschaffen nach seinem Bilde, nach seinem Gleichnisse. Seinen Leib hat er aus der Erde gebildet; diesem Leibe hat er dann den Lebensodem eingehaucht, und so ist der Mensch geworden zur »Anima vivens,« zum lebenden, in und aus Gott lebenden Wesen. Damit, sage ich, ist das Räthsel des Lebens gelöst. Denn der Ursprung des Lebens kann nur erklärt werden aus göttlicher Schöpfung; insbesondere ist das Dasein des Menschen auf der Erde nur begreiflich dadurch; daß sein Dasein auf göttliche Schöpfung zurückgeführt wird. Jeder Versuch, ohne Gott und ohne göttliche Schöpfung das Leben, resp. das Dasein der lebenden Wesen und namentlich des Menschen auf der Erde zu erklären, ist nutzlos; er klärt das Problem nicht auf, er verdunkelt es nur. Wir müssen das Leben materialisiren, sagt ein deutscher Vertreter des Materialismus, sonst müssen wir einen Gott annehmen. Er hat Recht. Das Leben kann nur aus Gott sein. Darum ist jedes lebende Wesen, mag es auch in der Skala des Lebens noch so tief stehen, darum ist namentlich der Mensch mit geistigem Leben ausgestattet, für uns ein lebendiger Fingerzeig auf Gott, und ruft uns beständig zu: Es ist ein Gott, sonst wäre ich nicht! So steht denn auch hier, wie überall, das Christenthum als leuchtender Stern am Horizonte unseres Geistes. Es hat uns | die große Wahrheit verkündet von der Schöpfung des Lebens und der lebenden Wesen durch Gott, und so das Geheimniß des Lebens uns eröffnet. Mögen die Menschen die Augen vor diesem Lichte schließen; aber sie werden dann auch verzichten müssen auf die Erklärung des großen Problems des Lebens. Sie mögen Versuche hiezu machen, welche sie wollen, sie werden nicht gelingen. Die Probe davon haben wir beim Darwinismus gemacht. Der Schlüssel zu aller Wahrheit ist uns im Christenthum gegeben worden. Wer diesen Schlüssel wegwirft, gelangt nie in's Heiligthum derselben. Fundamentum aliud nemo potest ponere, praeter id, quod positum est – quod est Christus Jesus[13].

[13] I Cor. t. 3, 11.

Eduard von Hartmann

Wahrheit und Irrthum im Darwinismus*
(Auszug)

I. Der Darwinismus in der Gegenwart |

Der Darwinismus nimmt ohne Zweifel einen hervorragenden Platz in dem geistigen Interesse der Gegenwart ein; die Hauptwerke Darwins und Häckels sind in vielen Auflagen verbreitet, zahllose populäre Schriften bemühen sich, für die neue Lehre Propaganda zu machen, und die wissenschaftliche und populäre Polemik in Büchern und Journalen ist nachgerade zu einem unübersehbaren Umfang angeschwollen. Im Allgemeinen ist in den letzten acht Jahren ein reissender Fortschritt der anfangs nur allgemeinem Misstrauen begegnenden Anschauungsweise zu constatiren, und vielleicht hat nichts so sehr zum raschen Aufschwung des Darwinismus beigetragen, als der Eifer, mit welchem die Theologie aller Confessionen im Bunde mit der Professorenphilosophie denselben zu bekämpfen sich beeilte. Der auf meist unsachliche und unwissenschaftliche Gründe gestützten Gegnerschaft gegenüber entwickelte sich eine um so begeistertere Anhängerschaft, deren kühnste Heisssporne die von Darwin nur schüchtern angedeuteten oder gar geflissentlich verhüllten Consequenzen seiner Lehre zogen, wodurch natürlich die Gegner nur um so erbitterter wurden. Der Materialismus verfehlte | gleichfalls nicht, den Darwinismus für seine Tendenzen auszubeuten, und David Strauss legte durch die Art und Weise, wie er denselben dem Bekenntniss seines neuen Glaubens einverleibte, Zeugniss da-

* *Aus:* Wahrheit und Irrthum im Darwinismus. Eine kritische Darstellung der organischen Entwickelungstheorie von Eduard von Hartmann. Berlin Carl Duncker's Verlag (C. Heymons.) 1875, 1–25, 67–115, 148–177.

von ab, wie sehr die neue Anschauungsweise selbst in solchen Kreisen maassgebend geworden, die man durch philosophische Schulung vor materialistischer Gedankenlosigkeit hätte geschützt glauben sollen.

Unter den Naturforschern selbst brach sich unaufhaltsam die Einsicht Bahn, dass der bisherige Standpunkt unfähig sei, den neuen Theorien Widerstand zu leisten, und dass man sich die neuen Gesichtspunkte in irgend welcher Weise aneignen müsse; nur ältere Gelehrte, welche nicht mehr die zum Umlernen nöthige Elasticität des Geistes besassen, verschlossen sich gänzlich dem Einfluss des Darwinismus. Die besonnenen Elemente, welche das Wahre und das Unwahre an der neuen Lehre zu scheiden suchten, waren äusserst selten, und ihre Stimmen verhallten unter dem Lärm des Streites von enthusiastischen Jüngern und erbitterten Gegnern. Gerade die Fähigkeit, beides zu erwerben, darf aber als ein Kennzeichen dafür gelten, dass in einer Theorie relativ Wahres und Unwahres gemischt ist, dass bedeutende, fruchtbare und fascinirende Ideen mit einseitigen und insofern unrichtigen Ansichten verquickt sind.

Die Aufgabe des philosophischen Begreifens besteht nun darin, die Einseitigkeit als solche zu erkennen, und die Unwahrheiten zu eliminiren, welche daraus entspringen, dass eine Seite für das Ganze, dass eine relative Berechtigung für eine absolute angesehen, dass eine Geltung innerhalb gewisser Grenzen über diese Grenzen ausgedehnt und ein bis zu einem gewissen Punkte brauchbares Erklärungsprincip in seiner Tragweite überschätzt wird. Diese | Aufgabe hatte ich dem Darwinismus gegenüber bereits in der (Ende 1868 erschienenen) ersten Auflage meiner »Philosophie des Unbewussten« zu erfüllen gesucht, indem ich die Descendenztheorie als die unbedingt richtige und im Sturme die Geister für sich gewinnende Seite des Darwinismus darstellte und als integrirenden Bestandtheil in mein System mit aufnahm, während ich die Theorien der natürlichen und geschlechtlichen Zuchtwahl als überschätzte Erklärungsprincipien von eingeschränktem Geltungsbereich nachwies (1. Aufl. S. 493–494, 497–503, 223–225; 6. Aufl. S. 596, 602–610, 248–250). Der wichtigste, dem Botaniker Nägeli entlehnte Einwand war der, dass die natürliche Zuchtwahl nicht auf morphologische Structurverhältnisse, sondern nur auf die Anpassung morphologisch gegebener Organe zu bestimmten physiologischen Verrichtungen hinwirken könne, während doch die Unterschiede der Specien, deren Entstehung Darwin durch seine Selectionstheorie zu erklären beanspruche, wesentlich morphologischer Natur seien, und namentlich aller Fortschritt zu höheren Organisationsstufen auf einer Abänderung der morphologischen Structurverhältnisse beruhe. Seitdem hat nun Darwin selbst sich bewogen gefunden, die Stichhaltigkeit dieses Einwandes anzuerkennen, und einzuräumen, dass er der Wirkung der natürlichen Zuchtwahl *zu viel* zugeschrieben habe, weil dieselbe sich nur auf physiologisch nützliche, adaptive Charaktere, aber nicht auf die zahlreichen physiologisch indifferenten morphologischen Structurverhältnisse erstrecken könne (»Die Abstammung des Menschen,« deutsch von Carus, 2. Aufl. Bd. I. S. 132); er hat der Erkenntniss dieses »grössten Versehens« auch in der Revision der 5. englischen Ausgabe seines Hauptwerks Ausdruck gegeben | (vgl. die 5. deutsche Auflage S. 237–239), hat jedoch unterlassen, die Consequenz daraus zu ziehen, dass hiermit schon der Titel des letzteren: »Die Entstehung der Arten durch natürliche Zuchtwahl« hinfällig wird, weil eben die physiologisch indifferenten morphologischen Charaktere die wichtigsten und entscheidenden für den Typus der Species sind, also von einer Erklärung der Entstehung der Arten durch ein Princip, welches die Hauptsache unerklärt lässt, nicht füglich mehr die Rede sein kann. Diese einleuchtende Consequenz hat sich Darwin durch verstärkte Betonung auxiliärer Erklärungsprincipien verschleiert, welche indessen, wie wir sehen werden, zu einer Grundanschauung führen, die derjenigen, aus welcher das Selectionsprincip entsprang, entgegengesetzt ist.

Es geht hieraus wenigstens soviel hervor, dass die unter dem Namen »Darwinismus« zusammengefassten Hypothesen, Principien und Theorien dringend einer analytischen Klärung bedürfen, wenn die Verwirrung, welche in diesem Gebiete herrscht, nicht fortfahren soll, die hochwichtigen Probleme, um die es sich hierbei handelt, in einen für das gewöhnliche Verständnissvermögen des sogenannten gebildeten Publikums undurchdringlichen Nebel zu hüllen. Es ist die höchste Zeit, dass man aufhöre, den Darwinismus als ein einheitliches Ganze zu betrachten, und die siegreiche Evidenz der Descendenztheorie zu Gunsten eines Complexes von Theorien auszubeuten, welche sich nur in der gemeinsamen Tendenz berühren, die Summe äusserlicher zufälliger mechanischer Einwirkungen an die Stelle innerer planvoller organischer Entwickelung zu setzen. Die Descendenztheorie als solche verträgt sich gleich gut mit mechanischer und organischer, materialistischer, pantheistischer und theistischer Weltanschauung, | und diese Thatsache würde eine neue und festere Begründung derselben der unbefangenen Erwägung aller Kreise überlassen haben, wenn dieselbe nicht im Darwinismus mit der Selectionstheorie verschmolzen aufgetreten wäre. Nur gegen die mechanische Weltanschauung des Selectionsprincips, wenn dasselbe als allein ausreichendes Erklärungsprincip statt als nebensächlicher technischer Behelf des inneren Entwickelungsprocesses aufgefasst wird, richten sich alle Angriffe auf den Darwinismus, und nur irrthümlicher Weise treffen sie die durch Darwin glanzvoll erneuerte Descendenztheorie mit, weil die Gegner von den Darwinianern den Glauben an die untrennbare Einheit beider Theorien kritiklos annehmen, ohne ihre thatsächliche Heterogenität zu ahnen. Umgekehrt werden viele durch die einleuchtende Wahrheit der Descendenztheorie verführt, die Selectionstheorie und ihre mechanische Weltanschauung mit in den Kauf zu nehmen, weil sie diese disparaten Elemente des Darwinismus nicht auseinanderzuhalten vermögen. Die enragirten Vertreter des Darwinismus aber sträuben sich deshalb gegen die nothwendige Sonderung, weil sie die durchschlagende Gewalt der von ihnen vertheidigten Naturanschauung darin suchen, ein *fertiges Ganze* zu geben, worin keine klaffenden Erklärungslücken mehr bleiben, am wenigsten solche, welche keine Aussicht bieten, jemals eine andere als *metaphysische* Erklärung zuzulassen. Um ein scheinbar geschlossenes Ganze bieten zu können, das obenein dem oberflächlichen Zuge der Zeit nach mechanischer Anschauungsweise entgegenkommt, suchen sie die längst als unhaltbar nachgewiesene Prätension aufrecht zu erhalten, dass die Selectionstheorie in Verbindung mit auxiliären mechanischen Erklärungsprincipien im Stande sei, den | scheinbaren Entwickelungsprocess der organischen Natur auf der Erde erschöpfend zu erklären. Sie verläugnen damit die in den exacten Naturwissenschaften bisher gerühmte Selbstbescheidung, die Beschränkung der Erklärungsversuche auf das mit den jeweilig gegebenen naturwissenschaftlichen Mitteln *wirklich Erklärbare*, und ahmen hierin der von der Naturforschung sonst häufig wegen ihrer Ausschweifungen getadelten Philosophie nach, ohne doch wahrhaft philosophische Gesichtspunkte zu ihrem Unternehmen mitzubringen. In Wahrheit sind aber die Streitfragen, um die es sich letzten Endes hier handelt, nicht naturwissenschaftlicher, sondern naturphilosophischer Art, und scheint deshalb die Philosophie als solche nicht nur das Recht, sondern auch die Pflicht zu haben, sich an denselben zu betheiligen. – Es kommt dazu, dass der Ausfall dieses Streites auch von der höchsten praktischen Wichtigkeit ist. Denn auf die Frage nach der Entstehung und Entwickelung des organischen Reiches auf Erden hat sich der alte naturphilosophische Gegensatz der mechanischen und der organischen, der materialistischen und idealistischen Auffassungsweise zugespitzt; wie aber in der Naturphilosophie die Entscheidung zu Gunsten des einen oder des andern Standpunkts ausfallen wird, davon wesentlich wird der Sieg der materialistischen oder idealistischen Weltanschauung überhaupt für die nächste Zukunft abhängen, eine Alternative, deren Seiten die Entwickelung der solidarisch verbundenen Culturvölker vorläufig wenigstens in ganz verschiedene Bahnen lenken müssen.

Je wichtigere Consequenzen sich also an die Entscheidung der vom Darwinismus aufgenommenen Probleme knüpfen, je allgemeinere Anerkennung sich andererseits | in den letzten Jahren die Descendenztheorie erworben hat, um so dringender ist das Bedürfniss geworden, dieselbe von den anderen Elementen des Darwinismus von zweifelhafterem Werthe zu sondern, und ist es daher mit Dank zu begrüssen, dass der Botaniker Prof. Wigand in Marburg sich der Aufgabe unterzogen hat, mit deutschem Fleiss und deutscher Gründlichkeit, freilich auch mit deutscher Aengstlichkeit, den Darwinismus nach allen Richtungen analytisch zu untersuchen und kritisch zu prüfen[1]. Das Buch schiesst in vieler Hinsicht über das Ziel hinaus, und bietet dadurch den Gegnern manche Blössen; es hält an dem meiner Ansicht nach verlorenen Posten der Constanz der Species fest, es unterschätzt den Einfluss des Kampfes ums Dasein und der natürlichen Zuchtwahl vielleicht in demselben Grade, wie Darwin ihn überschätzt, es bringt schliesslich theistische Bekenntnisse in eine naturwissenschaftliche Untersuchung, welche mit derselben auch dann noch nichts zu thun haben würden, wenn sie weit naturphilosophischer gehalten wäre, als es der Fall ist, und unterlässt dagegen die an diesem Orte gewiss angebrachten naturphilosophischen Untersuchungen über das Wesen des inneren organischen Entwickelungsgesetzes, das es mit Recht zum Universalprincip der organischen Natur erhebt. Gleichwohl ist das Werk meines Wissens das erste in deutscher Sprache erschienene, welches den Darwinismus in seinem ganzen Umfange mit voller Sachkenntniss und scharfsinniger Argumentation kritisch beleuchtet, und den falschen Nimbus alles dessen am Darwinismus,

[1] Der Darwinismus und die Naturforschung Newton's und Cuviers. Bd. I. Braunschweig, Vieweg und Sohn, 1874.

was über die Begründung der Descen|denztheorie und Entwickelungstheorie hinaus der Begründung einer rein mechanischen Auffassung der organischen Natur dienen soll, einer einschneidenden kritischen Reduction unterwirft, und glaube ich in diesem Sinne dasselbe als einen Markstein bezeichnen zu dürfen, welcher die Grenze markirt, von wo an der Darwinismus als solcher den Höhepunkt seiner Geltung in Deutschland überschritten hat.

Wenn das, was Wigand's Buch in der kritischen Depression *zu viel* thut, durch eine objective Prüfung, welche beiden Theilen in gleichem Maasse gerecht wird, auf sein rechtes Maass zurückgeführt wird, und die von Wigand eingeflochtenen unhaltbaren eigenen Hypothesen wieder ausgeschieden werden, so wird sich zeigen, dass die so zwischen dem Darwinismus und seinem neuesten Gegner sich ergebende goldene Mitte wesentlich mit der in der Phil. d. Unb. im Cap. C. X. von mir eingenommenen Position übereinstimmt, und werden diejenigen Leser, welche sich etwa die Mühe geben sollten, den Inhalt jenes Capitels mit den nachstehenden Darlegungen zu vergleichen, sich überzeugen, dass alle wichtigeren Argumente *für* die dauernd werthvollen und *gegen* die unhaltbaren oder doch stark überschätzten Elemente im Darwinismus bereits in der ersten Gestalt der Phil. d. Unb. anzutreffen sind. Gleichwohl sind die Argumente dort zu kurz angedeutet und zu wenig in systematischem Zusammenhange vorgetragen, als dass nicht dem gegenwärtig geradezu Mode gewordenen Darwinismus gegenüber die nachfolgenden eingehenderen, aber dabei immer noch möglichst kurz zusammengedrängten und alle fachwissenschaftlichen Detailfragen bei Seite lassenden Betrachtungen ein zeitgemässes Unternehmen scheinen sollten. Dieselben | verfolgen die Absicht, dem grösseren Publikum ein eigenes Urtheil über die Bedeutung des Darwinismus durch möglichst geordnete Darlegung des zur Beurtheilung erforderlichen Materials zu ermöglichen, insbesondere die Summe der in dem Collectivbegriff des Darwinismus zusammengeschweissten Theorien und Erklärungsprincipien in einer auch für den Laien verständlichen Weise auseinanderzulegen, und schliesslich durch philosophische Erwägungen einen Fingerzeig für den bei der Beurtheilung einzunehmenden Standpunkt zu geben. |

II. Die ideelle und die genealogische Verwandtschaft der Typen.

Die Wissenschaften, welche sich mit der organischen Natur beschäftigen, werden von einer obersten Thatsache in Anspruch genommen, auf welche sich in der einen oder andern Weise ihre Thätigkeit bezieht. Es ist dies die Thatsache, dass alle Typen des Thier- und Pflanzenreichs unter einander eine gewisse Aehnlichkeit oder Verwandtschaft aufweisen, und dass dieselben, nach dem Grade ihrer Verwandtschaft geordnet ein zusammenhängendes System bilden, welches eben deshalb, weil es den concreten Erscheinungen nicht künstlich und gewaltsam auferlegt, sondern nur aus ihnen herausgelesen wird, ein *natürliches* System heisst. Botanik und Zoologie haben von jeher ihre Aufgabe darin gesehen, das natürliche System aus den Naturerscheinungen herauszulesen und bis in die kleinsten Details hinein naturgetreu auszuarbeiten, d.h. die Verwandtschaftsgrade der organischen Typen in ihrer relativen Nähe oder Ferne richtig zu erkennen.

Auch vor jedem Gedanken an eine Descendenztheorie lag es nahe, das System der typischen Verwandtschaften graphisch unter dem Bilde eines Stammbaums zu versinnlichen, und musste es hierbei auffallen, dass das aus der | Flora und Fauna der Gegenwart herausgelesene natürliche System in der Continuität der verwandtschaftlichen Beziehungen erhebliche Lücken zeigt, welche theilweise in ganz überraschender Weise durch ausgestorbene Arten ergänzt werden. Die Paläontologie diente auf diese Weise sowohl zur Ergänzung wie auch (durch zu Tage Förderung homologer Ersatztypen für jetzt lebende Arten) zur Bereicherung des natürlichen Systems, ohne irgendwie den Rahmen desselben zu überschreiten. Wenn die Verwandtschaft der jetzt lebenden Arten sich *räumlich* auseinanderlegte, so die der paläontologischen räumlich und *zeitlich*; es wäre aber jedenfalls vorschnell gewesen, in letzterem Falle aus dem blossen post hoc auf ein propter hoc, aus der zeitlichen Folge auf eine causale Folge zu schliessen. Selbst die Entdeckung, dass die embryonische Entwickelung der Thiere (bei den Pflanzen trifft der Satz nicht zu) eine morphologische Stufenreihe durchläuft, welche wesentlich mit den Grundzügen des natürlichen Systems übereinstimmt, konnte für sich allein noch keineswegs dazu nöthigen, über die Auffassung des Stammbaums des natürlichen Systems als einer rein *ideellen* Verwandtschaft hinauszugehen und einen *realen genealogischen* Zusammenhang zu supponiren, um so weniger, als die Analogie der embryonischen Entwickelungsstufen der Thiere mit den Hauptstufen des natürlichen Systems denn doch nur eine sehr cum grano salis zu verstehende ist, da sie nicht nur grosse Lücken zeigt, sondern auch die Bedingungen des embryonischen und des selbstständig entfalteten Lebens so verschieden sind, dass sie jede durchgreifende Uebereinstimmung von vornherein ausschliessen. Die Paläontologie lehrte, dass das Reich der organischen Natur als Ganzes betrachtet, sich von einfachen Anfängen | stufenweise zu immer höherer und reicherer Ausbildung entfaltet habe, indem von Zeit zu Zeit höhere Typen zu der Summe der bereits bestehenden hinzutreten; es schien keineswegs gefordert, die Recapitulation dieses makrokosmischen Entwickelungsganges in der mikrokosmischen Keimgeschichte des Individuums aus dem Zusammenhang der *rein ideellen* Auffassung der systematischen Verwandtschaft der Typen herauszusetzen, so lange nicht von anderer Seite zwingendere Gründe hierfür geltend gemacht werden konnten. Die rein ideelle Auffassung des Verwandtschaftsverhältnisses musste vielmehr von vornherein durch zwei wichtige Erwägungen bestärkt werden, nämlich einerseits durch den thatsächlich rein ideellen Charakter der Verwandtschaft der Typen des *Mineralreichs* und der menschlichen *Artefacte* und andererseits durch die *Wechselverschlingung* der Zweige des Stammbaums im natürlichen System, d.h. durch die Vielseitigkeit der verwandtschaftlichen Beziehungen in jedem Typus.

Die Analogie des Mineralreichs musste bei der Gewöhnung, dasselbe dem Thier- und Pflanzenreich als drittes zu coordiniren, von mehr Gewicht scheinen, als sie in Wirklichkeit bei dem durchgreifenden Unterschiede der organischen und anorganischen Natur ist, – ein Unterschied freilich, den gerade die mechanische Weltansicht des Darwinismus von Neuem aufzuheben trachtet. Auch im Mineralreich haben wir es in den selbst die scheinbar amorphen Zustände durchdringenden Krystallisationsformen mit Typen zu thun, welche sich ebenso wie die organischen nach den Graden ihrer Verwandtschaft in ein natürliches System ordnen lassen, und gleichwohl wird es niemandem einfallen, hier an ein genealogisches Hervorgehen der complicirteren Typen aus den einfacheren zu denken. | Wenn von Mineralien die Rede ist, welche nach dem monoklinischen oder triklinischen Krystallisationssystem krystallisiren, so zweifelt niemand daran, dass jedes derselben bei seiner Formirung den ihm immanenten Bildungsgesetzen folgt, 7
ohne eine reelle genealogische Abstammung ins Auge zu fassen; wenn aber bei niederen Seethieren von radialem und bilateralem Typus die Rede ist, so sucht man alsbald nach Zwischenformen, welche nicht nur als Mittelglieder einer ideellen Verwandtschaft, sondern sofort als genealogische Uebergangsstufen des einen morphologischen Typus in den anderen angesehen werden. Da zugestandener Maassen der direkte empirische Nachweis für den wirklich stattgehabten genealogischen Uebergang der einen Form in die andere fehlt, so mahnt jedenfalls der Blick auf die Analogie der mineralogischen Typen zur Vorsicht in der Deutung constatirter Mittelformen im con-

creten Falle, selbst dann, wenn man im Allgemeinen von der Wahrheit der Descendenztheorie überzeugt ist.

Selbst die Flüssigkeit des aufgezeigten Ueberganges in den Mittelformen kann hieran nichts ändern; denn gälte diese allgemein als hinreichender Beweis für den reellen Ursprung, so würde man etwa auch behaupten müssen, dass die Hyperbel aus der Parabel, diese aus der Ellipse, und diese aus dem Kreise oder auch (bei verschwindender kleiner Axe) aus der geraden Linie entstanden sei. Die Vielheit an einander grenzender Mittelformen kann nämlich ebensowohl fächerartig auseinandergebreitete Wirkung einer tiefer liegenden gemeinsamen Ursache wie Symptom eines stattgehabten realen Auseinanderhervorgehens sein, und beides gleichviel ob die Auseinanderbreitung nur räumlich oder räumlich und zeitlich zugleich erfolgt ist. So variirt | z. B. der Goldfisch goldgelb mit allen möglichen Beimengungen von Schwarz, so dass sich von reinem Goldgelb zu völligem Schwarz ein allmähliger Uebergang verfolgen lässt; es wäre aber voreilig, diese Reihe von Mittelformen als eine *genetische* Reihe aufzufassen, weil die Erfahrung zeigt, dass alle diese Variationen *in einer einzigen* Generation von *demselben* Elternpaar hervorgebracht werden können (Wigand S. 429).

In diesem Beispiel aber handelt es sich, wohlgemerkt, doch nur um Varietäten, bei welchen das Vorkommen genetischer Uebergangsreihen bis zu einem gewissen Grade wenigstens durch die Erfahrung constatirt ist; versagt nun hier schon so leicht die versuchte Schlussfolgerung von dem flüssigen ideellen Uebergang der Mittelformen auf eine genetische Uebergangsreihe, so wird doppelte Vorsicht bei solchem Schliessen rathsam sein, wo specifische oder genetische Mittelformen zwischen Gattungs- oder Ordnungstypen zur Erwägung stehen, da bei diesen jede Berufung auf die Erfahrung wegfällt. Selbst wenn man a priori von der Nothwendigkeit reeller Uebergangsstufen überzeugt ist, behalten doch paläontologische Funde von Mittelformen immer nur einen Werth zur Ausfüllung systematischer Lücken, beweisen aber niemals, dass die aufgefundene specielle Mittelform wirklich ein Glied der supponirten genetischen Reihe gewesen sei. Von besonneneren Anhängern der Descendenztheorie ist die Sache auch wohl schwerlich jemals anders aufgefasst worden; von den Heisssporнen des Darwinismus aber wird uns beständig zugemuthet, jeden Nachweis einer ideellen Reihe verwandter Formen sofort auch eo ipso als ausreichend geführten Beweis für eine in dieser Reihe stattgehabte genetische Entwickelung hinzunehmen. Einem solchen Ansinnen gegenüber | schien die eingelegte Verwahrung nicht überflüssig, wenngleich keineswegs geleugnet werden soll, dass mit jeder neu eintretenden Mittelform, mit jeder neuen Ausfüllung einer bisher offen gebliebenen Lücke im natürlichen System die Wahrscheinlichkeit der Descendenztheorie im *Allgemeinen* neue Stützen gewinnt, insofern (unter Voraussetzung einer anderweitigen Begründung derselben) die in der Nothwendigkeit allzugrosser Sprünge der Descendenz liegenden Schwierigkeiten und Bedenken gemildert und gehoben werden. *Diese* Bedeutung ist denn auch von mir nachdrücklich betont worden (Ph. d. Unb. Ster.-Ausg. S. 598–601, auch 587–590).

Darwin geht bekanntlich bei der Selectionstheorie von dem Process der künstlichen Zuchtwahl aus, bei welchem die menschliche Zwecksetzung eine entscheidende und leitende Rolle spielt, und dessen Resultate daher in einem gewissen Sinne als menschliche Artefacte zu bezeichnen sind. Es wird nach diesem Vorgange nicht unzulässig scheinen, auch die menschlichen Artefacte im weiteren Sinne zum Vergleich heranzuziehen, selbstverständlich unter der nämlichen Bedingung wie bei Darwin, dass von der specifisch menschlichen Verstandesthätigkeit bei der Uebertragung auf den Naturprocess abstrahirt werde. Es wird diese Betrachtung zunächst lediglich zur Bestätigung der soeben aus dem Seitenblick auf die mineralischen Typen geschöpften Mahnung zur Vorsicht dienen. Wenn z. B. gesagt wird, dass der gothische Dom aus dem romanischen, dieser aus der Basilika, und diese aus einer Art römischer Markthallen entstanden sei, wenn ferner zwischen den genannten Typen flüssige Uebergangsformen aufgezeigt werden, so wird doch niemand daraus folgern, dass etwa ein bestimmtes Bauwerk im gothischen Baustil jemals durch | effectiven Umbau der Rundbögen in Spitzbögen hervorgegangen sei. Allerdings handelt es sich hierbei um ein *genetisches* Hervorwachsen des einen Typus aus dem andern, aber doch nur im ideellen Sinne, nicht an bereits realisirten Gebäuden; d.h. die Genesis ist vorhanden, aber nicht als äusserliche, sondern als *psychologische* Genesis der Gedanken und künstlerischen Ideale, deren eines aus dem andern sich zeitlich entwickelt.

Diese zeitliche Genesis dürfen wir nun freilich keinesfalls auf die den Naturprocess leitenden Ideen übertragen; denn wenn es solche giebt, so sind sie nicht als zeitlich auseinander hervorgehende, sondern als zeitlose, ewige Ideen zu denken, und die Uebergänge unter denselben können nur Mittelformen im rein ideellen Sinne sein. So lange man die Welt als ein »göttliches Artefact« ansah (und im Grunde genommen ist auch Darwin in diesem Standpunkt des achtzehnten Jahrhunderts stecken geblieben), so lange musste die Analogie von den menschlichen Artefacten eine ganz besondere Kraft haben. Aber auch wenn man die Leitung des natürlichen Entwickelungsprocesses durch den absoluten Geist als die Realisation der der Natur immanenten Ideen auffasst, wird sie nicht völlig ihre Bedeutung verlieren. Letzteres geschieht erst dann, wenn eine rein mechanische Weltanschauung alle Ideen aus der Natur verbannt hat. Wenn wir weiterhin die Unzulänglichkeit dieser Ansicht zur Erklärung der Entstehung der Arten aufdecken werden, so werden wir uns doch immer wieder zum Zurückgreifen auf die idealistische Auffassung genöthigt sehen. Dann aber bildet die Analogie der menschlichen Artefacte immerhin eine werthvolle Ergänzung zu derjenigen der mineralogischen Typen; zeigen uns nämlich diese, dass ein natürliches System, eine ideelle | Verwandtschaft der

Typen ohne genealogische Verwandtschaft überhaupt *möglich* ist und in der Natur wirklich *vorkommt*, so zeigt uns jene ein Gebiet, wo die Verwandtschaft der realen Erscheinungen nachweislich *aus der ideellen* Verwandtschaft ihrer Typen *entspringt*. Wenn erstere davor warnt, die in der organischen Natur thatsächlich vorgefundene Verwandtschaft *ausschliesslich* als durch die Einheit des genealogischen Stammbaums ermöglicht zu denken, so deutet letztere darauf hin, dass die ideelle Verwandtschaft der Typen sehr wohl die vorangehende Bedingung sowohl der realen genealogischen Verwandtschaft als auch der realen Aehnlichkeit concreter Erscheinungen ohne genetischen Zusammenhang sein könne. Wir lernen hieraus mindestens soviel, dass ideale und genetische Verwandtschaft sehr wohl neben einander bestehen können, und dass es ganz voreilig ist, aus dem Nachweiss der letzteren einen Grund für die Leugnung der ersteren schöpfen zu wollen; vielmehr ergiebt sich die genealogische Verwandtschaft nur als *eine* der natürlichen Vermittelungsweisen zur Realisirung ideell verwandter Typen, während eine andere Vermittelungsweise die im Mineralreich gegebene (bloss aus innerem Entwickelungsgesetz der typischen Krystallform) ist, und ausser dieser zweiten vielleicht noch andere denkbar sind.

Das Gewicht dieser Erwägungen wird noch verstärkt, wenn wir uns daran erinnern, dass auch im Gebiet der *organischen* Natur thatsächlich Verwandtschaftsbeziehungen unter den Typen vorkommen, welche nicht auf einem genetischen Uebergange aus dem einen in den andern beruhen. Im weiteren Sinne wären auch die schon erwähnten Variationen hierher zu ziehen, obwohl unter Voraussetzung der Vererbung das Problematische hier | nicht in der Aehnlichkeit, sondern in einer Verschiedenheit liegt, welche durch ihre flüssigen Uebergänge in der blossen Auseinanderbreitung den Schein der genetischen Uebergangsreihe vorgaukelt. Wichtiger und beweiskräftiger aber ist z. B. die Thatsache, dass sich in entfernteren Gliedern des Systems ideelle Verwandtschaften herausstellen, welche unmöglich auf gemeinschaftliche Ererbung zurückgeführt werden können, weil sie jedenfalls später an beiden Typen herausgebildet sind, als dieselben auf eine gemeinsame genealogische Wurzel zurückgeführt werden könnten. Darwin unterscheidet solche Aehnlichkeiten als »analoge« Verwandtschaft von der »wirklichen« d.h. genealogischen Verwandtschaft, wie z.B. die Aehnlichkeit der Wale mit den Fischen, der Maus mit der Spitzmaus, die Aehnlichkeit der Pollenbildung bei den Orchideen und Asklepiadeen, und beruft sich vergeblich zur Erklärung auf die Anpassung an ähnliche Lebensbedingungen als zureichende Ursache. Unter den Affen gleicht der Gorilla dem Menschen am meisten in seinem Fuss, der Orang Utan am meisten im Gehirn und der Chimpanse am meisten im Körperbau; es wäre aber ganz verkehrt, auf eine dieser Aehnlichkeiten hin die Abstammung des Menschen von dieser oder jener Affenart zu behaupten; denn gerade aus dieser Vertheilung der Menschenähnlichkeit an *verschiedene* Affenarten ist zu schliessen, dass der gemeinsame Stammvater derselben und des Menschen diese Eigenthümlichkeiten noch nicht besass, dass dieselben vielmehr sich unabhängig in den einzelnen Typen entwickelten. Man muss deshalb sehr vorsichtig sein, die Behauptung einer näheren *genealogischen* Verwandtschaft auf specielle, wenn auch noch so charakteristische typische Aehnlichkeit ergründen zu wollen. So weist z.B. Gegenbaur, | obwohl selbst Darwinianer, den Versuch zurück, aus der ideellen Verwandtschaft zwischen dem Carpus der Vögel und dem der Crocodile auf ein Hervorgehen der ersteren aus den letzteren zu schliessen, und bemerkt dazu (Untersuch. zur vergleich. Anatomie der Wirbelthiere Heft I. S.39 Anm.): »Denn eben solche verwandtschaftliche Beziehungen ergeben sich auch zwischen den Vögeln und andern Reptilienabtheilungen, ohne dass man entscheiden kann, welche Einrichtung für die Erkennung eines näheren Verwandtschaftsgrades den Ausschlag giebt«. Nur auf besonders wichtige Aehnlichkeiten darf man sich stützen; – welches aber ist die Grenze, wo eine

Aehnlichkeit wichtig genug wird, um genealogische Abstammung zu supponiren?

Es ist danach kein Wunder, dass die genealogischen Stammbäume der Darwinianer ungewiss und schwankend sind, je nachdem der genealogische Zusammenhang auf diese Aehnlichkeit gestützt und jene vernachlässigt wird, oder umgekehrt. Das aber ist wohl zu beachten, dass wenn man auch wirklich die wichtigsten Aehnlichkeiten richtig herausgefunden und den genealogischen Stammbaum treu dargestellt hätte, dass dann auf alle Fälle *eine Menge minder wichtiger* typischer Aehnlichkeiten, welche doch *auch* eine ideelle Verwandtschaft begründen, in diesem Stammbaum *keinen* Ausdruck würde haben finden können, da derselbe eben nur die reellen genealogischen Zusammenhänge darstellt. D. h. mit andern Worten: der *genealogische* Stammbaum kann *seiner Natur nach* die ideellen Verwandtschaftsbeziehungen des natürlichen Systems *nicht erschöpfen*, weil letztere *weit reicher, vielseitiger und verschlungener* sind, als die nothwendig auf *gradlinige*, einfache Zu| sammenhänge beschränkte genealogische Verwandtschaft. Man kann es auch so ausdrücken, dass das graphische Bild des einfachen Stammbaums überhaupt gar keine brauchbare Gestalt zur Versinnbildlichung des natürlichen Systems ist, weil dasselbe unfähig ist, die *ringförmige* und *netzförmige* Verwandtschaft auszudrücken.

Die ringförmige Verwandtschaft besteht darin, dass in einer Reihe von Typen der erste mit dem zweiten, der zweite mit dem dritten und so fort und endlich der letzte mit dem ersten ein charakteristisches Merkmal gemein hat[2]. Es kann unter so bewandten Umständen sehr schwer fallen, sich über die Art und Weise der Einlagerung des genealogischen Stammbaums

[2] Als Beispiele führt Wigand (S. 261) an: die Gattungen Arabis, Alyssum, Sisymbrium, Lepidium, die Ordnungen Charophyllinae, Chenopodinae, Fagopyrinae, Urticinae, die Familien Primulaceae, Plumbagineae, Plantagineae, und endlich mit Berufung auf Darwin die Gattungen der Crustaceen.

in das natürliche System zu entscheiden, und sind stark von der Wahrheit abweichende Irrthümer bei solchen Entscheidungen sehr entschuldbar und kaum zu vermeiden. Fast noch schwieriger wird die Sache bei der netzförmigen Verwandtschaft, zu welcher die ringförmige Verwandtschaft sich dann complicirt, wenn unter den einzelnen Gliedern des Ringes noch anderweitige Aehnlichkeiten bestehen. Im Anhang Nr. 5 behandelt Wigand in eingehender Weise den Formenkreis der häufig vorkommenden Schnecke Neritina virginea, und stellt auf S. 412 als Resultat die netzförmige Verwandtschaft der 14 Haupttypen (vgl. S. 411) graphisch dar. Ob diese Typen als Varietäten zu betrachten sind, wie Wigand annimmt, oder ob, wie Andere behaupten, mehrere Specien unter ihnen anzunehmen sind, ist für den | Vertreter der Flüssigkeit der Species ganz irrelevant. Es wird jedenfalls durch dieses Beispiel deutlich dargethan, dass eine Vielheit von Typen weit verwickeltere Verwandtschaftsbeziehungen darbietet, als durch die blosse Erklärung der typischen Aehnlichkeit durch genetischen Zusammenhang verständlich zu machen ist; denn jeder Typus ist nicht bloss *einem* der andern, sondern mehreren zugleich und zwar den meisten von diesen nicht bloss in einem, sondern in zwei oder noch mehreren Merkmalen verwandt. Diesem Zusammenhang entspricht aber nicht die bloss einseitig verbundene und nach der andern Seite unverbundene Verästelung des genealogischen Stammbaums, sondern nur ein nach Art des Adernetzes in einem Blatte verschlungenes Liniensystem, oder noch besser eine auch die dritte Dimension des Raumes zu Hilfe nehmende graphische Darstellung. Das natürliche System gleicht nämlich stellenweise einer Tabelle mit zwei- oder dreifachem Index; je nachdem man von der einen oder von der andern Seite her verfolgt, gruppiren sich die Typen in ganz verschiedenen Zusammenhängen[3]. Der ganze

[3] »Die Solaneen, Scrophularineen, Labiaten und Boragineen lassen sich nach der Gestalt der Corolla in Tubiflorae und Labiatiflorae, zugleich

Unterschied der Classification in ein sogenanntes natürliches und ein künstliches System hat nur an der Vielseitigkeit | der ideellen Verwandtschaften seine Begründung, und bringt doch selbst wieder erst einen geringen Theil dieser Vielseitigkeit zur Darstellung.

Selbstredend kann die genealogische Abstammung nur in *einer* jener vielen Verwandtschaftsreihen gesucht werden, und daraus folgt, dass alle die *übrigen* Verwandtschaftsreihen durch eine *andere* Art von natürlicher Vermittelung verwirklicht sein müssen, als durch die Descendenz, d.h. die betreffenden Aehnlichkeiten müssen sich selbstständig in den verschiedenen Zweigen des genealogischen Stammbaums entwickelt haben. Da nun bei ihnen aber das *Resultat* der systematischen Verwandtschaft sich qualitativ doch als das *gleiche* herausstellt, wie das aus genealogischer Descendenz hervorgehende, so ergiebt sich daraus, dass auch bei den Typen der organischen Natur *die Verwandtschaft keineswegs zu dem Rückschluss auf genealogischen Zusammenhang* (sei es durch unmittelbare Abstammung des einen Typus von dem andern, sei es durch gemeinsame Abstammung beider von einem mit dem gemeinsamen Merkmal bereits behafteten Typus) berechtigt. Könnte die Selectionstheorie den *morphologischen* Charakter der Typen erklären, um den es sich hier wesentlich handelt, so könnte man daran denken, mit ihrer Hülfe die *Lücken* in

aber nach dem Fruchtbau in Angiospermae und Gymnospermae (Linné) theilen und die verwandten Familienmitglieder Verbenaceen, Convolvulaceen, Acanthaceen u. s. w. schliessen sich wieder in anderer Beziehung theils der einen theils der andern jener vier Familien an. – Die Pilze gruppiren sich einerseits nach der Bildung des Fruchtkörpers in die Unterordnungen der Haut-, Kern-, Bauch-Pilze u. s. w., zugleich aber nach der Sporenbildung in die Basidiosporei und Angiosporei, so dass z. B. die Keulenpilze mit den Pezizei in der Anordnung der Sporangien, mit den Lycoperdini in der Sporenbildung, mit den Hutpilzen in beiden Beziehungen, mit den Tuberini aber in keiner derselben übereinstimmen« (Wigand S. 256–257).

der Erklärung der systematischen Verwandtschaft durch die Descendenztheorie zu füllen; da sie dies aber nicht kann, wie wir sehen werden, so muss man auf die *innere gesetzmässige Entwickelung* des organischen Lebens zurückkommen, durch welche die ideellen Typen sammt den ihnen inhärirenden verwandtschaftlichen Beziehungen zu einander realisirt werden. Dann fällt aber auch die genealogische Descendenz selbst in diese gesetzmässige | organische Entwickelung *hinein,* und dient ihr als ein Vehikel der natürlichen Vermittelung der Realisation der Idee, neben welchem es noch *andere* Mittel und Wege giebt.

Keineswegs aber ist das Wort »Descendenz« ein Schiboleth, durch welches alle gesetzmässige Entwickelung von innen heraus verdrängt, und alle Wunder der systematischen Verwandtschaft als äusserliche Folge des genetischen Zusammenhangs und der Vererbung zulänglich erklärt würden. Den aus der unorganischen Natur und den menschlichen Artefacten geschöpften Analogieen konnte man die Anerkennung versagen, so lange der Versuch, alle Aehnlichkeit der organischen Typen durch Descendenz zu erklären, sich durch den Erfolg rechtfertigte; jetzt aber, wo wir die Unzulänglichkeit dieses Erklärungsprincips selbst für die organische Natur erkannt haben, muss endgültig darauf verzichtet werden, aus der ideellen Verwandtschaft als solchen auf eine genealogische zurückzuschliessen. Wie verlockend dieser Weg auch scheinen mag, so ruht er doch logisch auf unhaltbaren Stützen[4], und wenn die Descendenz auch nur als *eine* Vermittelungsweise unter vielen für die Realisirung der Naturideen begründet und als berechtigte Hypothese erwiesen werden soll, so müssen die Gründe

[4] Der richtige Satz: »gleiche Abstammung bedingt Aehnlichkeit« wird fehlerhaft umgekehrt in den andern: »Aehnlichkeit beruht auf gleicher Abstammung« (Wigand »Die Genealogie der Urzellen«, Braunschweig 1872, S. 47).

hierzu ganz wo anders[5] hergenommen | werden, als aus dem Hinweis auf die systematischen Verwandtschaften und deren Beziehungen zu den paläontologischen und embryologischen.

Die wahren Gründe, welche die Descendenztheorie zu einer schlechterdings unvermeidlichen Hypothese machen, habe ich in der Ph. d. Unb. (Ster.-Ausg. S. 582 ff.) kurz zusammengestellt. Sie bestehen in den einfachen Consequenzen aus den beiden unbestreitbaren Sätzen: omne vivum ex ovo; omne ovum ex ovario; d.h. auch die Anhänger der unmittelbaren Entstehung der Species durch besondere Schöpfungsacte können diese Schöpfung im Zusammenhang des Naturganzen nicht anders behaupten, denn als Schöpfung eines Ei's der betreffenden Species im Eierstock einer andern (vermuthlich nahe verwandten) Species. Nur so lange, als man über die Art und Weise, wie Gott in verschiedenen geologischen Perioden die verschiedenen Specien geschaffen, nicht näher nachdachte, konnte man sich bei dem Ausdruck »unmittelbare Schöpfung« beruhigen; wir Kinder der neuen Zeit haben gar keine Wahl, die Descendenztheorie abzulehnen oder anzunehmen, wir *müssen* sie annehmen, weil wir das Schöpfungswunder in

[5] Beiläufig sei hier bemerkt, dass aus der genealogischen Verwandtschaft der Sprachen eines und desselben Sprachstammes keinenfalls ein Analogieschluss auf die genealogische Verwandtschaft von *Art*typen gemacht werden kann; denn die Sprache repräsentirt doch (wie die Sangweise des Vogels) nur eine Seite von dem typischen Instinct der Volksseele, die Völker aber, deren Sprachverwandtschaft sich nachweisen lässt, gehören stets zu einem Zweige derselben Varietät, aber niemals zu verschiedenen Specien. Sollte also ein Analogieschluss aus der genetischen Entwickelung der Sprachen auf die der Speciestypen gezogen werden, so müsste er vielmehr dahin lauten, dass zwischen der Entstehung verschiedener Specien *ebensowenig* wie zwischen derjenigen verschiedener Sprachstämme ein genealogischer Zusammenhang anzunehmen sei. Selbstverständlich ist dieser Analogiebeschluss ohne alle Beweisskraft; dies dürfte aber genügen, zu zeigen, dass er ebensowenig Beweiskraft haben würde, wenn er zufällig für die entgegengesetzte Annahme günstig lauten würde (vgl. Wigand S. 358–364).

seiner rohen Gestalt (Kneten aus Lehm, Einblasen des Athems u. s. w.) nicht mehr festhalten *können.* Im Naturprocess mussten auch die neu auftretenden Arten, so weit über die primitiven Anfänge der aus der Urzeu|gung entsprungenen Organisation hinauslagen, von Eltern gezeugt werden, die freilich von ihnen verschieden sein mussten (gleichviel in welchem Grade). War so die Descendenz aller Organisationstypen von vorhergehenden eine unvermeidliche Nothwendigkeit, so lag es nahe genug, dass der doch einmal einzuschlagende Weg zugleich soweit als angänglich als Vehikel zur Realisirung der ideellen Verwandtschaft der Naturtypen diente, ohne doch die Aufgabe erschöpfend lösen zu können. Die ideelle Verwandtschaft braucht noch andere Mittel und Wege, um sich zu realisiren, als nur die genealogische Verwandtschaft; die letztere schliesst nicht, wie die Darwinianer glauben, die erstere *aus,* indem sie an deren *Stelle* tritt, sondern sie wird *von ihr eingeschlossen* wie die Species vom Genus. |

V. Die Selectionstheorie.

a. Die natürliche Zuchtwahl und ihre drei Factoren.

Nach der Abschweifung des vorigen Abschnitts kehren wir zum Darwinismus im engeren Sinne zurück und kommen nunmehr zu dem Centrum dieser Lehre, der Theorie der natürlichen Zuchtwahl, welche den originellen Grundgedanken des Darwinismus ausmacht, und an welcher Darwin den Schlüssel gefunden zu haben glaubte, mit Hülfe dessen ihm die mechanisch-materialistische Erklärung der Entstehung der Arten und damit der Entwickelung des organischen Reiches möglich geworden sei. Wir haben gesehen, dass der Darwinismus überall von der Tendenz beseelt ist, mechanisch-materialistische Erklärungen aufzusuchen. So kommt er zunächst zur Descendenztheorie, um vermittelst des für rein mechanisch angenommenen Princips der Vererbung die ideelle Verwandtschaft der Typen aus gemeinsamer Abstammung mechanisch zu erklären, – ignorirt aber dabei diejenigen Fälle ideeller Verwandtschaft, welche nicht auf gemeinsamer Abstammung beruhen und auf ein gemeinschaftliches inneres Entwickelungsgesetz hinweisen. So kommt er ferner zur Annahme der Transmutationstheorie, um der mechanischen Summation zufälliger minimaler Abweichungen alle Umgestaltung der Typen zuschreiben zu | können, ignorirt aber dabei die in der Mehrzahl der Fälle auf der Hand liegende Nothwendigkeit, eine ruckweise embryonische Umwandlung (heterogene Zeugung) anzunehmen, welche in der Planmässigkeit ihres plötzlichen Resultats sich offenbar dem Zufall entzieht und auf ein inneres Entwickelungsgesetz hinweist. Um aber nun die in ihrer Tragweite so maasslos überschätzte Transmutationstheorie aus dem Stadium einer abstracten Hypothese zu erheben, und ihr eine concrete Begründung zu verleihen, dazu soll eben das Princip der Selection oder natürlichen Zuchtwahl dienen, welches auch auf dem Titel des Darwin'schen Fahnenwerks als die eigentliche Leistung des Verfassers sich ankündigt, wenngleich derselbe zur Unterstützung dieses Haupterklärungsprincips noch mehrere Hülfsprincipien theils von Vorgängern übernimmt, theils selbstständig aufstellt, deren Betrachtung wir uns für den vorletzten Abschnitt vorbehalten.

Wir haben es schon mehrfach als eine verführerische Taktik des Darwinismus kennen gelernt, die verschiedenen Principien und Theorien, um die es sich handelt, so ineinander zu verwirren, dass sie als ein zusammenhängendes und untheilbares Ganze erscheinen, um alsdann jede dem einen der gemischten Elemente zu Gute kommende Instanz dem Ganzen als begründendes Moment in's Credit zu schreiben, und so auch die einer eigenen Begründung mehr als billig ermangelnden Elemente der Mischung an dem Benefiz der übrigen Theil nehmen zu lassen. So sahen wir ihn zuerst jeden Beweis für das Vorhandensein einer ideellen Verwandtschaft zu Gunsten der Annahme einer genealogischen Verwandtschaft ausbeuten, und gleichermaassen jede wirkliche oder scheinbare Begründung eines genealogischen Zusammenhangs sofort zur Erschlei | chung der Annahme einer allmählichen Transmutation verwerthen. Am allerhäufigsten und am allerunmotivirtesten tritt uns aber im Darwinismus die Zumuthung entgegen, jede Wahrscheinlichkeit einer ideellen oder genealogischen Verwandtschaft oder gar einer stattfindenden allmählichen Transmutation unbesehens als Beweisgrund für die Richtigkeit der Selectionstheorie gelten zu lassen. Dieses Ansinnen tritt um so greller hervor, mit je eifrigerer Beredtsamkeit und in je populärerer, d. h. unwissenschaftlicherer Form die Anhänger des Darwinismus für ihre Ueberzeugung im Laienpublikum Propaganda zu machen suchen.

Es giebt hiergegen nur ein Mittel: scharfe Sonderung und Präcisirung der Begriffe. Die Selectionstheorie selbst, wie sehr auch sie schon sich von Rechtswegen mit einer untergeordneten Stellung in dem unter dem Namen des Darwinismus zusammengefassten Theoriencomplex begnügen muss, ist ebenfalls nichts weniger als einfacher Begriff, sondern repräsentirt selbst wiederum eine Combination verschiedener Hypothesen und Erklärungsprincipien von sehr verschiedener Berechtigung und Tragweite. Wie wir vorher den Rahmen zergliedert haben, in welchen die Selectionstheorie sich einordnet, so wird es hier unsere Aufgabe sein, die in der letzteren verschmolzenen Gedankenelemente zu sondern und einzeln ihrem Werthe nach zu prüfen.

Ich schicke die Bemerkung voraus, dass die Selectionstheorie in gewissem Sinne einen weiteren Geltungsbereich hat, als der Darwinismus, der sie auf eine Hilfshypothese der Transmutationstheorie beschränkt, ihr zuweist; es ist dann eben nur das eine constituirende Moment der Theorie, die Variabilität, in dem Sinne modificirt zu nehmen, dass die von ihr gesetzten Abweichungen nicht, wie Darwin es | bei seiner Befangenheit in der Transmutationstheorie ausschliesslich zur

Voraussetzung nimmt, als minimale, sondern als sprungweise, durch erheblichere Keimmetamorphosen auftretende supponirt werden. Reichte die natürliche Zuchtwahl wirklich nicht weiter als die allmähliche Transmutation, so könnten wir uns nach dem Bisherigen die Kritik derselben ziemlich leicht machen, da dann ihre Bedeutung *für die Entstehung der Arten* bei dem gegenwärtigen Stande unserer Kenntniss jedenfalls nicht in's Gewicht fallen würde. In der That aber ist die natürliche Zuchtwahl ebensowohl auf Typen anwendbar, welche durch heterogene Zeugung, wie auf solche, welche durch zufällige minimale Abweichung entstanden sind; denn wenngleich der Kampf um's Dasein im Allgemeinen um so heftiger ist, je näher sich die kämpfenden Formen oder Individuen stehen, und deshalb zwischen Individuen derselben Art und Varietät am heftigsten, so ist er doch überall da heftig genug, wo eine Concurrenz um gleiche Lebensbedingungen stattfindet, und kann demnach eine durch heterogene Zeugung entstandene neue Species ebensowohl ihre Stammform verdrängen, wie eine neu eingewanderte Species die bisher ortsansässige Species desselben Genus verdrängen kann.

Diese Bedeutung der natürlichen Zuchtwahl wird von Darwin und von Wigand in gleicher Weise verkannt; Darwin verschmäht jede Anwendung seines Princips auf eine andere Grundlage als die der allmählichen Transmutation, Wigand verwirft die Selectionstheorie, *weil* er die Transmutationstheorie verwirft. Darwin will eine mechanisch-materialische Erklärung und lehnt deshalb jedes Hinübergehen auf ein Gebiet ab, wo ihm diese Möglichkeit, wie bei der heterogenen Zeugung ersichtlich abgeschnitten ist; | Wigand vertheidigt mit Recht das Entwickelungsprincip, verfängt sich aber dabei in dem Irrthum, als ob in und bei diesem »*kein Raum* für das Selectionsprincip« sei (S. 90). Die Wahrheit liegt in der Mitte. Die natürliche Zuchtwahl ist ein richtiges und in der Natur thatsächlich in weitestem Umfange zur Wirksamkeit kommendes Princip, aber sie ist dies zum Theil gerade deshalb, weil sie ein *weiteres* Geltungsgebiet hat, als Darwin und Wigand ihr zuschreiben; sie soll an und für sich ein mechanisches Princip repräsentiren, aber sie kommt nur dadurch überhaupt zu einer Wirksamkeit, weil sie sich auf einem Boden entfaltet (sei es nun der der planvoll gerichteten Variabilität oder der der heterogenen Zeugung), der nicht bloss mechanischer Gesetzlichkeit unterworfen, sondern zugleich das Darstellungsgebiet eines lebendigen organischen Gestaltungstriebes ist. Die natürliche Zuchtwahl ist nicht, wie Darwin meint, deshalb wahr, weil sie ein mechanisches Princip ist, noch wie Wigand meint, deshalb falsch, weil sie ein mechanisches Princip ist, sondern sie ist wahr, *obgleich* sie zum Theil ein mechanisches Princip, und *weil* sie als solches ein Vehikel zur Realisation eines ideellen Princips ist.

Dass die natürliche Zuchtwahl, so weit sie sich auf dem Boden der heterogenen Zeugung entfaltet, die Wirksamkeit eines inneren organischen Entwickelungsgesetzes voraussetzt, bedarf nach dem Vorherigen wohl keines Beweises mehr; dass aber der Darwinismus im Irrthum ist, wenn er glaubt, auf dem Boden der allmählichen Transmutation sei das Gegentheil der Fall, das bedarf der näheren Erörterung. Gleichzeitig wird sich bei dieser Betrachtung ergeben, in welchen Fällen die natürliche Zuchtwahl wirken kann, in welchen nicht, und in welchem Grade | die Tragweite dieses Princips vom Darwinismus bisher überschätzt worden ist.

Die Theorie der natürlichen Zuchtwahl entsprang in Darwin's Kopf, wie schon erwähnt, aus einer Uebertragung der künstlichen Zuchtwahl auf die Natur. Wie der Thierzüchter seinen Viehstand sichtet und nur die günstiger veranlagten Individuen zur Fortpflanzung zulässt, so kann auch in der Natur eine sichtende Auslese unter den Formen stattfinden, bei der nur die den Lebensbedingungen am besten angepassten übrig bleiben. Das was die Sichtung bewirkt, ist nun freilich in der Natur nicht die Wahl eines Züchters, sondern der *Kampf um's Dasein*, die active oder passive Concurrenz um die Bedingungen der Erhaltung des Lebens. Damit aber eine Auslese zu Stande kommen könne, muss eine Anzahl mehr oder minder von einander abweichender Formen vorhanden sein, aus welchen die Auslese stattfindet; diese Mannichfaltigkeit muss durch die *Variabilität* hervorgebracht werden. Damit endlich das Resultat der Auslese nicht bloss ein momentanes, sondern dauerndes sei, muss dasselbe durch die *Vererbung* fixirt werden; damit es einen nennenswerthen Grad erreiche, muss die vererbte Abweichung ein neues Niveau für Wiederholung der Variation und Auslese in derselben Richtung abgeben, so dass die Wirkungen der Auslese sich summiren. (Letzteres erleidet nur bei der von Darwin ausgeschlossenen Voraussetzung der heterogenen Zeugung eine leicht begreifliche Modification.)

Damit also der Process der natürlichen Zuchtwahl zu Stande komme, müssen drei Factoren zusammenwirken: der Kampf um's Dasein, die Variabilität und die Vererbung; wenn auch nur *einer* dieser Factoren versagt, so ist die natürliche Zuchtwahl in dem gegebenen Falle | ausgeschlossen, d.h. das Functioniren der andern Factoren bleibt resultatlos. Jeder der genannten Factoren muss aber auch noch in ganz bestimmter Weise wirken, wenn er dem Process der natürlichen Zuchtwahl im Sinne der *Veränderung* (nicht bloss Erhaltung) des Typus dienen soll; es wird also eine den Typus modificirende Zuchtwahl nur in solchen Fällen anzunehmen sein, wo *jeder* der drei genannten Factoren in der ganz bestimmten, für den Process erforderlichen *Art und Weise* als wirksam nachzuweisen ist. Diese Prüfung auf das Vorhandensein jedes der drei Factoren in der erforderlichen Qualität wird nun aber vom Darwinismus in der Regel bei Seite gelassen, und z.B. überall, wo auch nur der *eine* Factor, der Kampf um's Dasein nachgewiesen ist, ohne Weiteres die Anwendbarkeit der Selectionstheorie als erwiesen angesehn. Wigand hat sich durch seine eingehende Detailkritik der einzelnen Factoren ein unleugbares Verdienst erworben, wenngleich seine Kritik beim Versenken in's Einzelne nicht selten in's Kleinliche geht, und die grösseren Zusammenhänge aus den Augen zu verlieren scheint.

b. Die Auslese im Kampf um's Dasein.

Von der grössten und allgemeinsten Bedeutung für den Naturhaushalt ist der Kampf um's Dasein zunächst als technisches Hilfsmittel zur Abwehr der durch natürliche Ursachen (wie mangelhafte Ernährung, Krankheiten und deren Folgen, Missgeburten u. s. w.) drohenden Depravation der Rassen, oder mit andern Worten zur Reinerhaltung und Veredelung der Species ohne jede Umwandlung der Typen. Es sind überall die gesundesten und | die gegen alle Krankheiten am widerstandsfähigsten sich erweisenden Individuen, die am meisten zur Fortpflanzung der Rasse beitragen; nächst der Gesundheit aber ist Ausdauer in Ertragung von Hunger und Durst, Hitze und Kälte, Dürre und Nässe, sowie Kraft und Stärke oder Schnelligkeit und Gewandtheit, je nach der Lebensweise der Thiere für ihre Erhaltung am wichtigsten. Gesundheit, Widerstandsfähigkeit und Ausdauer in Beschwerden aller Art, Kraft, Schnelligkeit und Gewandtheit dienen aber auch dazu, dem Typus äusserlich zur Darstellung des höchsten Grades von Schönheit zu verhelfen, dessen er fähig ist. Die Zunahme der praktischen Tüchtigkeit und der Schönheit ist aber das, was man unter »Veredelung der Rasse« versteht. So wirkt der Kampf um's Dasein überall auf Reinerhaltung und Veredelung der Species hin, und erweist sich dadurch schon als einer der wichtigsten Behelfe, dessen die Natur sich zur Realisirung ihrer Ideen bedient. Die Speciestypen sind im Wesentlichen vollkommen zu nennen, d. h. sie entsprechen durch ihre morphologische Structur und ihre physiologischen Organe den Lebensbedingungen, unter welchen sie sich befinden, und welche in der Regel für längere Zeiträume constant zu sein pflegen. Hier handelt es sich nur darum, die Species auf der Höhe des (gleichviel wie) erlangten Anpassungsgleichgewichts zu erhalten, und dazu dient die natürliche Auslese im Kampf um's Dasein in ausreichender Weise. Die Variabilität kommt hier nur insofern mit in's Spiel, als sie als das *zu negirende* Moment auftritt, und die Vererbung genügt für die Erhaltung der Species auch dann schon, wenn nur in soviel Exemplaren, als von jeder Generation im Kampf um's Dasein dem Leben erhalten bleiben können, der Speciestypus sich rein zu vererben | fortfährt. Die Bedingungen sind hier also ganz anderer Art, als bei der *Umwandlung* der Typen durch natürliche Zuchtwahl.

In letzterer Richtung kann natürlich der Kampf um's Dasein nur dann wirken, wenn durch Aenderung der Lebensbedingungen die Species *aufhört*, vollkommen zu sein, und das Anpassungsgleichgewicht verliert. Zeigen sich dann unter den durch die Variabilität hervorgebrachten Modificationen des Typus solche, die den neuen Lebensbedingungen *besser* als die bisherige Form angepasst sind, so werden diese einen Vorsprung im Kampf um's Dasein gewinnen und die Vernichtung wird vorzugsweise die ältere Form betreffen. Da die geographischen und klimatischen Verhältnisse jeder Localität auf die Dauer gerechnet einem sehr häufigen Wechsel unterworfen sind, so ist für diese Bedingung, die Veränderung der Lebensverhältnisse, hinreichend gesorgt; auch findet bei allmählicher örtlicher Temperaturabnahme oder Zunahme eine progressive Aenderung der Lebensverhältnisse in gleicher Richtung statt, welche einer progressiv wachsenden Wirkung des Kampfes um's Dasein Raum bietet (vorausgesetzt natürlich, dass diese Variabilität mit der progressiven Aenderung der Lebensverhältnisse gleichen Schritt hält).

Es macht keinen Unterschied, ob die Concurrenz eine active oder passive ist, ob sie in einem thätigen Bewerben um die nur für einen Theil der Individuen ausreichenden Lebensbedingungen (Bodenraum, Licht, Luft, Nahrungsvorrath), oder in einem passiven Widerstande gegen die das Leben mit Zerstörung bedrohenden Einwirkungen oder auch in einem

Stillhalten gegen die von aussen her ohne Mitwirkung des Individuums für dieses und seine Nach|kommenschaft begünstigende Einflüsse besteht. Die active Concurrenz kann z. B. auch in wiederholten Kämpfen der einen Art mit einer andern bestehn (z. B. Wolf und Heerdenrind); es ist dann aber das Missverständniss abzuwehren, als ob der unmittelbare Kampf zwischen den Individuen der feindlichen Arten der von Darwin gemeinte Kampf um's Dasein wäre, vielmehr ist darunter die Concurrenz zu verstehen, in welche die Individuen jeder der feindlichen Arten *untereinander* dadurch treten, dass nur die stärkeren aus dem unmittelbaren Kampf mit dem Feinde siegreich hervorgehen. Nur da, wo verschiedene Arten um gleiche Lebensbedingungen concurriren (wie z. B. Hausratte und Wanderratte), aber nicht wo sie unter verschiedenen Lebensbedingungen auf einander angewiesen (wie das Raubthier auf das Beutethier) feindlich zusammentreffen, ist der blutige Kampf zwischen ihnen unmittelbar auch ein Kampf um's Dasein im Sinne der Selectionstheorie.

Dass die Verbreitung des so näher bestimmten Kampfes um's Dasein im Sinne einer activen und passiven Concurrenz in allen Gebieten der Natur eine ausserordentlich grosse ist, wird von Wigand gewiss mit Unrecht in Zweifel gezogen (S. 98), wenngleich seine Bemerkung völlig berechtigt ist, dass ausser dieser activen und passiven Concurrenz durch bestimmte Functionen oder Eigenschaften auch dem Zufall eine sehr grosse, unter Umständen die der Concurrenz weit überwiegende Rolle in der Vernichtung des Ueberschusses der Keime über die Zahl der leben-könnenden Individuen zufällt. Es ist z. B. reiner Zufall, welche Samenkörner von einer über ein grösseres Areal gleichmässig vertheilten Samenmenge die zu ihrem Gedeihen erforderliche Bodenbeschaffenheit gefunden haben; | es ist eben so reiner Zufall, welche Individuen gerade an solche Plätze gerathen, die bei einer allgemeinen Ueberschwemmung vor der Vernichtung des Lebens Schutz gewähren. Wenn man sich aber auch gegenwärtig zu halten hat, dass die Natur viel zu reich ist, als dass der Kampf um's Dasein der einzige Regulator für die Herstellung des Gleichgewichts zwischen der Individuenzahl einer Species und der Zahl ihrer Keime ist, so wird dies doch nicht dazu führen dürfen, die allgemeine und durchgreifende Bedeutung der Concurrenz zu verkennen oder auch nur zu unterschätzen.

Nicht minder befindet sich Wigand im Irrthum mit seiner Behauptung, dass die blosse *Nützlichkeit* einer Eigenschaft im Kampfe um's Dasein nicht genüge, sondern dass nur solche Eigenschaften gezüchtet werden könnten, deren Besitz oder Nichtbesitz *absolut entscheidend* für die Existenz sei (S. 100, 106–7). Diess würde nur für den Fall richtig sein, dass eine Vererbung der Eigenschaft ausgeschlossen ist, d. h. dass die Eigenschaft immer bei einem gleichen, durch die fortgesetzte Auslese keiner Steigerung fähigen Procentsatz der gesammten Nachkommenschaft gefunden würde; denn dann würde die ausschliessliche Erhaltung des mit dieser Eigenschaft versehenen Typus davon abhängen, dass *alle* nicht mit ihr versehenen Geburten ohne Ausnahme in jeder Generation zu Grunde gehen. Nimmt man dagegen eine wenn auch langsame Steigerung des Procentsatzes der mit jener Eigenschaft versehenen Geburten an, so ist auch eine bloss nützliche Eigenschaft fähig, gezüchtet zu werden, indem sie den mit ihr begabten Individuen bessere Chancen im Kampf um's Dasein gewährt, und dadurch nach und nach das relative Zahlenverhältniss der besser | angepassten Varietät zu der andern zu Gunsten der ersteren verändert, bis endlich die Vererbung sich hinlänglich befestigt hat, dass die minder gut angepasste Varietät von dem Schauplatz der Concurrenz verschwindet. Zweierlei aber ist zu beachten an der Wigand'schen Bemerkung, erstens, dass bei nicht absolut entscheidenden Eigenschaften alles von der Voraussetzung einer im Laufe der Zeit *sich befestigenden* Vererbung abhängt, und zweitens, dass eine Eigenschaft *um so geringere* Aussicht dazu hat, von der Natur gezüchtet zu werden, je *weniger* sie für die Existenz *entscheidend* ist, und je leichter ihr relativer Nutzen beim Kampf um die Existenz in die Waagschale fällt.

Der Darwinismus wendet allerdings die Selectionstheorie auf so gleichgültige Unterschiede und auf Eigenschaften von so fraglichem oder jedenfalls so unbedeutendem Nutzen an, dass eine Warnung zur Vorsicht auch in diesem Punkte wohl am Platze ist. Z. B. ist es entschieden fehlerhaft, die Selectionstheorie, wie so oft geschieht, auf Eigenschaften zu übertragen, welche dem Besitzer eine gewisse *Annehmlichkeit* gewähren, ohne doch seine Chancen für die Concurrenz zu verbessern. Die natürliche Zuchtwahl wird selbst wirkliche nützliche, aber in relativ geringem Grade nützliche Eigenschaften um so schwerer befestigen können, je mehr dieser Process von andern Selectionsprocessen, die sich auf wichtigere, oder gar absolut entscheidende Eigenschaften beziehen, durchkreuzt und gestört wird. Denn der Besitz oder Mangel der wichtigeren Eigenschaften wird für den Sieg oder die Niederlage im Wettkampf *vorweg* entscheidend sein und die Zahl der Keime *allein schon* auf das den Lebensbedingungen entsprechende Maass reduciren, so dass die minder wich|tigen Eigenschaften frühestens dann zur Züchtung gelangen können, wenn der neue Typus hinsichtlich der wichtigeren Eigenschaften *fixirt*, den neuen Lebensbedingungen adaptirt ist und dadurch einer neuen Auslese nach neuen Merkmalen Raum giebt. Eine solche *zeitliche Vertheilung* der Züchtungsprocesse für die verschiedenen, einen neuen Typus constituirenden Eigenschaften steht aber nicht im Einklang mit unsern Erfahrungen, nach welchen sowohl bei allmählicher Transmutation wie bei plötzlichem Auftreten einer typisch verschiedenen Varietät sämmtliche constituirende Merkmale *innig verbunden* auftreten und bei der Transmutation *Hand in Hand* mit einander gehn. Man wird demnach annehmen müssen, dass bei eintretender Aenderung der Lebensbindungen hauptsächlich nur die wichtigeren und maassgebenden Eigenschaften dem directen Einfluss der natürlichen Züchtung unterliegen, dass dagegen die minder ein-

flussreichen, ebenso wie bloss der Annehmlichkeit dienenden oder die völlig indifferenten Eigenschaften sich nur nach dem Gesetz der Correlation (d.h. nach einem Gesetz übereinstimmender innerer Entwickelung) Hand in Hand mit den ersteren verändern. Durch diese Erwägung, welche neuerdings in immer weiterem Umfange von den Darwinianern selbst acceptirt worden ist, ist die Bedeutung der natürlichen Zuchtwahl allerdings auf dem ihr bisher unterworfen geglaubten Gebiete selbst beträchtlich eingeschränkt worden, und zwar zu Gunsten des Correlationsgesetzes, welches, obwohl von Darwin als Hilfsprincip acceptirt, doch unmittelbar in eine dem Darwinismus entgegengesetzte Anschauungsweise hinüber- 8
führt.

Zu demselben Resultat kommen wir von einem anderen Ausgangspunkte, nämlich von der Betrachtung der | gegenseitigen Abhängigkeit der Merkmale und ihrer Veränderungen von einander. Wenn nach unsern Erfahrungen bei der natürlichen Entstehung von Varietäten keine *successive* Umwandlung verschiedener Merkmale beobachtet wird, so würde diess immer noch nicht die Möglichkeit ausschliessen, dass eine solche nicht doch, wie Darwin es wirklich annimmt (Entstehung der Arten 5. deutsche Ausg. S. 231), stattgefunden habe; wenn aber die einen Typus constituirenden Merkmale in der Weise mit einander verbunden sind, dass der eine nur *unter der Voraussetzung des andern* entscheidend oder nützlich ist, dann ist die *Unmöglichkeit* der successiven Entstehung erwiesen, und durch die Nothwendigkeit zur Evidenz gebracht, dass die Merkmale während der verschiedenen Phasen ihrer Entstehung bereits in *derselben Wechselwirkung* mit einander gestanden haben, wie im fertigen Typus. Dies ist aber nur möglich, wenn sie in zweckmässiger Uebereinstimmung sich Hand in Hand gehend von innen heraus entwickelt haben. So z.B. ist die Zahnbildung jedes Thieres nur zweckmässig und nützlich unter Voraussetzung einer bestimmten Beschaffenheit der Verdauungswerkzeuge und umgekehrt; es kann sich also die eine nicht durch natürliche Zuchtwahl herausgebildet haben ohne Schritthalten der anderen, und diese nicht ohne jene. Haben sich aber beide *zugleich* gebildet, so müssen sie auch aus einer und derselben Ursache als coordinirte Wirkungen stammen, und diese kann nun nicht mehr die Nützlichkeit in der Lebensconcurrenz sein. Denn *jedes einzelne* der Merkmale ist nur nützlich unter der Voraussetzung, dass das andere *schon gegeben* ist, und sogar ihre *Summe* kann wieder nur nützlich heissen in Bezug auf die instinctiven Appetite der Species auf bestimmte | Nahrungsmittel und in Bezug auf eine sonstige Lebensweise, welche selbst erst wieder um der angenommenen Organisation willen nützlich genannt werden können. Fasst man aber die Totalsumme von Zahnbau, Verdauungseinrichtungen und instinctiven Appetiten in ein Ganzes zusammen, so wäre es recht verkehrt, etwa behaupten zu wollen, es sei nützlicher, Fleischfresser als Pflanzenfresser zu sein oder umgekehrt; noch verkehrter aber wäre es zu sagen, entweder reiner Fleisch- oder reiner Pflanzenfresser zu sein, sei nützlicher als omnivor zu leben, denn eher liesse sich das Umgekehrte vertheidigen. Die natürliche Zuchtwahl und der Kampf um's Dasein finden also hier durchaus keine Angriffspunkte; denn für das einzelne Individuum treten hier gar keine Nützlichkeitsrücksichten in's Spiel, vielmehr dient es dabei nur der Totalität des Schöpfungsplanes, welcher sich im Einzelnen durch inneres Entwickelungsgesetz realisirt. Wenn demnach in solchen Fällen der Ausbildung reciproker Charaktere der natürlichen Zuchtwahl eine Rolle verbleiben soll, so kann es nur die sein, einerseits den bereits durch innere Entwickelung erreichten Specialtypus (z. B. des Wiederkäuers) vor Depravation (durch Verschlechterung des Gebisses oder der Verdauung) zu schützen, und andrerseits ihn in seinen feineren Nuancen (sei es der Bezahnung auf Grund der Verdauung oder umgekehrt) durchzubilden, vorausgesetzt, dass solche feinere Nuancen noch von hinlänglichem Gewicht für Sieg oder Niederlage im Kampf um's Dasein gelten können.

Noch eclatanter tritt die Unanwendbarkeit des Kampfes um's Dasein als des die Nützlichkeit fixirenden Princips in solchen Fällen hervor, wo die einander voraussetzenden Eigenschaften nicht in demselben Individuum vereinigt, sondern an verschiedene Species, vielleicht verschiedene | Gebiete der Organisation vertheilt sind. Ein solches Beispiel bietet die Einrichtung der durch Insekten befruchteten nektarhaltigen Blüthen und die Körperbeschaffenheit und die Saugapparate der betreffenden Insektenarten. Keine ist an und für sich nützlich, sondern nur unter Voraussetzung der correlativen Eigenschaft, keine bietet also dem Kampf um's Dasein einen Angriffspunkt, wenn nicht die entsprechende Einrichtung des andern Theils als bereits gegeben vorausgesetzt wird. Eine Verlängerung des Saugrüssels z. B. ist den Insekten nur bei vorausgehender Vertiefung des Blüthenkelches von Vortheil; eine Vertiefung des Blüthenkelches muss aber der Pflanze für die Befruchtung offenbar nachtheilig sein, also durch den Kampf um's Dasein *verhindert* werden, so lange nicht die Verlängerung der Saugrüssel als voraufgehend angenommen wird. So werden wir auch hier auf die Nothwendigkeit hingewiesen, ein Hand in Hand Gehen beider Abänderungen zu supponiren. Denkt man sich nun aber eine solche gleichzeitige Umwandlung einer Pflanzenspecies in eine andere mit tiefem Kelch (z. B. trifolium incarnatum in trifolium pratense) und einer Insektenspecies in eine solche mit längerem Saugrüssel (z. B. der Honigbiene in die Hummel – vgl. Darwin's Entst. d. 9
Arten S. 108–109), so kann wiederum bei diesem Process, insofern er als ein einheitliches Ganzes betrachtet wird, nicht von Nützlichkeit für die Individuen die Rede sein, da man nicht sagen kann, Hummel und trifolium pratense seien nützlichere oder lebensfähigere Formen als trifolium incarnatum und Honigbiene, ebenso wenig wie die durch Insekten befruchteten Pflanzen im Allgemeinen für lebensfähiger als die sich selbst befruchtenden oder durch den Wind bestäubten erklärt werden können. |

Nach Analogie der in einem und demselben Individuum Hand in Hand gehenden Veränderungen würde man sich nun darauf angewiesen sehen, an *Stelle* des Kampfes um's Dasein den Process durch ein correlatives Entwickelungsgesetz zu erklären; konnte ein solches Correlationsgesetz unter Ignorirung der in ihm zu Tage tretenden harmonischen Zweckmässigkeit bei seiner Wirksamkeit an verschiedenen Theilen desselben Individuums wenigstens noch mit dem Schein der Möglichkeit in materialistischem Sinne gedeutet werden, so ist bei der Vertheilung der correlativen Veränderungen an verschiedenen Specien selbst die Möglichkeit dieses Gedankens ausgeschlossen. Indem die ideelle Harmonie der Schöpfung in ihrer planmässigen in einander greifenden Entwickelung auf ganz getrennten Gebieten der Organisation hier zur Evidenz gelangt, bestätigt sie rückwärts, dass das Correlationsgesetz auch in Bezug auf die sympathischen Veränderungen an einem einzelnen Individuum in demselben Sinne zu verstehen ist. Hiermit ist aber ebensowenig in jenem wie in diesem Falle eine gewisse unterstützende Mitwirkung des Kampfes um's Dasein ausgeschlossen. Dieselbe wird vielmehr Platz greifen: erstens zur *Erhaltung* jeder durch die correlative Entwickelung erreichten Stufe und zweitens zur *Nachhilfe* auf derjenigen Seite des correlativen Entwickelungsprocesses, welche zufällig durch die Configuration der äusseren Umstände einen stärkeren Realisationswiderstand erfährt und deshalb eine grössere *Retardation* erleidet als die andere Seite.

Eine fernere Einschränkung muss die Anwendbarkeit des Kampfes um's Dasein sich durch solche Fälle gefallen lassen, wo eine Abänderung sich zwar als nützlich erweist, aber erst dann, wenn sie in einem *beträchtlichen* | *Grade* gegeben ist. Ein grosser Theil der die Chancen im Kampf um's Dasein vermehrenden Eigenschaften kommt freilich schon bei minimaler Abweichung zur Geltung, z. B. Gesundheit, Stärke und Schnelligkeit, die relative Länge der Wurzeln der Pflanzen oder der Beine der Sumpfvögel oder des Halses der Giraffe oder die

Schärfe der Sinneswerkzeuge: es ist aber auch die Zahl jener andern Eigenschaften nicht gering, welche sich erst dann als nützlich erweisen können, wenn sie ein bestimmtes Maass der Ausbildung überschritten haben. So z. B. können Ranken einer Schlingpflanze erst dann etwas nützen, wenn sie eine gewisse Länge erreicht haben, welche sie mindestens zum Anklammern an dünne Zweige befähigt; in allen in Bezug auf Länge hinter diesem Maass von Ausbildung zurückstehenden Stufen sind sie ein schlechthin nutzloser Ballast für das betreffende Gewächs und können daher in diesen früheren Stadien der Entwickelung dem Kampf um's Dasein keinen Angriffspunkt bieten. Ein anderes Beispiel sind die Barten des Walfisches, welche erst dann für das Thier nützlich werden, wenn sie lang genug gewachsen sind, um die Mundöffnung zu schliessen und so als Filtrum für das eintretende Wasser zu dienen. Sehr auffallende Beispiele sind ferner die einseitige Stellung beider Augen bei den Plattfischen und die Mimicry. Darwin nimmt an (Entst. d. Arten S. 252–253), dass durch die Angewohnheiten des Schielens die nachgiebigen Knochentheile der jungen Plattfische eine so bedeutende Verschiebung erlitten hätten; aber die Verschiebung konnte erst dann nützlich werden, wenn das ursprünglich auf der Unterseite stehende Auge ganz auf die Oberseite herumgerückt war, da dann erst das Aufliegen dieses Auges auf dem Meeresboden vermieden wurde. Bis zu diesem Punkte konnte alle sonstige Ver|schiebung nicht nützlich heissen, also auch dem Kampf um's Dasein keinen Angriffspunkt bieten. Wenn aber wirklich die jungen Plattfische die Fähigkeit besitzen, vermittelst Verschiebung der Schädelknochen durch willkürliche Muskelbewegung entweder das linke oder das rechte Auge um einen Winkel von 70° aus seiner ursprünglichen normalen Stellung zu verrücken, bis später diese Verschiebung sich fixirt, so erscheint diese Fähigkeit selbst so ungewöhnlich, dass sie einer besonderen Erklärung bedarf, die nun wiederum aus dem angegebenen Grunde nicht durch die Auslese im Kampf um's Dasein geliefert werden kann. In ähnlicher Art werden diejenigen Specien, welche durch äusserliche Imitation des Habitus besser geschützter Specien besserer Chancen im Kampf um's Dasein theilhaftig geworden sind, doch erst von dem Augenblick an einen Nutzen von dieser Maskerade (Mimicry) haben, wo die Aehnlichkeit mit den besser geschützten Specien täuschend genug wird, um die scharfen Augen der Feinde irre zu führen.

Diese Beispiele liessen sich leicht noch bedeutend vermehren, insbesondre auch solche aus dem Gebiete des Instincts hereinziehen. Nimmt man an, dass die Abweichung in dem die Nützlichkeit verbürgenden Grade mit einem Schlage durch heterogene Zeugung hervorgebracht wird, so ist die dem Kampf um's Dasein zufallende Aufgabe der Erhaltung, beziehungsweise auch weiteren Steigerung der neuen Form wohl verständlich; besteht man aber, wie der Darwinismus in allen diesen Fällen thut, auf einer allmählichen Transmutation, so leuchtet ein, dass *vor* Erreichung des als nützlich sich geltend machenden Grades der Abweichung ein *anderes* Princip als die natürliche Auslese im Kampf um's Dasein zur Erklärung der | Summation der Abweichungen herangezogen werden muss, und es möchte dann schwer anzugeben sein, warum dieses anderweitige Erklärungsprincip an der Grenze, wo die Abweichung nützlich zu werden beginnt, seine Thätigkeit plötzlich einstellen sollte, um einem neuen Princip Platz zu machen. Jedenfalls wird demnach auch da, wo die Transmutationstheorie im Rechte ist, der Kampf um's Dasein nur eine *unterstützende*, nicht eine bestimmende oder gar für sich allein entscheidende Rolle spielen können.

Unter Umständen können minimale Abänderungen auftreten, welche wirklich nützlich sind, ohne dass es deshalb zu einer Auslese im Kampf um's Dasein kommt. Letztere wird beispielsweise ausbleiben müssen, wenn die Lebensbedingungen so reichlich sich darbieten, dass nicht nur die günstiger, sondern auch die minder günstig organisirten Individuen bequem zu leben haben. Dieser Fall tritt z. B. ein, wenn eine Raubthierart von sparsamer Proliferation ohne örtliche Concurrenz mit andern Raubthierarten sehr reiche Heerden von Beutethieren zur Verfügung hat, die sich stark vermehren. Hier werden auch die minder starken und schnellen Raubthiere wohl versorgt sein, und keine Auslese unter ihnen stattfinden. Soll ferner eine grössere oder lebhafter gefärbte Blumenkrone durch den Kampf um's Dasein gezüchtet werden, so darf die befruchtende Insektenspecies nicht so zahlreich vertreten sein, um auch den minder prächtigen Blüthen die Befruchtung zu sichern. Die so von der Selectionstheorie als Voraussetzung für den Kampf um's Dasein postulirten Zahlenverhältnisse werden häufig genug von der Wirklichkeit nicht erfüllt werden, wenigstens ist in jedem besonderen Falle die bisher ausser Acht gelassene Prüfung nöthig, ob diese Voraussetzung auch zutrifft. |

Wichtiger als alle bis hierher besprochenen Einschränkungen für die Geltung der Auslese im Kampf um's Dasein ist der bereits im ersten Abschnitt angedeutete Unterschied zwischen physiologischen und morphologischen Charakteren, und die Thatsache, dass die Nützlichkeit für das Individuum wesentlich auf Seite der ersteren liegt, die Entscheidung über die Stellung im System und der Fortschritt von niederen zu höheren Organisationsstufen aber wesentlich in letzteren gegründet ist. Bei einem gegebenen morphologischen Typus ist durch Aenderung der relativen Grössenverhältnisse und Gestalt der Theile so wie durch Aenderung der chemischen Constitution ihres Gewebes und Zelleninhalts eine ausserordentliche Mannichfaltigkeit in der Anpassung an die verschiedenartigsten physiologischen Verrichtungen zu erzielen, und kann deshalb im Wesentlichen *jeder* morphologische Typus *jeder* Combination von Lebensbedingungen durch blosse Anpassung der physiologischen Leistungsfähigkeit seiner morphologischen Glieder und Organe gerecht werden.

Die Erfahrung bestätigt es, dass aus allen Stufen und Ordnungen des organischen Reiches die verschiedenen morphologischen Typen sich ziemlich wohl dem Leben in tropischem und arktischem Klima, in Seewasser, Flusswasser, Luft, Land, Sumpf, Wüste u. s. w. anzupassen verstehen. Mit andern Worten: alle uns bekannten morphologischen Haupttypen erweisen sich gleich nützlich oder gleich indifferent in Bezug auf die Anpassung an die Lebensbedingungen. Erst bei dem Wirbelthiertypus, insbesondere den höheren Stufen desselben, beginnen die feineren morphologischen Differenzen *innerhalb* des Grundtypus sich in erheblicherem Grade von den ihnen obliegenden physiologischen Verrichtungen abhängig oder | vielmehr umgekehrt für dieselben massgebend zu zeigen. Aber gerade weil es sich hier überhaupt nur noch um *feinere* morphologische Differenzen handelt, darf man nicht von den auf solchen Gebieten angestellten Erwägungen Rückschlüsse auf die Beziehungen zwischen morphologischen und physiologischen Charakteren im Allgemeinen machen; solche Rückschlüsse aber sind es hauptsächlich, durch welche Darwin und die sich ihm anschliessenden *Zoologen* sich haben verleiten lassen, der natürlichen Zuchtwahl eine weit grössere Tragweite zuzuschreiben, als ihr in Wahrheit zukommt. Bei den niederen Thieren und bei allen Pflanzen zeigt sich dagegen eine, zum Theil ganz erstaunliche Indifferenz der morphologischen Organe gegen die physiologischen Verrichtungen, welchen sie dienen.

Am auffallendsten ist dies bei den einzelligen Organismen, welche sich durch bloss chemische Aenderungen auf das Leichteste den verschiedenartigsten Verhältnissen zu accommodiren vermögen. Die für die Systematik wichtigsten morphologischen Verhältnisse bei höheren Pflanzen, z. B. die opponirte oder spiralige Blattstellung, die Drei-, Vier- oder Fünfzahl in den Organen der Blüthe, »die Anordnung der Samen, die Krümmungsrichtung der radicula bei den Cruciferen, die scharfen oder stumpfen Kanten der Umbelliferen, die charakteristische feine plastische oder Farbenzeichnung« mancher Samen (Wigand S. 136) lassen durchaus keinen Nutzen für die

Verbesserung der Chancen im Kampf um's Dasein absehen; alle solche systematisch wichtigen, aber physiologisch indifferenten Charaktere bieten daher auch dem Kampf um's Dasein gar keinen Angriffspunkt. Noch sicherer ist die Unmöglichkeit, die Utilität zum Ursprung der Beschaffenheit zu stempeln, wo der Speciescharakter nicht in einem | Unterschiede des fertigen Organs sondern in einer Eigenthümlichkeit seiner Entstehungsgeschichte, z. B. in einer veränderten Ordnung in der Entwickelung seiner Theile begründet ist[6].

Diejenigen Abänderungen, welche die Chancen im Kampf um's Dasein verbessern, sind fast immer nur physiologischer Art und zwar: a) *chemische* Abänderungen (z. B. Farbe, Gehalt an Pflanzensäuren, Zucker, ätherischem Oel, Amygdalin u. s. w.), b) *anatomische* Abänderungen (z. B. Behaarung, fleischige Textur, Verdickung von Zellwänden), c) *Vergrösserung* der ganzen Pflanze oder einzelner Theile ohne Beeinträchtigung der wesentlichen Gestaltsverhältnisse, d) Veränderungen in dem *periodischen* Verhalten (z. B. Belaubung, Blüthezeit, Fruchtreifung, Lebensdauer) (Wigand S. 48). Diese vier Arten der Modification reichen im Wesentlichen aus, um die Anpassung der Organismen an veränderte Lebensbedingungen zu bewirken; so z. B. wird die Auslese im Kampf um's Dasein bei kälter werdendem Klima die dichter und länger behaarten Thiere, bei zunehmender Trockenheit die Pflanzen mit tiefer gehender oder mehr verzweigter Wurzel in's Uebergewicht bringen und auf diese Weise von umgestaltendem und maassgebendem Einfluss auf die geographische Vertheilung der als schon gegeben vorausgesetzten Pflanzen und Thiere sein. Alle solche Anpassungen an veränderte Lebensbedingungen alteriren aber keineswegs den morphologischen Typus.

[6] So unterscheiden sich z. B. die Rubus-Arten untereinander und von denen von Potentilla und Fragaria durch die Succession in dem ersten Auftreten der Staubfäden (vgl. Wigand S. 21 und 137).

Wenn Darwin bei seinen *künstlichen* Züchtungsversuchen correlative morphologische Abänderungen im | Skelett von Tauben constatirt zu haben behauptet, so muss doch er selbst in diesem, auf die *natürliche* Zuchtwahl gewiss nicht ohne Weiteres übertragbarem Falle sich auf das Correlationsgesetz berufen, das wir bereits als inneres Entwickelungsgesetz im Gegensatz zu Darwins äusserlichen und mechanischen Erklärungsprincipien kennen. Wenn also die Darwinianer, mit ihrem Selectionsprincip in die Enge gedrängt, sich überall die Berufung auf gesetzmässige Correlation (im Sinne einer durch adaptive physiologische Abänderungen sympathisch mitbedingten morphologischen Abänderung) offen halten, so bleiben sie nicht nur den Beweis für solche Correlation, der bei der Verschiedenheit beider Sphären in jedem Falle besonders geführt werden müsste, schuldig, sondern flüchten damit zu einem ihren ursprünglichen Tendenzen völlig entgegengesetzten Princip. In den erfahrungsmässig vor uns liegenden Naturprocessen sehen wir thatsächlich nirgends eine den Speciestypus überschreitende morphologische Umwandlung weder direkt durch Auslese nützlicher Abänderungen im Kampf um's Dasein, noch indirekt durch correlatives Mitgehen mit solchen Züchtungsprocessen; die Natur vollzieht unter unsern Augen überall nur solche Anpassungsprocesse, welche sich auf physiologische Variationen *innerhalb* des Rahmens der Species beschränken.

Es muss daher unbedingt ein anderes Erklärungsprincip als die Auslese der bestangepassten Formen im Kampf um's Dasein sein, welches den Uebergang von einem morphologischen Typus zum andern begreiflich machen soll, und muss das Selectionsprincip um so unzulänglicher erscheinen, je grössere morphologische Differenzen zu erklären sind. Wir sehen uns auch hier gebieterisch auf ein inneres Entwickelungsgesetz hingedrängt, mag das|selbe nun die Kluft, die einen Typus vom andern trennt, durch heterogene Zeugung überspringen, oder mag sie dieselbe durch planmässig geleitete allmähliche

Transmutation überbrücken. Wenn die Species den Bereich ihrer Anpassungsfähigkeit im Kampf um's Dasein erschöpft hat und die Lebensbedingungen sich noch weiter in demselben Sinne verändern, so verschwindet sie einfach von der betreffenden Localität, und an ihre Stelle treten andere Specien, die aus Gegenden einwandern, welche schon früher ähnliche Lebensbedingungen besassen. Dies ist der erfahrungsmässig gegebene Verlauf des Kampfes um's Dasein; soll dagegen eine neue Art aus der zu verdrängenden alten entstehen, so bedarf es dazu eines andern Erklärungsprincips als der Auslese im Kampf um's Dasein, eines von innen heraus waltenden Gestaltungstriebes. Ist durch diesen alsdann eine den neuen Verhältnissen entsprechende Species geschaffen, so versteht es sich von selbst, dass diese die alte, nicht mehr angepasste Art in derselben Weise verdrängt und ersetzt, wie in andern Fällen eine neu eingewanderte Art es thut.

Ganz besonders hervorstechend erscheint die Unzulänglichkeit des Utilitätsprincips bei der Betrachtung des Fortschritts in der Organisation, wie ihn der paläontologische Stammbaum in grossen Zügen unserm Blick entfaltet. Hier handelt es sich um eine Reihe von Stufen, deren *jede* aus dem Gesichtspunkt der *Nützlichkeit* ihrer Einrichtungen für den individuellen Lebenszweck *gleich vollkommen* ist, deren jede aber in Bezug auf die Modalität ihrer Lebensgestaltung und die entsprechende *Höhe der Organisation* einen in die Augen springenden *Fortschritt* gegen die vorhergehenden zeigt. Darwin hat die Vollkommenheit der Anpassung an die gegebene | Lebenslage, und die Vollkommenheit in der Steigerung und Ausbildung des Lebenszweckes selbst und der ihm dienstbaren Steigerung der Organisation verwechselt[7], und hat den Begriff

[7] Wigand erläutert beide Arten der Vollkommenheit durch das passende Beispiel einer Uhr. Die Uhr besitzt Anpassungsvollkommenheit an ihren Daseinszweck des richtigen und gleichmässigen Ganges, wenn ihr Werk einfach, genau, in möglichst sinnreicher Construction und ta-

der Utilität, welcher nur auf die erstere Art der Vollkommenheit passt, unversehens auch auf die andere übertragen, die er in ein ganz schiefes Licht rückt. Im Grunde genommen ist der Darwinismus hierin (ebenso wie in seiner Verschmelzung des Deismus mit der mechanischen Weltansicht) ein Produkt seines Landes und seiner Zeit; er repräsentirt genau in demselben Sinne den *Utilitarismus in der Naturphilosophie* wie John Stuart Mill den Utilitarismus in der praktischen Philosophie und Erkenntnisstheorie. Darwin selbst enthüllt die Unbrauchbarkeit des Utilitarismus zur Erklärung der fortschreitenden Vervollkommnung der Organisation, wenn er fragt, »welchen *Vortheil* ein Infusorium, ein Eingeweidewurm, oder selbst ein Regenwurm davon haben könne, *hoch organisirt* zu sein?« (Entst. d. Art. S. 139). Hier ist die Utilität und die Organisationshöhe einmal unmittelbar nebeneinander gerückt, und da springt es in die Augen, dass die letztere mit der ersteren *gar nichts zu schaffen hat*[8]. Die Unanwendbarkeit des utilitaristi-

delfrei gearbeitet ist; sie besitzt hingegen Organisationsvollkommenheit, wenn sie nicht bloss die Stunde zeigt, sondern auch die Minute, vielleicht auch die Secunde, oder gar die Mondphasen und den Planetenlauf, oder wenn sie ausserdem ein Schlagwerk, Repetirwerk, Weckerwerk u. s. w. besitzt. (S. 192).

[8] Darwin ist hierin wenigstens so ehrlich, den Widerspruch seiner Theorie gegen die Thatsachen offen einzugestehn, wenn er auch denselben nachträglich durch Berufung auf unsere Unwissenheit u. s. w. abzuschwächen sucht; aber er giebt doch zu, dass selbst innerhalb einer grösseren Abtheilung (z. B. der Fische) unter den verschiedenen Organisationsstufen keine Concurrenz stattfinde. Gewisse Darwinianer jedoch stellen die Consequenzen einer über ihre Grenzen erweiterten Theorie höher als die Wirklichkeit und nehmen an, dass z. B. die niedriger organisirten Fische beständig durch die höher organisirten, in die sie sich umwandeln, verdrängt werden, aber sich durch den Nachwuchs aus den Würmern beständig ergänzen. Wäre diese Ansicht richtig, so müssten alle Uebergangsformen aller jetzt noch lebenden Arten beständig sich als Durchgangsstufen dieses Processes erzeugen, und unsrer Erfahrung zugänglich sein; dann wäre die Noth um Mittelformen, in welcher wir uns noch immer befinden, ganz unerklärlich.

schen Ge|sichtspunktes und der Anpassungsvollkommenheit schliesst aber auch sofort die Möglichkeit aus, dass die Auslese im Kampf um's Dasein irgendwie mitwirkendes Moment bei der Steigerung der Höhe der Organisation sein könne, da mit der Nützlichkeit jeder Angriffspunkt für sie entfällt[9].

Hätte Darwin die Consequenzen dieses Gedankens zu Ende gedacht, so hätte er zu der Einsicht gelangen müssen, dass die ganze Utilität nur ein *untergeordnetes Moment* der Teleologie bildet, nämlich bloss das Gebiet der Mittel zur Befriedigung der Bedürfnisse umfasst, welche aus den teleologisch bereits festgestellten Individualzwecken fliessen, dass mithin ein auf der Utilität beruhendes Erklärungsprincip, wie die Auslese im Kampf um's Dasein, immer nur eine *secundäre* Rolle spielen kann, welche ihr innerhalb des durch andere (und zwar teleologisch wirksame) Principien geschaffenen Rahmens von Individualzwecken und Organisationsstufen angewiesen wird. Auch der Kampf um's Dasein und mit ihm die ganze natürliche | Zuchtwahl ist nur ein Handlanger der Idee, der die *niederen* Dienste bei der Verwirklichung jener, nämlich das Behauen und Adaptiren der vom Baumeister nach ihrem Platz im grossen Bauwerk bemessenen und typisch vorherbestimmten Steine, verrichten muss. Diese Auslese im Kampf um's Dasein für das im Wesentlichen zureichende Erklärungsprincip der Entwickelung des organischen Reiches ausgeben, wäre nicht anders, als wenn ein Tagelöhner, der beim Zurichten der Stei-

[9] Wenn irgend eine Beziehung zwischen Organisationshöhe und Utilität nachgewiesen werden kann, so ist es ausschliesslich die *negative*, dass jede höhere, also complicirtere Organisation mehr Angriffspunkte für Beschädigungen und Störungen bietet, also wegen dieser grösseren Exponirtheit und Empfindlichkeit von Nachtheil sein kann. Hieraus würde folgen, dass die Utilität und die Selectionstheorie höchstens einen negativen Einfluss entfalten kann, der bei der positiven Steigerung der Organisation noch ausser den andern Widerständen überwunden werden muss (vgl. Entst. d. Art. S. 141).

ne zum Kölner Dombau mitgewirkt, sich für den Baumeister dieses Kunstwerks erklären wollte.

Dass die Idee mit ihrer Realisirung auch ohne diesen Handlanger fertig zu werden versteht, beweist sie in allen jenen Fällen, wo die Auslese im Kampf um's Dasein keinen Angriffspunkt an der Utilität findet, oder aus andern Gründen ausgeschlossen ist. Besonders eindringlich warnen solche Beispiele vor Ueberschätzung des Selectionsprincips, wo ein Resultat, welches in einem Falle unter Mitwirkung der Auslese im Kampf um's Dasein zu Stande kommt, in einem andern Falle in ganz derselben oder ähnlichen Weise bei zweifellosem Ausgeschlossensein jenes Erklärungsprincips von der Natur hervorgebracht wird. So gilt z.B. die Grösse und brillante Färbung der nektarführenden Blüthen (durch den für die Anlockung der sie befruchtenden Insekten gewährten Nutzen im Kampf um's Dasein) als eines der bestaccreditirten Beispiele für die Wirksamkeit des Selectionsprincips; gleichwohl besitzen viele Pflanzen, die keinen Nektar führen, also auch keine Insekten anlocken können, eine ansehnliche Blume, ja Wigand behauptet sogar, dass es Pflanzen gebe, bei denen trotz ansehnlicher Blume und trotz Nektarbildung die Befruchtung nachweislich nicht durch Insekten geschehen könne (S. 146). Ein | anderes Beispiel bieten die Schädelnähte, welche zwar bei jungen Säugethieren (wegen der Verschiebbarkeit der Schädelknochen beim Geburtsakt) nützlich sind, bei Vögeln und Reptilien aber, die aus dem Ei kriechen, keinen Nutzen erkennen lassen; ferner die spontane Entwickelung der rothen Farbe am Ende der Narbe der windbestäubten Haselblüthe.

Wenn Wigand aber aus solchen Beispielen den Schluss zieht, dass das Selectionsprincip nun auch in den andern Fällen, wo es den gegebenen Umständen nach anwendbar scheint, schlechthin abzuweisen sei, um die *Einheitlichkeit* des dieselbe Gruppe von Erscheinungen erklärenden Princips zu wahren, so scheint mir dieser Schluss zu weit gehend. Nur soviel wird man schliessen dürfen, dass ein einheitliches Erklärungsprincip (ein inneres Entwickelungsgesetz) in *allen* Fällen die tiefere *Grundlage* der Erscheinungen bildet, und dass der Auslese im Kampf um's Dasein in den Fällen, wo sie eintreten kann, nur eine *secundäre*, mitwirkende und nachhelfende Rolle zufallen kann. Sehr oft wirken ja in der Natur mehrere Erklärungsprincipien zum Zustandekommen einer concreten Erscheinung zusammen, und die Einheitlichkeit im Sinne eines Ausschlusses solcher Cooperation verstehen wollen, heisst sie völlig missverstehen. Andrerseits kann die Auslese im Kampf um's Dasein da, wo die sämmtlichen Bedingungen zu derselben gegeben sind, gar nicht ausbleiben, die Natur könnte also auch dann, wenn sie etwa *vergessen* hätte, auf dieselbe beim Schöpfungsplan zu rechnen, sich ihrer Cooperation *nicht erwehren*. Das wahre Verhältniss ist aber das, dass das Eintreten der Auslese im Kampf um's Dasein und die aus derselben resultirende Cooperation bei der Entwickelung des organischen Reiches | als ein technisches Vehikel der Realisation der Idee (oder wie die Ph. d. Unb. es ausdrückt: als ein Hilfsmechanismus für dieselbe) von jeher im Schöpfungsplan *mit in Anschlag gebracht ist*.

c. Variabilität.

Wir kommen nun zu dem zweiten der drei bei der natürlichen Zuchtwahl zusammenwirkenden Factoren, zu der Variabilität. Soll die Auslese im Kampf um's Dasein wirken können, so müssen mehr oder minder verschiedene Formen von grösserer oder geringerer Utilität vorhanden sein, welche mit einander concurriren; die Ursache von dem Vorhandensein abweichender organischer Formen ist die Variabilität. Da Darwin die natürliche Zuchtwahl als einen rein mechanischen Process darzustellen die Tendenz hat, so müssen um dieser Tendenz zu genügen, die Abweichungen von dem bisherigen Typus, welche bei der Zeugung zu Tage treten, nicht aus planmässigen

Entwickelungsvorgängen, sondern aus rein *zufälligen* Ursachen resultiren; da aber die Wirkungsrichtungen des Zufalls ganz unbestimmt sind, so muss auch die im Zufall begründete Variabilität in Bezug auf die *Richtung* der Abweichungen schlechthin unbestimmt sein, oder mit andern Worten: es darf keine Variationsrichtung vor der andern bevorzugt sein. Ausgenommen können nur solche Fälle sein, in denen es sich um den direkten Einfluss äusserer Umstände auf die bereits erzeugten Individuen handelt, ein Erklärungsprincip, welches bereits aus dem Rahmen der natürlichen Zuchtwahl heraustritt, die nur an | die bei der Zeugung entspringenden Variationen anknüpft. Die bei der Zeugung hervortretende Variabilität müsste also eine schlechthin unbestimmte, nach allen möglichen Variationsrichtungen *gleichmässig* vertheilte sein; nur wenn diese Bedingung erfüllt ist, d.h. nur dann, wenn *keine* irgend mögliche Variationsrichtung ausgelassen oder allzugering vertreten ist, nur dann bietet die Variabilität eine sichere Garantie dafür, dass auch die unter den gegebenen Lebensbedingungen zur vollkommenen Anpassung *erforderliche* Variante *nicht fehlen* wird, nur dann ist die Variabilität (unter
11 Ausschluss eines inneren Entwickelungsgesetzes und daraus folgender planmässiger Abweichungen) eine zureichende Voraussetzung für das Zustandekommen der erforderlichen nützlichen Anpassungen durch Auslese im Kampf um's Dasein.

Die zweite Bedingung aber, welche die Variabilität erfüllen muss, um ihre Rolle in der Selectionstheorie Darwin's zu erfüllen ist die, dass sie an und für sich *unbegrenzt* ist und die Grenzen ihrer Ausschreitung nach einer bestimmten Richtung nicht in sich, sondern nur in äusseren Hindernissen findet; denn nur wenn die Variabilität unbegrenzt ist, bietet sie die Garantie, dass auf dem von Darwin angenommenen Wege der allmählichen Transmutation vermittelst der Auslese im Kampf um's Dasein jeder noch soweit vom Ausgangspunkt divergirende Typus auch wirklich erreicht werde. Erweist die eine dieser beiden nothwendigen Voraussetzungen Darwin's oder gar beide, sich als unhaltbar, so stürzen damit die beiden Grundpfeiler seiner mechanischen Auffassungsweise der organischen Entwickelung zusammen.

Und in der That erscheinen bei näherer Prüfung beide als gleich unhaltbare willkürliche Hypothesen, welche | nicht nur im Bereich der Erfahrung jeder Stütze entbehren, sondern von unseren Erfahrungen geradezu und unmissverständlich desavouirt werden, da alles darauf hindeutet, dass die Variabilität sich nur in ganz bestimmt vorgezeichneten Bahnen, in ziemlich vereinzelt aus der Unmasse der Möglichkeiten herausgegriffenen Richtungen, bewegt, und dass diese Bewegung keineswegs eine *Expansion* in's Grenzenlose sondern eine *Undulation* um das Centrum des normalen Typus darstellt. Unter diesen der Erfahrung entsprechenden Voraussetzungen, wie sie z. B. Nägeli, Hofmeister und Askenasy adoptirt haben, erhält dann natürlich die Selectionstheorie eine ganz andere Bedeutung als bei Darwin; sie wird dann ein Erklärungsprincip, das auf der Grundlage einer *planmässig gerichteten* und *begrenzten* Variabilität ruht, also ein *teleologisches inneres Entwickelungsgesetz* für seine Entfaltung *voraussetzt* und dessen Wirksamkeit sich trotzdem nicht weiter erstreckt als auf die physiologische Anpassung der einmal gegebenen morphologischen Typen an die Manichfaltigkeit der Lebensbedingungen. Nachdem wir schon vorhin erkannt haben, dass die Auslese im Kampf um's Dasein nur ein cooperatives Princip ist, das ein anderweitiges von innen heraus wirkendes Erklärungsprincip voraussetzt, werden wir in dem jetzt zu Besprechenden lediglich eine Bestätigung unseres obigen Resultats finden, zugleich aber einen näheren Aufschluss darüber, wo und in welcher Weise dieses innere Entwickelungsprincip, welchem die Auslese im Kampf um's Dasein gelegentlich zur Unterstützung dient, seine Hebel ansetzt, nämlich bei der planmässigen Bestimmung der Richtung der Variabilität und ihrer zweckentsprechenden Begrenzung.

Beständе wirklich eine unbestimmte allseitige Varia | bilität, so müsste diese, wenn auch in der freien Natur nur die *nützlichen* Abweichungen sich summiren und fixiren könnten, sich doch überall durch die künstliche Züchtung nachweisen lassen; denn dem Züchter steht es ja frei, welche Richtung von Abweichungen er auslesen und steigern will. Es müsste demnach der Züchter a priori behaupten können, dass es in Folge der von Darwin vorausgesetzten unbestimmten Variabilität in seine Macht gegeben sei, jede beliebige Varietät aus jeder Stammform zu züchten, nur mit der Einschränkung, dass die verlangte Abweichung die Lebensfähigkeit der Form nicht in dem Grade beeinträchtigen dürfe, dass selbst die günstigen Lebensbedingungen bei der künstlichen Züchtung diesen Nachtheil nicht zu ersetzen vermögen. Diese Folgerung wird aber von der Erfahrung widerlegt. »Der Züchter würde es nicht wagen, auf die Erzeugung einer Purzelvarietät des Huhns, oder auf eine gespornte Taube, oder eine gelbe Taube, einen Gartenmohn mit gelber Blüthe, einen Kürbis oder Orange von blauer Farbe, eine gelbe Weinbeere, eine gelbe Centifolie zu wetten, – weil die *Natur* diese Abänderungen nicht hervorbringt« (Wigand S. 54), d. h. weil diese Richtungen der Variabilität ausgeschlossen sind. »Selbst bei den am meisten variablen Gattungen und Species, Rubus, Rosa, Menthus, Pyra, Columba, überschreitet die *Zahl* der Formen, auch wenn man auf die noch so untergeordneten Merkmale der Spielarten Rücksicht nimmt, nicht eine gewisse Grenze« (S. 53), und zeigen die sämmtlichen Formen nach ihren Aehnlichkeiten geordnet keineswegs ein Chaos, wie es der unbestimmten Variabilität entsprechen würde, sondern »ein scharf gezeichnetes Classificationssystem, ein natürliches System im Kleinen« (vgl. die Besprechung des Formenkreises der | Neritiva virginea S. 411 ff.). Kein Anzeichen weist darauf hin, dass die Lücken, welche die netzförmige Verwandtschaft eines solchen Formenkreises zeigt, früher durch die unbestimmte Variabilität ausgefüllt gewesen und erst nachträglich durch die Auslese im Kampf um's Dasein eliminirt worden seien, denn in vielen Fällen, z. B. wo es sich um das feinere Detail von Linien- oder Farbenmustern handelt, würde der Kampf um's Dasein für eine solche Auslese nicht einmal einen Angriffspunkt finden. Vielmehr müssen wir gerade in der Vermeidung eines unbestimmten Chaos, in der qualitativ vorgezeichneten Richtung der Variabilität »einen Reichthum von Plänen, eine schöpferische Phantasie der Natur« bewundern (S. 410). Besonders deutlich tritt die quantitativ bestimmte Richtung der Variabilität in der Erzeugung jener Varietäten auf, welche als dimorphe oder polymorphe Typen einer Species bezeichnet werden (und zu denen im weiteren Sinne auch der Geschlechtsunterschied gehört). Die stets auf die Zwei oder Drei beschränkte Zahl jener polymorphen Typen lässt den Rückschluss zu, dass auch bei der Erzeugung der gewöhnlichen Varietäten die Zahl der Variationsrichtungen eine, wenn auch reichlicher bemessene, doch immer bestimmte, ziemlich eng begrenzte und keineswegs unbestimmte ist. Sehen wir also, dass innerhalb dieser *begrenzten* Zahl von Variationen sowohl die nützlichen, der *Anpassung* an die veränderten Lebensbedingungen Rechnung tragenden, als auch die dem planvollen *Fortschritt* der Organisation dienenden Formen *vertreten* sind, so werden wir nothwendig dahin geführt, die Variabilität nicht als ein blosses Resultat zufälliger Differenzen in den inneren und äusseren Umständen des Zeugungsprocesses sondern wesentlich als eine *gesetzmässige innere spontane* | *Variationstendenz* in teleologisch vorgezeichneten Richtungen anzusehn. Darwin selbst gesteht ein (Entst. d. Art. S. 233), in den früheren Auflagen »die Häufigkeit und die Bedeutung der als Folgen *spontaner* Variabilität auftretende Modificationen« *unterschätzt* zu haben, wenngleich er sein Selectionsprincip mit *unbestimmter* Variabilität auch hier noch *daneben* aufrecht zu erhalten sucht. Immerhin aber ist die Einräumung einer spontanen Variabilität durch Darwin wichtig genug, besonders wenn man sie mit seinem Geständniss zusammenhält, dass die natürliche Zuchtwahl auf adaptive Charaktere beschränkt sei, woraus erhellt, dass *mindestens* für die Entstehung aller nicht als adaptiv zu bezeichnenden Charaktere auf *spontane* Variabilität recurrirt werden muss.

Dass nun aber auch innerhalb der bestimmten Variationsrichtungen die Variabilität keine quantitativ unbegrenzte ist, ist ebenso zweifellos darzuthun. Jeder Züchter weiss, dass die ersten Grade der Abweichung am leichtesten zu erzielen sind, dass jeder folgende Grad um so schwerer zu erreichen ist, je ferner er dem normalen Typus liegt, und dass jeder künstliche Züchtungsprocess in jeder von der Natur dargebotenen Richtung an eine Grenze kommt, wo jeder weitere Steigerungsversuch unmöglich wird.[10] Diese Thatsachen wären ganz unerklärlich, wenn von jedem durch die künstliche Züchtung fixirten Niveau aus von neuem eine unbestimmte Variabilität ohne Rücksicht auf den Grad der bereits zurückgelegten Abweichung in Kraft träte; sie erklären sich nur unter Voraussetzung, dass die | innere gesetzmässige *Variationstendenz* mit der Entfernung von dem normalen Typus in progressivem Maasse *abnimmt*, und dadurch die ihr entgegenwirkende *Rückschlagstendenz* immer unbehinderter wirken lässt, so dass zuletzt alle Anstrengung der künstlichen Zuchtwahl sich im Kampf mit der Rückschlagstendenz erschöpft, um nur noch das zuletzt erreichte Niveau der Abweichung festzuhalten.

Wendet man diese Erfahrungen der künstlichen Zuchtwahl auf die natürliche an, so wird auch hier die Variationstendenz im Verein mit der Auslese im Kampf um's Dasein die Abweichung nur bis zu einem gewissen Grade von der Stammform treiben können; von dem Augenblick an, wo die Tendenz, in derselben Richtung weiter zu variiren, so schwach wird, dass die Auslese im Kampf um's Dasein gerade nur noch hinreicht, um die rückschlägigen Variationen zu eliminiren, wird die

[10] So hat z. B. die Stachelbeere seit 1852 keine Vergrösserung mehr erfahren, obwohl nicht einzusehen wäre, warum sie nicht auch die Grösse eines Kürbis erreichen sollte, wenn die Variabilität nicht innerlich begrenzt wäre.

Form stehen bleiben müssen. Dies Bild entspricht unsern direkten Erfahrungen über die Natur. So weit natürliche Zuchtwahl nicht in's Spiel kommt, gleicht die Variabilität innerhalb der Specien einer undulatorischen Bewegung, die in den mannichfachsten Curven und Zickzackbewegungen um den Normaltypus der Species stattfindet, und nach jeder Ausweichung stets zu diesem zurücktendirt. So weit aber durch Veränderung der Lebensbedingungen dem Selectionsprincip ein Spielraum eröffnet wird, befestigt sich zwar eine den neuen Verhältnissen angepasste Abweichung für die Dauer dieser Verhältnisse, kehrt aber auch hier wie das Pendel sofort zum Ausgangspunkt zurück, so wie die Lebensbedingungen sich von Neuem, und zwar im Sinne der Annäherung an die früheren, ändern.

Soll eine Aenderung des Typus in seinen morpholo|gischen Organisationsverhältnissen herbeigeführt werden, so kann dazu, wie wir bereits gesehen haben, die natürliche Zuchtwahl ohnehin nichts helfen, und unterliegt dabei in den meisten Fällen die Anwendbarkeit der Transmutationstheorie überhaupt schwer wiegenden und vielfach durchschlagenden Bedenken; dann fällt natürlich auch die Leistung der Variabilität im Sinne einer allmählichen Transmutation hinweg und setzt sich an ihre Stelle das ruckweise unvermittelte Hervortreten einer neuen Varietät, Species oder Gattung. Solche Momente, die vielleicht als der plötzliche Durchbruch einer neu auftauchenden heftigen Variationstendenz zu bezeichnen wären, und der Uebergang zu einem erst wieder zu gewinnenden neuen Gleichgewichtszustand der Variabilität bilden, fallen natürlich ganz und gar aus der unbestimmten und grenzenlosen Variabilität Darwin's heraus und gehören in einen andern, als diesen rein mechanischen Anschauungskreis, nämlich in dasselbe Gebiet gesetzmässiger innerer Entwickelungsvorgänge, in welche die von Darwin zugestandene *spontane* Variabilität zu rechnen ist.

d. Vererbung.

Wir haben schliesslich dem dritten Factor der natürlichen Zuchtwahl, der Vererbung, eine kurze Betrachtung zu widmen. Die Vererbung soll dazu dienen, die durch den Kampf um's Dasein in einer Generation ausgelesene natürliche Abweichung für die folgenden Generationen zu conserviren und als neues Niveau für die unbestimmte Variabilität zu fixiren. Damit die Vererbung in diesem | Sinne wirken könne, muss sie speciell als Vererbung *der individuell erworbenen Charaktere* verstanden werden; denn nach der gemachten Voraussetzung sollen ja die zu vererbenden Charaktere so eben erst durch den Einfluss der Variabilität erworben sein. Es ist also festzuhalten, dass die Vererbung der individuell erworbenen Charactere eine der nothwendigen Voraussetzungen des Selectionsprincips in der mechanischen Auffassungsweise des Darwinismus ist. Streng genommen müsste diese Vererbung der individuell erworbenen Charaktere ein ausnahmsloses *Gesetz* sein, aber man wollte es sich selbst gefallen lassen, wenn sie nur überwiegende *Regel* wäre. Thatsächlich jedoch ist das Vorkommen derselben *Ausnahme* und im Gegentheil das Verschwinden der individuell erworbenen Charaktere mit der Generation, die sie erworben hat, die Regel. Darwin selbst gesteht ein (Abst. d. Mensch. II. S. 109 Anm.), durch einen Artikel der North British Review vom march 1867 überzeugt worden zu sein, wie sehr die Wahrscheinlichkeit *gegen* die erbliche Erhaltung von Abänderungen spricht, welche, mögen sie nun schwach oder stark ausgesprochen sein, nur in einzelnen Individuen auftreten. Da nun aber bei den zahllosen möglichen Richtungen einer unbestimmten Variabilität die *nützlichen* Abweichungen immer nur in *einzelnen* Individuen auftreten können, so hat Darwin mit diesem nachträglichen Eingeständniss eine unerlässliche Voraussetzung seiner Selectionstheorie selbst widerrufen, und damit die Unhaltbarkeit der Theorie nach seiner bisherigen mechanischen Auffassungsweise auch von dieser Seite her zugegeben.

Ist die Vererbung individuell erworbener Eigenschaften eine von vorn herein unwahrscheinliche Ausnahme, so | bleibt nur folgende Alternative: entweder eine planvoll-gesetzmässige von innen heraus wirkende bestimmte Variationstendenz ergreift gleichzeitig eine grössere Anzahl Individuen, um die an sich unwahrscheinliche Vererbung zu sichern, oder aber die bestimmte Variationstendenz, welche in der einen Generation auftrat, bleibt auch in den folgenden wirksam, und das thatsächliche Resultat der Vererbung ist dann nicht mehr Folge eines mechanisch wirkenden »Vererbungsvermögens«, sondern Ausdruck der gleichmässig fortdauernden Wirksamkeit des schon in der vorhergehenden Generation in derselben Richtung thätigen Entwickelungsgesetzes. Da bei der ersteren Annahme die Vererbung immerhin nur für eine oder wenige Generationen gesichert wäre, so muss die zweite Annahme doch jedenfalls herbeigezogen werden, ohne damit die Wahrscheinlichkeit auszuschliessen, dass eine solche neu auftretende bestimmte Variationstendenz von vornherein gleich in mehreren Individuen auf einmal zu Tage treten mag. Jedenfalls werden durch diese Auffassung Variabilität und Vererbung in einen *inneren Connex* gebracht und als verbundene Momente der Entfaltung des inneren Entwickelungsgesetzes begriffen, während sie bei Darwin auseinanderfallen als Folge zufälliger Einflüsse und als Resultat eines materiellen Uebertragungsmechanismus vom Erzeuger auf das Erzeugte. Wenn Darwin wiederholentlich eingesteht, dass die Variabilität ein vollkommen *dunkler* Gegenstand sei (z. B. »das Variiren der Th. u. Pfl.« II. S. 243, 359), und nicht umhin kann, sich darüber zu wundern, wie *capriciös* das Vererbungsvermögen sei, so scheinen solche dunkle und capriciöse Principien wenig geeignet, als Grundpfeiler einer Theorie zu dienen, welche ins Leben gerufen wurde, um die Entstehung der Arten zu erklären, obgleich die mor | phologische Organisationshöhe mit der Utilität zugestandener Maassen keinen Berührungspunkt hat. Ein anderes Ansehn aber gewinnt die Sache, wenn der Versuch einer äusserlich mechanischen Erklärung offen aufgegeben wird, und spontane Variabilität und innere Vererbungstendenz als die beiden zusammengehörigen Seiten der Aeusserung des in gleicher Weise für Entstehung, Erhaltung und Fortbildung der beabsichtigten Modificationen sorgenden Entwickelungsgesetzes aufgefasst werden, wo dann die scheinbar regellosen Capricen sich als Bausteine der planmässigen Gesammtentwikkelung erweisen, und vom teleologischen Gesichtspunkt aus Licht in die dunkle Frage fällt, warum die Variabilität spontan auftritt, d.h. die eine Richtung der andern vorzieht.

Dabei bleibt es immerhin möglich, dass eine durch *mehrere* Generationen hindurch in einem bestimmten Sinne wirksame Variationstendenz zugleich dem Organismus eine materielle Disposition imprägnire, die Varietät als solche zu vererben; es würde dann eine solche imprägnirte Disposition als ein Hilfsmechanismus angesehen werden können, der die fortdauernde Function des inneren Entwickelungsgesetzes *unterstützt*. Aber einerseits kann ein solcher Hilfsmechanismus erst *mit der Zeit*, d.h. im Laufe mehrerer Generationen sich bilden, und andrerseits sehen wir in der weit überwiegenden Mehrzahl der zur Untersuchung dieser Frage angestellten Versuche, dass nicht einmal eine mit der Zeit zunehmende Vererbungsneigung zu constatiren ist, wenigstens nicht in den Zeiträumen mehrerer Jahre, auf welche die Aussaat-Versuche von Hoffmann und Wigand sich erstreckten (S.77 und 417–420), und in denen doch immerhin eine solche Zunahme zu erwarten wäre, wenn die natürliche | Zuchtwahl nicht jede Aussicht zur Entfaltung einer Wirksamkeit einbüssen soll. Allerdings zeigt auch hier das Pflanzenreich sich Darwin's Annahme ungünstiger als das Thierreich; denn während im Pflanzenreich die Vererbungschancen für Culturvarietäten so gering sind, dass deren Erhaltung meistens auf ungeschlechtlicher Vermehrung beruht, spricht der Werth, welchen die Thierzüchter auf das »reine Blut« legen, allerdings zu Gunsten der Vererbung. Immerhin muss dieses entgegengesetzte Resultat der Erfahrungen die Wahrscheinlichkeit einer procentualisch fortschreitenden Vererbung bei der natürlichen Auslese im Kampf um's Dasein für alle solche Fälle höchst zweifelhaft machen, wo nicht das innere Entwickelungsgesetz, welches als bestimmte Variationstendenz den ersten Impuls zu dem Umwandlungsprocess gab und dessen erste Schritte leitete, durch fortdauernde Wirksamkeit *ausdrücklich* auf die Imprägnirung der Organismen mit einer materiellen Disposition zur Festhaltung der eingeschlagenen Variationsrichtung d. h. einer bestimmten Vererbungstendenz hinwirkt. Wenn also wirklich die unbestimmte Variabilität durch zufällige Einflüsse eine Wahrheit wäre, so würde sie doch niemals über minimale Abweichungen, die in der nächsten oder spätestens zweitnächsten Generation wieder verschwinden, hinauskommen, und nur in denjenigen Richtungen könnte eine Summation und Befestigung dieser Abweichungen resultiren, in welchen eine qualitativ bestimmte, ihre Richtung gesetzmässig verfolgende Variationstendenz aufträte, welche zugleich eine Vererbungstendenz hervorbrächte. Dass die Vererbung nicht, wie Darwin meint, mechanisches Resultat einer viele Generationen hindurch wiederholten Auslese im Kampf um's Dasein ist, geht schon daraus hervor, dass die Erfahrung der aus dieser | Annahme folgenden Consequenz widerspricht. Es folgt nämlich unmittelbar aus derselben, und Darwin erkennt ausdrücklich diese Consequenz an, dass die *nützlichsten* Charaktere die bei der Vererbung *beständigsten*, die für den Kampf um's Dasein *indifferenten* Charaktere aber die *unbeständigsten* und variabelsten sein müssten, weil ihnen der Regulator der Auslese im Kampf um's Dasein fehlt. Nun sind aber die morphologischen Charaktere des Gattungs- und Art-Typus, obwohl sie der Auslese im Kampf um's Dasein keinen Angriffspunkt bieten, überaus beständig, und so gut wie gar keiner Veränderung bei der Vererbung unterworfen; die nützlichen Charaktere dagegen, d. h. die physiologischen Anpassungscharaktere sind die hauptsächlich und oft in hohem Grade variabeln. Die mechanische Auffassung der Vererbung als Wirkung der Auslese im Kampf um's Dasein wird also auch indirekt durch die Erfahrung widerlegt, und ist somit in keiner Hinsicht als haltbar zu betrachten.

So führt uns auch die nähere Betrachtung des Princips der Vererbung, ebenso wie die des Princips der Variabilität und des der Auslese im Kampf um's Dasein zu einem Resultat, das dem von der Kritik bei Darwin vorgefundenen Ausgangspunkt direkt entgegengesetzt ist. Ueberall erweist sich die mechanische Auffassungsweise des Problems nicht nur als unzulänglich, sondern sie drängt bei einiger Ueberlegung stets unmittelbar zu ihrem Gegentheil, der Anerkennung eines den Fortschritt der Organisation leitenden inneren Entwickelungsgesetzes hin. |

e. Wahrheit und Irrthum in der Selectionstheorie.

Die Selectionstheorie als Ganzes genommen, sollte nach Darwin ein rein mechanisches und als solches ausreichendes Erklärungsprincip für Erscheinungen im Gebiet des organischen Lebens sein; sie kann dies aber deshalb nicht sein, weil zwei von den sie constituirenden Factoren, die Variabilität und die Vererbung selber keine mechanischen Erklärungsprincipien sind, und der dritte, die Auslese im Kampf um's Dasein, obwohl selbst ein rein mechanisches Princip doch für seine Anwendbarkeit jene nichtmechanischen Erklärungsprincipien voraussetzt und selbst dann noch keineswegs als allein ausreichendes, sondern nur als cooperatives secundäres Erklärungsprincip gelten kann. Diese unhaltbare mechanische Auffassungsweise ist der *eine* Irrthum in der Selectionstheorie; der *andere* ist die Ueberschätzung ihrer Anwendbarkeit und Tragweite. Ihre Anwendung bleibt zunächst ausgeschlossen für alle Fälle wesentlicher morphologischer Typenumwandlung, insbesondere für jede Erhöhung und Steigerung der Organisationsstufe; aber auch innerhalb der physiologischen Anpassung an die

Lebensbedingungen ist sie an die Erfüllung einer ganzen Reihe von Bedingungen gebunden.

Die erste und wichtigste ist das spontane Auftreten einer besser angepassten Form, sei es auf dem Wege der heterogenen Zeugung, sei es auf dem (nur graduell von diesem verschiedenen) der planmässig gerichteten und hinreichend lange vorhaltenden Variationstendenz in Verbindung mit der Einpflanzung einer Disposition zur Vererbung der neuen Form. Die zweite Bedingung besteht darin, dass die Abweichung nicht nur in der geeigneten Richtung liegt, | sondern auch, wofern nicht schon eine minimale Abweichung in dieser Richtung nützlich ist, sogleich in einem solchen Grade eintritt, dass sie die Chancen der mit ihr behafteten Individuen im Kampf um's Dasein merklich erhöht. Die dritte ist das Vorhandensein eines solchen Verhältnisses zwischen der Zahl der Individuen und der Reichlichkeit und Zugänglichkeit der Lebensbedingungen, um die sie activ oder passiv concurriren, dass wirklich eine namhafte *Auslese* stattfindet, und nicht etwa alle oder der allergrösste Theil der Individuen zu leben haben. Die vierte besteht in der Forderung, dass die zu züchtende Eigenschaft weder indifferent noch der blossen Behaglichkeit und Annehmlichkeit des Lebens dienend, sondern wirklich nützlich, und zwar in solchem Grade nützlich sei, dass sie die Concurrenzfähigkeit des Individuums merklich erhöhe. Die fünfte Bedingung ist darin zu suchen, dass die zu züchtende Eigenschaft nicht gleichzeitig mit anderen wichtigeren Eigenschaften erworben werde, welche zusammen genommen schon für sich allein maassgebend genug sind, um ohne Mitwirkung der ersteren über die Elimination einer so grossen Anzahl von Individuen zu entscheiden, dass für den Rest ohne Unterschied der Concurrenzfähigkeit das Leben gesichert bleibt. Die sechste ist die, dass die zu züchtende Eigenschaft auch wirklich unter alleiniger Voraussetzung des status quo der Organisation beim Beginn des Züchtungsprocesses nützlich sei und nicht etwa erst unter Voraussetzung von Organisationsverhältnissen, die erst gleichzeitig Hand in

Hand mit ihr entstehen sollen, mögen dieselben nun andere Theile desselben Organismus oder andere Gebiete des organischen Reiches betreffen.

Würde man untersuchen, welche Bedeutung dem Selectionsprincip bei Erfüllung all dieser Bedingungen für den | selbstständigen Vollzug einer Typenumwandlung zwischen nicht allzu engen Grenzen noch verbleibt, so würde das Resultat allerdings ziemlich auf Null zusammenschrumpfen. Fasst man aber die Sache so auf, dass die natürliche Zuchtwahl gar nicht die Aufgabe hat, Transmutationsprocesse von einiger Länge *selbstständig* durchzuführen, sondern dass sie nur einen *Hilfs*mechanismus, einen technischen Behelf zur *Unterstützung* der aus dem gesetzmässigen inneren Gestaltungstriebe entspringenden Processe repräsentirt, dann bleibt ihre Bedeutung im Haushalt der Natur trotzdem sehr gross. Denn überall, wohin man nur blickt, dient sie als technischer Behelf zur automatischen Bewahrung des einmal durch innere Entwickelung erreichten Anpassungsgleichgewichts, und sie entfaltet Wirksamkeit nicht nur an den Endpunkten der Anpassungsprocesse sondern *in jedem momentan erreichten Stadium* derselben; sie dient, um ein Bild aus der Mechanik zu gebrauchen, als *Sperrklinke* an dem vom inneren Gestaltungstriebe bewegten Zahnrad der Entwickelung. Ausserdem aber dient sie noch als *Koppelung* der unzählig vielen nebeneinander gehenden Triebwerke der correlativen Entwickelung, welche die zufälligen Verschiedenheiten der Ganghemmnisse paralysirt und die übereinstimmende Gleichmässigkeit ihres Ganges gesichert. Wo eine bestimmte Seite correlativer Ent-
12 wickelung allzu schnell vorauseilen will, wirkt sie *retardirend,* indem jede einseitige Entfernung von dem correlativen Anpassungsgleichgewicht die Chancen im Kampf um's Dasein vermindert; wo aber andere Seiten correlativer Entwickelung durch den Widerstand zufällig verstärkter Ganghemmnisse hinter den mit ihr in Wechselwirkung stehenden Abänderungen zurückzubleiben drohen, da wirkt sie *beschleunigend,* | in-

dem die am meisten zurückgebliebenen Exemplare durch den Kampf um's Dasein eliminirt, und nur die relativ am weitesten fortgeschrittenen erhalten und zur Fortpflanzung zugelassen werden. Niemand wird bezweifeln, dass Sperrklinke und Koppelung höchst wichtige, vielleicht unentbehrliche mechanische Hilfsmittel in einem grossen einheitlichen Maschinenbetrieb sind, aber diese Wichtigkeit entschuldigt keineswegs den Irrthum derer, welche Sperrklinke und Koppelung für das *ganze* Triebwerk, ja sogar für den eigentlichen Motor des Getriebes ansehen. Die Koppelung *überträgt* nur den Ueberschuss der Kraft von den mit geringeren Ganghemmnissen behafteten Triebwerken auf diejenigen, welche grössere Widerstände zu überwinden haben, und so kommt es, dass bei oberflächlichem Hinsehen die *ausgleichende Uebertragung* von Kraft für eine *Produktion* von Kraft gehalten werden kann, zumal wenn die Anlage der die wahre Triebkraft zuleitenden Dampfröhren dem Blicke des Beschauers verborgen ist.

Auf der andern Seite löst sich das *Wunder des harmonisch übereinstimmenden correlativen Entwickelungsganges so zahlloser Einzelprocesse* durch die Einsicht in das einfache technische Hilfsmittel der Koppelung, welches überall da als Regulator wirkt, wo ein Vorauseilen oder Zurückbleiben individueller oder partieller Entwickelungsprocesse die Chancen des Individuums im Kampf um's Dasein vermindert; indem Darwin uns die Selectionstheorie schenkte, hat er uns in Wahrheit ein für die genannten Fälle *ausreichendes Erklärungsprincip für eines der grössten Wunder des Weltprocesses* geliefert. In diesem Sinne darf das Selectionsprincip einen hohen dauernden Werth beanspruchen, der nur dadurch beeinträchtigt werden kann, dass der Darwinis|mus den unhaltbaren Anspruch erhebt, in dieser Theorie ein Erklärungsprincip für den organischen Entwickelungsprocess selbst, insbesondere für die Typenumwandlung bei der Entstehung der Arten zu besitzen.

Wenn man den Begriff der Koppelung der correlativen Entwickelungsprocesse nach seiner ganzen Tragweite zu Ende

denkt, so wird man bald erkennen, dass es kaum irgend einen Vorgang giebt, auf den die Theorie der natürlichen Zuchtwahl anwendbar schiene, und der nicht unter jenen Begriff zu subsumiren wäre; man muss sich nur mit dem Gedanken durchdringen, dass die gesammten Processe der Natur in einer planvollen Harmonie, in einer grossartigen Einheit des zweckvollen Zusammenhanges stehen, und dass jeder scheinbar isolirte Vorgang nur ein solcher ist, dessen correlativer
13 Zusammenhang mit dem Gesammtplan der Entwickelung von einer einseitigen Betrachtung ausser Acht gelassen wird. Alles drängt den Darwinismus dahin, die maassgebende Bedeutung des Correlationsgesetzes, d.h. des individuellen Entwickelungsgesetzes in seiner Beziehung auf die Totalentwickelung, anzuerkennen, das Selectionsprincip aber nur noch als einen *Regulator* der Correlation vermittelst Koppelung beizubehalten.

Wir erkannten zuerst, dass die genealogische Verwandtschaft nur *eine* der Vermittelungsweisen der ideellen Verwandtschaft, und dass die allmähliche Transmutation nur *eine* der Vermittelungsweisen für die genealogische Descendenz ist. Aus der Thatsache, dass die ideelle Verwandtschaft auch noch auf ganz anderem Wege als durch Descendenz, nämlich durch ein von innen heraus formgestaltendes Entwickelungsgesetz sich verwirklicht, und dass die genetische Umwandlung eines Typus in einen andern in den meisten und gerade in den wichtigsten Fällen sich auf einem | andern Wege als durch allmähliche Transmutation, nämlich durch heterogene Zeugung vermittelst gesetzmässig sich entfaltender Keimmetamorphose realisirt wird, mussten wir schliessen, dass Descendenz und allmähliche Transmutation nur *cooperative* Erklärungsprincipien, *technische Behelfe* oder unterstützende *Hilfs*mechanismen des von innen heraus gesetzmässig wirkenden Gestaltungstriebes seien. Dasselbe haben wir nunmehr von dem Selectionsprincip erkannt, wenngleich die Sphären, innerhalb deren diese drei cooperativen Erklärungsprincipien zur Anwendung kommen, ganz verschieden begrenzt sind.

Wenn nun der Darwinismus den Fehler begeht, diese verschiedenen (wie wir gesehen haben, zum Theil sehr scharf gezeichneten) Grenzen zu verwischen, und die Combination der in's Unbestimmte verallgemeinerten drei Principien (der Descendenz, der allmählichen Transmutation und der Selection) unter seinem Collectivnamen für ein untheilbares Ganze auszugeben, so kommt er doch durch diesen Fehler der von ihm beabsichtigten Begründung der mechanischen Weltanschauung auf dem Gebiet der organischen Natur nicht näher. Denn welches immer das Geltungsgebiet dieser Principien im Einzelnen sein mag, so bleiben sie doch unter allen Umständen nur cooperative Erklärungsprincipien, technische Beihilfen zu der Wirksamkeit des Princips der inneren planvoll-gesetzmässigen Entwickelung, als dessen Träger oder Subject ein metaphysischer Bildungs- oder Gestaltungstrieb angenommen werden muss. Die erwähnten Eingeständnisse Darwin's in Betreff seiner Ueberschätzung des Selectionsprincips, in Betreff der Beschränkung desselben auf adaptive Charaktere (mit Ausschluss der Umwandlung und Steigerung der morphologischen Organisationsverhältnisse), in Betreff der Dunkelheit und Spon|taneität der Variabilität, der capriciösen Beschaffenheit der Vererbung und der Unwahrscheinlichkeit der Vererbung individuell erworbener Eigenschaften signalisiren einen Rückzug auf den vorgeschobensten, die Schlüsselpunkte der Stellung bildenden Positionen des Darwinismus, dem als nothwendige Consequenz *ein Zurückweichen auf der ganzen Linie der mechanischen Weltansicht* folgen muss. Es bleibt uns nur noch übrig, die Rückzugspositionen zu betrachten, in welchen der Darwinismus sich zu verschanzen sucht, nachdem er die Unhaltbarkeit seines Haupttrumpfs, der Selectionstheorie, im Sinne der mechanischen Auffassung erkannt hat. Wir werden sehen, dass die wichtigsten der von Darwin herangezogenen auxiliären Erklärungsprincipien der mechanischen

Weltansicht noch weit ferner liegen als das Selectionsprincip, dass sie geradezu als eine, wenngleich uneingestandene, Restitution der entgegengesetzten Auffassungsweise zu betrachten sind. |

VII. Mechanismus und Teleologie.

Die Tabelle der vorhergehenden Seite veranschaulicht übersichtlicher als ein Resumé es vermöchte, den eigentlichen Reinertrag unserer bisherigen Untersuchungen, welche, von der gegebenen Thatsache einer systematischen Verwandtschaft der Typen beginnend, durch den Reichthum der Besonderung hindurch zu einer Hypothese geführt haben, wie der Idealismus sie längst gefordert hat.

Die »organische Entwickelungstheorie«, unter welchem Ausdruck wir die Gesammtheit der aufgenommenen Theorien und Erklärungsprincipien zusammenfassen können, ist diejenige Theorie, zu welcher der Darwinismus seine mit mannichfachen Irrthümern behaftete Einseitigkeit kritisch herausläutern muss. Dieselbe umfasst *alle* Elemente des Darwinismus, ordnet sie aber als blosse mechanische Hilfsmittel dem Entwickelungsgesetz *unter,* oder als besondere Aeusserungsweise desselben der allgemeinen Theorie der Entwickelung *ein,* und nimmt *ausserdem* Elemente auf, welche der Darwinismus aus falschen Vorurtheilen von sich auszuschliessen getrieben wird, ist also zumal diese neu hinzutretenden Elemente an principieller Wichtigkeit der im Darwinismus enthaltenen (mit Ausnahme der Descendenztheorie) überlegen sind, bedeutend weiter und *umfassender als dieser.*

Man darf schon jetzt behaupten, dass die Anhänger | der Descendenztheorie in Deutschland dieselbe bereits überwiegend als organische Entwickelungstheorie in dem angegebenen Sinne auffassen oder doch danach ringen, sich von dem Bann des Darwinismus zu einer solchen dem Volke der Denker mehr entsprechenden Auffassung hindurchzuarbeiten.

Es dürfte daher auch an der Zeit scheinen, den *Namen* des Darwinismus, der oft in missbräuchlicher Weise noch für einen nicht unwesentlich modificirten Theoriencomplex aus Pietät gegen den Urheber der neuen naturphilosophischen Bewegung und Erregung der Geister festgehalten wird, definitiv *fallen zu lassen*, zumal die Benennung einer Lehre nach ihrem Urheber immer einen unsachlichen und autoritativ beengenden Eindruck macht, und statt dessen den Ausdruck »organische Entwickelungstheorie« zu adoptiren, falls man es nicht vorzieht, unter Beiseitelassung der nichtgenealogischen ideellen Verwandtschaft bei dem Ausdruck Descendenztheorie stehen zu bleiben. Denn allerdings ist die Descendenztheorie die wichtigste und bisher am meisten angefochtene Seite dieser inneren Entwickelungstheorie. Der beschränkte Empirismus der Naturforschung und der beschränkte Dogmatismus der Theologie hatten sich gemeinschaftlich verschworen, um jede Art von Descendenztheorie zu Gunsten der Constanz isolirt erschaffener Arten zu bekämpfen, und es ist ein grosses Verdienst Darwins, durch seine Argumente für die Flüssigkeit der Art den Kampf um die Descendenztheorie von Neuem aufgenommen zu haben, so wie Ernst Häckels, die zerstreuten und unter der Unmasse empirischen Materials erstickenden Gedanken Darwins in ein durchsichtiges einheitliches System gebracht zu haben (vgl. meinen Aufsatz »Ernst Häckel« in der »Deutschen Rundschau« 1875). |

Häckel war Deutscher genug, um offen anzuerkennen, dass die neue Lehre von der Abstammung der Arten von einander und der Einheit des genealogischen Stammbaums des organischen Reiches gar nicht mehr zur *Naturwissenschaft* im engeren Sinne gehöre, dass sie recht eigentlich *Naturphilosophie* sei, und nur aus einer Verschmelzung von empirischer naturwissenschaftlicher Grundlage und philosophischer Speculation hervorgehen könne. Er brachte so die lange verpönte Philosophie bei der Naturwissenschaft wieder zu Ehren und lieferte selbst in einer »Generellen Morphologie« nach verschiedenen

Richtungen sehr beachtenswerthe Beiträge zur Naturphilosophie. Leider reichte nur diese Heranziehung der Philosophie nicht weit genug, um ihn von dem Vorurtheil der Zeit, der mechanischen Weltanschauung, abzubringen, und dieses Vorurtheil beherrscht ihn so sehr, dass es ihn sogar bisher gehindert hat, die Einschränkungen und Berichtigungen sich anzueignen, deren Nothwendigkeit Darwin selbst in selbstverläugnender Wahrheitsliebe eingestanden hat. Während Darwin durch Anerkennung der Wichtigkeit *spontaner* Variabilität und der Unwahrscheinlichkeit der Vererbung *individuell* erworbener Eigenschaften seinen beiden Formen der Zuchtwahl sowie dem Lamarck'schen Princip den festen Boden *mechanischer* Gesetzmässigkeit entzogen, und durch Einschränkung der natürlichen Zuchtwahl auf adaptive Charaktere die Steigerung der typischen Organisation als solcher ganz und gar auf das Gesetz der correlativen Entwickelung von innen heraus angewiesen hat, behauptet Häckel noch in der 4. Auflage seiner »Natürlichen Schöpfungsgeschichte (S. 104), dass in Darwin der von Kant für unmöglich erklärte Newton erschienen sei, der durch seine Selectionstheorie die Aufgabe thatsächlich gelöst habe, die Er|zeugung eines Grashalms nach Naturgesetzen, die keine Absicht geordnet hat, begreiflich zu machen!! Darwin würde ganz gewiss dieses bedenkliche Compliment sehr entschieden ablehnen, welches der gegenwärtige Hauptvertreter des Darwinismus ihm spendet, der weit darwinischer ist, als Darwin selbst.

Vorläufig dürfte wohl Kant gegen Häckel Recht behalten. Denn Kant hat nicht bloss, wie Häckel rühmend anerkennt, die Descendenztheorie *zuerst*, wenn auch nur andeutend, verkündet, sondern er hat sie sogar *genau in der Gestalt* aufgestellt, zu welcher der Darwinismus sich durch die vorhergehende Kritik *geläutert* hat, d.h. in Gestalt einer organischen Entwickelungstheorie. Kant verwirft einerseits den Occasionalismus, nach welchem bei jeder Zeugung eine neue Schöpfung aus der Hand Gottes hervorgeht, der nur aus unerforschlichen Gründen es sich zur Regel macht, diese Schöpfung an die Formalität eines Zeugungsprocesses anzuknüpfen[11]; er wendet sich andrerseits gegen die Involutions- oder Einschachtelungstheorie der präformirten Keime vom Anfang her, welche im Wesentlichen durch Wigand's Genealogie der Urzellen wieder aufgenommen ist. Er erklärt sich vielmehr für eine Theorie der productiven Evolution oder Epigenesis und für Blumenbachs metaphysischen »Bildungstrieb« (S. 320), in welchem er die behufs Erklärung der organischen Formen unerlässlich zu den Kräften und Eigenschaften der Materie hinzutretende, also immaterielle, spontan wirkende Ursache erkennt (S. 303), und dessen Mitwirkung im Verlaufe des organischen Entwickelungsprocesses ihm eine weit einfachere Annahme scheint als die Summe höchst künstlicher | Veranstaltungen, deren die Involutionstheorie bei der Conservirung ihrer von Anfang an erschaffenen Anlagen und Keime bedarf.

Er betrachtet ferner die gesammte Geschichte des organischen Lebens als einen Evolutionsprocess; schon der Anfang desselben kann nicht auf rein mechanischem Wege zu Stande gekommen sein, da die generatio aequivoca in diesem Sinne verstanden *ungereimt* sei (§ 79 S. 313 Anm.). Zuerst lässt er Thiere »von minder zweckmässiger Form« entstehen, und durch »diese wiederum andere, welche angemessener ihrem Zeugungsplatze und ihrem Verhältnisse unter einander sich ausbildeten, gebären« (S. 313), und zwar durch heterogene, oder wie er es ausdrückt: »*heteronyme* Zeugung« (314 Anm.). Neben diesem Haupthebel der Entwickelung, der heterogenen Zeugung, räumt er aber auch den *zufälligen Abänderungen* und ihrer *Vererbung* eine Mitwirkung im Evolutionsprocess ein, betont jedoch, dass dieses nur als eine »gelegentliche Entwickelung einer in der Species ursprünglich vorhandenen

11 Kritik der Urtheilskraft § 80; sämmtliche Werke ed. Ros. IV S. 317 bis 318.

zweckmässigen Anlage« beurtheilt werden könne (S. 314). Ebenso bleibt er sich stets bewusst, dass die ganze Descendenz nur ein mechanisches Vehikel zur Realisirung des Naturzwecks ist, und überhaupt aller Mechanism der Natur dem Organism (er sagt: *absichtlichen* Technicism) derselben *untergeordnet* sei und auch in unserer Betrachtung bleiben müsse (§ 77).

Da wir nun in keinem Falle a priori wissen können, »*wie viel* der Mechanism der Natur als Mittel zu jeder Endabsicht in derselben thue« und *wie weit* die für uns mögliche mechanische Erklärungsart gehe« (S. 308), so erhellt daraus die Pflicht der Naturwissenschaft, allerwärts die mechanischen Erklärungsversuche *so weit als mög|lich* zu treiben. Gleichwohl verbleibt es bei dem Grundsatz, dass »der *blosse* Mechanism der Natur zur Erklärung dieser ihrer« (organischen) »Producte gar *nicht hinlänglich* sein könne« (S. 306), d. h. es bleibt insbesondere in Betreff der Form der Organismen ein mechanisch unerklärbarer Rest, wo der metaphysische »Bildungstrieb« zur Erklärung herbeigezogen werden muss. *Wie gross* dieser Rest ist, ist insofern *gleichgültig*, als auch für das Gebiet, wo die mechanische Erklärungsweise gilt, gleichzeitig die teleologische in ihrem ungeschmälerten Rechte fortbesteht, »weil in einer teleologischen Beurtheilung der Materie, selbst wenn die Form, welche sie annimmt, nur als nach Absicht möglich beurtheilt wird, doch, ihrer Natur nach mechanischen Gesetzen gemäss, *jenem vorgestellten Zwecke auch zum Mittel untergeordnet sein kann*« (S. 308). Nur vor Verwechselung beider Betrachtungsweisen muss man sich hüten, und vor der Sucht, die eine ganz durch die andere verdrängen zu wollen, was nach *beiden* Richtungen *in gleicher Weise* zu phantastischen und schwärmerischen Hirngespinnsten führt (304); denn beide sind in der Erfahrung begründet und haben gleiches Recht, und soweit von einer Zwiespaltigkeit oder einem Dualismus hierbei die Rede sein könnte, wäre es ein uns durch die Schlüsse aus der Erfahrung auferlegter, den wir nicht dadurch zu beseitigen berechtigt sind, dass wir willkürlich die eine Seite zu Gunsten der andern ableugnen.

Eine wahrhafte Ueberwindung dieser Zweiheit der Betrachtungs- und Erklärungsweise ist nur dadurch möglich, dass zu beiden Seiten eine höhere Einheit gesucht und gefunden wird, als deren Momente sie begriffen werden. Denn allerdings muss ein solches höheres einheitliches Princip vorhanden sein, wenn beide ohne Collision an einem | und demselben Naturprodukt nebeneinander sollen bestehen können (S. 305). »Das Princip, welches die Vereinbarkeit beider in Beurtheilung der Natur nach denselben möglich machen soll, muss in dem, was ausserhalb beider (mithin auch ausser der möglichen *empirischen* Naturvorstellung) liegt, von diesen aber doch den Grund enthält, d. h. im *Uebersinnlichen* gesetzt werden, und eine jede beider Erklärungsarten darauf bezogen werden« (304). Kant hat also den inductiv gegebenen Zwiespalt *wirklich überwunden,* und hat sich nur durch seine falsche Erkenntnisstheorie davon abhalten lassen, dieses einheitliche Princip, weil es übersinnlich sei, näher zu bestimmen, obgleich es doch auf der Hand liegt, dass das eine der beiden Principien, das teleologische, mit dem er unbekümmert wirthschaftet, ja *gleichfalls schon übersinnlicher* Natur ist. Ich habe nach Hegel's Vorgang diese Lücke ausgefüllt, und das Princip, als dessen verschiedene Seiten sich causale und teleologische Gesetzmässigkeit darstellen, als das der logischen Nothwendigkeit bestimmt (Ph. d. Unb. Ster. Ausg. S. 808–811).

Wäre Häckel in den deutlich ausgesprochenen Sinn der Kant'schen Auseinandersetzungen tiefer eingedrungen, so hätte er nicht den, wie gezeigt, unbegründeten Vorwurf gegen Kant erheben können, dass derselbe bei dem Dualismus von Causalität und Teleologie stehen geblieben sei, und wäre vielleicht davor bewahrt geblieben, was ihm nun begegnet ist, nämlich trotz aller Anstrengungen selber in dem getadelten Dualismus stecken zu bleiben, weil er den einzig möglichen

Weg zur Lösung, den von Kant eingeschlagenen, zu verfolgen und auszubilden veschmähte.

Der vordarwinische Materialismus hatte die Zweckmässigkeit in der Natur einfach den Thatsachen zum Trotz | geleugnet, der Darwinismus erkannte nunmehr dieselbe zwar wieder an, meinte aber, dieselbe als Resultat rein mechanischer Processe erklären zu können. Mit der Anerkennung der Zweckmässigkeit als Thatsache und der Behauptung ihres Zustandekommens durch mechanische Vorgänge ist aber folgende Alternative gegeben: entweder die Zweckmässigkeit der aus dem Naturmechanism resultirenden Erscheinungen gehört *nicht* zu dem Wesen der mechanischen Naturgesetze und stellt sich nur per accidens ein, oder aber sie ist eine nothwendige und unausbleibliche Folge derselben, die mit zu ihrem *Wesen* gehört.

Im ersteren Falle wird die so eben *behauptete* Erklärbarkeit der zweckmässigen Erscheinungen *ausschliesslich durch* die mechanischen Naturgesetze wieder *aufgehoben*, indem als allein entscheidender Factor für das Zustandekommen der Zweckmässigkeit der *Zufall* eingeführt, d.h. mit andern Worten auf eine Erklärung aus *gesetzmässig* wirkenden Principien *verzichtet* wird; gegenüber der wissenschaftlichen Forderung der Erklärung aus gesetzmässig wirkenden Principien bleibt mithin der Dualismus mechanischer Gesetzmässigkeit und der durch dieselbe *nicht erklärbaren* Zweckmässigkeit bestehen, und diess ist in Wahrheit die Lage, in welcher sich Häckel befindet, der auf Schritt und Tritt den Zufall in den unwahrscheinlichsten Combinationen zu Hilfe nehmen muss.

Im andern Falle aber, wenn man die Berufung auf den Zufall als unwissenschaftlich von der Hand weist, und das Resultiren zweckmässiger Wirkungen aus mechanischen Ursachen als etwas mit *Nothwendigkeit* von dem Wesen der mechanischen Gesetze Involvirtes ansieht, gelangt man zwar zu einer wirklichen Aufhebung des Dualismus, aber doch eben nur dadurch, dass man den Begriff der Teleo|logie *als integrirenden*

Bestandtheil in den Begriff des Mechanismus mit aufnimmt, also zugesteht, dass es mit Nothwendigkeit zum Wesen des Mechanismus gehört, zweckmässige Wirkungen hervorzubringen, d. h. *teleologisch zu sein.*

Diess ist nun zwar entschieden richtig (schon der Name Mechanismus, d. h. Vermittelungsapparat oder System von Mitteln, deutet auf die Immanenz des Zweckes hin), nur muss man es dann aufgeben, gegen jedes teleologische Princip zu polemisiren, nachdem man sich selber zu einem Princip bekannt hat, welches seiner innersten Natur nach teleologisch ist, – man muss es aufgeben, den Begriff des Mechanismus als einen der Teleologie absolut *entgegengesetzten* zu behandeln, da er den letzteren *involvirt,* – man muss aufhören von *todtem* Mechanismus zu reden, wenn es zu seinem Wesen gehört, unaufhörlich als *lebendig,* als organisches Leben sich zu erweisen. In der That: wäre der Mechanismus der Naturgesetze nicht teleologisch, so wäre er auch gar kein Mechanismus geordneter Gesetze, sondern ein blödsinniges Chaos stierköpfig eigensinniger Gewalten. Erst indem die Causalität der anorganischen Naturgesetze den Beinamen der »todten« zu Schanden macht, und sich als der *Mutterschooss des Lebens und der allüberall hervorspriessenden Zweckmässigkeit* erweist, verdient sie den Namen *mechanischer* Gesetzlichkeit, wie ein von Menschen gefertigtes Gewirr von Rädern und Maschinentheilen, die sich auf bestimmte Weise durcheinander bewegen, erst dann den Namen eines Mechanismus oder einer Maschine erwirkt, wenn die *immanente Teleologie* der Zusammensetzung und der verschiedenen Bewegung der Theile sich kundgiebt.

Häckel geht so weit, den Mechanismus einer Locomo|tive, dessen Leistungen der Wilde als unmittelbare Wirkung eines mächtigen Geistes anstaunt, als Beispiel dafür anzuziehen, dass es nur darauf ankomme, einen so verwickelten Apparat wie die Locomotive oder das menschliche Auge ist, in seiner *rein mechanischen* Natur zu begreifen, um von teleologischen Wahnvorstellungen zurückzukommen (Nat. Schöpf. Gesch. 4. Aufl.

S. 635). Aber das Beispiel beweist stricte das Gegentheil; es beweist nämlich, dass nur das ein Mechanismus zu heissen verdient, dem die Teleologie in demselben Sinne immanent ist wie der Locomotive, deren Dasein der Wilde *mit Recht* als Beweis einer *der seinigen überlegenen Intelligenz* ansieht, und deren staunenswerthe Zweckmässigkeit sich dadurch um nichts vermindert, wenn man den vollen Einblick in den Mechanismus als solchen erlangt hat. So bleiben auch wir im Rechte, wenn wir in dem weit staunenswürdigeren grossen Mechanismus der Natur die Documentirung einer der unsrigen weit überlegenen Intelligenz bewundern, und unsere Bewunderung wird dadurch nicht vermindert sondern erhöht, wenn es uns gelingt, mit unserm Verständniss allmählich mehr und mehr in den Zusammenhang dieses Mechanismus einzudringen.

Gegen eine solche Auffassung der mechanischen Gesetzmässigkeit der Natur, welche die Teleologie principiell nicht von ihr ausschliesst, sondern in sie einschliesst, wäre also vor der Hand gar nichts einzuwenden; nur ist das *philosophische Problem*, wie Causalität und Teleologie zu dieser Verschmelzung in den mechanischen Naturgesetzen kommen, auch nicht um einen Schritt gefördert, sondern steht auf dem alten Fleck. Man hat sogar nun begriffen, dass *wenn* von einem Mechanismus soll die Rede sein können, die Teleologie in diesem bereits involvirt sein | muss; aber *wie* es zu einem solchen teleologischen Mechanismus kommt, oder warum die Causalität sich nach *solchen* Gesetzen vollzieht, dass ein wirklicher, d. h. teleologischer Mechanismus dabei herauskommt, bleibt so unklar wie zuvor. Es bleiben nur die beiden Auswege übrig: entweder das Wunder einer prästabilirten Harmonie oder Rückgang auf ein höheres einheitliches Princip, von dem Causalität und Teleologie nur verschiedene Seiten sind.

Näher dürften wir der Lösung kommen, wenn wir einmal vom entgegengesetzten Ende ausgehen, nämlich von der Teleologie. Nachdem wir doch einmal die Nothwendigkeit der Einheit beider erkannt haben, kann es ja in der That nicht mehr darauf ankommen, mit welchem wir die Betrachtung anheben; wir müssen ja doch immer wieder auf das andere hingeführt werden, da es von seinem Begriff unabtrennbar ist.

Die Teleologie will Lehre von den Zwecken sein, die Zwekke in der Wirklichkeit nachweisen und die Art der natürlichen Verwirklichung der noch nicht wirklichen, d.h. ideellen Zwecke untersuchen. Wie kann nun aber der ideelle Zweck sich verwirklichen ohne ein Material, an und in welchem er sich verwirklicht? Und wenn dem so ist, wie kann er sich verwirklichen ohne die Vermittelung dieses Materials, das ihm als *Mittel* der Realisation dient? Kann überhaupt der Zweck *Zweck* sein ohne das reciproke *Mittel*, kann von Teleologie die Rede sein ohne irgend welche Weise der natürlichen Vermittelung, ohne ein System natürlicher Mittel d.h. einen *Mechanismus*? Das Material, in welchem, und die mechanischen Vermittelungsweisen, durch welche der Zweck sich verwirklicht, sind nur als Mechanismus, d.h. als eine Summe vorhandener Kräfte von naturgesetzlicher Wirksamkeit zu denken, d.h. die | Teleologie setzt den Mechanismus *voraus* und ist *ohne diesen unmöglich*, ganz ebenso wie umgekehrt der Mechanismus ohne die Teleologie unmöglich ist. Dächte man sich den *absoluten Mechanismus* gegeben, so würde er eo ipso die *absolute Teleologie* realisiren, dächte man sich die Teleologie auf *absolut teleologische* Weise realisirt, so müsste dies *absolut mechanisch* geschehen. Könnten die Materialisten uns nachweisen, dass die Welt der absolute Mechanismus sei, so könnten die Teleologen ihnen nur dankbar dafür sein, da sie ihnen damit bewiesen hätten, dass die Teleologie auf die absolut teleologische, auf die denkbar *zweckmässigste Weise* in der Welt realisirt sei. Könnten umgekehrt die Theologen beweisen, dass ihr absolut weiser und mächtiger Gott durch keine inneren Widersprüche der Sache und durch keine formelle Unmöglichkeit behindert sein könne, seine Zwecke auf die absolut teleologische Weise zu realisiren, so würden sie damit bewiesen haben, dass die Welt in der That ein absoluter Mechanismus sein müsse, d.h. dass *gar nichts* in ihr geschehen dürfe ausser nach mechanischer Gesetzmässigkeit.

Leider haben wir bei der Schwäche unseres Verstandes keine Aussicht dazu, a priori herauszurechnen, ob die rein mechanische Vermittelung der Naturzwecke an inneren sachlichen oder formellen Unmöglichkeiten scheitert; wir sind also auch hier auf den inductiven Weg angewiesen, und müssen a posteriori untersuchen, in wie weit die mechanischen Naturgesetze sich als ausreichend erweisen, um die von uns inductiv constatirte Zweckmässigkeit der Naturproducte zu erklären. Hier bleibt natürlich eine beständige Verschiebung der Grenzen unserer Erkenntniss zu erwarten; gegenwärtig aber liegt die Sache so, dass nur für das Ge|biet der unorganischen Natur die mechanische Gesetzmässigkeit (in der gewöhnlichen Bedeutung des Worts) ausreichend erscheint, dass aber auf dem der organischen Natur *ausser* dieser mechanischen unorganischen Gesetzmässigkeit die Mitwirkung noch anderer *organischer* Gestaltungs- und Entwickelungsgesetze erforderlich scheint, als deren Träger unter Ausschluss der materiellen Atomkräfte ein anderweitiges metaphysisches Princip zu supponiren ist. Zugleich müssen wir sagen, dass nach unserer gegenwärtigen Kenntniss *nicht abzusehen ist*, wie die genannte Hypothese durch weitere Fortschritte der Naturwissenschaften jemals entbehrlich gemacht werden sollte, und dass mithin die Unentbehrlichkeit dieser Hypothese als eine so wahrscheinliche Erkenntniss bezeichnet werden kann, wie nur irgend durch inductives Erkennen in Bezug auf solche Gegenstände erreicht werden kann. Dagegen werden wir uns hüten, der grundlosen Behauptung Kant's beizustimmen, dass nach einem aus dem *Begriff* der Teleologie fliessenden *Grundsatz* jede mechanische Erklärung organischer Produkte ihrer Natur nach unzuträglich bleiben *müsse* (S.W. IV 306), da vielmehr die Teleologie durch eine solche Annahme in keiner Weise alterirt werden würde.

Teleologie und Mechanismus in der Natur verhalten sich also genau so wie die Begriffe Zweck und Mittel; jedes ist ohne das andere unmöglich, sie sind *reciprok*. Soll aber einem von beiden der *Vorrang* zugeschrieben werden, so gebührt er offenbar der Teleologie; denn das Mittel ist um des Zweckes willen da, nicht umgekehrt. Im Grunde sind beide doch nur herausgesetzte, gleichsam verselbstständigte Momente eines *logischen* Processes; die *logische Nothwendigkeit* ist das einheitliche Princip, | welches sich von der einen Seite gesehen als (anscheinend todte) Causalität der mechanischen Naturgesetzlichkeit, von der andern Seite als Teleologie darstellt. Was dort gesetzmässige Wirkung einer Ursache genannt wird, heisst hier beabsichtigte Folge des angewandten Mittels; die Finalität von hinten gesehen erscheint als Causalität, und die Causalität, so wie sie mit ihrem Wirken zu einem gewissen (interimistischen) Abschluss gediehen ist, erweist sich hinterdrein allemal als Finalität, wenn man auch während des mechanischen Processes gar nichts davon gemerkt hatte. So erscheint von der einen Seite die Organisation als *Wirkung* (wenn auch bis jetzt keineswegs als *ausschliessliche* Wirkung) des Mechanismus
der unorganischen Naturgesetze, von der andern Seite dieser 14
Mechanismus als ein System von *Mitteln* für die Hervorbringung der Organisation und ihrer Zweckmässigkeit; beides ist *gleich wahr*, und das eine ist es *nur*, weil *auch das andere* es ist.

Die Kritik des Darwinismus hat uns gezeigt, dass bis jetzt nirgends organische Zweckmässigkeit als ausschliessliches Resultat von rein mechanischen Processen nachgewiesen werden kann, da der einzige als rein mechanisch zu betrachtende Factor, die Auslese im Kampf um's Dasein, für sich allein keine zweckmässigen Wirkungen erzielen kann, sondern erst dann, wenn er durch zwei andere Factoren zur natürlichen Zuchtwahl vervollständigt wird, welche nicht mehr als mechanisch zu bezeichnen sind, sondern wesentlich Ausflüsse des gesetzmässigen organischen Bildungstriebes darstellen. Dieser Nachweis würde, auch abgesehen von der eingeschränkten Anwendbarkeit und der bloss *cooperativen* Bedeutung der natürlichen Zuchtwahl als Handlangers eines auch ohne ihre Beihilfe zu den gleichen | Leistungen befähigten Princips, allein schon hinreichen, um jede von Seiten des Darwinismus auf sie gesetzte Hoffnung betreffs Erklärbarkeit zweckmässiger organischer Resultate durch rein mechanische Principien zu zerstören. Wäre die natürliche Zuchtwahl wirklich, wie der Darwinismus sich einbildet, erstens ein rein *mechanisches* Princip und zweitens ein *selbstständiges* (nicht bloss cooperatives) Princip, so möchte ihr Geltungsbereich noch so eingeschränkt sein, es würde wenigstens hinreichen, ein *Beispiel* von dem zu geben, was der Darwinismus behauptet, und würde somit der Hoffnung Raum geben, dass es weiteren Forschungen gelingen könnte, noch andere mechanische Erklärungsprincipien für organische Zweckmässigkeit aufzufinden. Jetzt aber, wo das Selectionsprincip sich als ein aus mechanischen und organischen Factoren zusammengesetztes Princip erwiesen hat, das *nur auf Grundlage* einer bereits vorausgesetzten inneren Entwickelung sich bethätigen kann, jetzt kann auch der aus ihm zu ziehende Analogieschluss *nur dahin* lauten, dass vermuthlich auch alle andern noch etwa zu entdeckenden Erklärungsprincipien der organischen Zweckmässigkeit *nur zum Theil* mechanischer Natur sein werden, und nur auf Grundlage eines bereits vorausgesetzten organischen Entwickelungsprincips eine auf *Cooperation* beschränkte Wirksamkeit werden entfalten können.

Wenn mithin von darwinistischer Seite aus dem Gesichtspunkt mechanischer Erklärung organischer Zweckmässigkeit der Selectionstheorie Darwins »die Bedeutung einer eminenten philosophischen That« beigelegt wird, »deren Tragweite für die Umwandlung der philosophischen Systeme sich jedenfalls in eine im Einzelnen unabsehbare | Perspektive ausdehnt«[12], so beruht dieses Urtheil nicht etwa auf einer blossen Ueber-

[12] Vgl. die anonyme Schrift »Das Unbewusste vom Standpunkte der

schätzung des Selectionsprincips, sondern auf einer *principiell unrichtigen* Ansicht über dasselbe, und sind die aus diesem fundamentalen Irrthum entwickelten Forderungen einer principiellen Modification der Philosophie des Unbewussten natürlich hinfällig. Die am genannten Ort (S. 30–34) zur Unterstützung angezogenen Beispiele von Compensationsprocessen aus der *anorganischen* Natur können wegen des Uebergangs auf ein anderes Gebiet für die Entstehungsweise der *organischen* Zweckmässigkeit gar nichts lehren; denn auf anorganischem Gebiet ist das Zustandekommen zweckmässiger Ausgleichungen auf rein mechanischem Wege ebensowenig jemals bezweifelt worden, wie auf organischem Gebiet die *Mitwirkung* mechanischer Compensationsprocesse. Die anorganische Natur unterscheidet sich ja eben dadurch von der organischen, dass alles was in ihr entsteht, also auch die zweckmässigen Ausgleichungen, *ohne die Leitung eines organisirenden Princips* zu Stande kommt; wie kann es da statthaft sein, Analogien von jener auf diese zu ziehen, welche nur dadurch eine Beweiskraft zu erhalten scheinen, dass sie den specifischen *Unterschied* beider *ignoriren*! Darwinistisch gesprochen giebt es in der anorganischen Natur keine natürliche Zuchtwahl, sondern nur eine Auslese im Kampf um's Dasein. Die organischen Factoren: die spontane Variabilität bei der Zeugung und die Vererbung fehlen; statt dessen aber *verharren* die (in der organischen Natur mit der Lebensdauer einer Generation wieder zu Grunde gehenden) Re | sultate jeder Auslese im Kampf um's Dasein als dauernde teleologische Errungenschaften des mechanischen Processes bis zu einer etwaigen Zerstörung durch äussere Ursachen[13].

Physiologie und Descendenztheorie.« Berlin, C. Duncker 1872, S. 30 und 28–29.

[13] Vgl. den beachtenswerthen Versuch des Dr. Carl Freiherrn du Prel in seiner Schrift »Der Kampf um's Dasein am Himmel« (Berlin, Denicke's Verlag 1874), die Zweckmässigkeit der kosmischen Gruppirungen,

Wenn somit durch unsere Betrachtungen einerseits die Unabtrennbarkeit der Teleologie vom Mechanismus und die Unmöglichkeit, durch Erweiterung des mechanischen Gebiets das teleologische einschränken zu wollen, erwiesen ist, und andrerseits die Aussichtslosigkeit des Unternehmens dargethan ist, auf naturwissenschaftlichem Wege jemals zur Erklärung *organischer* Zweckmässigkeit durch mechanische Erklärungsprincipien zu gelangen, so würde der Darwinismus sich darauf reducirt sehen, die nothwendige Zulänglichkeit mechanischer Principien zur Erklärung *aller*, also auch der organischen, Naturerscheinungen dadurch *indirekt* zu beweisen, dass er auf *speculativem* Wege die Möglichkeit eines organisirenden Princips neben dem Mechanismus der organischen Naturgesetze bestritte. Selbst wenn ihm diess gelänge, würde doch durch solche Negation unser positives Verständniss der Naturprocesse nicht um ein Haar breit gefördert werden; immerhin aber wäre es *philosophisch* werthvoll, von einer als unhaltbar erwiesenen Hypothese zum Eingeständniss der völligen Unwissenheit zurückzukehren.

Insoweit sich die fragliche Kritik auf die Verkennung der wahrhaft speculativen Ueberwindung des scheinbaren | Dualismus zwischen Causalität und Teleologie stützt, haben wir dieselbe bereits als irrthümlich und nichtig erkannt. Im Uebrigen drückt sich der Widerstand gegen ein organisirendes Princip unter irgend welchem Namen hauptsächlich durch den Einwurf aus, dass jede Bethätigung eines solchen ein metaphysischer *Eingriff* in die ausnahmslose mechanische Nothwendigkeit der Naturgesetze sein würde, der dieselben parti-

Anordnungen und Bewegungen als Resultat mechanischer Compensationsprocesse aufzuzeigen; ferner den ähnlichen Versuch Pfaundler's in seiner Abhandlung »Der Kampf um's Dasein unter den Moleculen« (im Jubelband von Poggendorf's Annalen) in Bezug auf die Grundprocesse der Chemie, obwohl hier nicht wie von du Prel das Hinübergreifen in das Gebiet der organischen Natur vermieden ist.

ell aufhöbe und deshalb dem theologischen *Wunder*begriff gleichzusetzen wäre (vgl. »Das Unbewusste u.s.w.« S.18–19). Hierin liegt aber eine falsche inhaltliche Identification zwischen gesetzmässigem organisirendem Eingriff und gesetzloswillkürlichem Wunderakt. So weit das theologische Wunder nicht natur*widrig* verstanden wird (und nur insoweit ist hier von demselben die Rede – vgl. ebenda S.19), giebt es in der That keinen andern vernünftigen Grund, um a priori gegen dasselbe Protest einzulegen, als die *Willkürlichkeit* desselben, welche den Gegensatz der teleologischen Gesetzmässigkeit bildet, während a posteriori dasselbe nur aus der Mangelhaftigkeit der erbrachten Beweise für wunderbare Thatsachen bestritten wird. Nur weil die Verwandlung des Brodes in Fleisch ein Willkürakt ohne vernünftigen und gesetzmässigen Zusammenhang mit der Sündenvergebung ist, welche durch denselben bewirkt werden soll, nur deshalb wird mit Recht a priori gegen ein solches Wunder protestirt. Dagegen ist z.B. jede Keimmetamorphose zum Zweck einer heterogenen Zeugung, ohne welche ein bestimmter Fortschritt zu teleologisch geforderten höheren Stufen der Organisation nicht vollzogen werden kann, mit solchem Willkürakt phantastischer Zauberei gar nicht zu vergleichen, weil sie ein nothwendiges Moment in dem gesetzmässigen Entwickelungsprocess der Organisation bildet. | Diesen inneren Unterschied zu ignoriren, und auf die äussere Aehnlichkeit hin den Widerwillen gegen das Wunder zur Diskreditirung des gesetzmässigen metaphysischen Eingriffs von Seiten des organisirenden Princips zu benutzen, erscheint daher in keiner Weise zulässig oder beweiskräftig gegen letzteres.

Vielleicht hat der Ausdruck »Eingriff« dazu beigetragen, die gesetzmässige Bethätigung des organisirenden Princips mit dem Willkürakt des Wunders zusammenzustellen. »Eingriff« bedeutet hier aber kein *Arrêtiren* der Wirksamkeit mechanischer Naturgesetze, sondern nur ein *Platzgreifen* oder *Hineintreten* eines neuen mitwirkenden Factors in den Process, in Folge dessen natürlich das Gesammtresultat ein anderes wird, als wenn er nicht mitgewirkt hätte. So kann man es bei einem gegen den Strom rudernden und vergeblich gegen denselben ankämpfenden Boot einen »Eingriff« nennen, wenn der Wind die schlaffen Segel zu blähen beginnt, und nunmehr die Anstrengung der Rudernden erfolgreich macht. So kann man es einen »Eingriff« in die einfache Gesetzmässigkeit der Gravitation nennen, wenn die zur Sonne gravitirende gasige Hülle eines Kometen durch elektrische Kräfte von derselben in Gestalt eines Schweifes abgestossen wird. So wenig man hier einwenden kann, dass durch diese »Eingriffe« die unwandelbare Gesetzmässigkeit der in ihren Resultaten modificirten Naturgesetze aufgehoben oder ausser Kraft gesetzt wurde, ebenso wenig ist dieses Bedenken da begründet, wo der neu hinzutretende Factor, welcher das Resultat modificirt, in der gesetzmässigen Bethätigung des organisirenden Princips besteht. Ein solcher Protest gegen dasselbe wäre nur dann im Recht, wenn es a priori feststände, dass es *keine anderen Actionen* in der gesammten | anorganischen Natur gebe, als solche, welche aus den Atomkräften nach den *anorganischen* Naturgesetzen entspringen. Dies scheint nun allerdings den Anhängern der mechanischen Naturauffassung a priori festzustehn; dass es ihnen aber so scheint, ist doch eben zunächst nur eine petitio principii, ein *grundloses Vorurtheil*, welches daher stammt, dass die ausschliesslich in Untersuchung des mechanischen Causalzusammenhangs sich erschöpfende Aufgabe der *Naturwissenschaft* (im Unterschied von der Naturphilosophie) durch leicht begreifliche Ueberschätzung der speciellen Fachwissenschaft zugleich für die erschöpfende Aufgabe *aller* Wissenschaften gehalten wird[14]. Ein vom | streng *natur-*

[14] Leider haben sich in neuerer Zeit auch Fachphilosophen, die sich wegen ihres Mangels an philosophischer Bildung und Besonnenheit nicht mit Ueberschätzung ihrer Specialwissenschaft entschuldigen können, hinreissen lassen, dem naturwissenschaftlichen Modevorurtheil

wissenschaftlichen Standpunkt gegen die Hypothese eines organisirenden Princips erhobener Protest ist daher schon insofern bedeutungslos, als er eben das voraussetzt, was doch erst von dieser Voraussetzung bewiesen werden soll, nämlich die *Nichtexistenz* anderer bei Naturprocessen mitwirkenden Ursachen ausser den anorganischen Atomkräften. Nur wenn diese unbewiesene, willkürlich angenommene Voraussetzung ausgesprochen oder stillschweigend als feststehend zugegeben wird, *nur dann* kann die beliebte Berufung auf die All-

der mechanischen Weltanschauung zu huldigen, z. B. Albert Lange in seiner Gesch. d. Materialismus. Die Herren Philosophieprofessoren, die endlich einsehen, dass sie mit ihrer bisherigen Schleppenträgerei der Theologie nicht mehr durchkommen, dass vielmehr das Publikum sie einfach als nicht existirend betrachtet, versuchen es jetzt vereinzelt mit einer für die Philosophie ganz ebenso unwürdigen Schleppenträgerei der Naturwissenschaft und ihrer momentanen Vorurtheile, sicher, auf diese Weise wenigstens von einer gewissen Classe des Publikums als Regeneratoren der Philosophie applaudirt zu werden. Sache der Philosophie ist es nun zwar, die gesicherten Resultate der Naturwissenschaft mit als empirische Basis ihrer Reflexion und Speculation zu verwerthen, aber nicht sich blindlings in die gerade im Schwange gehende metaphysische Dogmatik der Naturwissenschaft hineinzustürzen. Wenn solche Schleppenträger einer dogmatisch postulirten petitio principii dann noch dazu sich herausnehmen, ihre Gegner dadurch zu discreditiren, dass sie deren idealistische Auffassungsweise für identisch mit dem Köhlerglauben oder der devil-devil-Theorie der Australneger erklären, so kann man darin nur noch einen auf die Dupirung des wissenschaftlichen Pöbels berechneten rohen Knalleffekt sehen. (Gesch. d. Mat. 2. Aufl. II. Bd. S. 278–280.) Was nämlich den devil-devil des Australnegers zum lächerlichen Aberglauben macht, ist einzig und allein der Anthropomorphismus, den er bei seinem Schlusse von der teleologischen Erscheinung auf ein ihr zu Grunde liegendes geistiges Princip begeht. Da ich nun von diesem frei bin, so bietet diese Absurdität gar kein tertium comparationis. Ob es aber, *abgesehen* von dem Anthropomorphismus, nicht ein richtiger Schluss ist, an dem *gar nichts* Lächerliches zu finden, das ist eben die keineswegs lächerliche, sondern sehr ernste Streitfrage, und es ist eine unwissenschaftliche Perfidie, dieses tertium comparationis durch Hineinziehen der Absurdität des Anthropomorphismus mit discreditiren zu wollen.

gemeingültigkeit des Causalgesetzes Zweifel erwecken an der Zulässigkeit eines metaphysischen Princips als Träger des organischen Entwickelungsgesetzes, denn *nur dann* würde diese Mitwirkung als Eingriff in das Causalgesetz erscheinen. Aber es ist klar, dass diese Einwendung ganz haltlos ist; denn wenn es ein solches metaphysisches Princip giebt, so ist seine Mitwirkung am Entwickelungsprocess *selbst eine causale,* d.h. sie fällt unter den Begriff der Causalität und kann darum nimmermehr zur Klage über eine »*Durchbrechung* des strengen Causalzusammenhangs der Natur« Anlass geben[15].

Ein wirklicher Beweis gegen die Existenz eines organisirenden Princips ist meines Wissens nur von einem einzigen Gesichtspunkte aus versucht worden, nämlich von dem des Gesetzes der Erhaltung der Kraft (vgl. »Das Unbe|wusste etc.« S. 83–85). Dass dieses Gesetz für das hier fragliche Gebiet keineswegs erwiesen ist, vielleicht auch nie erwiesen werden wird, wird zugestanden, und dafür an die apriorische Evidenz desselben appellirt. Dass eine solche zuzugeben, bestreite ich nicht; nur ist erstens nicht a priori zu bestimmen, unter welchen *näheren Modalitäten* das Gesetz beim Hinübertreten vom materiellen auf das psychische Gebiet Geltung beanspruchen dürfe, und zweitens ist zu beachten, dass ganz gewiss nicht a priori eine Beschränkung desselben auf das Gebiet der materiellen Atomkräfte behauptet werden kann. Denn a priori kann höchstens so viel behauptet werden, dass, *wenn* es ausser den Atomkräften noch andere Naturkräfte (psychische, metaphysische u.s.w.) gäbe, dann auch bei diesen in irgend welcher Weise eine Regelung des Ueberganges der verschiedenen möglichen Formen von lebendiger Kraft und Spannkraft in einander vorausgesetzt werden müsse. *Ob* es aber solche ander-

[15] Wie eine solche von Seiten der meine Auffassung *gehässig karrikirenden* Darstellung und Kritik in Lange's Gesch. d. Mat. Bd. II S. 277 ff. erhoben worden ist. Vgl. hierzu meine »Krit. Grundlegung des transcendentalen Realismus« Cap. V S. 93–95.

weitige Kräfte giebt, eventuell, *wie* sich dieselben in einander umwandeln, und in welchen Beziehungen sie zu den aus den Atomkräften hervorgehenden Formen der Kraft stehen müssen, für alles das bietet das Gesetz der Erhaltung der Kraft *gar keinen Anhaltspunkt.*

Für den vorliegenden Zweck können wir übrigens die Frage nach den psychischen Kraftäusserungen des menschlichen Geistes, an welche die Diskussion der genannten Schrift zunächst anknüpft, ganz dahingestellt sein lassen, da die Hypothese eines organisirenden Princips gar nicht einmal mit Nothwendigkeit die Entfaltung einer besonderen *Kraft* verlangt. Es reicht nämlich hierfür die Annahme vollständig aus, dass die Action des organisirenden Princips ohne alles Hinzubringen einer neuen Kraft sich darauf be|schränkt, *die Art und Weise* der Umwandlung der gegebenen Combinationen von Atomkräften in andere Formen abgeleiteter Kräfte unter Wahrung des Gesetzes der Erhaltung der Kraft zu beeinflussen. Dieser Einfluss würde sich besonders auffallend dadurch documentiren, dass die Tendenz der anorganischen Naturgesetze zur *Stabilität,* d.h. zur Herstellung möglichst stabiler Zustände *paralysirt,* und das entgegengesetzte Resultat der Umwandlung stabiler Combinationen in *labilere* erreicht wird, wie diess den chemischen Unterschied der organischen und anorganischen Verbindungen ausmacht. Zugleich aber würde ein Einfluss auf die Bildung der *Form* geübt werden, in welcher die materiellen Elemente sich lagern, und welche gleichfalls in den Organismen von derjenigen morphologischen Lagerungsform speciell verschieden ist, welche dieselben materiellen Elemente unter dem blossen Einfluss der anorganischen Naturgesetze einnehmen würden. 16

Es erweist sich nach alledem die *apriorische Kritik* gegen die Hypothese eines organisirenden Princips als *ebenso ohnmächtig* wie die positiven Versuche, organische Zweckmässigkeit durch rein mechanische Principien zu erklären. Auch die Wirkung des organisirenden Princips verhält sich zu dem

Zweck als μηχανή, oder Mittel; auch die teleologische Gesetzmässigkeit, nach welcher sie erfolgt, ist mit logischer Nothwendigkeit bestimmt, wie die der organischen Naturgesetze. Auch die Wirksamkeit der Atomkräfte nach den unorganischen Naturgesetzen ist – unbeschadet der Constanz des in ihnen kraft-
17 entfaltenden metaphysischen Princips[16] – je nach den vorgefundenen | Umstandscombinationen in Wirklichkeit in jedem Augenblick des Weltprocesses eine *andere,* nie mehr congruent wiederkehrende, ebenso wie bei der Wirksamkeit des organisirenden Princips, und bei beiden ist die veränderte Aeusserungsweise der wirkenden metaphysischen Principien in gleicher Weise durch logisch nothwendige Gesetze bestimmt. Diese Nothwendigkeit der Reaction ist in beiden Fällen *unbewusst,* aber in beiden Fällen *logisch* nothwendig, also vernünftig, und in beiden Fällen sowohl causal als auch teleologisch; es ist daher unrichtig, dieselbe in einem Falle *blind* zu nennen und im andern nicht (»Das Unbewusste u. s. w.« S. 18). In beiden Fällen ist die Zweckmässigkeit der gesetzmässigen Wirksamkeit immanent; in beiden Fällen ist diese Immanenz eine nicht explicite sondern implicite gegebene. Ob dabei im einzelnen Falle Individualzwecke erreicht oder verfehlt werden, ist bei der allgemeinen Collision aller Individualzwecke für die Teleologie ganz gleichgültig; wenn das organisirende Princip seiner Natur nach darauf angewiesen ist, durch Beförderung *individueller* Zweckmässigkeit dem *Gesammtzweck* des Naturprocesses zu dienen, so fördert sie dadurch den letzteren, auf den es am Ende allein ankommt, keineswegs direkt, sondern ebenso *indirekt* wie die anorganischen Naturgeset-

[16] Dass die Atomkräfte ebensogut wie das organisirende Princip oder der Bildungstrieb *metaphysische* Principien sind, welche hinter der »Materie« genannten Erscheinung spuken, dürfte nachgerade wohl ziemlich allgemein von der Naturwissenschaft anerkannt sein (vgl. Du Bois-Reymond »Ueber die Grenzen des Naturerkennens«). An dem metaphysischen Character des organisirenden Princips dürfte also selbst in Naturforscherkreisen schwerlich noch ein Anstoss gefunden werden.

ze, welche von vornherein dem Ganzen auf nichtindividuelle, allgemeine Weise dienen und dabei die Zwecke des Individuallebens wohl schwerlich in höherem Grade schädigen, als die Zwecke eines andern Individuallebens diess thun (ebenda S. 17–18). Die organische wie die | unorganische Gesetzmässigkeit kann in gleicher Weise erst unter *Voraussetzung* der andern Seite zur Erfüllung des Naturzwecks dienen; das organisirende Princip ohne anorganische Natur könnte ebensowenig organische Zweckrealisation schaffen, wie diese ohne jenes; die Thätigkeit *jeder* Seite, entblösst von der Mitwirkung der andern würde also *in gleicher Weise* die teleologisch geforderte Leistung verfehlen müssen, d. h. dem Endzweck der Verwirklichung der idealen Entwickelung zuwiderlaufen.

Aus allen *solchen* Bestimmungen ist also ein *Unterschied* für die organische und anorganische Gesetzmässigkeit *nicht* zu entnehmen; der Unterschied ist vielmehr darin zu suchen, dass der logische Mechanismus in den Beziehungen der die logische Nothwendigkeit der Wirkungsweise bestimmenden Momente bei der organischen Gesetzmässigkeit gänzlich auf idealem Gebiete bleibt, bei der unorganischen aber zum Theil äusserlich realisirt wird, und diess allein führt uns dazu, ausschliesslich der *letzteren* das Prädicat des Mechanismus zuzugestehen, insofern wir unter Mechanismus einen logisch nothwendigen (also soweit es sich um quantitative Beziehungen handelt: *mathematisch* deducirbaren) Connex zwischen realen Momenten verstehen. Realisirt werden aber die Momente des logischen idealen Mechanismus dadurch, dass sie zum Inhalt von Willensakten, d. h. zu Kräften werden, deren logisch nothwendige (mathematisch-mechanische) Combination die mehr oder minder complicirten Wirkungsresultanten (wie z. B. Licht, Wärme, Electricität, Magnetismus, Chemismus u. s. w.) zu Stande bringt. Der unmittelbare Angriffspunkt zur Erkennung des teleologischen Charakters, welcher auch der unorganischen Gesetzmässigkeit immanent ist, wird

demnach bei dieser speciell in der qualitativen und quantitativen | Beschaffenheit und den Zahlenverhältnissen der ein-
18 fachsten Componenten der Uratomkräfte gesucht werden müssen, während bei der organischen Gesetzmässigkeit, wo die Momente des logischen Mechanismus (soweit sie nicht schon in der unorganischen Gesetzmässigkeit realisirt sind) sämmtlich ideal bleiben und erst ihre Resultante in die Realität tritt[17], auch diese den frühesten Anhaltspunkt zur Erkennung des teleologischen Charakters bieten kann.

Durch diese Erkenntniss nun, dass organische und unorganische Gesetzmässigkeit sich nur durch das Maass der zur Realisation gelangenden Momente des in beiden Fällen vorhandenen logisch-idealen Mechanismus unterscheiden, dass also der gewöhnliche Begriff der rein *mechanischen* Gesetzmässigkeit nach einem *äusserlichen* Merkmal willkürlich *verengert* ist, gelangen wir schliesslich zu einer Beseitigung aller Bedenken gegen die Absolutheit der Weltteleologie, welche daraus geschöpft werden könnten, dass dieselbe, wie wir oben gesehen, nicht auf *rein mechanischem* Wege (im gewöhnlichen Wortsinn) realisirt ist; denn wir verstehen jetzt, dass sie allerdings auf die absolut teleologische d.h. absolut mechanische Weise realisirt wird, wenn man nur unter Mechanismus vor allem den idealen Mecha|nismus der logischen Nothwendigkeit versteht, welchem es eine unwesentliche und äusserliche

[17] Es wäre irrthümlich hieraus einen Unterschied des organisirenden Princips und der anorganischen Atomkräfte in dem Sinne ableiten zu wollen, als ob das erstere nur in seiner Wirkung in die Erscheinung träte, die letztere aber substantiell in der Realität drinsteckten, – als ob die erstere ihrem Wesen nach übersinnlich bliebe, die letzteren aber so zu sagen mit Haut und Haar in die Sinnenwelt eingingen. Ich erinnere zur Abwehr dieses Irrthums nochmals daran, dass auch die Atomkraft ein metaphysisches Princip ist und bleibt, das nur mit den aus ihm resultirenden Wirkungen (Collisionen mit andern Atomen und daraus folgenden Ortsveränderungen) in die Welt der objectiven Erscheinung hinreicht, seinem Wesen nach aber ganz ebenso wie das organisirende Princip in übersinnlicher metaphysischer Verborgenheit (Latenz) bleibt.

Bestimmung ist, inwieweit seine Momente *einzeln* realisirt 19
sind. Auch bei der unorganischen Gesetzmässigkeit beginnt die Realisation erst bei den Atomkräften, hinter welchen noch ganz andere logische Momente liegen müssen, welche erst die Beschaffenheit jener bestimmen; auch bei der organischen Gesetzmässigkeit sind die einzelnen Bethätigungen des organisirenden Princips *unmittelbar* nur Förderungen von *Individual*-Zwecken, die sämmtlich selber wieder nur Momente, und zwar zugleich *reale* und logische, der teleologischen *Gesammt*entwickelung sind. Auf diese Weise vereinigt sich die gewöhnliche Art, die Sache zu betrachten ungezwungen mit der metaphysischen, wie ich dieselbe bereits in meinen »Erläuterungen zur Metaphysik des Unbewussten« (Berlin, C. Duncker 1874, vgl. insbesondere S. 67–69) dargelegt habe.

Ich glaube hiernach annehmen zu dürfen, dass eine genauere kritische Prüfung des Darwinismus selbst die glänzendste Bestätigung geliefert hat, sowohl für die Nothwendigkeit der Verbindung einer teleologischen Naturauffassung mit der mechanischen als auch für die Nothwendigkeit der Verbindung einer organischen mit der anorganischen Gesetzmässigkeit, eines organisirenden Princips mit den Atomkräften behufs Erklärung der organischen Natur. Es hat somit diese Kritik in der That eine Rechtfertigung und tiefere Begründung des Standpunktes der Phil. d. Unb. ergeben, während sie denselben zugleich andrerseits deutlicher entfaltet und schärfer präcisirt hat, ohne eigentlich etwas Neues zu ihm hinzufügen oder gar an ihm etwas zu ändern. Selbst wenn das Resultat derselben entgegengesetzt gelautet hätte, wäre daraus noch keineswegs zu folgern | gewesen, dass die Betrachtungen des Abschnitts A. der Ph. d. Unb. über die organische Zweckmässigkeit deshalb ohne Berechtigung seien, weil sie den Darwinismus und die Descendenztheorie unberücksichtigt lassen und vom Instinct anfangen anstatt vom organischen Bilden (»Das Unbewusste u. s. w.« S. 20 und 172). Denn einerseits kann doch der organischen Individualentwickelung durch die Descendenz niemals mehr als der *Ausgangspunkt* geliefert werden, und bleibt die Untersuchung der auf diesem sich erhebenden Entwickelung offen, zumal die Vererbung ein anerkannt dunkles Gebiet ist, das selbst des organisirenden Princips bedarf; andrerseits schützt nichts besser vor Einseitigkeit in der Auffassung eines Problems als das Bestreben, demselben von ganz verschiedenen Seiten her auf den Leib zu rücken. Ergäbe diese Annäherung von verschiedenen Seiten her divergente Resultate, dann erst würde die Aufgabe erwachsen, das Gewicht der verschiedenen Betrachtungsarten gegen einander abzuwägen; liefern dieselben hingegen ein *übereinstimmendes* Resultat, so sichern sie demselben gerade durch die Verschiedenheit ihrer Ausgangspunkte eine *erhöhte* Wahrscheinlichkeit. Dieser Fall liegt aber bei dem Abschnitt A und C. der Ph. d. Unb. in Bezug auf die Auffassung des organischen Bildungstriebes thatsächlich vor, und erscheint demnach jeder aus der verschiedenen Betrachtungsweise der Abschnitte A und C hergeleitete Einwand als formell wie sachlich unbegründet. Dagegen bleibt es sehr wohl möglich, dass namentlich im Abschnitte A (und zum Theil auch B) der *unmittelbaren* Leistung des organisirenden Princips (oder des metaphysischen Unbewussten) manches zugewiesen ist, wofür sich bei fortschreitender Erkenntniss mechanische *Vermittelungen* herausstellen dürften; ins|besondere dürfte diess für die durch das Lamarck'sche Princip modificirten molecularen Structurverhältnisse der Centralorgane des Nervensystems der Fall sein, und bietet in dieser Hinsicht die anonyme Schrift über »das Unbewusste u. s. w.« im 4. bis 11. Abschnitt vielleicht schätzbares Material. Diess ändert aber weder etwas an der Nothwendigkeit des organisirenden Princips, noch an der einer Vereinigung der teleologischen und mechanischen Naturauffassung, lässt also den Standpunkt der Ph. d. U. im Princip ganz unberührt[18].

[18] Vgl. hierzu, sowie zu diesem Abschnitt überhaupt, Dr. Moritz Venetianer, »Der Allgeist. Grundzüge des Panpsychismus im Anschluss an

Desgleichen gehen in der mehrfach genannten Schrift die im 3. Abschnitt über »Die Entwickelung vom Standpunkt der Descendenztheorie« dargelegten Ansichten schon insofern völlig fehl, als sie erstens in Betreff des Bewohnbarkeitsgrades der Erde und der Abhängigkeit der Organisationsformen von demselben die Begriffe »Bedingung« und »Ursache« verwechseln, und zweitens in Betreff der durch natürliche Zuchtwahl sich herstellenden relativen Vollkommenheit die früher besprochene Unterscheidung zwischen »Anpassungsvollkommenheit« und »Organisationsvollkommenheit« versäumen, so dass es gar nicht erst des Hinweises auf den keineswegs rein mechanischen Charakter des Selectionsprincips bedarf, um die Haltlosigkeit einer auf solchen Grundlagen construirten Auffassung der organischen Entwickelung darzuthun. Eine gewisse chemische Zusammensetzung der Atmosphäre ist freilich Bedingung ihrer Athembarkeit und dadurch *Bedingung* für die Existenz von Vögeln und Säugethieren; aber der Eintritt einer | solchen Zusammensetzung der Atmosphäre wird darum nimmermehr *Ursache* für die Entstehung von Vögeln Säugethieren aus kiemenartigen Lurchen. Die natürliche Zuchtwahl, selbst wenn sie ein rein mechanisches Princip in Darwin's Sinne wäre, könnte doch höchstens die physiologische Anpassungsvollkommenheit eines einmal gegebenen Organisationstypus, niemals die Steigerung der Organisationshöhe erklären; aber gerade die letztere ist es erst, welche man unter der aufsteigenden *Entwickelung* der Organisation versteht. Letztere liegt daher entschieden ausserhalb des Bereichs mechanischer Erklärungsprincipien durch äusserliche Anpassung u. dgl., und kann die innere teleologische Auffassung der Entwickelung niemals durch solche mechanische Entwikkelungsbehelfe verdrängt oder auch nur beeinträchtigt werden. Uebrigens verschwindet auch jede tiefere philosophische

die Phil. d. Unb.« Berlin, C. Duncker, 1874, S. 82–108, auch 18–54 und verschiedene andere Einzelstellen.

Bedeutung, die ein solcher Versuch zu besitzen scheint, durch die oben begründete Einsicht in die untrennbare Einheit von mechanischer Causalität und Teleologie in dem höheren Princip der logischen Nothwendigkeit, das alle unorganische und organische Gesetzmässigkeit sowohl nach causaler wie nach teleologischer Hinsicht durchdringt und unter sich begreift.

Friedrich Albert Lange

Darwinismus und Teleologie* |

Als die erste Auflage unsrer Geschichte des Materialismus erschien, war der Darwinismus noch neu; die Parteien begannen eben Stellung zu nehmen, oder richtiger gesagt, die schnell anwachsende Partei der »deutschen Darwinianer« war noch in der Bildung begriffen und die Reaction, welche gegenwärtig hier den bedrohtesten Punkt der alten Weltanschauung erblickt, war noch nicht recht im Harnisch, weil sie die Tragweite der grossen Frage und die innere Macht der neuen Lehre noch nicht recht begriffen hatte.

Seitdem hat sich das Interesse von Freund und Feind dermassen auf diesen Punkt concentrirt, dass nicht nur eine weitschichtige Literatur über Darwin und den Darwinismus entstanden ist, sondern dass man auch behaupten darf, der *Darwinismus-Streit* ist gegenwärtig das, was damals der allgemeinere *Materialismus-Streit* war. – *Büchner* findet zwar noch immer neue Leser für »Kraft und Stoff', aber man hört keinen literarischen Schrei der Entrüstung mehr, wenn eine neue Auflage erscheint; *Moleschott,* der eigentliche Urheber unsrer materialistischen Bewegung, ist im grossen Publikum fast vergessen und selbst *Karl Vogt* wird wenig mehr erwähnt, so weit es sich nicht um specielle Fragen der Anthropologie handelt oder um vereinzelte unvergessliche Aussprüche seines drastischen Humors. Statt dessen nehmen alle Zeitschriften Partei für oder gegen Darwin; es erscheinen fast täglich neue

* *Aus:* Friedrich Albert Lange: Geschichte des Materialismus und Kritik seiner Bedeutung in der Gegenwart. Zweite, verbesserte und vermehrte Auflage. Zweites Buch. Geschichte des Materialismus seit Kant. Iserlohn 1875, 240–284.

grössere oder kleinere Schriften über die *Descendenztheorie, die natürliche Züchtung* und besonders, wie sich denken lässt, über die *Abstammung des Menschen,* da nun einmal gar viele Individuen dieser besondern Species an sich selbst irre werden, wenn ein Zweifel an der Aechtheit ihres Stammbaumes auftaucht.

Trotz dieser grossen Bewegung können wir heute noch fast Alles unverändert aufrecht erhalten, was wir vor acht Jahren über den Darwinismus geschrieben haben; nur können wir die Sache nicht mehr dabei bewenden lassen. Das Material hat sich erweitert – wenn auch das *wissenschaftliche* Material nicht ganz im Verhältniss zu dem bedruckten Papier; die Fragen sind specialisirt worden. Damals war Darwin der einzige einflussreiche Vertreter nicht nur der Descendenztheorie, sondern man kann fast | sagen, der *natürlichen Erklärung der organischen Formen überhaupt.* Gegenwärtig kommt es vor, dass erbitterte Angriffe gegen Darwin und den Darwinismus gerichtet werden von Leuten, die sich ausschliesslich an die Theorie der natürlichen Zuchtwahl halten, als ob alles Andre auch ohne Darwins Auftreten dagewesen wäre. Die mannigfachsten Schattirungen der Ansichten, welche damals noch im Keime lagen, sind jetzt bestimmt hervorgetreten und haben neue Begründungen und neue Bedenken mit sich gebracht. Was wir damals über die Frage äusserten, kann daher jetzt nur noch gleichsam als allgemeine Einleitung zu einer gründlicheren Besprechung dienen; da aber an manche unsrer damaligen Aeusserungen zustimmend oder abwehrend angeknüpft worden ist, so lassen wir sie hier ganz *unverändert* wieder folgen, und behalten uns vor, die nöthigen Modificationen in den Anmerkungen und in den später folgenden Zusätzen vorzubringen. – Es giebt vielleicht in der ganzen neueren Wissenschaft kein Beispiel eines so haltlosen und zugleich so crassen Aberglaubens, wie der von der *Species,* und es giebt wohl wenige Punkte, in welchen man sich mit so bodenlosen Argumentationen immer wieder, in den dogmatischen Schlummer eingewiegt hat.[1] Es geht fast über das Verständliche, wie ein Naturforscher, welcher sich seit zwanzig Jahren speciell für die Feststellung des Artbegriffes interessirt, welcher es unternimmt, in der Fortpflanzungsfähigkeit ein neues Kriterium der Species aufzustellen, während dieser ganzen Zeit kein einziges Experiment über diese Frage anstellt, sondern sich damit begnügt, als ächter Natur*historiker*, die zufällig überlieferten Erzählungen kritisch zu sichten. Allerdings ist auch auf dem Felde der Naturforschung die Theilung der Arbeit zwischen Experiment und kritischer Zusammenstellung der Experimente durchaus zulässig, und zwar in weiterem Sinne, als gewöhnlich anerkannt ist. Wenn aber ein Feld noch so vollständig brach liegt, wie das der Artenbildung, so ist es doch wohl der erste kritische Spruch, auf den die gesunde Vernunft und die naturwissenschaftliche Methode führen müssen, dass auf diesem Gebiete so gut wie auf allen andern nur der *Versuch* uns etwas lehren kann. *Andreas Wagner* aber verirrte sich so weit vom Pfade der Naturforschung, dass er Grosses zu leisten glaubt, wenn er für die angeblichen Bastardbildungen einen *juristischen* Beweis verlangt, und bis zur Erbringung desselben seine Dogmen für feststehend | erachtet.[2] Das

[1] Der hier bekämpfte *absolute Speciesbegriff* hat seine doppelte Wurzel in der metaphysischen Bedeutung des platonisch-aristotelischen εἶδος und – in der Tradition von der Arche Noah. Selbstverständlich kann die Unterscheidung der organischen Formen nach Species nicht nur dem praktischen Zwecke der Uebersicht dienen, sondern auch eine gewisse materielle Bedeutung beanspruchen, ohne jedes Dogma von der Unveränderlichkeit und transcendenten Begründung der Arten. Aus dem Darwinismus selbst kann mit Hülfe des Princips der wachsenden Stabilität abgeleitet werden, dass die Organismen innerhalb sehr grosser Zeiträume die Tendenz annehmen müssen, sich nach Species zu gruppiren und gegen einander abzugrenzen. Dies ist aber dann etwas total anderes, als der absolute Speciesbegriff, welcher in der Zeit der Reaction gegen den Materialismus Vogt's und Andrer oft in einer allen Grundsätzen der Naturforschung widerstreitenden Weise hervortrat.

[2] *Andreas Wagner,* Naturwissenschaft und Bibel, im Gegensatze zu

mag denn freilich das geeignete Verfahren sein, wenn man ein lieb gewordenes Vorurtheil als einen persönlichen Besitz betrachtet, und jedem, der es rauben will, mit dem Rechtstitel der Verjährung entgegentritt; mit Naturforschung hat dieser ganze Standpunkt keine entfernte Aehnlichkeit. Ein einziger Zug mag eine Methode charakterisiren, auf deren Ergebnisse näher einzugehen übrigens frivole Zeitvergeudung wäre.

Es liegt eine Reihe offenbarer Bastardbildungen vor, die sich durch Spielerei von Liebhabern oder durch Zufall ergeben haben und, besser oder schlechter beglaubigt, weiter erzählt werden. Aus solchem Material wird nun die Frage entschieden, wie es sich mit der Fruchtbarkeit der Bastarde a) unter sich, b) mit der Stammlinie verhalte. Man sieht auf den ersten Blick, wenn man das treffliche Material mustert, dass ad a keine oder nur sehr wenige Beispiele vorliegen, weil man entweder nur einen Bastard hatte, der also auch nicht mit einem gleichartigen gepaart werden konnte, oder weil die Bastarde verschiednen Geschlechts getrennt und verschenkt wurden, da eben Niemand daran dachte, über die Bildung neuer Arten zu experimentiren. Ad b ergiebt sich die grosse Wahrheit, dass die Bastardrassen allmählig wieder in die ursprünglichen Rassen zurückkehren, weil man sie eben von Generation zu Generation nur mit einer derselben gepaart hat. Daraus wird nun der grosse Schluss gezogen, dass Bastarde entweder unfruchtbar sind, oder sich nur durch Anpaarung mit den elterlichen Rassen fortpflanzen können; denn den entgegengesetzten Angaben »*fehlt der le-*

dem Köhlerglauben des Herrn Carl Vogt, als des wiedererstandenen und aus dem Französischen ins Deutsche übersetzten Bory. Stuttgart 1855. Vgl. z. B. S. 29: Solche Angaben (von fruchtbaren Bastarden)... »gründen sich auf Aussagen von Landwirthen und Reisenden, denen jedoch der stringente Nachweis, wie ihn der *Untersuchungsrichter* zur rigorosen Constatirung des Thatbestandes verlangt, abgeht.« – S. 31: »entweder sind solche Angaben geradezu falsch, oder sie ermangeln der juridischen Beweiskraft«, u. s. w. –

gale Nachweis.« Der Gegner muss den Process verlieren; das Inventar der Schrullen ist gerettet.

Jedermann weiss, wie hier zu verfahren wäre, wenn man nicht die Schrulle retten, sondern die Wahrheit finden wollte, was doch für einen Mann, der sich zwanzig Jahre mit der Frage der Species beschäftigt, kein ganz unpassendes Ziel genannt werden dürfte. Man hätte offenbar mit aller der Sorgfalt, welche die neueren Naturwissenschaften auf andern Gebieten anzuwenden pflegen, und der sie ihre grossen Erfolge durchweg zu danken haben, zunächst eine grössere Reihe der betreffenden Bastardbildungen, z. B. zwischen Canarienvogel und Hänfling, zu erzeugen. Die grössere Reihe ist nicht nur zur Elimination des Zufalls und zur Gewinnung eines richtigen Mittels nothwendig, sondern sie wird schon unmittelbar durch die Natur einer Aufgabe gefordert, die sich um ein Mehr | oder Weniger dreht. Man nehme nun gleich viel Paare der gleichartigen Bastarde, ferner der Bastarde mit der väterlichen und endlich der mütterlichen Stammlinie. Man bringe diese Paare unter möglichst gleiche Verhältnisse des relativen und absoluten Alters, der Pflege, der Umgebung, oder man variire diese Verhältnisse methodisch, und man wird ein Resultat haben, auf Grund dessen schon einige Wahrscheinlichkeitssätze auszusprechen sind; was denn freilich von grösserem Verdienst wäre, als Andreas Wagners zwanzigjährige Prüfung der Legalität höherer Jagdgeschichten.

Darwin hat einen mächtigen Schritt zu der Vollendung einer naturphilosophischen Weltanschauung gethan, welche Verstand und Gemüth in gleicher Weise zu befriedigen vermag, indem sie sich auf die feste Basis der Thatsachen gründet, und in grossartigen Zügen die Einheit der Welt darstellt, ohne mit den Einzelheiten in Widerspruch zu gerathen. Seine Darstellung der Entstehung der Arten fordert aber als naturwissenschaftliche Hypothese auch das *Experiment* zu ihrer Bestätigung, und Darwin wird Grosses geleistet haben, wenn es ihm gelingt, den Geist methodischer Forschung auf ein Gebiet zu rufen, welches ihm den reichsten Lohn verspricht, indem es freilich auch die grösste Aufopferung und Ausdauer erfordert. Manche der hierher gehörigen Experimente mögen die Kräfte, ja die Dauer der Wirksamkeit des einzelnen Forschers übersteigen und erst spätere Generationen werden die Früchte dessen ernten, was die Gegenwart anbahnen muss. Grade darin aber wird sich ein neuer Fortschritt zu grossartiger Auffassung der Aufgabe der Wissenschaft kund thun, und an der richtigen Erfassung dieser Aufgabe muss das Gefühl für die Zusammengehörigkeit der Menschheit, für die Gemeinsamkeit ihrer kühnen Ziele erstarken.

Was Darwins Theorie zu einer solchen Wirkung auf die Forschung befähigt, ist nicht nur die einfache Klarheit und befriedigende Rundung des Grundgedankens, der in den Erfahrungen und methodischen Anforderungen der Gegenwart schon vorbereitet lag und sich leicht aus der gelegentlichen Combination verschiedner Zeitgedanken ergeben musste. Ungleich höheres Verdienst liegt ohne Zweifel schon in der ausdauernden Verfolgung eines Gegenstandes, der bereits im Jahre 1837 den von einer wissenschaftlichen Seefahrt heimkehrenden Naturforscher mächtig ergriff und dem er seitdem sein Leben widmete. Das reiche Material, welches Darwin | gesammelt hat, ist grösstentheils noch rückständig, die genaueren Belege für seine Angaben fehlen noch, und ein späteres, grösseres Werk wird uns hoffentlich die Riesenarbeit des ausgezeichneten Mannes in ihrem vollen Umfange vorführen.[3] Viele wollen bis zum Erscheinen dieses Materials ihr Urtheil über Darwins Theorie aussetzen, und es ist gegen solche Vorsicht nichts einzuwenden, da allerdings auch in dieser Arbeit menschlichen Fleisses und Scharfsinns die Kritik viel zu thun haben wird,

[3] Statt eines einzigen grösseren Werkes ist eine Reihe besonderer Publicationen erschienen, unter denen besonders reich ist an Material das zweibändige Werk über »*das Variiren der Thiere und Pflanzen, im Zustande der Domestication*« (übers. v. Carus, 2. Ausg. Stuttg. 1873).

bis das Bleibende vom Vergänglichen und Subjectiven gesondert ist. Es ist aber wohl zu beachten, dass eine genügende Bewährung der eminenten Hypothese doch in keinem Falle von diesem Material allein abhängen kann, sondern dass die selbständige Thätigkeit Vieler und vielleicht die experimentirende Arbeit von Generationen dazu gehört, um die Theorie der *natürlichen* Züchtung durch die *künstliche* zu bestätigen, welche in verhältnissmässig kurzer Frist eine Arbeit wiederholen kann, zu der die Natur Jahrtausende braucht. Anderseits hat Darwins Theorie schon in ihrer jetzigen Form eine Bedeutung, welche weit über den Bereich einer zufällig aufgeworfenen Frage hinausreicht. Seine Sammlung der Beobachtungen hat mit Wagners stümperhaften Protokollen über die Legitimität vereinzelter Jagdgeschichten nicht die geringste Aehnlichkeit. Darwin weiss die ganze Naturgeschichte der Pflanzen und Thiere durch feine und scharfsinnige Combination bewährter Beobachtungen mit seiner Theorie in Verbindung zu setzen. Alle Strahlen sind in einen Brennpunkt gesammelt, und die reiche Entfaltung der Theorie leitet die scheinbar entlegensten Erscheinungen des organischen Lebens in den Strom des Beweises. Will man aber die vorzüglichste Seite seiner Leistungen bezeichnen, so muss man darauf hinweisen, dass eben jene Gliederung des Grundgedankens, die Unterstützung desselben durch zahlreiche Lehrsätze und Hülfshypothesen fast nirgend etwas Willkürliches und Gezwungenes hat; ja, dass manche derselben nicht nur an sich evidenter sind als der Hauptgedanke, sondern auch gleich hoch, wo nicht höher an naturwissenschaftlicher Bedeutung. Hier haben wir namentlich die Lehre von dem *Ringen der Arten um ihre Existenz* im Auge und die tiefgreifenden Beziehungen dieser Lehre zur *Teleologie*.

Die Theorie der Entstehung der Arten führt uns in eine Vorzeit zurück, welche dadurch den Charakter des mysteriösen erhält, dass hier den Dichtungen der Mythe nur eine Summe von Möglich|keiten gegenübersteht, deren grosse Zahl die Glaubwürdigkeit jeder einzelnen ausserordentlich beeinträchtigt. Der *Kampf um das Dasein* entspinnt sich dagegen vor unsern Augen und ist doch Jahrhunderte lang der Aufmerksamkeit eines nach Wahrheit spähenden Zeitalters entgangen. Ein Recensent von *Radenhausens Isis,* einem trefflichen, wenn auch nicht ganz auf den Grund gehenden naturalistischen System der letzten Jahre,[4] findet sich zu einer Bemerkung veranlasst, die uns zeigt, wie schwer selbst ein ziemlich unbefangener Beobachter den Stand dieser Fragen überblickt, in einem Augenblick, wo Jeder, der ihn zu überblicken vermag, zu einem ganz unzweideutigen Resultate kommen muss. Radenhausen benützt Darwins Lehre, um Consequenzen zu ziehen, welche auf die uralte radicale Opposition des *Empedokles* gegen die Teleologie zurückführen; er giebt aber zu, dass der vollständige Beweis für Darwins Lehre noch fehle. Zwei Sätze seines Recensenten im Literarischen Centralblatte sollen uns zum Thema einer Betrachtung dienen, die wir ohnehin nicht umgehen dürften, und für die uns hier nur ein bestimmter Anknüpfungspunkt gelegen kommt. »Man zieht es vor«, sagt der Ungenannte, »an die Stelle einer zweckmässig aber wunderbar wirkenden ausserweltlichen Causalität die *Möglichkeit* glücklicher Zufälle zu setzen, und findet in der fortschreitenden Entwicklung dessen, was ein glücklicher Zufall begonnen hat, Ersatz dafür, dass alle Erscheinungen der Welt in ihrem letzten Grunde sinn- und zwecklos sind, und dass das Schöne

[4] Mein Urtheil *über Radenhausens Isis* würde jetzt wohl nicht mehr ganz so günstig lauten, namentlich mit Beziehung auf die historischen und historisch-psychologischen Ausführungen, die viel Gewagtes und Unrichtiges enthalten. Dies kommt aber hier für die Gedankenentwicklung in Beziehung auf Teleologie wenig in Betracht. Beiläufig sei übrigens bemerkt, dass der Recensent im Liter. Centralblatt (1863, Sp. 486) demselben nachrühmt: »Das Buch ist durchaus mit einer affectlosen Ruhe und trockenen Selbstgewissheit geschrieben, die an Spinoza erinnert.« Die im Text erwähnte Bekämpfung dessen, was wir als den empedokleischen Standpunkt bezeichnen können, findet sich im Liter. Centralbl. 1864, Sp. 843 u. f. –

und Gute nicht am Anfange liegt, sondern erst am Ende, oder wenigstens erst im Fortgange des Geschehens zum Vorscheine kommt... So lange diese (die beweisenden) Entdeckungen noch nicht wirklich gemacht sind, wird es erlaubt sein, sich die Frage vorzulegen, ob die Hypothesen, zu denen sich dieser Naturalismus für berechtigt hält, weniger kühn und gewagt sind, als die Voraussetzungen der teleologischen Weltansicht.«

Der Recensent ist ein Typus; die meisten, welche der neueren Naturwissenschaft gegenüber noch an der Teleologie glauben festhalten zu dürfen, klammern sich an die Lükken der wissenschaftlichen Erkenntniss, und übersehen dabei, dass wenigstens die *bisherige Form* der Teleologie, die *anthropomorphe*, durch die Thatsachen gänzlich beseitigt ist; einerlei, ob die naturalistische Ansicht hinlänglich festgestellt ist oder nicht. Die ganze Teleologie hat ihre Wurzel in der Ansicht, dass der Baumeister der Welten | so verfährt, dass der Mensch nach Analogie menschlichen Vernunftgebrauches sein Verfahren zweckmässig nennen muss. So fasst es im Wesentlichen schon Aristoteles, und selbst die pantheistische Lehre von einem »immanenten« Zweck hält die Idee einer, menschlichem Ideal entsprechenden, Zweckmässigkeit fest, wenn auch die ausserweltliche Person aufgegeben wird, die nach Menschenweise diesen Zweck erst erdenkt und dann ausführt. Es ist nun aber gar nicht mehr zu bezweifeln, dass die Natur in einer Weise fortschreitet, welche mit menschlicher Zweckmässigkeit keine Aehnlichkeit hat; ja, dass ihr wesentlichstes Mittel ein solches ist, welches mit dem Maassstabe menschlichen Verstandes gemessen, nur dem blindesten Zufall gleichgestellt werden kann. Ueber diesen Punkt ist kein zukünftiger Beweis mehr zu erwarten; die Thatsachen sprechen so deutlich und auf den verschiedensten Gebieten der Natur so einstimmig, dass keine Weltansicht mehr zulässig ist, welche diesen Thatsachen und ihrer nothwendigen Deutung widerspricht.

Wenn ein Mensch, um einen Hasen zu schiessen, Millionen Gewehrläufe auf einer grossen Haide nach allen beliebigen

Richtungen abfeuerte; wenn er, um in ein verschlossenes Zimmer zu kommen, sich zehntausend beliebige Schlüssel kaufte und alle versuchte; wenn er, um ein Haus zu haben, eine Stadt baute, und die überflüssigen Häuser dem Wind und Wetter überliesse: so würde wohl Niemand dergleichen zweckmässig nennen und noch viel weniger würde man irgend eine höhere Weisheit, verborgene Gründe und überlegene Klugheit hinter diesem Verfahren vermuthen.[5] Wer aber in den neueren Naturwissenschaften Kenntniss nehmen will von den Gesetzen der Erhaltung und Fortpflanzung der Arten – selbst solcher Arten, deren Zweck wir überhaupt nicht einsehen, wie z. B. der Eingeweidewürmer, der wird allenthalben eine ungeheu-

[5] *Wigand*, der Darwinismus u.d. Naturforschung Newtons und Cuviers (Braunschw. 1874), I, S. 421 hat diese Stelle total missverstanden, wenn er meint, es solle hier »die grösste Unzweckmässigkeit und Zufälligkeit als der Charakter der Natur dargestellt werden«, während es sich zunächst nur darum handelt, den Contrast zwischen der Art, wie die *Natur*, und zwischen derjenigen, wie der *Mensch* einen Zweck verfolgt, scharf hervorzuheben. Die Handlungsweise eines Menschen, welcher nach Analogie der Natur verfahren würde, müsste man äusserst unzweckmässig nennen; damit ist bewiesen, dass die Handlungsweise der Natur (um der Kürze wegen diesen bildlichen Ausdruck zu gebrauchen) auf jeden Fall von der des Menschen principiell völlig verschieden, und dass also die *anthropomorphe Form* der Teleologie, um die es sich im Zusammenhang allein handelt, total unhaltbar ist. Dass nach meiner Auffassung »höchste Sparsamkeit« Zweck der Natur sein solle, davon ist nirgend die Rede. Es wird einfach das Verfahren der Natur mit dem Verfahren des Menschen bei der Verfolgung eines Zweckes verglichen. Dass die Natur thatsächlich doch ihren Zweck erreicht, wie Wigand, anscheinend gegen meine Auffassung, bemerkt, ist die selbstverständliche Voraussetzung der ganzen Betrachtung. Wenn aber Wigand hinzufügt »und zwar ohne Beeinträchtigung anderer Zwecke«, so ist das, wie der ganze fernere Verfolg seiner Anmerkung, nichts als optimistische Metaphysik, welcher mit mindestens gleichem Rechte auf Grund der Thatsachen eine pessimistische gegenübergestellt werden kann. – Vgl. übrigens im Text die Worte des letzten hierauf bezüglichen alinea: »Und doch hat die Sache ihre Kehrseite« u. s. w. –

re Vergeudung von Lebenskeimen finden. Vom Blüthenstaub der Pflanzen zum befruchteten Samenkorn, vom Samenkorn zur keimenden Pflanze, von dieser bis zu der vollwüchsigen, welche wieder Samen trägt, sehen wir stets den Mechanismus wiederkehren, welcher auf dem Wege der tausendfältigen Erzeugung für den sofortigen Untergang und des zufälligen Zusammentreffens der günstigen Bedingungen das Leben so weit erhält, als wir es in dem Bestehenden erhalten sehen. Der Untergang der Lebenskeime, das Fehlschlagen des Begonnenen ist die Regel; die »na | turgemässe« Entwicklung ist ein Specialfall unter Tausenden; es ist die Ausnahme, und diese Ausnahme schafft jene Natur, deren zweckmässige Selbsterhaltung der Teleologe kurzsichtig bewundert. »Wir sehen das Antlitz der Natur«, sagt Darwin, »strahlend von Heiterkeit; wir sehn oft Ueberfluss von Nahrung; aber wir sehen nicht, oder wir vergessen es, dass die Vögel, welche ringsum so sorglos singen, meist von Insecten oder Samen leben, und so beständig Leben zerstören; oder wir vergessen, wie stark diese Sänger, oder ihre Eier, oder ihre Jungen von Raubvögeln und andern Thieren vertilgt werden; wir halten nicht im Sinne, dass das Futter, welches jetzt im Ueberfluss vorhanden ist, zu andern Zeiten jedes wiederkehrenden Jahres mangelt.« Der Wettbewerb um das Fleckchen Landes, Glück oder Unglück in der Verfolgung und Vertilgung fremden Lebens bestimmt die Ausdehnung der Pflanzen und Thierarten. Millionen von Samenthierchen, Eiern, jungen Geschöpfen schwanken zwischen Leben und Tod, damit einzelne Individuen sich entfalten. Die menschliche Vernunft kennt kein anderes Ideal, als die möglichste Erhaltung und Vervollkommnung des Lebens, welches einmal begonnen hat, verbunden mit der Einschränkung von Geburt und Tod. Der Natur sind üppige Zeugung und schmerzvoller Untergang nur zwei entgegengesetzt wirkende Kräfte, die ihr Gleichgewicht suchen. – Hat doch die *Volkswirthschaft* selbst für die »civilisirte« Welt das traurige Gesetz enthüllt, dass Elend und Nahrungsmangel die grossen Regulatoren des Bevölkerungszuwachses sind. Ja selbst auf geistigem Gebiete scheint es die Methode der Natur zu sein, dass sie tausend gleich begabte und strebende Geister der Verkümmerung und Verzweiflung entgegenwirft, um ein einziges Genie zu bilden, welches seine Entfaltung der Gunst der Verhältnisse dankt. Das Mitleid, die schönste Blüthe der irdischen Organismen, bricht nur auf vereinzelten Punkten hervor und ist selbst für das Leben der Menschheit mehr ein Ideal als eine der gewöhnlichen Triebfedern.

Was wir in der Entfaltung der Arten *Zufall* nennen, ist natürlich kein Zufall im Sinn der allgemeinen *Naturgesetze,* deren grosses Getriebe all jene Wirkungen hervorruft; es ist aber im strengsten Sinne des Wortes Zufall, wenn wir diesen Ausdruck im Gegensatz zu den Folgen einer *menschenähnlich berechnenden Intelligenz* betrachten; wo wir aber in den Organen der Thiere und Pflanzen Zweckmässiges finden, da dürfen wir annehmen, | dass in dem ewigen Mord des Schwachen zahllose minder zweckmässige Formen vertilgt wurden, so dass auch hier das, was sich erhält, nur der günstige Specialfall in dem Ocean von Geburt und Untergang ist. Das wäre denn nun in der That ein Stück der viel geschmähten Weltanschauung des *Empedokles,* bestätigt durch das endlose Material, welches allein die letzten Decennien der exacten Forschung ans Licht gefördert haben.

Und doch hat die Sache ihre Kehrseite. Ist es ganz wahr, wie der Recensent Radenhausens meint, dass an die Stelle der wunderbar wirkenden Causalität nur die »*Möglichkeit*« glücklicher Zufälle tritt? Was wir sehen, ist nicht Möglichkeit, sondern *Wirklichkeit. Der einzelne Fall* ist uns nur »*möglich*«, er ist uns »zufällig«, weil er durch das Getriebe von Naturgesetzen geordnet wird, die in unsrer menschlichen Auffassung nichts mit dieser speciellen Folge ihres Ineinandergreifens zu schaffen haben. Im grossen Ganzen aber können wir die *Nothwendigkeit* erkennen. Unter den zahllosen Fällen *müssen* sich auch die günstigen finden; denn *sie sind wirklich da* und alles Wirkliche ist durch die ewigen Gesetze des Universums hervorgerufen. In der That ist damit nicht sowohl jede Teleologie beseitigt, als vielmehr ein Einblik in das objective Wesen der Zweckmässigkeit der Erscheinungswelt gewonnen. Wir sehen deutlich, dass diese Zweckmässigkeit im Einzelnen nicht die menschliche ist, ja dass sie auch, so weit wir die Mittel bereits erkannt haben, nicht etwa durch *höhere Weisheit* hergestellt wird, sondern durch Mittel, welche *ihrem logischen Gehalt nach* entschieden und klar *die niedrigsten sind, welche wir kennen.* Diese Werthschätzung selbst ist aber wieder nur auf die menschliche Natur begründet, und so bleibt der metaphysischen, der religiösen Auffassung der Dinge, welche in ihren Dichtungen diese Schranken überschreitet, immer wieder ein Spielraum zur Herstellung der Teleologie, die aus der Naturforschung und aus der kritischen Naturphilosophie einfach und definitiv zurückzuweisen ist.

Das Studium der niederen Thierwelt, welches in den letzten Decennien, besonders seit *Steenstrups* Entdeckungen über den *Generationswechsel,* gewaltige Fortschritte gemacht hat, beseitigt übrigens nicht nur den alten Artbegriff, sondern es wirft auch merkwürdiges Licht auf eine ganz andre Frage, die für die Geschichte des Materialismus von höchstem Interesse ist: auf die | Frage nach dem *Wesen des organischen Individuums.*[6] In Verbindung mit der *Zellentheorie* beginnen auch hier die neueren Entdeckungen einen so tiefgreifenden Einfluss auf unsre naturwissenschaftlichen und philosophischen Anschauungen auszuüben, dass es scheint, als würden die ur-

[6] Wir haben auch diese Stelle der 1. Aufl. hier noch unverändert folgen lassen, wiewohl sie sich nicht mehr direct auf den Darwinismus bezieht. »Individuum« und »Art« gehören wenigstens nach der erkenntnisstheoretischen Seite zusammen. Es ist der gleiche synthetische Process, der das Mannigfaltige in der Erscheinung unter den einen, wie unter den andern dieser Begriffe bringt, und die Frage nach der Priorität des *Ganzen* oder der *Theile* ist im Grunde nur eine andere Form der Frage nach der platonischen Präexistenz der Idee gegenüber dem Einzelwesen.

alten Fragen des Daseins jetzt zum ersten mal in deutlicher Form an den Forscher und Denker gerichtet. Wir haben gesehn, wie der alte Materialismus dadurch in das Gebiet des absolut Widersinnigen geräth, dass er die Atome als das allein Existirende betrachtet, die doch nicht Träger einer höheren Einheit sein können, weil ausser Druck und Stoss keine Berührung zwischen ihnen vorkommt. Wir haben aber auch gesehn, dass grade dieser Widerspruch von Vielheit und Einheit dem menschlichen Denken überhaupt eigen ist und dass er nur in der Atomistik am klarsten hervortritt. Die einzige Rettung besteht auch hier darin, dass der Gegensatz von Vielheit und Einheit als eine Folge unsrer Organisation gefasst wird, dass man annimmt, er sei in der Welt der Dinge an sich auf irgend eine uns unbekannte Weise gelöst oder vielmehr gar nicht vorhanden. Damit entgehen wir denn dem innersten Grunde des Widerspruchs, der überhaupt in der Annahme absoluter Einheiten besteht, die uns nirgends gegeben sind. Fassen wir alle Einheit als *relativ*, sehen wir in der Einheit nur die *Zusammenfassung in unserm Denken*, so haben wir damit zwar nicht das innerste Wesen der Dinge erfasst, wohl aber die Consequenz der wissenschaftlichen Betrachtung möglich gemacht. Die absolute Einheit des Selbstbewusstseins fährt zwar schlecht dabei, allein es ist kein Uebelstand, wenn eine Lieblingsvorstellung einiger Jahrtausende beseitigt wird. In diesem Abschnitt halten wir uns zunächst an die allgemeineren Erscheinungen der organischen Natur.

Goethe, dessen *Morphologie* wir als eine der gesundesten und fruchtbarsten Arbeiten unsrer so vielfach getrübten Epoche der Naturphilosophie betrachten dürfen, hatte den Standpunkt, auf welchen uns gegenwärtig alle neueren Entdeckungen mit Macht hindrängen, schon bloss durch die denkende Vertiefung in die mannigfaltigen Formen und Wandlungen der Pflanzen- und Thierwelt gewonnen. »*Jedes Lebendige*«, lehrt er, »*es ist kein Einzelnes, sondern eine Mehrheit; selbst insofern es uns als Individuum erscheint, bleibt es doch eine Ver-*

sammlung von lebendigen selbständigen Wesen, die der Idee, der Anlage | nach gleich sind, in der Erscheinung aber gleich oder ähnlich, ungleich oder unähnlich werden können. Diese Wesen sind theils ursprünglich schon verbunden, theils finden und vereinigen sie sich. Sie entzweien sich und suchen sich wieder und bewirken so eine unendliche Production auf alle Weise und nach allen Seiten. Je unvollkommener das Geschöpf ist, desto mehr sind diese Theile einander gleich oder ähnlich, und desto mehr gleichen sie dem Ganzen. Je vollkommener das Geschöpf wird, desto unähnlicher werden die Theile einander. In jenem Falle ist das Ganze den Theilen mehr oder weniger gleich, in diesem das Ganze den Theilen unähnlich. Je ähnlicher die Theile einander sind, desto weniger sind sie einander subordinirt. Die Subordination der Theile deutet auf ein vollkommneres Geschöpf.«

Virchow, welcher diesen Ausspruch Goethes in einem trefflichen Vortrag über *Atome* und *Individuen*[7] benutzt hat, ist zu den Männern zu zählen, welche durch positive Forschung und scharfsinnige Theorie dazu beigetragen haben, uns über das Verhältniss der Wesen aufzuklären, deren innige Gemeinschaft das »Individuum« bildet.

Die *Pathologie,* bis dahin ein Feld wüster und abergläubischer Vorurtheile, wurde durch ihn aus demselben Leben der *Zellen* erklärt, welches in seinen normalen Erscheinungen das Gesammtleben des gesunden Individuums erzeugt. Das Individuum ist nach seiner Erklärung »*eine einheitliche Gemeinschaft,* in der alle Theile zu einem gleichartigen Zwecke zusammenwirken, oder, wie man es auch ausdrücken mag, nach einem bestimmten Plane thätig sind.« Diesen Zweck erklärt Virchow weiterhin als einen inneren, immanenten. »Der innere Zweck ist auch zugleich ein äusseres Maass, über welches die Entwicklung des Lebendigen nicht hinausreicht.« Das In-

[7] *Virchow,* Rud., vier Reden über Leben und Kranksein. Berlin 1862. S. 37–76; vgl. insbes. S. 58 u. 59. –

dividuum, welches seinen Zweck und sein Maass in sich trägt, ist daher eine *wirkliche* Einheit im Gegensatz zu der bloss *gedachten* Einheit des Atoms.

Hier haben wir also in der Anerkennung eines immanenten Zweckes wieder das uralte formale Element, dessen die Naturauffassung so wenig ganz entbehren kann, dass wir es selbst bei *C. Vogt* anerkannt finden. Mit einer begrifflichen Schärfe, die wir bei diesem Schriftsteller sonst nicht gewohnt sind, erklärt er in seinen Bildern aus dem Thierleben, nachdem er erörtert hat, wie die ersten erkennbaren Formen des Embryo aus den Zellen|haufen des Dotters hervorgehn : »So ist denn auch hier wieder *erst mit dem Auftreten der Form der Organismus als Individuum gegeben, während vorher nur der gestaltlose Stoff vorhanden war.*«[8] Diese Aeusserung rührt nahe an Aristoteles. Die Form macht das Wesen des Individuums; wenn das wahr ist, mag man sie auch als *Substanz* bezeichnen, selbst wenn sie mit Naturnothwendigkeit aus den Eigenschaften des *Stoffes* hervorgeht. Diese Eigenschaften sind doch bei Licht besehen nur wieder Formen, die sich zu höheren Formen zusammenschliessen. Die *Form* ist auch der wahre logische Kern der *Kraft*, wenn man von diesem Begriff die falsche Nebenvorstellung einer zwingenden menschenähnlichen Gewalt hinwegthut. Die Form allein *sehen* wir, wie wir die Kraft allein *empfinden*. Man beachte die Form eines Dinges, so ist es Einheit; man sehe von der Form ab, so ist es

[8] *Vogt*, Bilder aus dem Thierleben, Frankf. 1852, S. 233. – Was die Sache betrifft, so scheinen die neuerdings entdeckten Moneren, wie namentlich der *Bathybius*, zu widersprechen; allein wie viel *Individualität* einem solchen lebenden Schleimklümpchen zuzuschreiben sei, ist eine schwierige Frage. Die *Structurlosigkeit* der Protoplasma-Gebilde kann sicherlich nicht aus der *Unerkennbarkeit* einer Structur mit unsern Untersuchungsmitteln geschlossen werden. Hierüber kann sich erst Licht verbreiten, wenn einmal die *Mechanik* dieser einfachsten Lebenserscheinungen aufgeklärt wird; davon aber sind wir noch weit entfernt. –

Vielheit oder Stoff, wie wir in dem Kapitel von der Scholastik erörtert haben.

Vogt hebt, theoretisch reiner, den *metaphysischen* Begriff der Einheit hervor; Virchow hält sich an den *physiologischen*, an die Gemeinsamkeit des Lebenszweckes, und dieser Begriff zeigt uns die Relativität des Gegensatzes von Einheit und Vielheit ganz anschaulich. Im Pflanzenreich kann ich nicht nur die Zelle und die ganze Pflanze als Einheit betrachten, sondern auch den Ast, den Spross, das Blatt, die Knospe. Es mag sich aus praktischen Gründen empfehlen, den einzelnen Trieb, welcher als Ableger ein selbständiges Dasein führen kann, als Individuum zu betrachten; dann ist die einzelne Zelle nur ein Theil desselben und die Pflanze ist eine Colonie. Der Unterschied ist doch ein relativer. Kann die einzelne Zelle einer höheren Pflanze kein selbständiges Dasein führen, ohne in der Umgebung der andern Zellen zu bleiben, so kann es auch der Ableger nicht, ohne entweder in der Pflanze, oder im Boden zu wurzeln. Alles Leben ist nur im Zusammenhange mit naturgemässer Umgebung möglich und die Idee eines selbständigen Lebens ist bei dem ganzen Eichbaum so gut eine Abstraction, wie bei dem kleinsten Fragment eines losgerissenen Blättchens. Unsre neueren *Aristoteliker* legen Werth darauf, dass der organische Theil nur im Organismus entstehen und nur in diesem leben könne. Es ist aber mit der mystischen Herrschaft des Ganzen über den Theil nicht viel anzufangen. Die ausgerissene Pflanzenzelle führt ihr Zellenleben in der That weiter, wie das | ausgerissene Herz des Frosches noch zuckt. Wenn der Zelle kein Saft mehr zugeführt wird, so stirbt sie, wie in demselben Falle auch der ganze Baum stirbt; die kürzere oder längere Zeitdauer ist in den Verhältnissen begründet, nicht im Wesen des Dinges. Eher wäre Werth darauf zu legen, dass sich die Pflanzen nicht äusserlich aus Zellen zusammenschaaren, dass sich die einzelnen Zellen nicht direct aus dem Nahrungsstoff bilden und so dem Ganzen zutreten, sondern dass sie stets in andern Zellen durch Theilung derselben entstehen. In der That findet für die organische Welt der aristotelische Satz, dass das Ganze vor dem Theil sei, so weit wir sehen können, meistens Anwendung; allein der Umstand, dass die Natur in der Regel so verfährt, berechtigt uns durchaus nicht, jenem Satz eine strenge Allgemeinheit zuzuschreiben. Schon die blosse Thatsache des Oculirens reicht hin, ihn in die engen Schranken gewöhnlicher Erfahrungssätze zurückzuweisen. Im vorigen Jahrhundert liebte man, Versuche mit der Transfusion des Blutes aus einem thierischen Körper in den andern anzustellen, welche wenigstens theilweise gelangen.[9] In neuerer Zeit hat man geradezu organische Theile von einem Körper auf den andern übertragen und zum Leben gebracht, und doch hat das Experimentiren über diese Seite der Lebensbedingungen kaum begonnen. Ja, bei niedern Pflanzen kommt in der That die Verschmelzung zweier Zellen neben der Theilung vor und bei niederen Thieren hat man sogar auch die förmliche Verschmelzung zweier Individuen wahrgenommen. Die Strahlenfüsschen, eine Generationsfolge der Glokkenthierchen (vorticella) nähern sich häufig einander, legen sich innig aneinander, und es entsteht an der Berührungsstelle zuerst Abplattung und dann vollständige Verschmelzung. Ein ähnlicher Copulationsprocess kommt bei den Gregarinen vor, und selbst bei einem Wurme, dem Diplozoon, fand Siebold, dass er durch Verschmelzung zweier Diporpen entsteht.[10]

Die relative Einheit tritt bei den niederen Thieren besonders merkwürdig hervor bei jenen Polypen, welche einen ge-

[9] Bekanntlich sind diese Versuche in neuester Zeit wieder in Aufnahme gekommen und haben wiederholt günstige Resultate ergeben.

[10] Vgl. *Vogt*, Bilder aus dem Thierleben, S. 124–142. Die neueren hierher gehörigen Entdeckungen sind kurz zusammengestellt bei *Gegenbaur*, Grunz. der vergl. Anatomie, Leipz. 1870, S. 110 u. ff. – Wir heben hier nur hervor, dass (S. 112) bei *Actinosphaerium* sogar *drei* Individuen in dieser Weise sich vereinigen können. Vgl. übrigens zu der ganzen Frage *Haeckels* Individualitätslehre in der »Generellen Morphologie«, I, S. 265 u. ff. –

meinsamen Stamm besitzen, an welchem durch Knospung eine Menge von Gebilden erscheint, die in gewissem Sinne selbständig, in andrer Hinsicht dagegen nur als Organe des ganzen Stammes zu betrachten sind. Man wird auf die Annahme geführt, dass bei diesen Wesen auch die Willensregungen theils allgemeiner, theils specieller Natur sind, dass die Empfindungen aller jener halb selbständigen | Stämme in Rapport stehen und doch auch ihre besondere Wirkung haben. Vogt hat ganz Recht, wenn er den Streit um die Individualität dieser Wesen einen Streit um des Kaisers Bart nennt. »Es finden allmählige Uebergänge statt. Die Individualisation nimmt nach und nach zu.[11]

So weit in der ersten Auflage. – Wir kehren nun zum Begriff der *Species* zurück und haben zunächst einige Bemerkungen zu machen, die sich nicht sowohl auf neuere Entdekkungen und Beobachtungen, als vielmehr auf eine genauere Betrachtung des gesammten Gebietes und der Principien des Kampfes um das Dasein stützen. Die erste Bemerkung ist die, dass der Speciesbegriff bei genauerer Betrachtung sich als ein Product derjenigen Zeiten enthüllt, in welchen die Aufmerksamkeit des Menschen vorwiegend auf die grossen und höher organisirten Geschöpfe gerichtet war und in welcher man das *Mikroskop* und die ganze unendliche Fülle der niederen Thier- und Pflanzenwelt noch nicht kannte. Dies wird noch deutlicher, wenn man ausser der Species auch noch die *Gattungen, Ordnungen* und *Classen* in Betracht zieht, welche noch zu Linnés Zeit so trefflich das gesammte Thierreich zu umspannen schienen. Heutzutage passt dies ganze Netz nur noch am oberen Ende der Thierreihe, und je mehr man nach unten steigt, desto mehr wird der Forscher in Verlegenheit gesetzt. Eine Fülle neuer Merkmale scheint bald übereinstimmend, bald

[11] Eine der merkwürdigsten hieher gehörigen Thatsachen ist das *Colonialnervensystem* bei Bryozoenstöcken; vergl. *Gegenbaur,* Grundz. der vergl. Anat., S. 190 u. f.

sich kreuzend, schon auf dem engsten Gebiete wieder eine Mannigfaltigkeit von Abtheilungen und Unterabtheilungen zu fordern; mit welcher man am oberen Ende der Thierreihe mit Bequemlichkeit z. B. den ganzen »Typus« der Wirbelthiere umspannen könnte. Während aber einerseits nach unten der Formenreichthum so gross wird, dass kein logisches Begriffsnetz mehr ausreicht, um ihn zu umspannen, wird anderseits das altgewohnte Kriterium gemeinsamer Abstammung hier völlig unfassbar. Wenn daher *Haeckel* in seiner »Philosophie der Kalkschwämme[12] 12 verschiedene, theils natürliche, theils künstliche Systeme bloss aus der engeren und weiteren Fassung des Species-Begriffs entstehen lässt, so darf man darin weder ein unzulässiges Spiel mit den Merkmalen, noch eine vereinzelte Anomalie erblicken. Hätte der Mensch sein Studium der Naturwesen mit den niederen Thieren begonnen, so würde der von Manchen so heilig gehaltene Begriff der Species wohl niemals entstanden sein. Die Ansicht, welche wir uns gegenwärtig von | der gesammten Reihe der Organismen machen müssen, ist nicht mehr die einer Stufenleiter in regelmässiger und übersichtlicher Folge vom Niedersten bis zum Höchsten, sondern wir haben einen ungeheuren Unterbau des ganzen Systems, der noch in beständiger Bewegung ist, und aus diesem erheben sich die nach oben zu immer fester gezeichneten und klarer gesonderten Formen der höheren Pflanzen und Thiere.

Hieran schliesst sich eine zweite Bemerkung, welche hauptsächlich die höheren organischen Formen betrifft. Setzen wir nämlich voraus, dass diese sich im Laufe sehr langer Zeiträume so gebildet und gegeneinander abgegrenzt haben, wie wir sie jetzt vor uns sehen, so folgt daraus nothwendig, dass sie im Allgemeinen einen *hohen Grad von Stabilität* besitzen müssen,

[12] *Haeckel*, die Kalkschwämme; eine Monographie in 2 Bdn. Text und Atlas. 1. Bd., Biologie der Kalkschwämme, Berlin 1872. 4. Abschn. »Philosophie der Kalkschwämme«; S. 476 u. ff. –

und dass Abarten und Zwischenformen in der freien Natur nicht mehr leicht aufkommen können, so lange sich nicht mit dem Klima, der Bodencultur und anderen Verhältnissen die relativen Existenzbedingungen der Species ändern. Denn grade wenn man von einem Zustande der Veränderlichkeit ausgeht und den Kampf um das Dasein durch sehr lange Zeiträume wirken lässt, so müssen ja mit Nothwendigkeit die zweckmässigsten Formen das Feld behaupten; und zwar nicht nur die zweckmässigsten an sich, sondern auch die *zweckmässigste Zusammenstellung* derjenigen Species, welche im Wettbewerb mit einander gleichsam das *Maximum vom Leben* zur Geltung kommen lassen. Unter den Thieren z. B. wird der Hunger und die Kraft des Löwen sich mit der Schnelligkeit der Gazellen in ein solches Gleichgewichtsverhältniss setzen, unter gleichzeitiger Anpassung beider Species an alle übrigen Concurrenten um das Dasein. Dieses Verhältniss stimmt mit *Fechners* »Princip der abnehmenden Veränderlichkeit« überein, ist aber, wie wir es fassen, eine einfache Folgerung aus den Principien der Descendenzlehre und des Kampfes um das Dasein, während Fechner ein möglichst universal gefasstes kosmisches Princip dieser Art a priori zu entwickeln versucht.[13]

[13] *Fechners* Princip der Tendenz zur Stabilität hat eine gewisse Aehnlichkeit mit der Art, wie *Zöllner* (Natur d. Kometen) mit Hülfe der Schopenhauerschen Philosophie und des mechanischen Princips des kleinsten Zwanges zu deduciren sucht, dass jedes System von Atomschwingungen in einem gegebenen Raume die Tendenz hat, die Zahl der Zusammenstösse (und damit der Unlustempfindungen) zu einem Minimum werden zu lassen. – Im Princip der Tendenz zur Stabilität findet Fechner zugleich die Versöhnung des Causalprincips und der Teleologie, indem nach diesem Princip die Erde nothwendig einem Zustande entgegengehen muss, in welchem »Alles möglichst gut zusammenpasst« (Einige Ideen zur Schöpfungs- und Entwicklungsgesch. der Organismen, Leipz. 1873, S. 88 u. ff.). – Sowohl Fechners als Zöllners Idee sind jedoch bis jetzt nur kühn hingeworfene metaphysische Gedanken, denen Beweis und Ausführung noch gänzlich mangeln. Beschränken wir uns dagegen auf die relative Anpassung der Organismen an die Existenzbedingungen

Die Folgen aus dieser sehr nahe liegenden Betrachtung hat man nicht immer genug vor Augen gehabt. Man hätte sich sonst z.B. mit den *Uebergangsformen,* welche die Descendenzlehre postulirt, nicht so viel Noth gemacht. Wir können den *Einfluss des Menschen* betrachten wie eine Abänderung der Naturbedingungen, welche gewissen Formen die Existenz möglich macht, | welche in der freien Natur wahrscheinlich gegenüber den älteren, im Kampf um das Dasein bewährten Formen bald wieder verschwinden würden. Nun sehen wir aber, wie der Mensch z.B. bei Tauben und Hunden in einer Folge weniger Generationen neue Formen erzielt, welche, so lange sie unter den gleichen schützenden Bedingungen gehalten werden, sehr bald die Reinheit und Geschlossenheit einer eigenen Species annehmen und die nur der Theorie zu Liebe »Varietäten« bleiben müssen.[14] Und dies geschieht keineswegs etwa nur auf dem Wege der »künstlichen« Züchtung, welche von vorn herein auf ein bestimmtes Modell hinarbeitet, sondern auch durch die »unbewusste« Züchtung[15], d.h. durch ein Verfahren, welches eine Spielart zu immer grösserer Vollkommenheit und Beständigkeit eines neuen Typus bringt, durch das blosse Bestreben, die Rasse rein zu halten und eine Eigenthümlichkeit derselben weiter auszubilden, so dass im Uebrigen hier die Natur gleichsam frei auf ein bestimmtes Modell hinstrebt, bei welchem Halt gemacht wird. Ist dies einmal erreicht, so kann es sich die längsten Perioden hindurch unverändert erhalten.

einer gegebenen grösseren Periode, so folgt hier die Tendenz zur Stabilität unmittelbar aus dem Grundsatze des Kampfes um das Dasein.

[14] Vgl. *Darwin,* das Variiren der Thiere u. Pflanzen im Zustande der Domestication; übers. v. Carus, Stuttg. 1873, I. S. 175. Hier wird gezeigt, dass die domesticirten Tauben, welche doch alle von einer einzigen wilden Species abstammen, mehr als 150 Arten ausmachen und in mindestens 5 neue Gattungen getheilt werden müssten, wenn man sie nach den gleichen Grundsätzen behandelte, wie die wild gefundenen Arten.

[15] *Darwin,* Variiren der Thiere und Pflanzen, I, S. 242. –

Aehnlich dürfen wir also auch annehmen, dass die Aenderungen in den sich selbst überlassenen Organismen in der Hauptsache nicht so ganz unmerklich langsam sich vollzogen haben, wie es Darwins eigne Anschauung zu fordern scheint, sondern dass je nach einer bedeutenden Aenderung der Existenzbedingungen gleichsam ruckweise eine schnelle Entwicklung der einen, ein Rückgang der andern Formen eingetreten sei. Auch dürfen wir wohl annehmen, dass jede solche Erschütterung des natürlichen Gleichgewichtes eine Neigung zum Variiren hervorbringt und damit Gelegenheit giebt, zur Entstehung neuer Formen, die sich schnell festsetzen und abrunden, wenn ihnen die Verhältnisse günstig sind. Alle die verschiedenen Principien, welche neuere Forscher in die Descendenzlehre eingeführt haben, um das Princip der natürlichen Züchtung zu ergänzen, wie z. B. die *Wanderung*, die *Isolirung* der Arten u. s. w., sind nur mehr oder weniger glücklich gegriffene Specialfälle des entscheidenden Hauptprincips: der *Störung des Gleichgewichtes*, welches die Arten bei länger dauernder Gleichheit der Lebensbedingungen nothwendig stabil machen muss.

Es ist leicht zu sehen, wie durch diese Auffassung der »Transmutationslehre« eine Menge von Bedenken, die man gegen dieselbe erhoben hat, sofort beseitigt werden, während anderseits | Darwins Anschauung in einem sehr wesentlichen Punkte modificirt wird.

Die Anschauungsweise Darwins geht darin ganz der *Lyell*'schen Geologie parallel, dass das Hauptgewicht auf die stillen und stetigen, wenn auch für die gewöhnliche Beobachtung unmerklichen Veränderungen gelegt wird, welche beständig vorgehen, deren Resultat aber erst in sehr grossen Zeiträumen augenfällig wird. Damit übereinstimmend nahm Darwin an, dass die Abänderungen der Arten ursprünglich rein zufällig entstehen, und dass die Mehrzahl derselben bedeutungslos, wie gemeine Missbildungen, wieder verschwinden, während einige wenige, die dem betreffenden Wesen im

Kampf um das Dasein Vortheil bringen, sich erhalten und sich durch natürliche Zuchtwahl und Vererbung festsetzen.

Natürlich müssen wir auch bei unsrer Ansicht einräumen, dass sehr langsame Veränderungen der Formen vorkommen können, zumal wenn sie durch sehr langsame Veränderungen der Existenzbedingungen, wie z. B. bei der allmähligen Hebung oder Senkung ganzer Länder, hervorgerufen werden. Zwar will es uns auch in diesem Falle wahrscheinlicher dünken, dass die organischen Formen der Veränderung ihrer Lebensbedingungen eine gewisse Widerstandskraft entgegensetzen, welche ihren Bestand unverändert erhält, bis bei einer gewissen Höhe der störenden Einflüsse eine störende Krisis hereinbricht. Es bleibt jedoch die langsame Umbildung nicht ausgeschlossen, und selbst unsre Ansicht von der Erreichung eines Gleichgewichtszustandes möchten wir nicht so verstanden wissen, als müsste dieser ein Zustand absoluter Unveränderlichkeit sein. Dagegen muss die Entwicklung neuer Arten aus rein zufälliger Entstehung neuer Eigenschaften allerdings in Zweifel gezogen werden; sofern wenigstens hierin grade der Hauptthebel der Veränderung liegen soll.

Erinnern wir uns wieder, dass wir es mit grossen Zeiträumen zu thun haben, und dass zu Anfang dieser Zeiträume die allgemeine Neigung zum Variiren am grössten gewesen sein muss. Dann kann man leicht einsehen, dass bei einem gewissen Zeitpunkte die Reihe der überhaupt vorkommenden Variationen gleichsam schon durchprobirt ist, und was zu Anfang der Periode nicht zu einer neuen Art geführt hat, wird es, unter gleich bleibenden Existenzbedingungen, immer weniger thun, weil die Formen allmählig immer bestimmter und strenger geschieden werden. Will man aber die|jenige Periode, die wir hier als die Anpassungsperiode für die angegebenen Verhältnisse betrachten, wenigstens für sich ausschliesslich vom Gesetz der Erhaltung nützlicher Zufälligkeiten regiert werden lassen, so ergeben sich weitere Bedenken verschiedener Art.

Zunächst gehen wir davon aus, dass die Anpassungsperiode auf eine Störung des Gleichgewichts folgt und eben deshalb mit vermehrter Neigung zum Variiren verbunden ist. Weshalb soll man nun allen unmittelbaren Causalzusammenhang zwischen der Veränderung der Existenzbedingungen und der Veränderung der Formen ausschliessen? Man bringt doch auch heutzutage mit Recht *Lamarck* wieder zu Ehren, der aus unmittelbar wirkenden Ursachen in Verbindung mit der Vererbung alle Wandlungen der Formen ableitete, also z. B. die Vergrösserung, Verstärkung und feinere Ausbildung irgend eines Organs aus dem vermehrten Gebrauch desselben. Hier können aber noch unbekannte Kräfte in grosser Zahl wirksam sein, ohne dass wir deshalb zu einem mystischen Eingriff des teleologischen Princips unsre Zuflucht nehmen müssten. *Fechner* zieht auch *psychische* Einflüsse hieher, und zwar ohne den Kreis der mechanischen Naturauffassung zu verlassen, da ja psychische Vorgänge zugleich physische sind.

»Der Hahn«, bemerkt er, hat Sporen an den Füssen, eine Federmähne, einen hohen rothen Kamm. Man erklärt die beiden ersten Einrichtungen nach dem Principe des Kampfes um das Dasein dadurch, dass Hähne, an denen dergleichen sich zufällig ausbildete, durch die Sporen ihren Gegnern im Kampfe überlegen und durch die Mähne besser gegen deren Bisse geschützt wurden; also den Platz auf dem Felde des Kampfes behielten. Aber unstreitig hätte man lange auf das Eintreten solcher Zufälligkeiten warten müssen, und wenn man bedenkt, dass bei allen andern Thieren ähnliche Zufälligkeiten angenommen werden müssten, um das Zustandekommen ihrer Zweckeinrichtungen zu erklären, so wird der Vorstellung schwindeln. Ich denke mir vielmehr, als die Organisation noch leichter veränderlich war, vermochte das psychische Streben, dem Gegner im Kampfe tüchtig zuzusetzen, sich vor seinen Angriffen zu schützen, und der Zorn gegen ihn, die noch heute den Sporn in Thätigkeit setzen, die Federmähnen sträuben und den Kamm schwellen machen, diese Theile durch demgemässe Abänderung der Bildungsprocesse wenn nicht an den fertigen | Hähnen hervorzutreiben, aber die Anlage dazu den Keimen und hiermit den Nachkommen einzupflanzen, wobei ich natürlich die psychischen Bestrebungen und Zustände nur als die innere Seite der physisch organischen ansehe, wovon jene Umbildungen abhingen, das ganze Spiel der psychischen Antriebe mit ihrer physischen Unterlage aber durch das allgemeine Princip der Tendenz zu stabilen Zuständen verknüpft halte, ohne eine speciellere Erklärung zu versuchen.[16]

Wir lassen den Werth dieses Gedankens dahingestellt und bemerken nur, dass gewiss ebenso wenig Grund vorhanden ist, ihn unbesehen zu verwerfen, als ihn ohne Beweise anzunehmen. Es giebt aber unter andern Erscheinungen, welche sich aus der blossen Zuchtwahl schwer erklären lassen, eine bestimmte und ungemein verbreitete, welche die directe und positive Causalverbindung zwischen der Form und den Lebensbedingungen geradezu zu fordern scheint. Es ist dies die »*Nachahmung*« (Mimicry), eine zumal in der Insektenwelt ungemein verbreitete und zu den sonderbarsten Täuschungen veranlassende Anpassung von Farbe und Form der Thiere an ihre Umgebung oder auch an andre Organismen.[17]

Dem allgemeinen Princip nach passt diese täuschende Nachbildung fremder Formen anscheinend trefflich zur natürlichen Zuchtwahl, denn sie ist jederzeit ein Schutz des betreffenden Thieres gegen seine Verfolger. Man kann daher mit Leichtigkeit annehmen, dass Individuen, welche zufällig eine Abänderung in diesem schützenden Sinne erlitten, sich länger erhalten und auf die Fortpflanzung ihrer Art einen grösseren Einfluss üben mussten, als andere. Dies einmal gegeben, musste die schützende Anpassung in Form und Farbe nothwendig

[16] *Fechner*, Einige Ideen zur Schöpfungs- u. Entwicklungsgesch., S. 71 u. f. –

[17] Vgl. hierüber *Wallace*, Beiträge zur Theorie der natürlichen Zuchtwahl; übers. v. Bernh. Meyer, Erlangen 1870.

immer weiter gehen. Hier tritt aber die grosse Schwierigkeit ein, dass die erste Variation im schützende Sinne sehr schwer zu erklären ist. Ein Gegner Darwins, Herr *Bennet*[18], hat hervorgehoben, dass die Uebereinstimmung mancher Insekten mit dem Boden, auf welchem sie sich aufhalten, mit der Farbe trockner Baumrinde, abgefallener Blätter, oder mit der lebhaften Farbenpracht der Blumen, auf welchen sie sich gewöhnlich niederlassen, durch eine so grosse Reihe täuschender Züge und Zeichnungen zu Stande kommt, dass an ein plötzliches Auftreten einer solchen Variation um so weniger zu denken ist, da die nächst verwandten Species oft ein total verschiednes Aeussere haben. Nun argumentirt Herr Bennet weiter, dass ein zufälliges Auftreten | *eines Theiles* dieser neuen Zeichnung dem Thiere keinen Nutzen bringen konnte, weil es seine Verfolger sicher nicht getäuscht haben würde. Bis aber durch blossen Zufall der Variation, der ja der Natur der Sache nach gleich leicht nach dieser wie nach jeder andern Richtung erfolgen kann, sich die sämmtlichen Farbenstriche und Formveränderungen so zusammenfinden, dass die Täuschung fertig ist, würde eine solche Culmination der Zufälle erforderlich sein, dass die Wahrscheinlichkeitszahlen dafür ins Ungeheure gehn. Entsprechend müsste man also auch ungeheure Zeiträume annehmen, damit ein solches einmaliges Zusammentreffen aller jener Modificationen erwartet werden könnte. Wir haben nun zwar bei den Fragen der Kosmogonie mit gutem Bedacht die blinde Scheu vor grossen Zahlen bekämpft; allein hier liegt die Sache ganz anders. Die »Mimicry« kann sich nur ausbilden während einer Periode von ungefähr gleichen klimatischen Verhältnissen, gleichen Verfolgern, gleicher Vegetation ge-

[18] Wir folgen einer im *Naturforscher* IV, Nr. 15; 1871, S. 118 u. ff. mitgetheilten Rede des Herrn Bennet an der Naturforscher-Versammlung in Liverpool, welche angeblich »von Seiten sehr competenter Forscher Anerkennung gefunden hat.«

genüber, und diese Perioden dürfen wir im Allgemeinen nicht gar zu gross annehmen.

Darwin erklärt die schützende Nachbildung dadurch, dass er annimmt, das betreffende Thier müsse schon ursprünglich eine gewisse rohe Aehnlichkeit mit irgend einem Bestandtheile seiner Umgebung gehabt haben, so dass die natürliche Zuchtwahl nichts zu thun hätte, als einen so bedeutenden Anfang weiter auszubilden, theils in bestimmterer Ausprägung der schützenden Aehnlichkeit, theils auch in der Anpassung der Lebensgewohnheiten an die Benutzung dieses Schutzes. In der That scheint diese Erklärung die einzige, welche mit der ausschliesslichen Verwendung des Princips der Zuchtwahl vereinbar ist. Statt des zufälligen Zusammentreffens einer Menge feiner Striche und Farbenmischungen hätten wir hier also ein ursprünglich gegebenes rohes Gesammtbild, welches wenigstens in einigen Fällen die Verfolger schon täuschen und damit zu dem bekannten Process der natürlichen Zuchtwahl den Anstoss geben konnte. Nun muss aber bemerkt werden, dass es Fälle giebt, auf welche diese ganze Erklärungsweise unmöglich angewandt werden kann. Es sind dies im Grunde alle diejenigen Fälle, in welchen die schützende Form und namentlich die Farbe von den Formen und Farben der nächstverwandten Species sehr stark und auffallend abweicht. Solche Fälle sind aber ungemein zahlreich. Bennet erwähnt einen Fall, in welchem eine Schmetterlingsart sich von allen ihren Verwandten, welche fast rein weiss sind, | sehr weit entfernt und die blühenden Farben eines Schmetterlings von einer ganz andern Classe nachahmt. Der letztere ist für die verfolgenden Vögel giftig und wird daher von ihnen vermieden; der nachahmende Schmetterling aber, welcher den Vögeln sehr gut bekommen würde, schützt sich durch seine Aehnlichkeit mit den giftigen.

Solche und ähnliche Fälle müssen mit Nothwendigkeit dazu führen, hier noch andere, wenn auch zur Zeit unbekannte Factoren anzunehmen, welche die Erscheinungen der Nachahmung hervorbringen. Dass eine rationelle Naturforschung trotz der Schwierigkeit dieser Fälle nicht zu einer mystisch eingreifenden teleologischen Kraft ihre Zuflucht nehmen, sondern das Axiom von der Begreiflichkeit der Welt auch hier anwenden wird, versteht sich ganz von selbst. Dabei kommt uns zu Hülfe, dass ein Einfluss der Umgebung auf die Färbung der Thiere, aller Wahrscheinlichkeit nach vermittelt durch die Augen und das Nervensystem, ohnehin nichts Unerhörtes ist. Wir erwähnen hier namentlich die Versuche *Pouchets* über Farbenänderungen bei *Steinbutten* und *Groppfischen*.[19] Dass die Fische sehr häufig die Färbung des Bodens ihrer Gewässer haben, war längst bekannt und es braucht nicht bezweifelt zu werden, dass bei dieser sehr einfachen »Mimicry« in manchen Fällen auch die natürliche Zuchtwahl das Hauptmittel zu ihrer Herstellung gewesen ist. In den Versuchen Pouchets aber wechseln dieselben Fische binnen wenigen Stunden ihre Farbe je nach der Farbe des Grundes, über welchen man sie gebracht hat. Ist nun auch bei den Fischen in den veränderlichen Pigmentzellen, welche sie besitzen, ein Mechanismus gegeben, den wir bei den Flügeln der Insekten schwerlich wiederfinden werden und der den Vorgang einer so schnellen Farbenänderung erklärlich macht, so bleibt doch der Hauptpunkt in beiden Fällen ganz analog: dass nämlich Farben äusserer Gegenstände durch Vermittelung des Nervensystems analoge Farben des Thieres hervorbringen. Ob die betreffenden Nervenvorgänge mit einer inneren Erregung des Wünschens und Wollens verbunden sind, kann dabei zunächst ganz gleichgültig erscheinen. Die Lösung des Räthsels, oder vielmehr das zu lösende Kernräthsel liegt in dem noch unentdeckten Mechanismus, welcher die Wirkung hervorbringt und den man sehr wohl unter die »geordneten Reflexe« einreihen kann, sobald man sich an den Gedanken gewöhnt, dass es neben den momentan wirkenden | Reflexen auch sehr langsam wirkende, mit ihrer Wirkung

[19] Vgl. den Bericht über diese Versuche im *Naturforscher*, IV, Nr. 38, 1871, S. 310 u. f. –

vielleicht erst in der Folge von Generationen hervortretende geben kann. Dass diese Reflexe, gleich den bekannten geordneten Reflexwirkungen im Rückenmark der Wirbelthiere, zugleich *zweckmässig* sind, kann man dann wieder sehr einfach auf das alte empedokleische Princip zurückführen, dass nur das Zweckmässige sich erhalten und ausbilden kann, während Missbildungen, die an sich gleich möglich und häufig sein mögen, untergehen und spurlos verschwinden.

Ueberhaupt soll mit der Anschauung, welche wir hier als die natürlichste und wahrscheinlichste vortragen, in keiner Weise die natürliche Zuchtwahl und der Kampf um das Dasein bei Seite geschoben werden. Wir betrachten vielmehr diese starken Hebel aller Entwicklung als empirisch und rationell gleich gut erwiesen und denken sie uns mit den positiveren Einflüssen auf das Werden der Formen unter allen Umständen zusammenwirkend, und zwar so, dass die eigentliche Vollendung und Abrundung aller Formen, die Beseitigung unvollkommner Zwischenformen und die ganze Erhaltung des Gleichgewichtes unter den Organismen im Wesentlichen auf diesem grossen, durch Darwin in die Naturforschung eingeführten Factor beruht.

Freilich darf man nicht verkennen, dass auch bei der Vollendung und Abrundung der organischen Formen noch andre, und zwar positivere Factoren mitwirken mögen, denen die Zuchtwahl und der Kampf um das Dasein nur als ein grosser Regulator, Vollkommnes fördernd, Unvollkommnes vertilgend, sich anschliesst. Erwähnen wir zunächst das von Darwin selbst wiederholt hervorgehobene Princip der »*Correlation des Wachsthums*!«[20] Nach diesem Princip entstehen Formveränderungen, welche an sich nichts mit dem Kampf um das Dasein zu schaffen haben, als nothwendige Conse-

[20] *Darwin*, Entstehung der Arten, 5. deutsche Ausg., nach der 6. englischen, Stuttg. 1872, S. 159–164; ferner –, das Variiren der Thiere u. Pflanzen, 2. Ausg., Stuttg. 1873, S. 364 u. ff. –

quenzen einer ersten, durch natürliche Zuchtwahl bedingten Veränderung; und zwar ist der Zusammenhang der so entstehenden secundären Veränderungen mit der primären bald leicht einzusehen, bald aber in völliges Dunkel gehüllt. Dass z. B. die schweren, hängenden Ohren einiger Kaninchenarten einen modificirenden Druck auf den Schädel ausüben müssen, vermögen wir nach mechanischen Principien einzusehen; dass bei sehr starker Ausbildung der vorderen Gliedmassen die hinteren eine Tendenz haben, schlanker zu werden, scheint uns ebenfalls noch begreiflich; | aber warum z. B. weisse Katzen mit blauen Augen gewöhnlich taub sind, warum Georginen mit Scharlachfarbe eingeschnittene Kronenblätter bekommen, ist uns für einstweilen rein unverständlich. Da nun aber solche Zusammenhänge in sehr grosser Zahl existiren, so sehen wir daraus, dass im Bau der Organismen Bildungsgesetze walten, welche uns nicht nur nach dem Umfang ihrer Wirkungen, sondern selbst der Art nach noch unbekannt sind. Dabei ist es natürlich nicht nothwendig, an irgend welche uns noch unbekannte Kräfte zu denken; ein eigenthümliches Zusammenwirken der allbekannten Naturkräfte genügt, um diese seltsamen Consequenzen zu erklären, die man mit Darwin kurz dahin zusammenfassen kann, dass niemals eine Veränderung eines einzelnen Theiles unter Beibehaltung aller übrigen Eigenthümlichkeiten der Form eintritt.

Die zum Ganzen strebenden Bildungsgesetze, welche hier hervortreten, sind nun aber wahrscheinlich dieselben, die unter Umständen rein »*morphologische Arten*« bilden, ohne allen nachweisbaren Nutzen im Kampf um das Dasein. Das Entstehen solcher Arten wurde zuerst in nachdrücklicher Weise von *Nägeli* behauptet, der damit die Ansicht verband, dass in den Organismen eine angeborene *Neigung zur progressiven Entwicklung* liege. Darwin hat in den neueren Auflagen seines Werkes die Existenz morphologischer Charaktere anerkannt, ohne jedoch die Lehre von der natürlichen Neigung zur progressiven Entwicklung anzunehmen, welche in der That auf den ersten Blick dem ganzen Darwinismus auf's schärfste zu widersprechen scheint.[21] So fasst auch *Kölliker* das *Entwicklungsgesetz* der Organismen, welches er annimmt, als unvereinbar mit der Hypothese Darwins auf.[22] Den Grundfehler derselben findet er in der Aufstellung des *Nützlichkeitsprincips* als Grundlage des Ganzen, die »keinen Sinn« habe. Nun sind wir darin mit Kölliker durchaus einverstanden, dass positive Ursachen der Entwicklung angenommen werden müssen, welche nicht im Nützlichkeitsprincip, sondern in der *innern Anlage* der Organismen ihren Grund haben; allein neben allen diesen positiven Ursachen hat das Nützlichkeitsprincip seinen sehr guten Sinn in Verbindung mit dem Gesetze des Kampfes um das Dasein, welches auf negativem Wege den blinden Drang des Weidens und Wachsens beherrscht und die *wirklichen* Formen von den nach dem »Entwicklungsgesetz« *möglichen* sondert.

Kölliker bemerkt, dass sowohl Darwin, als auch seine An|hänger bei der Erklärung des Variirens auch an innere Ursachen gedacht hätten; »allein indem sie dies thun, verlassen sie den Boden ihrer Hypothese und stellen sich auf die Seite derer, die ein Entwicklungsgesetz annehmen und innere in den Organismen selbst liegende Ursachen als Gründe ihrer Umgestaltung aufstellen.«

Richtig ist, dass Darwin mit jener grossartigen und so oft erfolgreichen Einseitigkeit, die wir besonders häufig bei den Engländern wahrnehmen, sein Princip durchgeführt hat, als müsse er Alles ausschliesslich aus diesem entnehmen, und da das Princip, wie wir voraussetzen, überall bei der Erzeugung

[21] *Darwin*, Entst. d. Arten, 5. Aufl. nach der 6. englischen, S. 232 u. ff. – Vgl. *Naegeli*, Entstehung und Begriff der naturhistor. Art. München 1865. – Vgl. auch *Oscar Schmidt*, Descendenzlehre und Darwinismus, Leipz. 1873 (Internat. Bibl. II) S. 146 u. f. –

[22] *Kölliker*, Morphologie und Entwicklungsgeschichte des Pennatulidenstammes, nebst allgemeinen Betrachtungen zur Descendenzlehre. Frankfurt a. M. 1872; vgl. insbesondere S. 26 u. ff. –

des Wirklichen entscheidend eingreift, so musste dies Verfahren sich sehr weit durchführen lassen. Die überall *mitwirkende* Ursache wurde behandelt, als ob sie allein da wäre, aber eine dogmatische Behauptung, dass sie allein da sei, ist kein nothwendiger Bestandtheil des Systems. Darwin nimmt überall da, wo er sich auf die Mitwirkung innerer Ursachen geführt sieht, diese Mitwirkung so unbefangen in seine Erklärung der Naturformen auf, dass man eher annehmen kann, er habe sie als *selbstverständlich* betrachtet. Dass er möglichst wenig aus dieser Quelle ableitet, dagegen möglichst viel aus der natürlichen Zuchtwahl, ist wiederum für ihn, als den Vertreter eines neu in die Wissenschaft eingeführten Princips, eine durchaus richtige Methode; denn die Wirkung der Zuchtwahl, der natürlichen, erläutert durch die künstliche, ist etwas durchaus Verständliches – wenigstens nach ihrer negativen und regulativen Seite, die wir schon wiederholt als die Hauptsache hervorgehoben haben. Der Kampf um das Dasein ist uns vollkommen klar und jede Zurückführung einer Erscheinung auf diesen grossen Factor der Schöpfung ist daher eine wirkliche Erklärung der Sache, während die Zuflucht zu den Entwicklungsgesetzen für einstweilen nur eine Anweisung auf die Zukunft ist, da wir vielleicht einmal in das Wesen dieser Entwicklungsgesetze einen Einblick gewinnen.

Bei alledem sind die Verdienste von Nägeli und Kölliker um die Hervorhebung der positiven und inneren Bildungsursachen sehr hoch anzuschlagen, und eine philosophisch-kritische Betrachtung des ganzen Problems der Entwicklung wird durchaus beiden Standpunkten gerecht werden und ihre Beiträge zum Verständnisse der Erscheinungen in die richtige Verbindung bringen müssen.

Als ein besonders schlagendes Beispiel für die Wirksamkeit | eines Entwicklungsgesetzes betrachtet man mit Recht die Umwandlung einiger Exemplare des kiementragenden *Axolotl* in eine kiemenlose Molchform. Von Hunderten dieser Thiere, welche man aus Mexiko nach Paris gebracht hatte, blieb die grosse Mehrzahl auf der niedrigeren Stufe stehen; einige wenige krochen auf's Land und wurden lungenathmende Luftthiere. Sie erreichten eine Form, zu welcher sich ihre frühere als Larvenform, oder als Vorstufe in der Entwicklung verhält, so dass also der ganze Vorgang sich ohne Weiteres einer Reihe schon bekannter Vorgänge anschloss. In der Regel zwar muss ein Thier, welches verschiedne Entwicklungsstadien durchmacht, die höchste Stufe erreichen, bevor es sich fortpflanzen kann; aber Ausnahmen von dieser Regel sind jetzt schon in grösserer Anzahl bekannt; ja man kann sogar die *Tritonen* künstlich verhindern, ihre letzte Entwicklungsstufe zu erreichen. Wenn man sie in einem geschlossenen Wasserbecken hält, verlieren sie ihre Kiemen nicht, bleiben auf der Stufe des Wassermolchs stehn, werden aber gleichwohl geschlechtsreif und pflanzen sich fort. In gleicher Weise bringen eigenthümliche Existenzbedingungen der Thiere ohne Mitwirkung des Menschen nicht selten ähnliche Veränderungen hervor; z.B. dass eine Art von Fröschen den Zustand der Kaulquappen schon im Ei durchmacht und als fertiger Frosch aus dem Ei schlüpft. In allen diesen Fällen ist das Zusammenwirken der innern Bildungsursachen mit den Existenzbedingungen offenbar und es lässt sich nicht läugnen, dass natürliche Zuchtwahl in einigen derselben die entscheidende Rolle spielt, allein bei der Umwandlung des Axolotl, der sich plötzlich aus einem Wasserthier in ein Luftthier verwandelt, kann von Zuchtwahl oder Kampf um das Dasein keine Rede sein. Vom Standpunkt des einseitigen Darwinismus kann man die Sache nur so fassen, dass man die ganze Umwandlung unter den Begriff des *Variirens* bringt und dabei vielleicht die Versetzung in ein anderes Klima als Anlass des Variirens gelten lässt. In der freien Natur würde nun die neue Form den Kampf um das Dasein durchzumachen und sich durch Inzucht zu befestigen haben, bevor der Process der Artbildung vollendet wäre. – Man sieht nun aber leicht, dass eine solche Erweiterung des Begriffs der Variation im Grunde alles in sich schliesst, was die Vorkämpfer des Entwicklungsgesetzes nur verlangen können, denn Niemand wird glauben, dass diese Wandlung eine zufällige sei, neben welcher eben so | gut beliebige andre hätten eintreten können; sondern man sieht, dass hier eine Bewegung auf einer gleichsam vorgezeichneten Bahn zurückgelegt wurde.[23]

Die ganze Schwierigkeit der Verständigung steckt hier darin, dass man den Begriff des Entwicklungsgesetzes richtig fasse. Das Wort klingt manchem Naturforscher etwas verdächtig; etwa wie wenn von einem »Schöpfungsplan« die Rede ist und dabei an eine Stufenfolge wiederholter Eingriffe übernatürlicher Kräfte gedacht wird. Es ist aber nicht der mindeste Grund dazu vorhanden, bei den »inneren Ursachen«, von denen hier die Rede ist, irgend eine mystische Beihülfe zu dem gewohnten Gang der Naturkräfte vorauszusetzen. So kann denn auch das »Entwicklungsgesetz«, nach welcher die Organismen in bestimmter Stufenfolge aufsteigen, nichts Anderes sein, als die einheitlich gedachte Zusammenwirkung der allgemeinen Naturgesetze, um die Erscheinung der Entwicklung hervorzubringen. Das »Entwicklungsgesetz« Köllikers ist so gut wie die zahlreichen Gesetze der Formenbildung, welche *Haeckel* aufstellt, logisch betrachtet, zunächst nur ein sogenanntes »empirisches Gesetz«, d.h. eine der Beobachtung entnommene Zusammenfassung gewisser Regeln in den Naturvorgängen, deren letzte Ursachen wir noch nicht kennen. Wir können aber doch versuchen, uns von den wahren natürlichen Ursachen, welche dem Entwicklungsgesetz zu Grunde liegen, *eine Vorstellung zu machen*, und wäre es auch nur, um zu zeigen, dass zur Flucht in eine mystische Vorstellungsweise nicht die mindeste Veranlassung vorliegt.

Haeckel hat den Gedanken ausgesprochen, dass seine *Plastiden-Theorie* zurückzuführen sei auf eine *Kohlenstoff-Theorie*, d.h. dass in der Natur des Kohlenstoffs – freilich in einer noch völlig dunkeln Weise – die Ursache zu suchen sei für die

[23] Vgl. *Haeckel*, Schöpfungsgeschichte, 4. Aufl., S. 215 u. f. –

eigenthümlichen Bewegungen, welche wir im Protoplasma beobachten, und die wir als die Elemente aller Lebenserscheinungen betrachten. Es ist mit diesem Gedanken nicht sehr viel gewonnen, allein wir können ihn hier zur Anknüpfung benutzen, um unsre Vorstellung vom Wesen des Entwicklungsgesetzes daran anzuknüpfen.

Betrachten wir die Chemie der Kohlenstoffverbindungen etwas näher, so finden wir, dass für die Bildung der *organischen Säuren* heutzutage schon eine vollständige Theorie vorliegt, die wir sehr wohl mit einem Entwicklungsgesetze vergleichen können. Der »Plan« dieser ganzen Entwicklung liegt vorgezeichnet in der | Lehre von der »Werthigkeit« der Atome, und indem nach einem bestimmten Princip der Substitution jede gegebene organische Säure gleichsam zu einer andern weiter entwickelt werden kann, haben wir eine, wie es scheint ins Unendliche verlaufende Möglichkeit immer complicirterer und immer mannigfaltigerer Bildungen vor uns, welche trotz ihrer ungeheuren Fülle nur eine enge und streng vorgeschriebene Bahn verfolgen. Was entstehen oder nicht entstehen kann, ist zum Voraus durch gewisse hypothetische Eigenschaften der Molecüle bestimmt.[24]

Wir könnten hier schon abbrechen und einfach den in seinen Grundzügen bekannten Plan aller möglichen organischen Substanzen als erläuterndes Bild mit dem noch unbekannten

[24] *Weihrich*, die Ansichten der neueren Chemie, Mainz 1872 referirt S. 43 u. f. über die Theorie *Kolbe*'s, nach welcher ein Atom Wasserstoff durch Methyl, $C_2 H_3$, ersetzt werden kann. Das Methyl selbst enthält nun aber wieder Wasserstoff, von dem abermals je einem Atom ein Atom Methyl substituirt werden kann. Durch solche Substitutionen wird die Ameisensäure in Essigsäure, die Essigsäure in Propionsäure, diese in Buttersäure verwandelt, u. s. w. – Es versteht sich, dass der im Text entwickelte allgemeine Gedanke von dieser speciellen Theorie unabhängig ist; dieselbe veranschaulicht jedoch sehr gut, was man sich unter einem Entwicklungsgesetz vorstellen kann, sofern man sich die complicirteren Bildungen aus den einfacheren successiv entstehend denkt.

Plan aller überhaupt möglichen Thierformen zusammenstellen. Wir wollen aber einen Schritt weiter gehen und an den Zusammenhang zwischen Krystallform und Zusammensetzungsweise des krystallisirten Stoffes erinnern. Dass ein ähnlicher Zusammenhang zwischen Stoff und Form auch bei den Organismen bestehe, ist kein neuer Gedanke. Die Analogie liegt sehr nahe und ist schon oft zu Betrachtungen aller Art benutzt worden. Dass man dabei schliesslich auch auf Eigenthümlichkeiten der Molecüle zurückkommt, ist sehr natürlich. Für unsern Zweck kann es ganz gleichgültig sein, ob man die Form mit einem bestimmten, für das Thier charakteristischen Stoff in Verbindung bringen will, der im Stammbaum der Stoffe eine bestimmte Stellung einnimmt, oder ob man sie als Resultat einer Zusammenwirkung aller in einem Thierkörper vorhandenen Stoffe ansieht. Auch dürfte Beides im Grunde auf dasselbe hinauskommen. Genug, sobald nur in irgend einer Weise ein Zusammenhang zwischen Form und Stoff eingeräumt wird, haben wir das *Entwicklungsgesetz der Organismen* in greifbarster Gestalt vor uns als das *Substitutionsgesetz der Kohlenstoffverbindungen.*

Möge die Sache sich nun so oder anders verhalten, auf alle Fälle wird diese Ausführung genügen, um zu zeigen, dass man sich unter dem Entwicklungsgesetz nichts Uebernatürliches oder Mystisches vorzustellen braucht, und damit dürfte der Hauptwiderstand gegen die Anerkennung seiner Bedeutung beseitigt sein. Das Entwicklungsgesetz giebt die *möglichen* Formen; die natürliche Zuchtwahl wählt aus der ungeheuren Fülle derselben die wirklichen; sie kann aber nichts hervorrufen, das nicht im Plan der | Organismen enthalten ist, und das blosse Nützlichkeitsprincip wird in der That ohnmächtig, wenn man von ihm eine Modification des Thierkörpers verlangen wollte, die gegen das Entwicklungsgesetz ist. Hierdurch aber wird Darwin nicht getroffen, da er sich an die Auswahl des Nützlichen unter den spontan hervortretenden Variationen hält; seine Lehre wird nur ergänzt, insofern anzunehmen ist, dass der Kreis der möglichen Variationen von einem allgemeinen Entwicklungsgesetze bedingt wird.

Man könnte nun denken, die Annahme eines solchen Entwicklungsgesetzes mache die Theorie der natürlichen Zuchtwahl überflüssig, da ja die Fülle der Formen sich im Laufe der Zeiten ohne alle Zuchtwahl ergeben müsse. Eine solche Meinung übersieht zunächst die ungeheure Bedeutung des *Wettbewerbs um das Dasein,* der eben nicht nur Theorie, sondern erwiesene Thatsache ist. Zugleich aber muss man festhalten, dass das Entwicklungsgesetz, wir mögen uns nun darunter verborgen denken, was wir wollen, auf keinen Fall eine dämonisch wirkende Macht ist, welche die reinen Formen, wie sie seinen Bedingungen entsprechen, unbedingt herstellt. Wenn wir schon in der *Krystallisation,* die unter so viel einfacheren Bedingungen steht, die mannigfachsten Unregelmässigkeiten entdecken, so dass der Krystall der Theorie eigentlich nur ein Ideal ist, so werden wir bei den Organismen leicht einsehen, dass das Entwicklungsgesetz Störungen und Missbildungen aller Art, gemischte Formen neben den reinen, unvollkommne neben den Typen, nicht verhindern kann, wiewohl es auf alle entstehenden Formen seinen Einfluss übt. Wenn aber schon die reinen Formen nach dem Entwicklungsgesetz ins Unendliche verlaufen, so wird die Zahl des Möglichen durch die modificirten Formen noch eine ungleich grössere, und dennoch bleibt sie stets nur ein Bruchtheil des überhaupt Denkbaren. Es kann, wie schon die Materialisten des Alterthums einsahen, *nicht Alles aus Allem werden.* In jene wuchernde Fülle der Formen tritt nun der Kampf um das Dasein richtend und sichtend hinein und führt das oben beschriebene Gleichgewicht herbei, welches wir erkannten als das *Maximum des gleichzeitig möglichen Lebens.* Ob dabei diejenigen Formen, auf welche die natürliche Zuchtwahl zuletzt hinausführt, und welche durch sie beharrlich gemacht werden, schliesslich immer zugleich die reinsten Typen nach dem Entwicklungsgesetz sind, kann dahingestellt bleiben; jedenfalls aber wird | man annehmen, dass die Beharrlichkeit der Arten um so grösser wird, je mehr dies Zusammentreffen erreicht wird.

Eine ernstlichere Frage, welche sich hier darbietet, ist die, ob bei der Annahme eines mechanisch wirkenden Entwicklungsgesetzes die *gleich aussehenden Urformen* der Organismen, aus denen wir alle jetzt lebenden Formen herleiten, in Wirklichkeit als *gleich beschaffen* anzusehen sind, oder nicht. Wir wollen mit der Stellung dieser Frage nicht an jenem Gesetze rütteln, welches die einflussreichsten Vertreter der Descendenzlehre für so überaus wichtig erklären: an dem Gesetze der Uebereinstimmung von »Ontogenie« und »Phylogenie«, wie Haeckel sagt, oder an der Lehre, dass von jedem Wesen die Stadien seiner Vorgeschichte in der eignen Entwicklungsgeschichte, zumal im Fötalleben, summarisch wiederholt werden. Wir wollen zunächst nur bemerken, dass dies Gesetz für die Theoretiker der Descendenzlehre zwar von ungemeiner *heuristischer* Wichtigkeit ist, dass aber seine *Nothwendigkeit* grade vom Standpunkte des reinen Darwinismus aus schwerlich einzusehen ist. Von einem Nutzen des Durchlaufens dieser Stadien für den Kampf um das Dasein kann keine Rede sein und das Princip der Vererbung gilt nicht so unbedingt, dass es für jene Uebereinstimmung aufkommen könnte. Es kann also wohl nicht anders sein, als dass chemische und physikalische Ursachen vorhanden sind, welche das Durchlaufen dieser Stadien nothwendig machen, und darin liegt schon die Anerkennung des Entwicklungsgesetzes, wie wir es fassen, enthalten.

Fragt man nun aber, ob die gleich oder ähnlich aussehenden Formen in den ersten Entwicklungsstadien auch wirklich gleich beschaffen sind, so könnte man das Gegentheil schon einfach aus der Thatsache entnehmen, dass sich Verschiednes aus ihnen entwickelt. Wenn z. B. der Embryo des Hundes mit demjenigen des Menschen in der 4. Woche der Entwicklung eine auffallende Aehnlichkeit hat, so wird eben doch aus dem einen ein Hund und aus dem andern ein Mensch. Man könnte nun annehmen, dass diese nicht unbedeutende Verschiedenheit sich erst allmählig dadurch entwickelte, dass der eine der beiden ähnlichen Embryonen fortwährend mit den Säften eines Hundes, der andre mit denen eines Menschen ernährt wird; allein mit dieser ziemlich rohen Betrachtungsweise ist z. B. bei den Eiern der Vögel nicht mehr durchzukommen. Bedenken wir nun das von *Darwin* so richtig nach | gewiesene Princip der *Vererbung erworbener Eigenschaften*, so werden wir bald sehen, wie ungleich feiner wir uns hier den wahren Sachverhalt vorzustellen haben. Man nehme z. B. zwei Taubeneier, von denen das eine ein Individuum enthält, welches die erbliche Anlage in sich hat, in der Luft sich zu überschlagen, das andre ein möglichst ähnliches Individuum ohne diese Anlage. Wo steckt nun der Unterschied? Von Aussen kann er nicht mehr hineinkommen. Er muss im Ei stecken; wie aber, das wissen wir nicht. Wir wissen jetzt nur, dass diese Gleichheit der äusseren Erscheinung himmelweit von Gleichheit des Wesens entfernt ist. *Haeckel*, der auf die Gleichheit der ersten Stufen ein sehr grosses Gewicht legt, weil er in ihr ein sprechendes Zeugniss für die ursprüngliche Wesenseinheit aller Organismen erblickt, erkennt gleichwohl die Nothwendigkeit, innere Unterschiede anzunehmen. »Die Unterschiede«, bemerkt er, »welche zwischen den Eiern der verschiedenen Säugethiere und Menschen wirklich vorhanden sind, bestehen nicht in der Formbildung, sondern in der chemischen Mischung, in der molecülaren Zusammensetzung der eiweissartigen Kohlenstoffverbindung, aus welcher das Ei wesentlich besteht. Diese feinen individuellen Unterschiede aller Eier, welche auf der indirecten oder potentiellen Anpassung (und zwar speciell auf dem Gesetze der individuellen Anpassung) beruhen, sind zwar für die ausserordentlich groben Erkenntnissmittel des Menschen nicht direct sinnlich wahrnehmbar, aber durch wohlbegründete indirecte Schlüsse als die ersten Ursachen des Unterschiedes aller Individuen erkennbar.«[25]

[25] *Haeckel*, natürl. Schöpfungsgesch., 4. Aufl. S. 264 u. f. – Ebenso

Chemische Unterschiede sind aber Wesensunterschiede, und wir haben sonach in den ähnlichen Eiern Dinge vor uns, welche ihrem Wesen nach sehr verschieden sind, während sie, offenbar durch ein allgemeines, aber noch unbekanntes Ge-

heisst es sehr richtig auf S. 295 a. a. O.: »Alle Lebenserscheinungen und Gestaltungsprozesse der Organismen sind ebenso unmittelbar durch die chemische Zusammensetzung und die physikalischen Kräfte der organischen Materie bedingt, wie die Lebenserscheinungen der unorganischen Krystalle, d. h. die Vorgänge ihres Wachsthums und ihrer specifischen Formbildung, die unmittelbaren Folgen ihrer chemischen Zusammensetzung und ihres physikalischen Zustandes sind.« – In der *generellen Morphologie*, I, S. 198 sagt Haeckel: (Wir wissen) »dass diese höchst einfachen Anfänge aller organischen Individuen ungleichartig sind, und dass äusserst geringe Differenzen in ihrer materiellen Zusammensetzung, in der Constitution ihrer Eiweiss-Verbindung genügen, um die folgenden Differenzen ihrer embryonalen Entwickelung zu bewirken. Denn sicher sind es nur äusserst geringe derartige Unterschiede, welche z. B. die erbliche Uebertragung der individuellen väterlichen Eigenschaften durch die minimale Eiweiss-Qualität des Zoosperms auf die Nachkommen vermitteln.« – Aber sollten nicht aus dieser richtigen Einsicht, in welcher die Bedeutung »innerer Ursachen« für die Entwicklung im hellsten Lichte erscheint, weitere Consequenzen gezogen werden? Sollte nicht namentlich die übertriebene Wichtigkeit, welche der bloss morphologischen Gleichheit beigelegt wird, verschwinden müssen vor der Thatsache, dass wir die wichtigsten Unterschiede der Wesen im Keime schon begründet finden, während wir mit unsern Mitteln der Beobachtung noch nicht von ferne daran denken dürfen, diese Unterschiede direct aufzuzeigen? Gewiss wird Niemand den ersten Grund des Unterschiedes zwischen Mozart und einem total unmusikalischen Menschen, oder auch den ersten Unterschied zwischen Goethe und einem Huhne deswegen unbedeutend finden, weil er an eine verschwindend kleine materielle Grösse geknüpft ist. Der Umstand aber, dass diese Grösse für uns bisher etwas ganz Unfassbares ist, berechtigt den Forscher allerdings, sich mit ihr nicht speciell zu befassen, um nicht in unfruchtbare Untersuchungen zu gerathen; auch kann natürlich bei einer *grundsätzlich rein morphologischen* Untersuchung von dieser ganz unfassbaren Grösse abgesehen werden; sobald es sich dann aber um eine Ansicht vom *Wesen der Entwicklung* handelt, wobei eben der morphologische Gesichtspunkt allein nicht ausreicht, würde man durch Vernachlässigung dieser Grösse einen ebenso schlimmen Fehler begehen, als wenn man in

setz, in äusserlich gleiche Formen gebracht werden. Ob dabei nicht doch auch Unterschiede der *Structur* mitspielen, wissen wir nicht. Was sagen wir denn damit, wenn wir von der Structurlosigkeit des Protoplasma reden? Doch wohl weiter nichts, als dass wir mit unsern Beobachtungsmitteln keine Structur zu erkennen vermögen. So lange die Bewegungserscheinungen des Protoplasma nicht mechanisch erklärt sind, muss die Frage nach der Structur desselben eine offene bleiben.[26] Ist doch im letzten Sinne auch die chemische Beschaffenheit der Molecüle Structur! |

Man denke sich die fertig zugehauenen Steine zu einem gothischen und zu einem romanischen Dome auf zwei Lagerplätzen von gleicher Form und spärlichsten Dimensionen so aufgeschichtet, dass jedes Fleckchen benutzt ist, und dass die beiden Massen eine gleiche äussere Gestalt gewinnen. Dann ist es sehr wohl denkbar, dass diese Massen von Baumaterial aus einiger Entfernung wie zwei ganz gleiche Bauwerke aussehen. Wenn nun aber die Stücke auseinandergenommen und richtig zusammengefügt werden, so kann aus der einen dieser Massen nur der gothische, aus der andern nur der romanische Dom hervorgehen.

Hat man dies aber einmal erkannt, so muss man auch die Consequenzen ziehen, theils in der Anerkennung dessen, dass

einer Rechnung einen der wichtigsten Factoren bloss deshalb streichen wollte, weil er uns unbekannt ist; denn hier handelt es sich natürlich nicht mehr um die materielle Grösse an sich, sondern um die Wichtigkeit der Folgen ihres Vorhandenseins.

[26] Vgl. *Preyer*, über die Erforschung des Lebens, Jena 1873, S. 22: »Durch die Bewegungen des Protoplasma im winzigen Keim eines Samenkorns wird die umgebende Erde, die Luft und das Wasser unter dem Einfluss der Wärme in einen riesigen Baum verwandelt und durch die Bewegung des Protoplasma im erwärmten Ei wandelt sich dessen Inhalt in ein lebendes Thier um. Was ertheilt den Anstoss? Was zwingt die Stoffe sich so zu ordnen, dass Leben daraus resultirt? Vergebens tastet die Chemie nach einer Antwort.«

chemische Verhältnisse ihre Regel und gleichsam ihren Entwicklungsplan haben, theils aber auch in der Beurtheilung der ganzen Stellung der Morphologie zur Genesis der Organismen. Wir müssen nämlich den Satz einräumen, dass unbekannte Eigenthümlichkeiten der Stoffe, wahrscheinlich chemische, auf die Entwicklung der Wesen, auf ihre zukünftige Gestalt und ihre Lebensgewohnheiten einen entscheidenden Einfluss üben können, während doch in den ersten Elementarformen eben dieselben Eigenthümlichkeiten schon vorhanden sind, ohne eine für uns erkennbare Verschiedenheit hervorzurufen.

Was für das Individuum gilt, muss aber auch für die Gesammtheit der Organismen in ihrer historischen Entfaltung gelten: *die einfachen Urformen, welche alle Wesen durchlaufen müssen, sind nicht nothwendig wesensgleich.* Sie können in einer feineren, für uns unerkennbaren Structur oder in ihrer chemischen Zusammensetzung ebenso verschieden sein, als sie morphologisch gleich sind. So wichtig daher auch *Haeckels Gastrula-Theorie* für die Vollendung der Morphologie und für die hypothetische Ergänzung der gesammten Descendenzlehre sein mag, so kann doch in ihr niemals ein Beweis gefunden werden für die »*monophyletische*« Descendenz, d.h. für die Abstammung sämmtlicher Organismen von einer und derselben Art von Urwesen.[27]

[27] In der *generellen Morphologie* I, S.198 bemerkt *Haeckel*: »Es ist unseres Erachtens für die wesentlichen Grundanschauungen der organischen Entwickelung ziemlich gleichgültig, ob in dem Urmeere zu der Zeit, als die erste Autogonie stattfand, an differenten Localitäten zahlreiche ursprünglich verschiedne Moneren, oder aber viele gleichartige Moneren entstanden, welche sich erst nachträglich (durch geringe Veränderungen in der atomistischen Zusammensetzung des Eiweisses) differenzirten.« Dass Haeckel seitdem mehr und mehr zur einseitigen Behauptung der monophyletischen Descendenz überging, für welche ihm namentlich der Nachweis der Gastrula-Form bei den Kalkschwämmen von Bedeutung scheint, dürfen wir wohl durch ein zu starkes Vorwalten des rein morphologischen Gesichtspunktes erklären. Haeckel hat bei Gelegenheit der *Individualitätslehre* (generelle Morphologie I, S.265

Von vorn herein ist es natürlich ungleich wahrscheinlicher, dass von Anbeginn des Lebens eine grössere Zahl nicht völlig gleicher und nicht gleich entwicklungsfähiger Keime vorhanden war; sei es nun, dass man diese Keime aus dem Meteorstaub des | Weltenraumes ableitet, sei es, dass sich das Leben aus den Moneren des Meeresgrundes entwickelt habe. Wenn man aber auf die »*polyphyletische*« Abstammung der Organismen deshalb einen besondern Werth legt, weil sie das Mittel zu bieten scheint, den *Menschen* von der übrigen Thierwelt abzusondern, so werden wir im folgenden Capitel noch Gelegenheit haben zu zeigen, dass mit dieser Möglichkeit durchaus kein tieferes philosophisches Interesse verknüpft ist. Der Kampf der Meinungen mag sich daher hier an der Auffassung und Beurtheilung der Thatsachen abspielen. Principien kommen dabei nur in Betracht, so weit es sich um die Frage des Entwicklungsgesetzes handelt, die jedoch nicht auf diesem Boden entschieden wird. Wollte etwa ein extremer Darwinianismus die monophyletische Descendenz so verstehen, dass alle Unterschiede in der inneren Beschaffenheit der organischen Urformen geleugnet und alle gewordenen Unterschiede auf die natürliche Zuchtwahl zurückzuführen seien, ohne irgend welche Mitwirkung innerer Entwicklungsgründe, so wäre das allerdings eine sehr consequente Metaphysik, allein eine sehr unwahrscheinliche naturwissenschaftliche Theorie. Dagegen ist die gemässigte und vorsichtige Art, in welcher *Haeckel* die monophyletische Descendenz wenigstens für das Thierreich, und namentlich für die höheren Formen desselben als die

u. ff. in lichtvoller Weise zwischen *morphologischer* und *physiologischer* Individualität unterschieden. Wollte man denselben Unterschied auf die Descendenzlehre anwenden, so würde nach unsrer Auffassung gegen ein bloss morphologischen Monophyletismus nichts Wesentliches einzuwenden sein, aber wir halten die Frage nach der inneren Beschaffenheit und ihren Beziehungen zu der nothwendigen zukünftigen Entwicklung doch für wichtiger.

wahrscheinlichere behauptet, durchaus zulässig.[28] Man stützt sich dabei hauptsächlich auf die Lehre vom »Schöpfungsmittelpunkt« jeder einzelnen Species und jeder Gattung und diese Lehre wird wiederum empirisch unterstützt durch die Bemerkung, dass sich der oft seltsam gestaltete Verbreitungsbezirk der Arten in der Regel sehr gut erklären lässt, wenn man einen bestimmten Entstehungspunkt annimmt und die Möglichkeiten einer Wanderung von hier aus mit Rücksicht auf den wahrscheinlichen früheren Zustand der Erde erörtert.

Dass in dieser ganzen Lehre noch ungemein viel Hypothetisches und Zweifelhaftes ist, thut ihrem Werthe keinen Eintrag, weil es sich um die erste Grundlegung einer Geschichte der Organismen handelt. Die genauere Prüfung, die strengere Abwägung der Wahrscheinlichkeiten wird hier, wie überall, mit dem Fortgang der Wissenschaft sich einfinden. Dagegen darf wohl erinnert werden, dass die ganze Lehre von dem einheitlichen Schöpfungsmittelpunkt, wenn sie nicht einen metaphysischen und sogar mystischen Charakter gewinnen soll, wohl nur eine Maxime der Forschung | und eine für die meisten Fälle geltende empirische Beobachtung sein kann. Zu einer Verallgemeinerung durch Induction eignet sie sich durchaus nicht, da keine natürliche Ursache denkbar ist, welche verhindern

[28] Natürl. Schöpfungsgesch. 4. Aufl. S. 373. Der ebendas. ausgesprochene Satz, dass im Allgemeinen die monophyletischen Descendenzhypothesen mehr innere Wahrscheinlichkeit besitzen, als die polyphyletischen, ist nicht etwa die einfache Umkehrung unsres im Text ausgesprochenen Satzes. Letzterer bezieht sich ausschließlich auf die erste Entstehung des Lebens, so weit man ihre Bedingungen beurtheilen und aus diesen auf den thatsächlichen Verlauf schliessen kann: Haeckel hat dagegen die Abstammung jeder beliebigen existirenden Species oder hypothetischen Stammform im *Auge*, mit Rücksicht auf die Frage, ob diese Form sich ursprünglich an verschiednen Orten und mit entsprechenden Variationen gebildet habe, oder nur an einem Orte und in gleicher Form, so dass also z. B. ein weit verzweigtes Vorkommen einer Species auf Wanderung, nicht auf gleichzeitigen Ursprung an verschiednen Orten zurückzuführen wäre. – Vgl. ferner die vorherg. Anmerk. –

sollte, dass aus einer weit verbreiteten Stammform an zwei verschiedenen Punkten zugleich ein und dieselbe neue Species hervorgehen sollte. Aus dem gleichen Grunde ist aber auch die Unterstützung der monophyletischen Theorie durch die Lehre von den Schöpfungsmittelpunkten nicht gar zu hoch anzuschlagen. Die letztere könnte empirisch in neun Zehnteln aller Fälle als richtig nachgewiesen sein, ohne dass deshalb auch die erste Entstehung einfachster Organismen von einem solchen einheitlichen Mittelpunkte ausgehen müsste.

Die ganze Sache gewinnt natürlich ein andres Aussehen, wenn man sich rein auf den *morphologischen* Gesichtspunkt beschränkt; denn da sind allerdings Ursachen denkbar, welche alle Organismen zwingen könnten, eine gewisse Stufenfolge von Formen zu durchlaufen; einerlei, ob ihr inneres Wesen – wir verstehen darunter zunächst die chemische Zusammensetzung – identisch wäre oder nicht. Der Unterschied würde sich jedoch alsdann darin verrathen, dass die einen dieser Organismen beständig auf den untersten Stufen beharren müssten, während die andern sich unter dem Einflusse der natürlichen Zuchtwahl und des immanenten Entwicklungsgesetzes zu höheren Formen erheben würden.

Es kann nicht unsre Aufgabe sein, hier alle die zahlreichen formell und materiell interessanten Fragen zu erörtern, welche der Darwinismus und die Opposition gegen denselben hervorgerufen haben. Für uns ist das Wesentliche, zu zeigen, wie alle Verbesserungen und Einschränkungen der Lehre Darwins, welche man vorgebracht hat und noch vorbringen mag, sich doch im Wesentlichen stets auf denselben Boden einer rationellen, nur begreifliche Ursachen zulassenden Naturbetrachtung stellen müssen. Die strenge Durchführung des Causalitätsprincips unter Beseitigung aller unklaren Annahmen von Kräften, die aus blossen Begriffen abgeleitet werden, muss für das gesammte Feld der Naturwissenschaften der leitende Gesichtspunkt bleiben, und was etwa in dieser consequenten Durchführung der mechanischen Weltanschauung für unser

Gefühl Unbefriedigendes und Verletzendes liegen mag, wird, wie wir noch hinlänglich zeigen werden, auf einem andern Boden seine Ausgleichung finden. |

Wenn sonach die Opposition gegen Darwin theils offen, theils halb unbewusst von der Vorliebe für die alte teleologische Welterklärung ausgeht, so kann eine gesunde Kritik nur im Gegentheil die Grenzlinien ziehen, dass keine Bekämpfung des Darwinismus naturwissenschaftlich berechtigt ist, welche nicht in gleicher Weise wie der Darwinismus selbst von dem Princip der Erklärbarkeit der Welt unter durchgehender Anwendung des Causalitätsprincips ausgeht. Wo sich daher auch immer in der Zuhülfenahme eines »Schöpfungsplanes« und ähnlicher Begriffe der Gedanke verbirgt, es könne aus einer solchen Quelle mitten in den geregelten Lauf der Naturkräfte hinein ein fremdartiger Factor fliessen, da befindet man sich nicht mehr auf dem Boden der Naturforschung, sondern einer unklaren Vermengung naturwissenschaftlicher und metaphysischer, oder vielmehr in der Regel theologischer Anschauungen. Jeder Eingriff einer mystischen Kraft, welcher eine Anzahl von Molecülen aus der Bahn wegnimmt, in welcher sie sich nach den allgemeinen Naturgesetzen bewegen, um sie gleichsam nach einer Planzeichnung in Reih' und Glied zu stellen – jeder derartige Eingriff würde nach naturwissenschaftlicher Betrachtung *eine Arbeit leisten*, die sich *nach Aequivalenten messen* lässt, während sie doch die *Aequivalentreihe durchbricht*, wie ein in eine richtige Gleichung hineingeschneiter Schreibfehler, der das ganze Resultat verdirbt. Der ganze »Schöpfungsplan«, welchen wir erkennen, das gesammte Resultat der bisherigen wissenschaftlichen Entdeckungen, diese schöne Harmonie eines allumspannenden gleichen und einheitlichen Gesetzes würde durchbrochen wie ein schales Kinderspiel. Und wozu? – um an die Stelle eines noch unvollständigen, aber wirklichen Begreifens einen Lappen zu stopfen aus einer Weltanschauung, in welcher nach ihren Grundlagen nur ein schwaches Analogon des Begreifens, nur eine Ordnung der Erscheinungen nach leeren Begriffen und plumpen anthropomorphen Phantasieen möglich ist.

Alle jene unzulässigen Durchbrechungen der Causalreihe lassen sich schliesslich auf das Wesen der *falschen Teleologie* zurückführen, über die wir noch ein Wörtchen zu reden haben werden. Inzwischen giebt es auch eine Teleologie, welche mit dem Darwinismus nicht nur vereinbar, sondern nahezu identisch ist, und es giebt sodann ideale Ausführungen und speculative Weiterbildungen dieser richtigen Teleologie, welche auf transscendentem Felde liegen, | aber eben deshalb mit den Naturwissenschaften niemals in Conflict gerathen können.

Wenn der Darwinismus gegenüber der plumpen, anthropomorphistischen Teleologie als eine *Zufallslehre* erscheint, so ist das nur seine durchaus berechtigte negative Seite. Das Zweckmässige geht aus der Erhaltung relativ zufälliger Bildungen hervor, allein diese Bildungen können nur zufällig genannt werden, sofern wir keinen Grund anzugeben wissen, warum grade diese in diesem Augenblick auftritt. Im grossen Ganzen ist Alles und somit auch das Auftreten dieser Bildungen, welche durch Anpassung und Vererbung zur Grundlage neuer Schöpfungen werden, nothwendig und durch ewige Gesetze bestimmt. Diese Gesetze bringen freilich nicht sofort das Zweckmässige hervor, sondern sie bringen eine Fülle von Variationen, eine Fülle von Keimen hervor, unter welchen der Specialfall des Zweckmässigen, des Fortlebenden vielleicht ein relativ sehr seltner ist. Wir haben gezeigt, dass diese Art das Zweckmässige zu bilden, nach *menschlicher* Zweckmässigkeit beurtheilt, eine sehr niedrige ist, allein der Mensch ist eben auch der complicirteste aller der unzähligen Organismen, die wir kennen, und mit einem bis in's Unendliche verwickelten Apparat ausgestattet, um auf specielle Bedürfnisse auch in speciellster und eigenthümlichster Weise zu reagiren. Der Mechanismus, welcher dies bewerkstelligt, bleibt seinem eignen Bewusstsein verborgen und es erscheint daher eine menschliche und menschenähnliche Thätigkeit vom Standpunkte roher und unwissenschaftlicher Betrachtung wie eine *unvermittelte vom blossen Gedanken aus das Object ergreifende Kraftwirkung*, während sie in der That nur die *am feinsten vermittelte* ist. Lässt man die hieraus fliessenden Irrthümer bei Seite, so ist jener Mechanismus, durch welchen die Natur ihre Zwecke erreicht, *durch seine Allgemeinheit* mindestens ebenso hochstehend, als die menschliche Zweckmässigkeit durch *ihren Rang* als vollkommenster Specialfall. Es liesse sich leicht nachweisen, dass selbst in den höchsten Handlungen des Menschen jenes Princip der Erhaltung des relativ Zweckmässigsten noch seine Rolle spielt, allenthalben zusammenwirkend mit den feinsten Apparaten einer specifischen Reaction. Selbst die grossen Entdeckungen und Erfindungen, welche die Grundlage der höheren Cultur und des geistigen Fortschritts bilden, unterliegen noch jenem allgemeinen Gesetze der Erhaltung des Stärksten, während | sie gleichzeitig mit den feinsten Methoden der Wissenschaft und Kunst geprüft werden.

Die ganze Frage der richtigen Teleologie aber lässt sich darauf hinaustreiben, dass man untersucht, inwiefern grade in dieser Einrichtung der Natur in Verbindung mit dem mechanisch wirkenden Entwicklungsgesetze etwas gefunden werden darf, das man einem »Weltplan« vergleichen darf. Lassen wir dabei vorsichtig Alles bei Seite, was auf einen menschenähnlich sinnenden »Baumeister der Welten« hinausführt, so bleibt als logischer Kern dieser Frage übrig: Ist diese Welt *ein Specialfall* zwischen unzähligen gleich denkbaren Welten, welche entweder *ewig chaotisch* oder *ewig starr* bleiben würden, oder ist etwa zu behaupten, dass *bei jeder beliebigen Beschaffenheit der Uranfänge* nach dem Darwin'schen Princip sich schliesslich Ordnung, Schönheit, Vollendung in gleichem Masse, wie wir sie beobachten, ergeben mussten? Man kann diese Frage auch dahin erweitern, dass man in Zweifel zieht, ob selbst eine geordnete und sich entwickelnde Welt nothwendig für den Menschengeist, welcher der Orientirung an bestimmten Classen und Gattungen der Dinge bedarf, verständlich sein würde, oder ob nicht eine solche Mannigfaltigkeit der Formen und Vorgänge denkbar wäre, dass sie für ein nach Art des Menschen organisirtes Wesen unverständlich bleiben müsste.

Ohne Zweifel wird man zugeben, dass unsre Welt in diesem Sinne ein Specialfall genannt werden darf, denn wie sehr auch alles Geschehen sich aus einfachen Annahmen mathematisch entwickeln lässt; positive Annahmen, und zwar solche, welche die Entwicklung unsrer Welt ermöglichen, während sie ohne diese Rücksicht ganz anders sein könnten, müssen eben doch gemacht werden. In dieser Beziehung ist selbst *Empedokles* nicht ohne teleologische Elemente, denn wie consequent er auch immer die Zweckmässigkeit des Einzelnen aus dem blossen Durchprobiren aller möglichen Zusammensetzungen hervorgehen lässt, so ergiebt sich doch das Spiel der Zusammensetzung und Trennung im grossen Ganzen mit Nothwendigkeit aus den Eigenschaften der vier Elemente und der zwei bewegenden Grundkräfte. Man denke sich nur die letzteren hinweg und man hat ewige Starrheit oder ewiges Chaos. Ebenso steht es mit dem Systeme der Atomistiker. Man kann hier zwar die Lehre von der Unendlichkeit der Welten benutzen, um den Specialfall *unsrer* Welt relativ zufällig zu machen, | aber die nothwendigen Grundlagen einer verständlichen Welt finden sich eben doch in den fundamentalen Annahmen über die Eigenschaften und die Bewegungsweise der Atome. Man nehme z. B. eine Welt mit lauter runden und glatten Atomen an, und es wird sich nichts von der festen Ordnung der Dinge, die wir um uns her erblicken, bilden können. Es ist hier sogar in bewusster Weise das Princip von der Begreiflichkeit der Welt rückschliessend angewandt, um die Welt zu einem Specialfalle zu machen, in der sehr feinen und tief durchdachten Lehre von der Endlichkeit des Formenreichthums der Atome.

In der *Kantischen* Philosophie, welche diese Fragen wieder tiefer als irgend eine andre ergründet hat, wird daher die *erste Stufe der Teleologie* geradezu identificirt mit dem Grundsatze, den wir wiederholt als das *Axiom von der Begreiflichkeit der Welt* bezeichnet haben, und der Darwinismus in weiterem Sinne des Wortes, d.h. die Lehre von einer streng naturwissenschaftlich begreiflichen Descendenz, steht nicht nur nicht im Widerspruch mit dieser Teleologie, sondern ist im Gegentheil eine nothwendige Voraussetzung derselben. Die »*formale*« Zweckmässigkeit der Welt ist nichts andres als die *Angemessenheit derselben für unsern Verstand*, und diese Angemessenheit fordert ebenso nothwendig die unbedingte Herrschaft des Causalgesetzes ohne mystische Eingriffe irgend welcher Art, als sie auf der andern Seite die *Uebersichtlichkeit* der Dinge durch ihre Ordnung in bestimmte Formen voraussetzt.[29]

Kant lehrt dann freilich noch eine zweite Stufe der Teleologie, die »*objective*«, und hier hat Kant selbst, wie in der Lehre von der Willensfreiheit, nicht überall streng die Linie des kritisch Zulässigen eingehalten; allein mit der wissenschaftlichen Aufgabe der Naturforschung kommt auch diese Lehre nicht in Conflict. Die Organismen erscheinen uns nach derselben als Wesen, in denen jeder Theil durch jeden andern durchgängig bestimmt wird, und wir werden sodann vermöge der Vernunft-Idee einer absoluten wechselseitigen Bestimmung der Theile im Weltganzen dazu gebracht, sie so anzusehen, als ob sie Produkt einer Intelligenz seien. Kant hält diese Auffassungsweise für nicht beweisbar und nichts beweisend, allein er hält sie

[29] Die Auffassung der *Kantischen Teleologie*, welche wir hier vortragen, ist allerdings nicht die gewöhnliche. Wir folgen dabei theils eignen Studien, theils aber der kürzlich erschienenen lichtvollen Untersuchung von *August Stadler*, Kant's Teleologie und ihre erkenntnisstheoretische Bedeutung, Berlin 1874. Wenn Stadler vielleicht in der Herstellung einer durchgehenden Uebereinstimmung zwischen Kant und den Grundsätzen der Naturwissenschaften hie und da zu weit geht und wirkliche Schwächen Kants zu gering anschlägt, so ist dagegen der Beweis dafür, dass diese Auffassung allein den Principien der Transscendental-Philosophie entspricht und die Widersprüche bei Kant zu einem Minimum macht, von Stadler vollständig erbracht worden. Da wir auf Einzelnes hier nicht mehr eingehen können, so verweisen wir lediglich auf die genannte Abhandlung.

mit Unrecht gleichwohl für eine nothwendige Folge der Einrichtung unsrer Vernunft. Für die Naturwissenschaften jedoch kann auch diese »objective« Teleologie nie | mals etwas Andres sein, als ein heuristisches Princip; es wird durch sie *nichts erklärt* und Naturwissenschaft reicht ein für allemal nur so weit, als die mechanisch-causale Erklärung der Dinge. Wenn Kant glaubt, bei den Organismen werde diese Erklärungsweise niemals vollständig ausreichen, so ist diese Ansicht, die übrigens keinen nothwendigen Theil des Systems bildet, durchaus nicht so zu verstehen, dass die mechanische Naturerklärung irgendwo auf eine feste Schranke stossen könne, jenseits welcher die teleologische eintreten würde; vielmehr denkt sich Kant nur die mechanische Erklärung der Organismen als einen in's Unendliche verlaufenden Process, bei welchem stets noch ein ungelöster Rest bleiben wird, ähnlich, wie bei der mechanischen Erklärung des Weltganzen. Diese Anschauungsweise geräth aber mit dem Princip der Naturforschung in keinen Conflict, wenn auch die Naturforscher grossentheils geneigt sein mögen, sich über diesen, jenseit der Erfahrung liegenden Punkt andre Vorstellungen zu bilden.

Aus dem gleichen Grunde ist auch *Fechners* Teleologie naturwissenschaftlich nicht anfechtbar. Er macht das Princip der »Tendenz zur Stabilität« zur Vermittlung zwischen Causalität und Teleologie, indem er annimmt; dass die allgemeinen Naturgesetze selbst allmählig immer Vollkommneres mit Nothwendigkeit hervorbringen, und darin findet er eine teleologische Anlage des Weltganzen, die er weiterhin auch mit einer schöpferischen Intelligenz in Verbindung bringt. Das Princip der Tendenz zur Stabilität selbst ist eine naturwissenschaftliche Hypothese und ein metaphysischer Gedanke zugleich, und es wird sich der Kritik von beiden Seiten unterwerfen müssen; das Weitere sind Glaubensartikel, die ihre Basis jenseit des Erfahrungsgebietes haben.

Um so plumper und handgreiflicher ist dagegen die falsche Teleologie, diejenige, welche mechanische Arbeit aus Nichts schafft und damit den Causalzusammenhang der Natur vernichtet, in *Hartmanns* »Philosophie des Unbewussten« vertreten. Zwar verwahrt sich Hartmann dagegen, dass seine »Finalität« »etwas *neben* oder gar *trotz* der Causalität bestehendes« sei, allein seine Durchführung der »Finalität« und namentlich seine merkwürdige Grundlegung derselben durch vermeintliche Wahrscheinlichkeitsrechnung zeigen sofort, dass eben doch grade dieses: die Durchbrechung des strengen Causalzusammenhanges der Natur die Grundlage seines | ganzen Denkens bildet, welches vollständig auf den Standpunkt des Köhlerglaubens und der rohen Naturvölker zurückkehrt.[30]

Der scheinbare Widerspruch erklärt sich leicht durch die Art, wie Hartmann zwischen *Geist* und *Materie, geistigen* und *materiellen Ursachen* unterscheidet. »Weit entfernt«, sagt er von seiner Teleologie, »die Ausnahmslosigkeit des Causalitätsgesetzes zu vernichten, *setzt sie dieselbe vielmehr voraus*, und zwar nicht nur für Materie untereinander, sondern auch *zwischen Geist und Materie, und Geist und Geist.*« Gleich darauf wird mit grosser Seelenruhe die Annahme durchgeführt, dass die wirkende Ursache irgend eines Ereignisses, M genannt, in den gleichzeitig obwaltenden materiellen Umständen *nicht vollständig begründet* sei, dass man »mithin« die zureichende Ursache von M *auf geistigem Gebiete* suchen müsse.

Die Schwierigkeit einer vollständigen Analyse der gleichzeitigen materiellen Umstände macht Hartmann keinen Kummer. Die Fälle sind sehr selten, »wo ausserhalb eines engen örtlichen Umkreises für den Vorgang wesentliche Bedingungen liegen, und alle unwesentlichen Umstände brauchen nicht berücksichtigt zu werden.« Man sieht sich also in dem »engen örtlichen Umkreise« um, mit so viel Verstand und Naturkenntniss, als man eben zufällig besitzt, wendet etwa auch ein Mikroskop, ein Thermometer oder dergleichen an und was

[30] Vgl. Philosophie des Unbewussten. Einleitendes. II. Wie kommen wir zur Annahme von Zwecken in der Natur?

man dann noch nicht bemerkt hat, existirt nicht, oder ist unwesentlich. Hat man nun die vollständige Erklärung von M nicht gefunden, so ist »devil-devil« im Spiele.[31]

Dass auch in dem »engen örtlichen Umkreise« eine Unendlichkeit von Kräften und Einrichtungen materieller Art wirksam ist, darf man nicht annehmen; sonst gäbe es keine »Philosophie des Unbewussten.« Dem Naturforscher freilich ziemt es, in solchen Fällen einfach zu sagen, dass die physische Ursache von M noch nicht entdeckt ist, und in der ganzen Geschichte seiner nie rastenden Wissenschaft wird er den Impuls finden zu neuen Forschungen, die ihn dem Ziele um einen Schritt näher führen. Der Australneger aber und der Philosoph des Unbewussten machen da Halt, wo ihr Vermögen natürlicher Erklärung aufhört und schieben den ganzen Rest auf ein neues Princip, mit welchem Alles durch ein einziges Wort höchst befriedigend erklärt ist. Die Grenze, bei welcher die physische Erklärung aufhört und der Spuk dafür eintritt, ist bei beiden verschieden; die wissenschaftliche Methode aber | ist dieselbe. Dem Australneger z.B. ist der Funke der Leydener Flasche wahrscheinlich devil-devil, während Hartmann ihn noch natürlich erklären kann; allein die Methode des Uebergangs von dem einen Princip zum andern ist durchaus dieselbe. Das

[31] *Waitz,* Anthropol. der Naturvölker, fortges. v. Gerland, VI. Thl., Leipz. 1872, S. 797; vgl. dazu *Oscar Schmidt,* Descendenzlehre und Darwinismus, Leipz. 1873, S. 280. – Die Eingeborenen Australiens führen Alles in der Natur, was sie sich nicht selber erklären können, auf devil-devil zurück; »offenbar ein aus dem englischen devil (Teufel) abgeleiteter Name einer Gottheit, welche allerdings nicht mehr deutlich vorgestellt wurde.« Mit Recht tadelt O. Schmidt die Seichtigkeit dieses Beweises für die Annahme früherer besser entwickelter, dann aber in Vergessenheit gerathener Religionsvorstellungen. Die Zurückführung alles Unerklärlichen auf devil-devil ist offenbar eher das Rudiment einer Philosophie, welche der einzelnen Götter nicht bedarf. Devil-devil ist den Australnegern wahrscheinlich allwissend, allmächtig u. s. w., ohne deshalb eine Person zu sein; ganz wie das »Unbewusste.«

Blatt, welches sich zur Sonne wendet, ist für Hartmann, was die Leydener Flasche für den Australneger. Während die Unermüdlichkeit der Forscher grade auf diesem Gebiete täglich neue Entdeckungen hervorbringt, welche alle darauf hinweisen, dass auch diese Erscheinungen ihre mechanische Ursache haben, hat der Philosoph des Unbewussten mit seinen botanischen Studien hier zufällig an einem Punkte Halt gemacht, welcher das Mysterium noch in voller Unverletztheit bestehen lässt, und hier ist nun natürlich auch die Grenze, wo der phantastische Reflex der eignen Unwissenheit, die »geistige Ursache« eintritt und dasjenige ohne weitere Mühe erklärt, was noch unerklärbar ist.[32]

[32] Es ist nicht uninteressant, die total unwissenschaftliche Weise, in welcher *Hartmann* den »Instinct« im Pflanzenreiche bespricht, mit den neuesten *wissenschaftlichen* Untersuchungen über die hier in Frage kommenden Erscheinungen des Wachsthums der Pflanzen, Heliotropismus, Oeffnen und Schliessen der Blüthen, Windungen der Ranken u. s. w. zu vergleichen. Die ungemein lichtbringenden Entdeckungen eines *Sachs, Hofmeister, Pfeffer, Frank, Batalin, Famintzin, Prillieux* und Andrer sind ohne Ausnahme erzielt worden durch die Voraussetzung einer *streng mechanischen* Begründung dieser Vorgänge im Pflanzenleben, und diese Voraussetzung hat sich in vielen Fällen schon glänzend bewährt. Wir erwähnen nur in Kürze, dass der *Heliotropismus* zurückgeführt ist auf *Verzögerung des Wachsthums* durch das Licht und daher folgende Concav-Krümmung, dass die Umschlingung von Gegenständen durch *Ranken* auf einer auch experimentell nachweisbaren Reizbarkeit der schwächer wachsenden Seite beruht, dass die *Tages- und Nachtstellung* der Blätter von Oxalis auf einer Einwirkung des Lichtes auf bestimmte *Biegungsstellen* beruht, und dass die Pflanze sich (trotz der Allwissenheit des Unbewussten) täuschen lässt, wenn man ein besonderes Licht ausschliesslich auf diese Biegungsstellen fallen lässt, u. s. w. – Man vergleiche damit die Beobachtung von *Knight,* welcher Pflanzen an der Radialseite eines schnell rotirenden Rades zog und fand, dass die Hauptwurzeln in der Richtung der *Centrifugalkraft* wachsen; ferner die Versuche von *Sachs* über den Einfluss der Feuchtigkeit im Boden auf die Wurzelrichtung. (Vgl. *Sachs*, Grundzüge der Pflanzenphysiologie, Leipzig 1873, *Hofmeister*, allg. Morphologie der Gewächse, Leipz. 1868, *Pfeffer*, physiol. Untersuchungen, Leipz. 1873; ferner *Na-*

Dass Hartmanns geistige Ursachen identisch sind mit dem devil-devil der Australneger, bedarf kaum des Beweises. Die Wissenschaft kennt nur *eine* Art von Geist: den *menschlichen*; und wo von »geistigen Ursachen« in wissenschaftlichem Sinne die Rede ist, bleibt stets vorbehalten, dass sich dieselben durch Vermittlung menschlicher Körper geltend machen. Was wir sonst noch etwa von »Geist« annehmen, ist transscendent und gehört in das Gebiet der Ideen. Wir haben das Recht, wenn wir durch den Materialismus hindurch zum Idealismus vorgedrungen sind, alles Bestehende für geistiger Art zu erklären, sofern es zunächst unsre Vorstellung ist; so lange wir aber noch zwischen Geist und Materie unterscheiden, haben wir nicht das Recht, Geister und geistige Ursachen zu erfinden, die uns nicht gegeben sind.

Was den Menschengeist betrifft, so wollen wir einmal annehmen, es lasse sich auch die Ansicht vertheidigen, welche im Gehirn mechanische Arbeit verschwinden und sich in »Geist« umsetzen, sowie umgekehrt eine bestimmte Arbeitsgrösse aus blossem »Geist« entstehen lässt. Dass wir diese Ansicht nicht theilen, sondern vielmehr eine lückenlose Causalfolge der materiellen Vorgänge annehmen, ist bereits hinlänglich gezeigt worden, doch sei hier einmal das Gegentheil angenommen, damit wir wenigstens zu einem Beispiel gelangen für »geistige Ursachen«, welche materielle Vorgänge erzeugen. Diese hypothetische Ursache nun zu verallgemeinern kann um so weniger zulässig sein, da uns jede Analogie zwischen den Vorgängen in der Natur und denen im Menschen fehlt. Man darf hier wohl an Du Bois-Reymonds Forderung erinnern, dass man ihm, wenn er eine Weltseele annehmen solle, erst irgendwo

turforscher, 1871, Nr. 49; *Botan. Zeit.* 1871 Nr. 11 u. 12; *Naturf.*, 1772, Nr. 4, u. s. w.) Was wäre wohl aus allen diesen werthvollen Untersuchungen geworden, wenn die betreffenden Forscher die Erscheinungen auf das zweckmässige Eingreifen des »Unbewussten« oder irgend eines andern Gespenstes zurückgeführt hätten?

im Universum das Gehirn derselben nachweise. Warum ist diese Forderung so befremdend? Einfach deshalb, weil wir bei den Dingen in der Natur, bei welchen sich eine anthropomorphe Auffassung am leichtesten darbietet, gar nicht gewohnt sind, an das Gehirn, oder gar an Molecularbewegungen innerhalb desselben zu denken. Es sind vielmehr die *menschlichen Hände*, die wir uns in Götterhände übertragen; überhaupt Lebensäusserungen gedachter Wesen, welche nach Analogie *menschlicher Handlungen*, nicht menschlicher Hirnbewegungen, in den Lauf der Dinge eingreifen. Der Gläubige sieht im Verlauf der Ereignisse »die Hand Gottes«, nicht eine Molecularbewegung im Hirn der Weltseele. Die Naturvölker denken sich gespenstige Wesen übermenschlich-menschlicher Art überall gegenwärtig. Aus diesen Vorstellungen und nicht aus der Hirntheorie sind überhaupt die Begriffe von nicht materiellen Ursachen hervorgegangen und die ganze Annahme eines »geistigen Gebietes« der Wirkungen, die wir beobachten, ist nichts als ein abgezogener Begriff von diesen bunten Schöpfungen des Glaubens und des Aberglaubens. Die Wissenschaft kennt ein solches »geistiges Gebiet« nicht und kann ihm daher auch keine Ursachen entlehnen. Was sie nicht natürlich, nach den Grundsätzen der mechanischen Weltanschauung, erklären kann, das erklärt sie eben gar nicht. Es bleibt einstweilen ein ungelöstes Problem. Köhlerglaube und Afterphilosophie aber sind sich noch zu allen Zeiten darin begegnet, dass sie das Unerklärliche mit Worten erklärt haben, hinter welchen nichts Andres steckt, als das gröber oder feiner vorgestellte Gebiet der Gespenster, das heisst eben der phantastische Reflex unsrer Unwissenheit.

Auf diesen Principien beruht nun auch die Möglichkeit einer sehr interessanten *Wahrscheinlichkeitsrechnung*. Zur Anstellung einer solchen bedarf es einer vollständigen Disjunction. Würde man sich unter »geistigen Ursachen« irgend etwas Bestimmtes vorstellen, z. B. Handlungen eines menschlichen oder anthropomorph gedachten göttlichen Wesens, so wäre die Disjunction nicht sicher. Es könnte recht gut Ursachen einer dritten Art geben, wie z.B. Zauberei, Einfluss der Astralgeister, Spiritismus u. dgl., was Alles auf diesem Standpunkte sehr ernstlich in Frage käme. Sobald man | aber unter »geistig« schlechthin Alles versteht, was sich zur Zeit nicht als materiell nachweisen lässt, ist die Disjunction vollständig. Etwaige noch nicht entdeckte materielle Ursachen fallen weg und alles Uebrige ist devil-devil.

Jetzt lässt sich zeigen, dass die Wahrscheinlichkeit, dass devil-devil im Spiele ist, bei allen Naturvorgängen der Gewissheit gleich ist. Hartmann führt es nicht für alle Naturvorgänge überhaupt durch, sondern nur für denjenigen Theil, welcher in die Philosophie des Unbewussten passt. Die Methode ist aber ebenso einfach, als ihre allgemeine Anwendbarkeit evident ist. Man nennt die Wahrscheinlichkeit, dass M eine materielle Ursache habe $^1/_x$, so ist die Wahrscheinlichkeit der »geistigen Ursache« $1 - ^1/_x$. Kann man nun die materiellen Ursachen nicht finden, so wird $^1/_x$ verschwindend klein und das Gegentheil zur Gewissheit, die durch 1 ausgedrückt wird.

Noch schöner gestaltet sich die Sache bei der Betrachtung eines bestimmten einzelnen Naturvorganges. Hier hat man nämlich den Vortheil, dass man jeden solchen Naturvorgang zerlegen kann in eine ganze Reihe von verschiednen Theilvorgängen, welche alle, wie billig, einem Zweifel unterliegen, ob sie auch wohl rein physikalisch begründet seien. Alsdann kann man, gestützt auf einen bekannten Satz aus den Elementen der Wahrscheinlichkeitsrechnung, ohne Gefahr grossmüthig sein. Man kann die Wahrscheinlichkeit, dass die einzelnen Theilvorgänge aus materiellen Ursachen zu Stande kommen, ziemlich hoch setzen; dann wird doch die Wahrscheinlichkeit ihres Zusammentreffens sehr gering werden, da sie das Produkt der einzelnen Wahrscheinlichkeiten ist. Man setze z.B., wenn man 15 Theilvorgänge hat, die Wahrscheinlichkeit der physischen Begründung gleich 0,9. Der Naturforscher wird zwar geneigt sein, sie ohne Weiteres = 1 zu setzen; aber das kommt nur daher, weil er die zur Zeit noch nicht beobachteten natürlichen Ursachen mit in Betracht zieht und weil er aus dem bisherigen Gang der Naturforschung den Inductionsschluss gezogen hat, dass sich bei hinlänglich weiter Ausdehnung der Forschung zuletzt Alles aus den gewöhnlichen Naturgesetzen werde erklären lassen. Bei einer solchen Voraussetzung ist das Kunst|stück der Philosophie des Unbewussten nicht mehr möglich. Bleibt man aber bei der Wahrscheinlichkeit 0,9 stehen, so wird die Wahrscheinlichkeit für den zusammengesetzten Vorgang nach obiger Annahme die fünfzehnte Potenz hievon sein, und das ist schon ein recht kleiner Bruch, dem gegenüber nun das contradictorische Gegentheil, die »geistige Ursache« im Glanz einer sehr erheblichen Wahrscheinlichkeit dasteht.

Auf die gleiche Art kann man beweisen, dass ein Mensch nicht ohne Hülfe der Fortuna oder eines Spiritus familiaris zehnmal nacheinander im Würfelspiel gewinnen könne. Nur der erste Schritt kostet etwas. Man behaupte mit naiver Zuversicht die Disjunction, dass bei jedem Glücksfall entweder Fortuna mitwirke, oder nicht. Man setzt die Wahrscheinlichkeit des Gewinns ohne Mitwirkung der Fortuna im einzelnen Falle gleich ½ und alsbald hat man die zehnte Potenz dieses Bruches für die Wahrscheinlichkeit einer zehnmaligen Wiederholung des Gewinns. Die Mitwirkung der Fortuna steht nun der Gewissheit nahe.

Wer die Wahrscheinlichkeitsrechnung etwas gründlicher kennt, der weiss, dass die Wahrscheinlichkeit für jede beliebige bestimmte Folge von gleich möglichen Ereignissen an sich gleich gross ist, dass also z. B. der Fall, bei welchem unser Spieler im 1. Wurf gewinnt, im 2., 3. und 4. verliert, im 5. und 6. wieder gewinnt, im 7. verliert, im 8. und 9. gewinnt, im 10. wieder verliert, durchaus ebenso unwahrscheinlich ist, wie der, dass er 10 mal nacheinander gewinnt.[33] Die *Wirklichkeit*

[33] Vgl. hierüber die lichtvollen Erörterungen von *Laplace*, phil. Versuch über Wahrscheinlichkeiten, 6. Grundsatz. – Wenn der Herausgeber

selbst, wo sie von sehr vielen einzelnen Umständen abhängt, oder wo sie ein Specialfall aus sehr vielen Möglichkeiten ist, erscheint stets, a priori betrachtet, als äusserst unwahrscheinlich, was aber ihrer Wirklichkeit keinen Abbruch thut. Die ein-

der deutschen Uebersetzung (Langsdorf; Heidelberg 1819) grade hier Opposition erhebt und (S. 20, Anm.) die Eintheilung der möglichen Fälle in *gewöhnliche* und *aussergewöhnliche* tadelt, weil die letzteren mit dem minder Wahrscheinlichen identisch seien, so hat er eben den Nerv der sehr feinen psychologischen Bemerkung nicht verstanden. Es handelt sich darum, zu zeigen, dass wir unter gewissen gleich unwahrscheinlichen (und ganz abstract betrachtet auch allerdings gleich »aussergewöhnlichen«) Fällen die einen in ihrer ganzen Aussergewöhnlichkeit, z. B. als einen Fall, der nur 1 mal unter Millionen vorkommt, sofort *auffassen und erkennen*, während uns andre Fälle mit einer grossen Reihe von ähnlichen psychologisch zusammenfliessen und daher den *Eindruck* des Gewöhnlichen machen, ungeachtet ihre Wahrscheinlichkeit gleich klein ist, wie die der Fälle ersterer Art. So verhält es sich mit dem im Text angeführten Beispiel eines Spielers, der das eine Mal zehnmal nach einander gewinnt, das andre Mal in einer fest bestimmten Reihenfolge abwechselnd gewinnt und verliert.

Laplace bringt übrigens diese Unterscheidung in Verbindung mit dem *Rückschluss* aus einer Erscheinung auf die *Ursachen* derselben und dies ist, beiläufig bemerkt, auch derjenige Punkt der Wahrscheinlichkeitsrechnung, von welchem *Hartmann* in seiner Untersuchung hätte ausgehen müssen, statt sich in höchst plumper und augenfällig verkehrter Weise einfach an den dritten Laplace'schen Grundsatz zu halten, aus welchem hier gar nichts folgen kann, als dass complicirte Fälle in der That complicirte Fälle sind. Bei den Fällen des sechsten Grundsatzes aber sind die merkwürdigen oder aussergewöhnlichen Fälle stets diejenigen, welche einigermassen den Typus *menschlicher Zweckthätigkeit* an sich tragen; wäre es auch nur in einer gewissen rein äusserlichen Symmetrie, wie z. B. wenn unter 1 Million Nummern die Zahl 666666 erschiene. Hier übersehen wir nämlich mit einem Blick das ganze Verhältniss von Zähler und Nenner des Wahrscheinlichkeitsbruches und werden zugleich an die Möglichkeit erinnert, dass Jemand diese Zahlen *absichtlich* so zusammengestellt habe. Ueberwältigend ist dieser letztere Eindruck namentlich da, wo der erscheinende Specialfall eine *besondere Bedeutung* hat. So z. B. wenn die Buchstaben *EUROPA* genau in dieser Ordnung erscheinen, die doch bei einer beliebigen Combination der betreffenden Lettern nicht im mindesten unwahrscheinlicher ist, als

fache Erklärung der Sache ist die, dass die ganze Wahrscheinlichkeitslehre eine Abstraction von den wirkenden Ursachen ist, die wir eben nicht kennen, während uns gewisse allgemeine Bedingungen bekannt sind, die wir unsrer Rechnung

jede andre sinnlose Zusammenstellung. Es ist hier aber der Zähler des Wahrscheinlichkeitsbruches gleich 1 und der Nenner gleich der Zahl der überhaupt möglichen Combinationen dieser 6 Buchstaben und noch ungleich grösser, wenn man annimmt, dass sie blindlings aus einem Setzerkasten herausgegriffen wurden. Hier ist wieder vor allen Dingen zu bemerken, dass die *Wirklichkeit* solcher Zufälle und daher auch ihre *allgemeine Möglichkeit* durchaus nicht mit der Wahrscheinlichkeitsrechnung angetastet werden kann. Dies ist der Punkt, welchen schon *Diderot* im 21. Capitel der pensées philosophiques hervorgehoben hat, indem er zeigt, dass die Entstehung der Iliade oder der Henriade Voltaires durch bloss zufällige Combination der Buchstaben nicht nur nicht unmöglich, sondern sogar sehr wahrscheinlich sei, sobald man nur die Anzahl der Versuche bis in‹s Unendliche ausdehnen könne. – In Wirklichkeit aber vergleichen wir in diesen Fällen die ausserordentlich geringe Wahrscheinlichkeit der zufälligen Bildung mit der ungleich grösseren der willkürlichen. Hier *nun* ist in der That die Versuchung zu dem Hartmann'schen Schluss auf ein Gespenst für alle, die an Gespenster glauben, ungemein nahe liegend. Sagt doch selbst der scharfsinnige Mathematiker *Poisson* bei Behandlung dieses Punktes in § 41 seines Lehrbuchs der Wahrscheinlichkeitsrechnung (übers. v. Schnuse, Braunschweig 1841, S. 85 u. f.) Folgendes: »Wenn wir ein Ereigniss beobachtet haben, welches an und für sich eine sehr geringe Wahrscheinlichkeit hatte, und es bietet irgend etwas Symmetrisches oder Merkwürdiges dar, so werden wir ganz natürlich auf den Gedanken geführt, dass es nicht die Wirkung des Zufalles, oder allgemeiner, der einen Ursache, welche ihm diese geringe Wahrscheinlichkeit ertheilen würde, ist, sondern dass es von einer mächtigeren Ursache, wie z. B. *der Wille irgend eines Wesens, welches einen bestimmten Zweck dabei hatte,* herrührt.« Hier ist die Sache mit solcher mathematischen Allgemeinheit behandelt, dass gleichzeitig der sehr natürliche Trugschluss des Wilden auf ein Gespenst und der richtige Schluss des wissenschaftlich Gebildeten mit demselben Ausdruck umfasst wird. Der letztere aber wird trotz aller Verlockung durch die Analogie keine solche »Wesen« in Rechnung bringen, welche ihm nicht gegeben sind, und gegeben sind ihm nur als nach Zwecken handelnd der Mensch und die höheren Thiere. Darüber hinaus kann er

zu Grunde legen. Wenn der Würfel seinen Stoss erhalten hat und in der Luft schwebt, so ist es schon durch die Gesetze der Mechanik bestimmt, welche Seite schliesslich oben bleiben wird, während für unser Urtheil a priori noch die Wahrscheinlichkeit für diese Seite, wie für jede andre gleich $^1/_6$ ist.

Wenn sich in einer Urne eine Million Kugeln befinden, und ich greife hinein, um eine herauszuziehen, so ist die Wahrschein | lichkeit für jede bestimmte einzelne Kugel nur ein Milliontel, und doch wird eine, und zwar eine bestimmte einzelne, mit Nothwendigkeit gezogen werden. Der Wahrscheinlichkeitsbruch bedeutet hier gar nichts, als den Grad unsrer *subjectiven Ungewissheit* über das was geschehen wird, und ganz ebenso ist es in den Beispielen, welche Hartmann der organischen Natur entnimmt. Dass z.B. unter den natürlichen Ursachen des Sehens besondere Nervenstränge, welche Licht empfinden, vom Gehirn ausgehen und sich in der Retina verbreiten, ist ein Vorgang, dessen Bedingungen wieder so complicirt und uns noch so unbekannt sind, dass es lächerlich wäre, hier von einer »Wahrscheinlichkeit« = 0,9 oder auch = 0,25 zu sprechen. Die Wahrscheinlichkeit, dass dies *zufällig* eintrete, ist vielmehr so gut wie Null, und doch ist die Sache *wirklich* und, wie jeder denkende Naturforscher annehmen wird, auch *nothwendig* nach allgemeinen Naturgesetzen. Hier der »Unwahrscheinlichkeit« wegen, die doch nur der mathematische Ausdruck unsrer subjectiven Ungewissheit ist, zu einem Princip greifen, welches jenseit der Naturforschung liegt, heisst einfach die Wissenschaft Preis geben und die gesunde Methode einem Phantom opfern.

Ein näheres Eingehen auf die »Philosophie des Unbewussten« liegt nicht in unserm Plane. Der Weg von dem Punkte, wo

wohl noch seine Reflexionen über eine *zweckmässige Anlage des Weltganzen* erstrecken, aber kein einzelner Fall einer a priori auch noch so merkwürdigen Combination wird ihn veranlassen, mystische Eingriffe eines »Wesens« anzunehmen, welches ihm nicht vorgestellt ist.

wir sie verlassen, zur falschen Teleologie durch das Eingreifen des »Unbewussten« ist von selbst klar, und nur mit dieser »Grundlage« des neuen metaphysischen Gebäudes haben wir es zu thun. Dass nach unsrer Auffassung der Werth metaphysischer Systeme nicht an ihre durchgehends auf Selbsttäuschung beruhende Beweisgrundlage gebunden ist, haben wir schon hinlänglich dargethan. Wenn die »Philosophie des Unbewussten« jemals so viel Einfluss auf die Kunst und Literatur der Zeitgenossen gewinnen und so zum Ausdruck der vorherrschenden Geistesströmung werden sollte, wie das einst mit Schelling und Hegel der Fall war, so würde sie damit bei noch so schadhafter Grundlage als eine Nationalphilosophie ersten Ranges legitimirt sein. Die Periode, welche damit bezeichnet würde, wäre eine Periode des geistigen Verfalls, aber auch der Verfall hat seine grossen Philosophen, wie *Plotin* am Schlusse der griechischen Philosophie. Auf jeden Fall aber bleibt es bemerkenswerth, dass schon so bald nach dem Feldzuge unsrer Materialisten gegen die gesammte Philosophie ein | System bedeutenden Anklang finden konnte, welches sich zu den positiven Wissenschaften in einen schrofferen Gegensatz stellt als irgend eines der früheren[34], und welches in dieser Beziehung alle Fehler eines Schelling und Hegel in weit gröberer und handgreiflicherer Form wiederholt.

[34] Es wird wohl für unsern Leserkreis kaum nöthig sein, auch noch die Illusion zu zerstören, als enthalte die »Philosophie des Unbewussten« »speculative Resultate nach *inductiv-naturwissenschaftlicher Methode*.« Kaum wird ein zweites Buch aus neuerer Zeit existiren, in welchem das zusammengeraffte naturwissenschaftliche Material in so schroffem Contrast steht zu allen wesentlichen Grundzügen der naturwissenschaftlichen Methode.

Ernst Haeckel

Freie Wissenschaft und freie Lehre* |

VI. Descendenz-Theorie und Social-Demokratie.

Jede grosse und umfassende Theorie, welche die Grundlagen menschlicher Wissenschaft berührt und somit die philosophischen Systeme beeinflusst, wird zwar zunächst nur die Theorie der Weltanschauung fördern, aber weiterhin sicher auch eine Rückwirkung auf die praktische Philosophie, die Ethik, und die damit zusammenhängenden Gebiete der Religion und der Politik ausüben. Welche segensreichen Folgen nach meiner Ueberzeugung unsere heutige Entwickelungslehre in dieser Beziehung nach sich ziehen wird, indem die wahre, auf *Vernunft* gegründete *Naturreligion* an die Stelle der dogmatischen Kirchen-Religion tritt, und deren Grundlage, das menschliche *Pflichtgefühl* aus den *socialen Instincten* der Thiere historisch ableitet, das hatte ich in meinem Münchener Vortrage nur kurz angedeutet (S. 18).

Die Beziehung auf die »*socialen Instincte*«, die ich gleich Darwin und vielen Anderen für die eigentlichen Urquellen der sittlichen Entwickelung halte, scheinen nun für Virchow Veranlassung gegeben zu haben, in seiner Gegenrede die Descendenzlehre für eine »*socialistische Theorie*« zu erklären und ihr somit den gefährlichsten und verwerflichsten Character beizulegen, den gerade in der Gegenwart eine politische Theorie haben kann. Die betreffenden erstaunlichen Denunciationen haben übrigens gleich nach ihrem Bekanntwerden solche ge-

* *Aus:* Ernst Haeckel: Freie Wissenschaft und freie Lehre. Eine Entgegnung auf Rudolf Virchow's Münchener Rede über »Die Freiheit der Wissenschaft im modernen Staat«. Stuttgart. E. Schweizerbart'sche Verlagshandlung (E. Koch). 1878, 70–77.

rechte Entrüstung und so eingehende Widerlegung hervorgerufen, dass ich hier füglich darüber hinweggehen könnte. Doch wollen wir sie wenigstens insoweit kurz beleuchten, als sie einen neuen Beweis dafür liefern, | dass VIRCHOW mit den wichtigsten Grundsätzen der heutigen Entwickelungslehre *unbekannt* und daher zu ihrer Beurtheilung *incompetent* ist. Uebrigens legte VIRCHOW als Politiker offenbar gerade auf diese politische Nutzanwendung seiner Rede besonderes Gewicht, indem er ihr den sonst wenig passenden Titel gab: »Die Freiheit der Wissenschaft im modernen Staate.« Leider hat er nur vergessen, diesem Titel die zwei Worte hinzuzufügen, in denen die eigentliche Tendenz seines Vortrags gipfelt, die zwei inhaltschweren Worte: »*muss aufhören*«!

Die überraschenden Enthüllungen, in denen VIRCHOW die heutige Entwickelungslehre, und speciell die Abstammungslehre, als gemeingefährliche socialistische Theorien denuncirt, lauten folgendermassen: »Nun stellen Sie sich einmal vor, wie sich die Descendenz-Theorie heute schon im Kopfe eines *Socialisten* darstellt! Ja, meine Herren, das mag Manchem lächerlich erscheinen, aber es ist *sehr ernst*, und ich will hoffen, dass die Descendenz-Theorie für uns nicht alle die Schrecken bringen möge, die ähnliche Theorien wirklich im Nachbarlande angerichtet haben. Immerhin hat auch diese Theorie, wenn sie consequent durchgeführt wird, eine *ungemein bedenkliche Seite*, und dass der *Socialismus* mit ihr Fühlung gewonnen hat, wird Ihnen hoffentlich nicht entgangen sein. Wir müssen uns das ganz klar machen!«

Erstaunt frage ich mich beim Lesen dieser Sätze, die der Berliner »Kreuzzeitung« oder dem Wiener »Vaterland« entnommen zu sein scheinen: Was in aller Welt hat die Descendenz-Theorie mit dem Socialismus zu thun? Schon vielfach, von verschiedenen Seiten und seit langer Zeit ist darauf hingewiesen worden, dass diese beiden Theorien sich vertragen wie Feuer und Wasser. Mit Recht konnte OSCAR SCHMIDT entgegnen: »Wenn die Socialisten klar denken würden, so müssten sie Alles thun, um die Descendenzlehre zu verheimlichen; denn sie predigt überaus deutlich, dass die *socialistischen Ideen unausführbar sind.*« Und er fügt weiter hinzu: »Aber warum hat Virchow nicht die milden Lehren des *Christenthums* für die Ausschreitungen des Socialis|mus verantwortlich gemacht? Das hätte noch einen Sinn! Seine in's grosse Publicum geworfene *Denunciation,* so mysteriös, so zuversichtlich, als handelte es sich um »eine sicher beglaubigte wissenschaftliche Wahrheit«, und doch so hohl, vermag ich mit der Würde der Wissenschaft nicht in Einklang zu bringen.«

Bei diesen leeren Beschuldigungen wie bei allen den hohlen Vorwürfen und grundlosen Einwendungen, welche Virchow der Entwickelungslehre macht, hütet er sich wohl, irgendwie auf den Kern der Sache einzugehen. Wie wäre das auch möglich, ohne zu ganz entgegengesetzten, als zu den von ihm proclamirten Consequenzen zu gelangen? Deutlicher als jede andere wissenschaftliche Theorie predigt gerade die Descendenz-Theorie, dass die vom Socialismus erstrebte Gleichheit der Individuen eine Unmöglichkeit ist, dass sie mit der thatsächlich überall bestehenden und nothwendigen Ungleichheit der Individuen in unlöslichem Widerspruch steht. Der *Socialismus* fordert für alle Staatsbürger gleiche Rechte, gleiche Pflichten, gleiche Güter, gleiche Genüsse; die *Descendenz-Theorie* gerade umgekehrt beweist, dass die Verwirklichung dieser Forderung eine baare Unmöglichkeit ist, dass in den staatlichen Organisations-Verbänden der Menschen, wie der Thiere, weder die Rechte und Pflichten, noch die Güter und Genüsse aller Staatsglieder jemals gleich sein werden, noch jemals gleich sein können. Das grosse Gesetz der *Sonderung* oder *Differenzirung* lehrt ebenso in der allgemeinen Entwickelungs-Theorie, wie in deren biologischem Theile, der Descendenz-Theorie, dass die Mannigfaltigkeit der Erscheinungen aus der ursprünglichen Einheit, die Verschiedenartigkeit der Leistungen aus der ursprünglichen Gleichheit, die zusammengesetzte Organisation aus der ursprünglichen Einfachheit sich entwickelt. Die Existenz-Bedingungen sind für alle Individuen von Anfang ihrer Existenz an ungleiche, sogar auch die ererbten Eigenschaften, die »Anlagen«, sind mehr oder minder ungleich, wie können da die Lebens-Aufgaben und deren Ergebnisse überall gleiche sein? Je höher das Staatsleben entwickelt ist, desto mehr tritt das grosse Princip der *Arbeitstheilung* in den Vordergrund, desto | mehr verlangt der Bestand des ganzen Staats, dass seine Glieder sich in die mannigfaltigen Aufgaben des Lebens vielfach theilen; und wie die von den Einzelnen zu leistende *Arbeit* und der damit verbundene Aufwand von Kraft, Geschick, Vermögen u. s. w. höchst verschiedenartig ist, so muss naturgemäss auch der *Lohn* dieser Arbeit höchst verschieden sein. Das sind so einfache und handgreifliche Thatsachen, dass man meinen sollte, jeder vernünftige und vorurtheilsfreie Politiker sollte die Descendenz-Theorie, wie überhaupt die Entwickelungslehre, als bestes Gegengift gegen den bodenlosen Widersinn der socialistischen Gleichmacherei empfehlen!

Vollends der *Darwinismus*, die Selections-Theorie, den Virchow bei seiner Denunciation wohl eigentlich mehr im Auge gehabt hat, als den stets damit verwechselten Transformismus, die Descendenz-Theorie! Der Darwinismus ist alles Andere eher als socialistisch! Will man dieser *englischen* Theorie eine bestimmte politische Tendenz beimessen, – was allerdings möglich ist –, so kann diese Tendenz nur eine *aristokratische* sein, durchaus keine demokratische, und am wenigsten eine socialistische! Die Selections-Theorie lehrt, dass im Menschen-Leben wie im Thier- und Pflanzen-Leben überall und jederzeit nur eine kleine bevorzugte Minderheit existiren und blühen kann; während die übergrosse Mehrzahl darbt und mehr oder minder frühzeitig elend zu Grunde geht. Zahllos sind die Keime jeder Thier- und Pflanzen-Art, und die jungen Individuen, die aus diesen Keimen hervorgehen. Unverhältnissmässig gering ist dagegen die Zahl der glücklichen Individuen unter jenen, die sich bis zur vollen Reife entwickeln und ihr erstrebtes

Lebensziel wirklich erreichen. Der grausame und schonungslose »*Kampf um's Dasein*«, der überall in der lebendigen Natur wüthet, und naturgemäss wüthen *muss*, diese unaufhörliche und unerbittliche *Concurrenz* alles Lebendigen, ist eine unleugbare Thatsache; nur die auserlesene Minderzahl der bevorzugten Tüchtigen ist im Stande, diese Concurrenz glücklich zu bestehen, während die grosse Mehrzahl der Concurrenten nothwendig elend verderben muss! Man kann diese | tragische *Thatsache* tief beklagen, aber man kann sie weder wegleugnen noch ändern. Alle sind berufen, aber Wenige sind auserwählet! Die *Selection*, die »Auslese« dieser »Auserwählten« ist eben nothwendig mit dem Verkümmern und Untergang der übrig bleibenden Mehrzahl verknüpft. Ein anderer englischer Forscher bezeichnet daher auch den Kern des Darwinismus geradezu als das »*Ueberleben des Passendsten*«, als den »Sieg des Besten«. Jedenfalls ist dieses Selections-Princip nichts weniger als demokratisch, sondern im Gegentheil *aristokratisch* im eigentlichsten Sinne des Worts! Wenn daher der Darwinismus nach VIRCHOW, consequent durchgeführt, für den Politiker eine »ungemein bedenkliche Seite« hat, so kann diese nur darin gefunden werden, dass sie aristokratischen Bestrebungen Vorschub leistet. Wie aber der heutige Socialismus an diesen Bestrebungen seine Freude haben soll, und wie die Schrecken der Pariser Commune darauf zurückzuführen sind, das ist mir, offen gestanden, absolut unbegreiflich!

Uebrigens möchten wir bei dieser Gelegenheit nicht unterlassen darauf hinzuweisen, wie gefährlich eine derartige *unmittelbare* Uebertragung naturwissenschaftlicher Theorien auf das Gebiet der praktischen Politik ist. Die höchst verwickelten Verhältnisse unseres heutigen Culturlebens erfordern von dem praktischen Politiker eine so umsichtige und unbefangene Berücksichtigung, eine so gründliche historische Vorbildung und kritische Vergleichung, dass derselbe immer nur mit grösster Vorsicht und Zurückhaltung eine derartige Nutzanwendung eines »Naturgesetzes« auf die Praxis des Culturlebens wagen wird. Wie ist es nun möglich, dass Virchow, der erfahrene und gewiegte Politiker, der selbst überall Vorsicht und Zurückhaltung in der Theorie predigt, mit einem Male eine solche Anwendung vom Transformismus und Darwinismus macht, eine so grundverkehrte Anwendung, dass sie den eigentlichen Grundgedanken dieser Lehren geradezu in's Gesicht schlägt?

Ich selbst bin nichts weniger als Politiker. Mir fehlt dazu, im Gegensatze zu Virchow, ebenso das Talent und die Vorbil|dung, wie die Neigung und der Beruf. Ich werde daher weder in Zukunft eine politische Rolle spielen, noch habe ich früher jemals einen Versuch dazu gemacht. Wenn ich hier und da gelegentlich eine politische Aeusserung gethan oder eine politische Nutzanwendung naturwissenschaftlicher Theorien gegeben habe, so haben diese subjectiven Meinungen keinen objectiven Werth. Im Grunde genommen habe ich damit ebenso das Gebiet meiner Competenz überschritten, wie Virchow, wenn er sich auf zoologische Fragen und namentlich auf den Transformismus der Affen einlässt. Ich bin in der politischen Praxis ebenso Laie, wie Virchow im Gebiete der zoologischen Theorie. Uebrigens machen mich auch die Erfolge, welche Virchow während seiner zwanzigjährigen mühseligen, unerquicklichen und aufreibenden Thätigkeit als Politiker erzielt hat, wahrlich nach solchen Lorbern nicht lüstern!

Das aber darf ich als theoretischer Naturforscher von den praktischen Politikern wohl verlangen, dass sie bei politischer Verwerthung unserer Theorien sich zuvor mit denselben genau bekannt machen. Sie werden es dann in Zukunft wohl unterlassen, gerade das Gegentheil von demjenigen daraus zu schliessen, was vernunftgemäss daraus erschlossen werden muss. Missverständnisse werden niemals dabei ganz ausbleiben; aber welche Lehre ist denn überhaupt von »Missverständnissen« sicher? Und aus welcher gesunden und wahren Theorie können nicht die ungesundesten und wahnwitzigsten Folgerungen abgeleitet werden?

Wie wenig Theorie und Praxis im Menschenleben übereinstimmen, wie wenig gerade die berufenen Vertreter herrschender Lehren sich befleissigen, die natürlichen Folgen derselben für das practische Leben zu ziehen, das zeigt vielleicht Nichts so auffallend, als die *Geschichte des Christenthums*. Sicher enthält die christliche Religion, ebenso wie die buddhistische, von dem dogmatischen Fabelkram entkleidet, einen vortrefflichen humanen Kern; und gerade jener humane, im besten Sinne »*social-demokratische*« Theil der christlichen Lehren, der die Gleichheit aller Menschen vor Gott predigt, das »Liebe deinen | Nächsten als dich selbst«, überhaupt die »Liebe« im edelsten Sinne, das Mitgefühl mit den Armen und Elenden u. s. w., gerade diese wahrhaft humanen Seiten der Christenlehre sind so naturgemäss, so edel, so rein, dass wir sie unbedenklich auch in die Sittenlehre unserer monistischen Naturreligion aufnehmen. Ja die »*socialen Instincte*« der höheren Thiere, auf welche wir letztere gründen (z. B. das bewunderungswürdige *Pflichtgefühl* der Ameisen u. s. w.), sind in diesem besten Sinne geradezu »*christlich*«!

Und was, fragen wir, was haben nun die berufenen Vertreter, ihre »gottgelehrten« Priester aus dieser »Religion der Liebe« gemacht? Mit blutigen Lettern steht es seit 1800 Jahren in der Culturgeschichte der Menschheit eingeschrieben! Alles was sonst noch verschiedene Kirchen-Religionen für gewaltsame Ausbreitung ihrer Lehren und für Ausrottung der andersgläubigen Ketzer geleistet haben, Alles was die Juden gegen die Heiden, die römischen Kaiser gegen die Christen, Muhamedaner gegen Christen- und Judenthum verbrochen haben, Alles das wird übertroffen durch die Hekatomben von Menschen-Opfern, welche das Christenthum für die Verbreitung seiner Lehre gefordert hat! Und zwar Christen gegen Christen! Rechtgläubige Christen gegen nicht-rechtgläubige Christen! Man denke nur an die *Inquisition* im Mittelalter, an die unerhörten und unmenschlichen Grausamkeiten, welche die »*allerchristlichsten Könige*« in Spanien, ihre werthen Collegen in Frankreich, in Italien u.s.w. begingen. Hunderttausende starben damals den grausamsten Flammentod, bloss weil sie ihre Vernunft nicht unter das Joch des krassesten Aberglaubens beugten, und weil ihre pflichttreue Ueberzeugung ihnen verbot, die klar erkannte natürliche *Wahrheit* zu verleugnen! Keine scheussliche, niederträchtige und unmenschliche Handlung giebt es, die damals und bis heute nicht im Namen und auf Rechnung des »wahren Christenthums« begangen wurde!

Und wie steht es vollends mit der *Moral der Priester*, die sich als Diener von Gottes Wort ausgeben und die doch zunächst die Pflicht hätten, in ihrem eigenen Leben die Heilslehren | des Christenthums zu bethätigen? Die lange, ununterbrochene und grauenvolle Kette von Verbrechen aller Art, welche die Geschichte der römischen Päpste bezeichnen, gibt darauf die beste Antwort. Und wie diese »Stellvertreter Gottes auf Erden«, so haben auch ihre untergeordneten Helfer und Helfershelfer, so haben auch die »rechtgläubigen« Priester anderer Confessionen nicht ermangelt, die Praxis ihres eigenen Lebenswandels in möglichst schroffen Contrast zu den edlen Lehren der christlichen Liebe zu setzen, die sie beständig im Munde führen!

Wie mit dem Christenthum, so geht's aber auch mit allen andern Religionslehren und Sittenlehren, so geht es mit allen Lehren, die in dem weiten Gebiete der praktischen Philosophie, in der Erziehung der Jugend, in der Bildung des Volkes ihre Kraft bewähren sollen. Der theoretische Kern dieser Lehren kann stets und überall, der widerspruchsvollen Natur des Menschen entsprechend, mit seiner praktischen Ausbeutung in grellestem Widerspruch stehen. Was geht das Alles aber den wissenschaftlichen Forscher an? Dieser hat einzig und allein die Aufgabe, nach *Wahrheit* zu forschen, und das was er als Wahrheit erkannt hat, zu *lehren*, unbekümmert darum, welche Folgerungen etwa die verschiedenen Parteien in Staat und Kirche daraus ziehen mögen!

Bartholomäus von Carneri

Die Entwicklung der Sittlichkeitsidee*

Darwin ist der Denker, welchem in betreff der Erkenntniss die Menschheit nach Kant am meisten zu Dank verpflichtet ist. Erst seit Kant wissen wir, daß alles Denken, welches den Boden der Erfahrung verläßt, nur leeren Hirngespinnsten nachjagen kann. Allein wie klar auch durch ihn die Thätigkeit des reinen Denkens uns zum Bewusstsein gekommen war: so oft wir an seiner Leuchte die Erfahrung selbst untersuchten, nach einem in sich abgeschlossenen Naturerkennen strebten, gelangten wir an einen dunkeln Punkt, auf welchem das Diesseits in ein Jenseits hinüber zu führen schien. Allerdings wusste jeder, der über letzteres mit sich im Klaren war, mit einem non liquet sich zu bescheiden. Der empfindlichere Mangel betraf eine andere Seite: mit dem Raum, der Zeit und Kausalität gab es kein Auslangen, sobald es galt, die Welt der Erscheinungen vom Standpunkt ihrer Entstehung aus in einen uns ganz verständlichen Zusammenhang zu bringen: die Schöpfung blieb unerklärt. Wir denken da nicht an eine Erklärung, wie sie unsern modernen Hyperkritizisten vorschwebt, für welche es gar keine Erklärung mehr gibt, wenn nicht das Ansichsein der Ursachen und Wirkungen aufgedeckt, sozusagen bei allem bis zum Urgrund vorgedrungen wird. Was uns da vorschwebt, geht über das nicht hinaus, was ganz korrect Naturbeschreibung genannt wird; aber wir verstehen darunter eine Beschreibung, welche uns die Schöpfung widerspruchslos als eine natürliche erscheinen lässt.

Selbst einem genialen Denker wie Kant war es bei dem damaligen Stande der Naturwissenschaft nicht möglich, die *Zweckmässigkeitslehre* vollständig zu überwinden. Ihm war

* Aus: Kosmos (1884), I. Bd. (VIII. Jahrgang, Bd. XIV), 401–414.

es klar, daß das Setzen eines Zweckes Denken voraussetzt; daß der ganze Zweckbegriff erst mit dem Bewußtsein und nur für das bewußte Wesen da ist; daß folglich die Annahme einer Zweckmäßigkeit in der Natur den Grundsätzen einer strengen Kritik widerspricht: allein damit stand er vor der *Schöpfung ohne Schöpfer* als vor einem Rätsel, unauflösbar, solang die Weise ihrer Entwicklung nicht begreiflich zu machen war. Den *einzelnen Organismus (*Kritik der Urteilskraft, Frankfurt und Leipzig 1794, | §. 65, S. 295) konnte er, vom Gesichtspunkt des *Ganzen* aus ihn betrachtend, als *Selbstzweck* auffassen. Damit war jedoch für die allgemeine Zweckmässigkeit in der Natur nichts gewonnen, insofern für alles Anorganische nur die Untersuchung nach mechanischen Grundsätzen übrig blieb und der Zusammenhang des Anorganischen mit dem Organischen durch die Art der Unterscheidung noch dunkler wurde. Kant sprach daher der *Teleologie* alle *objective* Gültigkeit ab und beschränkte sich auf eine *subjective* Gültigkeit, welche die Urtheilskraft »der Natur als *transcendentale Zweckmässigkeit* (in Beziehung auf das Erkenntnissvermögen des Subjektes) beilegt: weil wir, ohne diese vorauszusetzen, keine Ordnung der Natur nach empirischen Gesetzen, mithin keinen Leitfaden für eine mit diesen nach aller ihrer Mannigfaltigkeit aufzustellende Erfahrung und Nachforschung derselben haben würden.« (A. a. O. Einleitung S. XXXVI.) Die *Teleologie* spielt daher in der »Kritik der Urteilskraft« die Rolle eines praktischen Postulates und bildet den Übergang zu den Postulaten der praktischen Vernunft; denn, ist die Natur zweckmäßig eingerichtet, so gibt es Einen, der die Zwecke setzt, die Schöpfung hat ihren *Schöpfer*, und nimmt man diesen an, so wird die Annahme einer *freien* und *unsterblichen* Seele zu einer nahebei selbstverständlichen. Allerdings nimmt Kant, was er da mit der Einen Hand gibt, mit der andern Hand wieder; jedoch nicht alle lassen sich alles wieder nehmen, und die Versuche, aus ihm und Aristoteles eine haltbare Zweckmäßigkeitslehre zu konstruiren, sind zahllos. Es verhält sich aber damit wie mit den Zahnmitteln, die auch nicht zahllos wären, wenn Eines davon den Schmerz beseitigen würde. Man braucht darum nicht gleich an Charlatanerie zu denken.

Die *Deszendenzlehre* hat zwar einen bis dahin ungeahnten Einblick in die Schöpfungsgeschichte gewährt; aber die Entstehung der *Gattungen* setzte Schöpfungsakte voraus, welche als ebenso viele Stützen der *Teleologie* sich darstellten, insofern vom Begriff eines Urhebers der Begriff des beabsichtigten Zweckes gerade so unzertrennlich ist, wie von der Vorstellung einer zweckmäßig eingerichteten Welt die Vorstellung eines Urhebers. Die Bestrebungen, durch eine strenge Unterscheidung zwischen *Ziel* und *Zweck* und durch eine streng gar nicht durchführbare Ausscheidung der *Absicht* aus dem *Zweckbegriff* ein Mittelding zwischen *Teleologie* und *Dysteleologie* zu schaffen, haben naturnothwendig immer das Los aller Halbheiten geteilt und der dunkle Punkt, dessen wir zu Anfang dieser Erörterung erwähnt haben, ist aller Vernunftkritik zum Trotz dunkel geblieben bis zum Erscheinen DARWIN'S. Ihm verdanken wir die Möglichkeit einer ganz in sich abgeschlossenen kritischen Weltbetrachtung, und es ist charakteristisch, daß gerade von diesem wichtigsten Erfolg seiner Lehre am seltensten gesprochen wird. Mag an diesem oder jenem Detail seiner Arbeiten noch so sehr gemäkelt werden können: die Hauptsache, die *Entstehung der Arten*, das Entfallen der Gattungen, die das gesammte Werden beherrschende *Evolution* steht fest. Alles Werden folgt ausschließlich den gegebenen Bedingungen, so daß, wie wir schon wiederholt hervorgehoben haben, anstatt dass die Mittel zu bestimmten | Zwecken sich fänden, vielmehr *die Zwecke nach den Mitteln sich richten*. Damit entfällt jede Notwendigkeit, an einer wenn auch nur *subjektiven* Zweckmäßigkeitslehre festzuhalten, und ist an die Stelle der göttlichen die *natürliche Schöpfungsgeschichte* getreten. Das größte Verdienst an der Verbreitung dieser Auffassung und an der unerschrockenen Bloßlegung ihrer letzten Konsequenzen gebührt ERNST HAECKEL. Mag die in Zug befindliche Reaktion die ganze Welt ergreifen: die ganze Welt kann an dieser zweiten Riesenthat des Menschengeistes nichts ändern.

Ehe wir fortfahren, müssen wir der Reaktion unserer Zeit ein paar Worte widmen. Dabei wollen wir aber ganz absehen von der Reaktion, welche den Regierungskreisen entstammt und welche uns in das Gebiet der Politik hinüber drängen würde, mit dem wir uns hier nicht zu beschäftigen haben. Wir berühren sie nur, weil wir später auf sie zurückkommen, insofern ihr Streben auf ein Verkümmern freiheitlicher Institutionen gerichtet ist, deren Wert für die Sittlichkeit wir im Verfolg dieser Auseinandersetzung zu kennzeichnen haben werden. Ihre Absichten sind keine bösen; sie hält sie sogar für die allerbesten: sie entspringt einer erstaunlichen Kurzsichtigkeit, die, wie sie ihr nicht gestattet, zu sehen, was sie thut, sie auch die Mächte nicht bemerken läßt, die sie gegen sich entfesselt und die im Handumdrehen sie beseitigen werden. In welchem Sinn dies geschehen und wer dabei zuerst seine Rechnung finden wird, wir unterfangen uns nicht, es jetzt schon vorauszusagen. Was hier zunächst unsere Aufmerksamkeit auf sich zieht, ist die Reaktion in den regierten Regionen, im Volke selbst, und zwar nicht in des Wortes wegwerfender Bedeutung; denn die Bewegung hat bereits in ausgedehntem Masse Schichten ergriffen, die zu den gebildeten gerechnet werden. Diejenigen, die heute wieder an Hexen glauben – man nennt sie *Spiritisten* – zählen nach vielen Tausenden, und es ist dies eine Raserei, wie gesagt, nicht etwa des Pöbels; dieser weiß gar nichts von der modernen Geisterseherei. Und diejenigen, die heute in einer halb religiösen, halb Rassenverfolgung sich gefallen, welche den menschenunwürdigsten Phasen des Mittelalters Ehre machen würde – sie nennen sich *Antisemiten* – zählen nach Hunderttausenden; dabei ist auch der Pöbel beteiligt, aber die Führer gehören zu den sogenannten Gebildeten. Es sind dies zwei Erscheinungen, die noch vor kurzem niemand mehr für möglich gehalten hätte. Berücksichtigt man die Fortschritte, welche der Mensch im letzten halben Jahrhundert auf allen

Gebieten des Wissens und Könnens gemacht hat, so ist die Sache ganz besonders erstaunlich, weil man nicht umhin kann anzunehmen, es habe die Bildung zugenommen. Sie hat es auch, und gar viele schreiben gerade ihr, der Überbildung unserer Zeit, diese saubern Erscheinungen zu und was sonst noch alles unsere Zeit verunzieren mag. Die Freigeisterei, die Glaubenslosigkeit sollen die Hauptschuldigen sein. Ja, die Geister sind frei, sogar die Gespenster sind es. Aber der Glaube? Spielt der nicht dabei eine ganz hervorragende Rolle? Man wird uns einwenden: der Aberglaube! Allein wird von der Kirche, der eigentlichen Pflanzstätte des Glaubens, der Glaube wirklich in einer Weise ge|lehrt, die den Aberglauben ausschließt und das jugendliche Gemüt vornehmlich zur *Nächstenliebe,* der ersten und letzten Wahrheit alles göttlichen Glaubens, heranzieht? Und der neueste Geisterglaube, wird er nicht wissenschaftlich begründet und in Zusammenhang gebracht mit der Religion? Man lese ihre neuesten Schriftsteller, z.B. Casprowicz. Wir können dies alles hier nur andeuten, hoffen aber, selbst jene, die uns nicht zustimmen, zum Nachdenken anzuregen, wenn wir den Satz aufstellen: daß die schmählichsten Verirrungen unserer Zeit im Glauben an eine Doppelnatur des Menschen ihre stärkste Nahrung finden und daß sie nicht ins Mittelalter zurückdrängen würden, wenn sie ihre Quelle hätten im Fortschritt.

Für uns ist dies von hoher Bedeutung, weil unserer Überzeugung nach die Feststellung *ethischer Grundsätze* und mit ihnen der Richtung, welche die sittliche Anschauung dem Gemüt gibt, viel weniger durch das *Ideal,* das man sich davon schafft, denn durch die Auffassung der *Menschennatur* bedingt ist. Das *Ideal* des sittlichen Menschen ist, sobald die Bedingungen zu seiner Heranbildung gegeben sind, gewisse exzentrische, aber gerade darum nicht maßgebende Ausnahmen abgerechnet, immer fast genau dasselbe; es ist nur roher oder veredelter je nach der betreffenden Kulturstufe. Betrachtet man gar seine wissenschaftlichen Bearbeitungen, so ist die Übereinstimmung eine derart auffallende, daß Einem die Heftigkeit, mit der die Verfechter der verschiedenen Systeme einander befehden, schwer begreiflich wird. Das eigentlich Unterscheidende liegt in der Aufdeckung dessen, was zur *Sittlichkeitsidee* führt, nämlich, was die Menschheit überhaupt dazu gebracht hat, diese *Idee* zu erfassen, und den einzelnen fort und fort auf ihre Spur leitet. Die Verschiedenheit der betreffenden Erklärungen beruht auf der Gestaltung der *Weltanschauung*, weil nach deren wichtigstem Charakterzug die Charakterisirung des Menschen selbst sich richtet. Allerdings ist der Mensch immer derselbe; allein als eine bloße Erscheinung in der Welt der Erscheinungen gilt er jedem Zeitalter, aber auch jedem Forscher als das, was der über ihn gefaßten Vorstellung entspricht. Ist die Weltanschauung eine *streng dualistische*, so bestimmt den Menschen zum Handeln ein für sich existirender *Geist*, der in einer andern Welt, gleichviel ob als Strafe und Belohnung oder als bloße Folge, die Wirkungen seines diesseitigen Wandels empfinden wird und vor allem eine Ausgleichung der irdischen Ungerechtigkeiten, welche diese Weltanschauung anerkennt, zu erwarten hat. Ist dagegen die Weltanschauung eine *streng monistische*, so ist es *der ganze Mensch*, der denkt und handelt, und vollendet sich seine ganze Existenz in diesem Leben. Dort spiritualistisch, hier pantheistisch, kann die *Gottesvorstellung* beide Weltanschauungen beherrschen; während die Annahme des *Determinismus* mit der erstern vereinbar, bei der letztern unvermeidlich ist, folglich die Frage der *Willensfreiheit* nur bei der erstern, insofern ein Riß durch die Kausalität schon vollzogen ist, ernstlich zur Sprache kommen kann.

Bestimmend im vollen Sinn des Wortes ist für die *ethische Entwicklung des Menschen* der Glaube an eine *andere Welt*, | nicht nur weil durch ihn der Tugend ein besonderer Zweck zugeschrieben, sondern weil dieser Zweck als ein entscheidender dargestellt wird, so zwar, daß ohne ihn die Tugend sinnlos, folglich unmöglich und das ganze irdische Dasein wertlos wäre.

Auf wen machen die Worte des Propheten Jesaia: »Lasst uns essen und trinken, wir sterben doch morgen« (XXII, 13), nicht einen tiefen Eindruck, wenn sie ein Mann wie der h. Paulus in folgende Verbindung bringt? »Habe ich menschlicher Meinung zu Ephesus mit den wilden Thieren gefochten? Was hilft mir's, so die Todten nicht auferstehen? Laßt uns essen und trinken, denn morgen sind wir tot.« (I. Korinther 15.) Sollte
21 dieser seltene Mann wirklich gedacht haben, daß diese Erde nichts besseres biete als Essen und Trinken, daß diesem Leben kein hohes Ziel abzuringen sei? Liest man im h. Augustin die merkwürdigen Worte: »Ich sprach mit meinen Freunden Alypius und Nebridius über das höchste Gut und das größte Übel und erklärte, ich würde in meinem Herzen dem Epikur den Preis zuerkennen, wenn ich nicht glaubte, daß nach dem Tode noch ein Leben der Seele und ein verdienter Lohn übrig wäre, was Epikur nicht zugeben wollte«— (Bekenntnisse, deutsch, Frankfurt a. M. 1866, Buch VI, Kap. 16, S. 138); und vergleicht man damit die Gewissensbisse, welche in einem so edlen Herzen und hochgebildeten Geiste der bloße Gedanke hervorrief, friedlich mit zwei Freunden darüber gesprochen und sogar gefragt zu haben, warum wir bei einem ewigen Erdenleben auch nicht ganz glücklich wären und was wir noch zu suchen hätten: so ermißt man die ganze Tiefe des Abgrunds, den der Blick in ein Jenseits vor dem menschlichen Gemüt erschlossen hat. Allerdings haben wir es hier mit Offenbarungen, mit dem einfachen Gottesglauben zu tun. Gehen wir zu einem der edelsten Denker der Neuzeit über, der zum sogenannten philosophischen Gottesglauben sich erhoben hatte. In seinen »Briefen an eine Freundin« kommt Wilhelm von Humboldt auf jene Worte des Apostels zu sprechen; er faßt sie im erhabensten Sinn auf, indem er eine Beschäftigung mit dem überirdischen Dasein, welche die irdischen Wohlthaten der Vorsehung uns verkennen läßt, ebenso verwirft, wie das Versunkensein in rein materielle Genüsse: allein er hält fest an der Vorsehung und gelangt, auf die *Unsterblichkeit* übergehend, schließlich

zu dem Ausspruch: »Wären wir nicht gleichsam schon ausgestattet mit dieser Gewißheit auf die Erde gesetzt, so wären wir in der That in ein Elend hinabgeschleudert.« — (A. a. O. Leipzig 1848, zweite Aufl. B. II, S. 270, Brief 56.) Wir sagen ja nicht: Es kann keinen *Gott* geben. Die Erkenntnis der Beschränktheit unseres Wissens gestattet uns dies nicht, und ein solches Wort macht immer auf uns den Eindruck der Rohheit. Wir sagen nur: Wir finden Gott nirgends, die ewige Vorsehung erscheint uns als ein schöner Wahn, und unser gesamtes Wissen spricht gegen die Unsterblichkeit. Es kann ja sein, daß die Gläubigen höher stehen; wir können aber auf ihren Standpunkt uns nicht emporschwingen, und wie Einer, der auf eine fremde Insel verschlagen, anstatt zu verzweifeln, ringsum nach Nahrung sucht, fragen wir einfach: Gibt es in Wahrheit auf Erden nicht so hohe Ziele, daß daran der Mensch sich erheben könnte über das Elend des Lebens? | Gibt es dazu nur den Weg einer eingebildeten andern Welt? Ist des Menschen Herz wirklich so kleinlich, ist des Menschen Geist wirklich so schwach, daß es für uns keine *Sittlichkeit* gibt ohne Aussicht auf einen Lohn, den wir nicht in uns finden? HUMBOLDT glaubte eben, und mußte zudem die Sprache seiner Freundin sprechen, damit sie ihn verstehe; hätte er nicht geglaubt, so hätte er sich hienieden gewiß nicht weniger zurecht gefunden.

Aus diesen paar Andeutungen ist es klar ersichtlich, wie verschieden die Stellung des Menschen zum Weltall aufgefaßt werden kann und welche Wichtigkeit in Bezug auf die *Ethik* dieser Auffassung zukommt. Immer handelt sich's vor allem um den Weg, auf welchem der Mensch zu einem *ethisch erhobenen* wird, und dieser Weg ist gegeben mit den Fähigkeiten und Vermögen, welche dem Menschen zugeschrieben werden. Leider genügt das Zuschreiben nicht jedem. Unsere gütigen Leser wissen, wie wir darüber denken und daß wir nicht in der angenehmen Lage sind, nach dem Beispiel KANT's ein oberstes Gebot aufzustellen, das für alle Menschen gleich bindend ist. In neuester Zeit wird es immer mehr Mode, der *Ethik* die

Möglichkeit abzusprechen, zu einer Wissenschaft sich zu erheben. Es ist dies ganz richtig für alle, welche die Ethik zur bloßen *Moral* erniedrigen und nach einem Gebot suchen, das allgemeingültig ist für Menschen, – die es nicht gibt. Das Gebot würden wir rasch fertig bringen und brauchten nur Kant's Worte in Gemäßheit unseres Grundgedankens, wie folgt, zu modifizieren: *Handle immer so, daß die Maxime deines Willens jederzeit zugleich als Princip einer Beglückung der größtmöglichen Anzahl Menschen gelten könnte.* Allein es würde dies nie ein *kategorischer Imperativ* für den Menschen überhaupt sein. Der *Glückseligkeitstrieb* ist allen eigen, und weil er allen eigen ist, hat mit der Veredelung des Menschen auch er sich veredelt; aber nicht in allen ist er veredelt, und nur mit den veredelten rechnet unsere *Ethik*. Eben darum können wir mit keinem der »praktischen materiellen Bestimmungsgründe« unser Auslangen finden, welche Kant (Kritik der praktischen Vernunft, 1795, S. 69) in einer eigenen Tafel, auf Grund der hervorragendsten Systeme, als subjektiv äußere und innere und als objektiv äußere und innere zusammengestellt hat. Wenn darnach im Prinzip der Sittlichkeit Bestimmungsgründe der Erziehung von Montaigne, der bürgerlichen Verfassung von Mandeville, des physischen Gefühls von Epikur, des moralischen Gefühls von Hutcheson, der Vollkommenheit von den *Stoikern* und Wolf aufgestellt worden sind; so nehmen wir für eine Entwicklung und tüchtige Verwirklichung der *Sittlichkeitsidee* diese Bestimmungsgründe *allesammt* in Anspruch. Der *Staat* ist uns die erste Bedingung zur Ermöglichung sittlicher Zustände; das zweite ist die *Erziehung*, als die Anbahnung der Veredelung der physischen wie der moralischen Gefühle; endlich bei fortschreitender Vervollkommnung und Ausprägung ethischer Grundsätze wird die *Vollkommenheit* selbst, als das *Ideal*, zum mächtigsten Bestimmungsgrund sich erheben.

Über die Bedeutung des *Staates* haben wir in ethischer Beziehung wiederholt uns ausgesprochen und wollen hier nur das im Beginn dieser | Abhandlung Angedeutete ergänzen. Mandeville spricht auch nicht vom Staat im allgemeinen, sondern von der *bürgerlichen Verfassung*, und ihm schwebt dabei nicht bloß die Ermöglichung sittlicher Zustände vor: worauf er sein Augenmerk gerichtet hat, ist ein praktischer Bestimmungsgrund für den einzelnen. Soll aber der Staat diesen Zweck erfüllen, dann genügt es nicht, daß er durch die Handhabung seiner Gesetze das *Recht* schütze, das *Rechtlose* hintanhalte, das *Unrecht* bestrafe und durch eine makellose *Gerechtigkeit* seinen Bürgern die zu einer friedlichen Rechtspflege unerläßliche *Achtung vor dem Gesetz* einflöße: seine Bürger haben sich als Bürger, als freie Bürger, zu fühlen, *sie haben für ihr Staatswesen sich begeistern zu können*. Dazu ist es unerläßlich, daß sie teilnehmen an den Staatsgeschäften, an der Gesetzgebung und Verwaltung wie an der Rechtssprechung. Und es genügt nicht, daß dies nur dem Wortlaut nach geschehe: es sind dies im modernen Staate Forderungen des mündig gewordenen Volkes, dessen Würde tödlich verletzt wird, wenn sie nicht zur vollen Wahrheit werden. Es mag dadurch das Regieren oft recht unbequem werden, ja die sogenannte Staatsmaschine in einen ungleichen Gang geraten, was viel ernster ist, weil darunter auch die Regierten leiden. Da braucht's eben Geduld und Ausdauer, und höchstens eine Verbesserung der betreffenden Gesetze und Einrichtungen. Unsere geringen Fortschritte in der ethischen Heranbildung des Menschen sind großenteils die Folgen des ebenso entwürdigenden als bequemen Absolutismus, der nicht viel länger zu währen gebraucht hätte, auf daß wir politisch verfaulen, bevor wir zur Reife gelangen. Wie weit wir noch zurück sind, sehen wir am Wiederauftauchen mittelalterlicher Erscheinungen, und die uns zurückgehalten haben, wollen die Schuld an allen erdenklichen Ausschreitungen und staatlichen Mißerfolgen auf die Wissenschaft und die Verbreitung ihrer neuen Lehren wälzen? Als ob die erst verbreitet zu werden brauchten! Niemand hat Macht, ihre Entstehung zu hindern, und sind sie einmal da, so schwirren sie rings umher in der Luft und sind jedermanns Eigentum. Die alte Moral kommt allerdings dagegen nicht auf, weil sie einem Menschen auf den Leib geschnitten ist, der nicht existiert. Es hilft auch nichts, eine neue Moral zu schmieden. Die allgemeinen politisch-sozialen Zustände haben dem modernen Menschen angepaßt zu werden, damit die Grundlage da sei zu seiner Heranbildung und er an dieser ein Interesse habe. Der den Schäden unserer Zeit mit einer verkappten Rückkehr zum Absolutismus abhelfen zu können meint, will einen Kopfleidenden heilen, indem er ihn enthauptet und ihm einen fremden Kopf aufsetzt.

Die *Erziehung* darf auch nicht, soll sie anders ihren Zweck erreichen, auf die leeren Worte schöner Lehren sich beschränken. Wie in der Familie das lebendige Beispiel allein bis in's Gemüt dringt, so kann eine sittliche Erziehung nur dann tüchtige Bürger heranbilden, wenn ein reichentwickeltes öffentliches Leben politische Charaktere erzeugt, zu welchen der Jüngling bewundernd emporblickt. Wie in der Natur alles zusammenhängt, so hat auch in der Kultur alles zusammenzuwirken, sollen wir in unsern Erwartungen nicht getäuscht werden. Wäre bei | den *Stoikern* nicht die gesamte Sinnesthätigkeit entsprechend ihren Anschauungen veredelt gewesen, ihre philosophischen Maximen würden den jämmerlichsten Schiffbruch erlitten haben. Die Erziehung hat über die Sinne sich zu erstrecken und schon bei der zartesten Jugend darauf bedacht zu sein, an Schönheit und Mäßigkeit Gefallen zu erwecken. Keiner war so wenig der Gefahr ausgesetzt, in einem sinnlosen Taumel unterzugehen, als der *echte Epikuräer*, weil er nur insoweit den Sinnengenuß zu schätzen wußte, als er dabei die volle Klarheit des Denkens sich bewahrte und das Gefühl steigender Veredelung. Was vom Standpunkt der *Willensfreiheit* aus, als *physischer* Sinn, dem *moralischen* Sinn entgegengesetzt wird, ist für den *Determinismus* nur die andere Seite derselben Thätigkeit. Nicht nur nicht angeboren ist der moralische Sinn: selbst wo er durch Bildung herangezogen und vererbt wird, ist er machtlos, sobald nicht der physische Sinn ein ihm entsprechender ist. Vor dem Erscheinen DARWIN'S konnte, ja musste man nahebei den Menschen als etwas im vollsten Sinn des Wortes wesentlich vom Tier Unterschiedenes festhalten; daß man ihn dadurch nicht zu etwas anderem gemacht hat, beweist die Fruchtlosigkeit aller kategorischen Imperative, die allein an seinem Geiste ihre Hebel ansetzten. Seit durch die »*Entstehung der Arten*« der Schleier gelüftet ist, der selbst einen KANT über die mögliche Herkunft des Menschen im Dunkeln ließ, ist das *Noumen* zu einem bedeutungslosen Wort herabgesunken: im Menschen ist nichts, was nicht schon in seinen Vorfahren war. Die Elemente sind dieselben; nur deren Funktionen sind höhere. Nicht als hätte KANT nicht einmal es geahnt; er hat es ausgesprochen: daß nicht eine *Seele* im Menschen, als besondere Substanz, daß vielmehr *der Mensch* denkt; – allein er konnte diese Anschauungsweise nicht mit Entschiedenheit zu seinem Standpunkt machen, wie es heute unabweisbar geworden ist für den überzeugungstreuen Anhänger DARWIN'S.

Die *Einheitlichkeit der Natur*, welche allein zu einer widerspruchslosen Weltanschauung führt, ist heute eine wissenschaftlich so festgestellte Hypothese, daß man mit der ganzen Sicherheit, welche die Wissenschaft überhaupt zu gewähren vermag, eine Lehre darauf gründen kann. Wir sagen ausdrücklich *Hypothese* und fügen zur größeren Vorsicht noch bei, daß, obgleich für die Menschen unumstößlich, die wissenschaftliche Gewißheit doch *nur für uns Menschen* eine volle ist; wir kennen die Unbarmherzigkeit, mit welcher der moderne Hyperkritizismus immer bereit ist, alles als *Dogmatismus* zu verketzern, was mehr denn bloße Wahrscheinlichkeit auszusprechen wagt. Darum sind wir doch von der *Einheitlichkeit der Natur* so fest überzeugt wie von unserem Dasein. Und darin gipfelt unser *Darwinismus*. Auch in den Erscheinungen, die wir als psychische und geistige bezeichnen, spielen die Gesetze der *Vererbung, Auslese* und *Anpassung* eine wichtige Rolle;

aber es ist uns nie beigefallen, durch eine rohe Anwendung des auf niederen Entwicklungsstufen vollkräftig sich bewährenden Prinzips des »*Kampfes ums Dasein*« die auf den höchsten Stufen der Entwicklung zum Durchbruch kommenden *ethischen* Erscheinungen klar legen zu wollen. Es wäre dies die verläßlichste Weise, den *Darwi|nismus* ad absurdum zu führen. Was wir in unserer *Ethik* bis zu den letzten Konsequenzen festhalten und was die unerschütterliche Axe bildet, um welche unsere *Sittlichkeitsidee* sich dreht, ist die *Einheitlichkeit des Menschen: für uns fühlt, denkt und handelt immer der ganze Mensch,* und zwar nicht aus Zweckmäßigkeitsabsichten erschaffen, sondern im »*Kampf um's Dasein*« *entstanden.*

Diese Auffassung des *Menschen* stimmt allein überein mit seiner Stellung in der Reihe der Organismen. Konsequenterweise können wir uns das *Bewußtsein* nur erklären als das Resultat einer bestimmten Organisation, und dem entsprechend die *Sittlichkeitsidee* als dem Menschen zum Bewußtsein gekommen in der Organisation, die wir *Staat* nennen. Wir brauchen hier nicht zu wiederholen, was wir bereits an andern Orten darüber und über den *Glückseligkeitstrieb* gesagt haben, zu welchem im Menschen der Selbsterhaltungstrieb sich erhebt und welcher, auf dem friedlichen Felde der *Arbeit* den »Kampf um's Dasein« läuternd zu einem »*Kampf um's Glück*«, den Weg zur *Tugend* bildet. Daß wir den Menschen nicht als von Haus aus zum Guten geneigt annehmen und erst in der staatlichen Verbindung seinen natürlichen Egoismus sich fortentwickeln lassen zum *Altruismus*, schließt selbstverständlich den Gedanken aus, im *Glückseligkeitstrieb*, den wir hier meinen, einen Naturtrieb zu erblicken. Als bloßer Naturtrieb ist er gemeinschädlich; in dieser Form bekämpft ihn Kant, und mit Recht. Wie sehr auch die *Kultur* diesen Trieb veredelt haben mag, nichts kann ihn hindern, immer wieder zurückzusinken in die ursprüngliche Roheit. Daß er aber nie in überwiegender Weise diesem Rückfall sich überlassen hat, beweist bis zur Evidenz die *Zivilisation*, zu welcher alsdann der Mensch nie gelangt wäre, und die Zähigkeit, mit welcher die Menschheit, allen Überschreitungen der Staatenlenker zum Trotz, am *Staate* festgehalten hat, als an dem Hort ihres Gedeihens. Alle Macht der Staatenlenker würde zerstieben wie Spreu im Sturmwind, wenn eines schönen Tages der Mensch des Staates überdrüssig werden sollte. Wir haben in der Abhandlung »Staat und Sittlichkeit« auf eine Bewegung hingewiesen, die unseres Erachtens gegen den Bestand des Staates gerichtet ist, ohne sich dessen, was sie anstrebt, vollkommen klar zu sein. Darin liegt die doppelte Gefahr, und für den Leichtsinn und die Gewissenlosigkeit jener, die zum Absolutismus zurückkehren wollen, gibt es gar keinen Ausdruck. Die Moral führen sie immer im Munde, und während sie von längst abgenützten Mitteln deren Klärung und Festigung erwarten, arbeiten sie mit an der Unterwühlung der Grundlage aller *Sittlichkeit*. Die Menschheit wird freilich nie sich verloren geben und immer wieder sich helfen, wie sie immer sich geholfen hat. Um sie bangt uns nicht. Allein gesellschaftliche Stürme gibt es, die vermieden werden können; und bezeichnend ist es für die landläufige *Moral*, daß sie gleich zur Hand ist, wann es gilt, den Menschen verloren zu geben.

Noch besteht der Staat in voller Kraft, und wir sehen hin und wieder glückliche Anläufe, ihn zu vervollkommnen in echt *ethischem* Sinn. Für den Unterricht geschieht immer mehr, und kommt einmal | die Erkenntnis zur Geltung, daß nicht allein in der Aneignung von Kenntnissen, Fertigkeiten und Umgangsformen die Bildung liegt und daß jeder, dessen *Glückseligkeitstrieb* nicht in altruistischer Richtung geläutert ist, ein Blindgeborner bleibt im Paradiese der *Sittlichkeit*; dann wird eine Erziehung Platz greifen, welche die Entwicklung *moralisch-physischer Gefühle* anstrebt und die *Vervollkommnung* des Menschen wie keine andere ermöglicht. Diese Vorbedingungen müssen vorhanden sein, damit die *Sittlichkeitsidee* Wurzel fasse, und die Vorbedingungen müssen sich verbreiten, damit die Sittlichkeitsidee um sich greife und *zur*

Macht werde. Es genügt nicht, daß einzelne zu hochsittlichen Maximen sich bekennen und sie verkünden. Das ist der Standpunkt der *positiven Religionen,* welche mit Hilfe des Glaubens über Mittel verfügen, die der einfachen *Ethik* unbekannt sind. Treffend kennzeichnet KANT den Unterschied zwischen den nahezu sich deckenden moralischen Begriffen des *Stoikers* und des *Christen,* indem er jene auf *Weisheit,* diese auf *Heiligkeit* zurückführt. Durch eine *pantheistische* Auffassung, welche der *Stoa* fremd war, kann auch eine *monistische Ethik* den Begriff der Heiligkeit in sich aufnehmen; es ist rein Gemüthssache, die Kausalität mit Gott zu identifizieren: aber unter allen Umständen würde da die Heiligkeit in einem weitern Sinn genommen als beim Christenthum. Bei diesem handelt sich's nicht um ein Aufgehen in Gott; die persönliche Unsterblichkeit, die wir bei PLATON schon ganz klar ausgesprochen finden, wird maßgebend und legt den Accent auf ein Ideal, das im Weg der Gnade ohne Aufopferung der Person zu erreichen ist und dem, der es auf Erden erreicht, schon hier den Stempel des Überirdischen aufdrückt. Die *Heiligkeit* liegt daher nicht allein in der anbetenden Demut: das Element der christlichen Heiligkeit ist nicht von dieser Welt.

In beiden Fällen aber, bei der *Weisheit* wie bei der *Heiligkeit,* ist es der *Glückseligkeitstrieb,* der den Menschen zur *Tugend* führt, d. h. auf den Weg leitet, auf welchem der *Wille des Guten* fort und fort sich stärkt und entwickelt. Warum, wenn schon das *Christenthum* sich nicht scheut, die *Glückseligkeit* als das anregende Ziel zu bezeichnen, sollte der *Weise* vor diesem Ausdruck zurückschrecken? Dort wie hier ist *nicht der Reiz des Moments* das Entscheidende; dort wie hier handelt sich's nicht um ein Glück *auf Kosten anderer*: in beiden Fällen ist das Anregende der Weg zu einem *hohen Ziel;* und während das Christentum eine *ewige Glückseligkeit* in Aussicht stellt, verbürgt uns die Weisheit die einzige *dauernde Glückseligkeit* dieses Lebens. Das *Christentum* und die *Stoa* stehen unserer *Ethik* gleich ferne: *letztere,* weil sie von einem extremen, bis zur Unnatur übergreifenden Tugendbegriff ausging, der das Abirren von der Vollkommenheit *nicht einmal als möglich* zugab, folglich nur excentrischen Ausnahmsnaturen zugänglich war; *ersteres,* weil es alles der Heiligkeit Widersprechende, womöglich noch so Natürliche als *sündhaft* erklärt, zwar durch die Aussicht auf die Gnade der ewigen Barmherzigkeit überwältigend auf die Massen wirkt – worin seine Wichtigkeit für die Verbreitung einer moralischen Lebensführung liegt – | aber eben, über die *Moral* nicht hinausgehend, eine *Willensfreiheit* voraussetzt, die unvereinbar ist mit dem *Kausalgesetz.*

Und damit befinden wir uns beim wichtigsten Punkte der *Ethik,* bei der Unterscheidung zwischen Moral und Sittlichkeit, für welche wir eintreten, seit wir mit Philosophie uns beschäftigen, und zwar dem Beispiel HEGEL'S, allerdings in modifizierter Weise, folgend. Indem die *Moral* von jedem *Willensfreiheit* anspricht, setzt sie sich mit der Natur und dadurch mit sich selbst in einen unlösbaren Widerspruch, den nur die Annahme eines höheren Wesens mildert. Daß der Wille von Natur aus *determiniert* ist, geht sie nichts an: sie setzt ihn als einen freien, schreibt Pflichten vor, und wer sie nicht erfüllt, ist straffällig. Wir werden es nie bestreiten, daß einer an der Hand der bloßen Moral zu hoher Tugend gelangen könne; wir sagen nur, daß man da, wie für die Bestrafung des einen, so auch für die Belohnung des andern zur Annahme eines *allmächtigen* Weltlenkers greifen müsse, vorausgesetzt, daß man mit *dessen* Freiheit nach dem Beispiel des h. AUGUSTIN die menschliche Freiheit in Einklang bringen könne. Unvermeidlich hat jede *Moral* irgendwie bezug auf einen *Gott,* der sich dann zur Menschheit verhält wie der Souverän eines Staates zu seinen Bürgern oder Unterthanen. Der *Staat* hat das Recht, Gesetze zu geben und ihre Nichtachtung zu bestrafen, weil, solang seine Angehörigen seinen Fortbestand wollen, seine Selbsterhaltung selbstverständlich ist. Mit dem *Determinismus* kommt der Staat in keinen Konflikt, insofern er sein Auslangen dabei findet, daß die weit überwiegende Mehrzahl seiner Angehörigen in den Strafsanktionen ein hinreichendes Motiv zur Einhaltung seiner Gesetze findet. Mit dem Hinwegdenken des gebietenden Oberhauptes wird jede Moral hinfällig; und da wir als Ethiker der Natur und nur der Natur gegenüberstehen, so müssen wir mit dem *Determinismus* rechnen und den landläufigen moralischen Standpunkt fallen lassen. Es gibt keine kindischere Auffassung der *Ethik*, als welche da meint, sie habe in besonderen Fällen dem Menschen zu sagen, zu was er sich entscheiden soll. Der ethisch nicht Gebildete hat für Ethik kein Verständnis; der ethisch Gebildete weiß immer, was er zu thun hätte: die Frage ist, ob er sich dazu entscheiden *kann*? Darum sind wir gezwungen, die Moral in einem weiteren Sinn zu fassen, welchem wir die Bezeichnung *Sittlichkeit* vorbehalten. Die Sittlichkeit kommt mit der *Natur* in keinen Widerspruch, sobald sie die *Freiheit* nur dort sucht, wo sie sie findet, im Willen nämlich, der durch ethische Läuterung der Triebe zum *Willen des Guten* sich erhoben hat. Diesem Willen ist die Sittlichkeit zur *zweiten Natur* geworden: *sein Pflichtgefühl ist Freude an der Pflicht, höchste Befriedigung seines Glückseligkeitstriebes.*

Man kann, wie wir schon bemerkt, diesen Trieb als Sittlichkeitsprinzip nicht energischer perhorreszieren, denn KANT es gethan hat; aber er hat von einer Seite perhorresziert, die auch wir ethisch nicht zu verwerten wüßten. Der rohe Naturtrieb verhält sich zu dem, den wir meinen, wie zu den wirklichen Menschen ihre Vorfahren sich verhalten: diese, wie tierisch sie auch sein mochten, mußten da sein, | damit jene aus ihnen sich entwickeln konnten. Wir kennen keinen ursprünglich vollendeten Menschen, zu dem es eine Rückkehr gäbe; wir kennen aber auch keine Neubildung oder gar Umwandlung der Affekte, wie gewisse Moralisten sie zu kennen vorgeben und mittelst ihrer Willensfreiheit ermöglichen wollen: wir kennen nur eine allmähliche Milderung, Bildung, Läuterung der Affekte und haben den im staatlich-sozialen Verkehr sich veredelnden *Glückseligkeitstrieb* im Auge. KANT sagt übrigens selbst:

»Aber diese Unterscheidung des Glückseligkeitsprinzips von dem der Sittlichkeit ist darum nicht sofort *Entgegensetzung* beider, und die reine praktische Vernunft will nicht, man solle die Ansprüche auf Glückseligkeit aufgeben, sondern nur, sobald von Pflicht die Rede ist, darauf gar *nicht Rücksicht* nehmen.« (A.a.O. S.166) Nichts freut uns mehr, als wenn wir bei einem unserer großen Denker eine Unterstützung unserer Anschauungen finden, weil wir niemals mit dem Gedanken uns getragen haben, ein welterschütternd neues System zu Tage zu fördern, was, wenn man die Schopenhauer, Dühring, Hartmann – selbst Feuerbach ist nicht ganz davon loszusprechen – zu Rate zieht, eine Vernichtung aller näheren großen Vorgänger zur Vorbedingung zu haben scheint. Auch sind wir der Überzeugung, daß, wenn wir auf richtiger Fährte uns befinden, nur ein relativer Widerspruch mit den Grundsätzen der großen Denker möglich sei und daß z.B. ein Kant, ein Hegel, wenn sie Darwin vorgefunden hätten, dem Einfluß seiner Lehre nicht entgangen wären. Daß wir z.B. vor Kant mit unserem *Determinismus* leichter Gnade finden würden als vor manchem unserer modernsten Philosophen, beweisen uns seine herrlichen Worte über Priestley, dem er vorwirft, die Reue für »*ungereimt*« erklärt zu haben, jedoch beifügt, daß Priestley »als ein echter, konsequent verfahrender *Fatalist* in Ansehung dieser Offenherzigkeit mehr Beifall verdient, als diejenigen, welche, indem sie den Mechanismus des Willens in der That, die Freiheit desselben aber mit Worten behaupten, noch immer dafür gehalten sein wollen, daß sie jene, ohne doch die Möglichkeit einer solchen Zurechnung begreiflich zu machen, in ihrem synkretistischen System mit einschließen.« (A.a.O. S.176)

Um es noch klarer darzulegen, wie wir die *Sittlichkeitsidee* als die höchste Blüte menschlicher Entwickelung auffassen, müssen wir uns auch darüber aussprechen, was wir unter *Idee* überhaupt verstehen. Es läßt sich dies mit wenig Worten thun, aus welchen zugleich sich ergeben wird, von welcher hohen Wichtigkeit für die Ethik der *Artbegriff* ist, zu welchem DARWIN – die Gottesthat als Naturthat aufdeckend – den *Gattungsbegriff* PLATON's umgestaltet hat. Die *Idee* ist, als koncreter Begriff, dem abstrakten Begriff entgegengesetzt. Wir nennen sie koncret, weil jede Idee einen ganzen Kreis lebenswarmer Empfindungskomplexe, nämlich thatsächlicher Erscheinungen aus dem geistigen und Gemütsleben unter sich begreift. Sie ist eben ein *Artbegriff* und sonach für sie die *Allgemeinheit* das Charakteristische. Was über die Einzelheit nicht hinausreicht oder hinausdrängt, alles sozusagen *Egoistische,* ist aus dem Bereich der Idee ausgeschlossen. Die den Ideen entsprechenden *Affekte* werden nie als die Seelenthätig|keit einengend, Unlust erzeugend sich erweisen, sondern eine *fördernde Erweiterung der Seelenthätigkeit* bewirken. Die Ideen sind das Element der *schönen Künste,* daher, bei gänzlichem Mangel an Kunstsinn, keiner zur Erkenntniss dessen kommt, was die Idee zur Idee macht. Durch ihre künstlerische Darstellbarkeit unterscheiden sich die Ideen am markantesten von den abstrakten Begriffen, und es ist tief in der Natur der Sache begründet, die *Ästhetik* als einen integrierenden Teil der *Ethik* zu behandeln. Mit dem Sinn für Ideen steht und fällt alles Streben nach dem *Idealen.* Die bloße *Moral* sieht ab von allem *Schönheitssinn;* während ohne diesen die *Sittlichkeit* undenkbar ist, weil deren Ideal nicht allein der *moralische,* sondern der überhaupt *vollendete* Mensch ist. Die *Vollendung* selbst können wir nur als *unendlich* denken, und der Begriff des Unendlichen liegt in jeder Idee, insofern sie als Artbegriff unzählbare Einzelerscheinungen umfaßt und, deren Vergänglichkeit gegenüber, das *Dauernde* darstellt. In diesem Sinn bilden die Ideen das Reich des *Geistes,* aber nicht als etwas Transscendentes, sondern als dem sittlichen Menschen immanent und zu höherem Streben ihn beseelend. Sie sind nicht Prinzipien, auf Grund irgend einer *Wahrscheinlichkeitsberechnung* ausgeklügelt: sie sind mit uns geworden, an der warmen Brust des Lebens hat ihre Klärung sich vollzogen, und, an ihrer Hand fortschreitend, schreiten wir an der Hand der *Wahrheit*.

Treffend sagt Wilhelm von Humboldt von der Idee: »Alles, was auf eigennützige Absichten und augenblicklichen Genuß hinausgeht, widerstrebt ihr natürlich und kann niemals in sie übergehen. Aber auch viel höhere und edlere Dinge, wie Wohlthätigkeit, Sorge für die, die Einem nahe stehen, mehrere andere gleich sehr zu billigende Handlungen sind auch nicht dahin zu rechnen, und beschäftigen denjenigen, dessen Leben auf Ideen beruht, nicht anders, als daß er sie thut; sie berühren ihn nicht weiter. Sie können aber auf einer Idee beruhen, und thun es in idealisch gebildeten Menschen immer. Diese Idee ist dann die des *allgemeinen Wohlwollens* .... Es können aber auch jene Handlungen aus dem Gefühl der *Pflicht* entspringen, und die Pflicht, wenn sie bloß aus dem Gefühl der Schuldigkeit fließt, ohne alle und jede Rücksicht auf Befriedigung einer Neigung oder irgend eine selbst göttliche Belohnung, gehört gerade zu den erhabensten Ideen.« (A.a.O. II. S.200 u. 201) – Es ist durchaus nicht nötig, wie es im weiteren Verlauf dieses herrlichen Briefes geschieht, eine andere Welt oder eine geistige Welt im spiritualistischen Sinn vorauszusetzen, um der Idee der *Liebe*, der *Freundschaft*, der *Treue*, des *Gemeinsinns*, des *Rechts*, der *Pflicht*, der *Freiheit*, des *Schönen*, der *Kultur*, der *Humanität*, des *Wohlwollens* einen Platz einzuräumen, den das höchste materielle Gut nie einnehmen wird. Diese Ideen und die in ihren Kreis gehörigen halten alle zusammen und allesammt, als an ihrem Ursprung und ihrer eigenen Verwirklichung, an der *Idee der Sittlichkeit*. Wie leitende Sterne erscheinen sie uns, um eine gemeinsame Sonne kreisend und einen wundervollen Himmel ausspannend, zu dem wir nie emporblicken, ohne Trost und Stärkung | zu schöpfen. Aber dieser leuchtende Himmel ist Licht von unserem Licht. Bei aller ihrer Unendlichkeit führen die sittlichen Ideen auf *Affekte* zurück, sind also Blut von unserem Blut, und in Wahrheit tragen wir sie in der eigenen Brust. Was mancher als Drang nach Unsterblichkeit fühlen mag, ist nur die Sehnsucht, sie ganz sein eigen zu nennen. Weit entfernt, auf eine andere Welt hinzuweisen, in der ihre Früchte erst reifen, werfen diese Unsterblichen ihre herrlichsten Früchte uns Sterblichen selbst in den Schoß.

Hiermit hoffen wir gezeigt zu haben, was wir unter der *Sittlichkeitsidee* verstehen. Im »Kampf ums Dasein« hat sie dem Menschen sich erschlossen, und unveräußerlich wird sie sein eigen bleiben, wenn auch zeitweise, wie die Wechselfälle aller Entwickelung es mit sich bringen, ihr Licht sich verdunkelt. Sie ist das Eigentum der Menschheit, nicht des Menschen; und wie die Menschheit sie erwerben mußte, so muß der Einzelne sie erwerben, der eine schwerer, der andere leichter, wie eben der eine krank ist und schwach, der andere gesund und stark. Die Moralisten mögen immerhin dem Erwachsenen zurufen: Thu, was du sollst! – Wir können ihm nur zurufen: Thu, was du kannst! – Dafür richten wir unser Augenmerk auf die Kinder, die noch bildsam sind wie Wachs, und auf das, was aus ihnen die Väter und Mütter, die Erzieher und Staatenlenker machen könnten. Das seiner selbst sich bewußte Individuum fühlt sich frei, wenn es seiner Natur gemäß leben kann – um mit Hobbes zu reden – ähnlich dem Strom, dessen Wellen unbehindert dem Gesetz der Schwere folgen. Das Gesetz des *sittlich erhobenen Menschen* ist das Gesetz der *sittlich erhobenen Gesellschaft*. Wird der einzelne diesem Gesetz gemäß herangezogen, daß es ihm zur zweiten Natur wird, so unterliegt es keinem Zweifel, daß er, seiner Natur gemäß lebend, sich frei fühlen wird als sittlicher Mensch. Und hat er einmal vom Becher dieser Freiheit genossen, aus dem ihm seine *Vervollkommnung* schäumt, dann wird ihm die *Vollkommenheit* zum unverrückbaren Lebensziel. Aus sich allein aber ist keiner etwas, und der etwas ist, ist es nur durch das Zusammengreifen vieler. Darum schreiben wir keinem etwas vor, und sagen nur, was zu geschehen hätte. Davon aber sind wir überzeugt, daß, wenn dies geschähe, eine breite Bahn sich erschlösse – von der *Glückseligkeit* zur *Sittlichkeit* und von dieser zur *Freiheit*. Unvertilgbar lebt in jedem der Trieb nach Glück, und wahres Glück findet sich nur in einer sittlichen Welt. Daher wird dem wahrhaft Glücklichen die *Tugend* zur Natur, und möglichst viel Glück verbreitend, sorgen wir am besten für die Verbreitung der Tugend. Jene, welchen die Beglückung der Menschheit als ein schöner Wahn erscheint, mögen darauf sich beschränken, in ihrem wenn auch noch so engen Kreise *das Elend der Welt nach Möglichkeit zu mindern*, und es geruhig dem einzelnen überlassen, das eigene Glück zu fördern. Damit allein wäre viel gewonnen.

Wildhaus, 28. August 1883

Georg von Gizycki

Darwinismus und Ethik* |

Ein Vierteljahrhundert ist seit dem Erscheinen von *Darwin's* »*Ursprung der Arten*« verflossen[1]. Die große Mehrzahl der wissenschaftlichen Forscher zweifelt jetzt nicht mehr an der Richtigkeit der, zuerst von dem »Weisen von Down« durch ein imponirendes inductives Beweismaterial begründeten, biologischen Entwicklungslehre; und in immer weitere Kreise dringt die Ueberzeugung von deren Wahrheit. Die Zeit ist nicht mehr fern, wo man sie, wie die heliocentrische Theorie des Copernicus, überhaupt als einen Bestandtheil des modernen Denkens wird anzuerkennen haben.

Die Entwicklungstheorie ist in der That die für den Menschen des neunzehnten Jahrhunderts allein mögliche Hypothese zur Erklärung der organischen Welt: es gibt keine, die mit ihr rivalisiren könnte. Die Erde ist in ihrer jetzigen Beschaffenheit nicht von Ewigkeit; sie war einst ein von seiner Centralmasse abgelöster Nebelball, der sich allmälig zu einer feurig-flüssigen Kugel verdichtete. Wir haben das nicht gesehen; aber die Wissenschaft hat, seit Kant und Laplace, so viele Gründe für diese Annahme beigebracht, daß dieselbe jetzt in der wissenschaftlichen Welt keine Gegner mehr findet. Das Reich der Organismen hat mithin einen zeitlichen Ursprung. Die Facta der Paläontologie ferner lehren, daß in verschiedenen Perioden der Erdgeschichte verschiedene Thier- und Pflanzengeschlechter existirt haben. Die Thatsache eines ersten Entstehens vegetativen und animalischen Lebens auf

* *Aus:* Deutsche Rundschau. Bd. 43 (1885), 261–281.

1 »On the Origin of Species by means of Natural Selection, or, the Preservation of Favoured Races in the Struggle for Life« wurde 1859 veröffentlicht.

unsrer Erde, und die Thatsache des Auftretens neuer Arten zu verschiedenen Zeitpunkten steht also fest: die Frage ist nicht mehr »*ob*«, sondern »*wie*«. Nun können die Wesen nicht aus Nichts entstanden, noch können sie »vom Himmel gefallen sein«, wie schon Lucrez[2] geltend machte; noch können wir uns das plötzliche Entstehen complicirter Organismen aus anorganischer Materie wahrscheinlich machen, – wir können, wie Darwin sagt, | nicht glauben, »daß in unzähligen Momenten unsrer Erdgeschichte jedesmal gewisse Urstoff-Atome commandirt worden seien, zu lebendigen Geweben ineinander zu fahren«. Wir müssen daher nothwendig annehmen, daß alle höheren Organismen Abkömmlinge schon vorher existirender Organismen sind. Auch Karl Ernst von Baer[3], ein warmer Vertheidiger der »teleologischen«, die Welt unter dem Gesichtspunkt höherer Zwecke auffassenden Naturbetrachtung, erklärte, »die Entwicklungsweise der höchsten Thierclassen sei so sehr von dem Vorherbestehen eines mütterlichen Körpers abhängig«, es sei so unerfindlich, »wie die Entwicklung und Ernährung im Leibe der Mutter, wie bei den Säugethieren, durch allgemeine Naturverhältnisse ersetzt« werden können (wozu dann noch »bei den Säugethieren die Ernährung durch die Milch der Mutter nach der Geburt hinzukomme«): »daß ein Naturforscher die Transmutation oder Descendenz der verschiedenen Formen aus einander nicht ableugnen dürfe«.

Daß die Organismen, zumal bei einer Veränderung der äußeren Umstände, abändern, ist eine Thatsache. Darwin gibt nun ein Agens an, durch welches die nützlichen Abänderungen sich im Laufe der Generationen summiren und so allmälig zu neuen, den veränderten Lebensbedingungen angepaßten Varietäten und Arten führen können: es ist das Princip

[2] De natura rerum. V, 790.

[3] Im II. Theile seiner »Reden«: »Studien aus dem Gebiete der Naturwissenschaften«. 1876.

der »natürlichen Auslese«, das Ueberleben der am passendsten modificirten Organismen »im Kampf ums Dasein«. »Daß ein Proceß solcher Art in der organischen Welt vor sich gehe«, ist, wie Herbert Spencer mit Recht bemerkt, »so evident, daß es kaum eines Beweises bedarf«. In der That, es ist fast nur ein identischer Satz, zu sagen, daß das mehr der Lebenserhaltung gemäß organisirte Wesen größere Aussicht hat, am Leben zu bleiben. »Es liegt in der Natur des Zweckmäßigen, sich zu erhalten, während das Unzweckmäßige zu Grunde geht«, wie G.H. Schneider in seinem trefflichen Werke »Der thierische Wille« sich ausdrückt. Wenn so aber Darwin einen nur langsam und allmälig fortschreitenden Proceß annimmt, so steht dies ganz in Uebereinstimmung mit den Lehren der Geologie, wie sie durch Lyell zur Anerkennung gebracht worden sind.

Die Darwin'sche Theorie, welche also nicht nur lehrt, *daß*, sondern auch *wie* die organischen Wesen sich entwickelt haben, hat über das gesammte Gebiet der Zoologie und Botanik ein bis dahin ungeahntes Licht verbreitet; sie hat eine große Anzahl einzelner Erscheinungen verstehen gelehrt, die früher nur ein Gegenstand der Verwunderung waren. Sie hat die Thatsachen der comparativen Anatomie begreifen gelehrt, »die ähnliche Form der Hand des Menschen, des Fußes des Hundes, des Flügels der Fledermaus, des Flossenfußes des Seehundes«. Sie hat den Vorgängen der Embryologie eine neue Bedeutung gegeben. Sie hat die Facta der geographischen Verbreitung erklärt. Sie hat Ordnung und Harmonie gebracht in eine weite Sphäre unsers Naturwissens; und sie beginnt mehr und mehr Licht zu werfen in Gebiete, an welche bei der Aufstellung der Theorie gar nicht gedacht worden war.

Daß in Einzelheiten Darwin Fehler begangen, daß er die Bedeutung seines Princips der »natürlichen Auslese« überschätzt hat, daß er durch die Ueber|völkerungstheorie eines Malthus zu manchen unrichtigen Annahmen verleitet worden ist, mag wohl sein: dies näher zu prüfen ist Sache der Specialforschung[4]. Aber die Wahrheit der Entwicklungstheorie und die allgemeine Bedeutung der »natürlichen Auslese« oder des »Ueberlebens des Passendsten im Kampfe ums Leben« wird dadurch nicht aufgehoben.

Wir legen uns nun die ernste Frage vor: Welche *Consequenzen* ergeben sich aus dieser, mit so vielen überlieferten Vorstellungen radical brechenden Lehre *für die Moral*? In einer von der Pariser Akademie preisgekrönten Schrift[5] wird es für »ebenso absurd« erklärt, »ohne die Entwicklungstheorie ein Moralsystem construiren zu wollen, als es dies sein würde, ein astronomisches System zu construiren mit der Annahme, daß die Sterne unbeweglich seien, oder die Sonne sich um die Erde drehe«. Gegner der Entwicklungstheorie haben aber als ihre Folge eine »Geistesrevolution« prophezeit, »welche die Gesellschaft bis in ihre Grundfesten erschüttern wird, indem sie die Heiligkeit des Gewissens und den religiösen Sinn vernichtet[6]«.

Die Wissenschaft der *Ethik* hat zwei Haupttheile; einen theoretischen und einen praktischen; einen, der auf die Erkenntniß einer bestimmten Sphäre dessen, was *geschieht*, gerichtet ist, nämlich auf die Natur des Willens und der moralischen Gefühle, und einen, der die Bestimmung dessen, was *geschehen soll*, zur Aufgabe hat. Dieses Letztere, die Aufstellung von *Regeln des Handelns*, ist der eigentliche *Zweck* der Ethik, während alle rein theoretischen Untersuchungen

[4] In dieser Beziehung sei es gestattet, hinzuweisen auf das vor Kurzem in zweiter Auflage erschienene geistreiche Werk des zu früh verstorbenen W.°H. *Rolph*: » Biologische Probleme, zugleich als Versuch zur Entwicklung einer rationellen Ethik« (Leipzig, Engelmann), in welcher Schrift die Unrichtigkeit einzelner Punkte der Darwin'schen Lehren nachzuweisen gesucht wird.

[5] Guyau, La Morale Anglaise Contemporaine: Morale de l'Utilité et de l'Évolution. Paris, 1879.

[6] Bree, An Exposition of some Fallacies in the Hypothesis of Mr. Darwin. p. 13.

schließlich nur den Werth von *Mitteln* für sie haben. Was ergibt sich nun aus der Wahrheit der Entwicklungstheorie zunächst für den *theoretischen* Theil der Ethik?

Es scheint, daß in dieser Hinsicht der Ethiker manches aus der Entwicklungstheorie wird lernen können, oder wenigstens eine Bestätigung einzelner, bisher nur von einem Theile der ethischen Forscher anerkannter Bestimmungen finden wird. Die Entwicklungstheorie lehrt ihn, auch die Gefühle und Triebe, wie die Körperformen, als ein Resultat der Anpassung des lebenden Wesens an seine Existenzbedingungen und daher als lebenserhaltende Functionen zu erkennen. Sie lehrt ihn aber auch, daß, je complicirter die Lebensbedingungen werden, diese Anpassung um so weniger vollkommen wird; daher in der Menschenwelt die unreflectirten Gefühle und Impulse keine sicheren Führer sind. Die Entwicklungstheorie lehrt ihn, die moralischen Gefühle und Vorstellungen als den wichtigsten Theil der Anpassung des Menschen, nämlich als die Anpassung an die Bedingungen der socialen Existenz aufzufassen; sie lehrt ihn, den positiven Sittenvorstellungen der im »Kampfe ums Dasein« erfolgreichsten Nationen Achtung entgegen zu bringen: denn wenn ihre Meinungen über Recht und Unrecht | von dem wahrhaft der Gesellschaft Heilsamen erheblich abgewichen wären, so würden sie sich nicht zu ihrer dominirenden Stellung haben erheben können. Die Erkenntniß aber, daß bei complicirten Lebensbedingungen niemals die Anpassung eine ganz vollständige ist, muß ihn davon zurückhalten, die »positive Moral« irgend eines Volkes, d.h. die Gesammtheit ihrer thatsächlich vorhandenen sittlichen Vorstellungen, für absolut vollkommen zu halten – ein Irrthum, in welchen gewisse evolutionistische Ethiker zu verfallen in Gefahr scheinen.

Die Entwicklungstheorie, welche uns den Begriff des *Fortschritts* in einem Maße geläufig gemacht hat, wie dies vielleicht bei keiner früheren Generation der Fall war, gewöhnt uns daran, auch das Moralische als ein Gebiet anzusehen, in welchem ein Fortschritt stattfinden muß: sie gewöhnt uns daran, eine Vervollkommnung auch des Moralinhalts ins Auge zu fassen. Der moralische Fortschritt besteht nicht darin, daß die Menschen ihren eigenen Idealen näher kommen, sondern darin, daß diese Ideale selbst immer höher werden.

Die Entwicklungstheorie zeigt uns, in welchem Maße der Mensch von seiner Gattung abhängt, und wie verkehrt es daher ist, ihn aus diesem solidarischen Zusammenhange herauszureißen. »Ein nicht von einer Gattung abhängiger Mensch ist,« wie Leslie Stephen[7] sagt, »eine ebenso sinnlose Phrase, wie ein nicht auf einem Baume wachsender Apfel.«

Daß die *Gewissensgefühle* ein Resultat der Anpassung des Menschen an die socialen Existenzbedingungen und daher auf rein natürlichem Wege erworben sind, wird, wie es scheint, von keinem Anhänger der Entwicklungstheorie bezweifelt; dagegen weichen dieselben in ihren Ansichten hinsichtlich der Art der Entstehung der moralischen Gefühle im *individuellen* Leben sehr von einander ab. Herbert Spencer nähert sich der populären Vorstellung, welche das Gewissen als ein rein instinctives Vermögen auffaßt, indem er erklärt[8]: »Gerade so wie ich glaube, daß die Raumanschauung, welche irgend ein lebendes Individuum besitzt, aus den organisirten und consolidirten Erfahrungen aller vorangegangenen Individuen entstanden ist, welche ihre allmälig entwickelte Nervenorganisation auf dasselbe vererbt haben, – gerade so wie ich glaube, daß diese Intuition, welche durch persönliche Erfahrung nur bestimmt und vollständig gemacht werden muß, praktisch eine Denkform geworden ist, welche anscheinend ganz unabhängig ist von der Erfahrung: – ebenso glaube ich, daß die Erfahrungen der Nützlichkeit, organisirt und consolidirt durch alle vergan-

7 Leslie Stephen, The Science of Ethics. London, 1882.

8 In einem Briefe an J.S. Mill, abgedruckt in Alexander Bain's »Mental and Moral Science«. London. 1875, p. 722. Dieselbe Ansicht vertritt Spencer auch noch in seinem neuesten Werke »The Data of Ethics«. London 1879 (von Better ins Deutsche übersetzt).

genen Generationen des Menschengeschlechts, entsprechende Nervenabänderungen hervorgebracht haben, welche, durch fortgesetzte Vererbung und Anhäufung, in uns zu gewissem Vermögen moralischer Intuitionen geworden sind, zu gewissen, auf rechtes und unrechtes Handeln gerichteten Gemüthsbewegungen, welche in den individuellen Erfahrungen der Nützlichkeit keine ersichtliche Basis haben.« Darwin sah diese Frage als noch nicht spruchreif an. Seine »Hauptquelle des Zweifels an irgend | welcher derartigen Vererbung« sei, »daß sinnlose Bräuche, Superstitionen und Geschmacksrichtungen, wie der Horror der Inder vor unreiner Nahrung, denselben Principien gemäß vererbt werden müßten«, während er dafür keinerlei Beweise gefunden habe[9]. Vielleicht hätte Darwin der modificirten Form der Spencer'schen Annahme, wie sie durch C.C. Everett vertreten wird, eher beigestimmt. Dieser erklärt in seinem geistvollen Essay: »Die neue Ethik«[10]: »Laßt uns daß große Princip der Vererbung in Rechnung ziehen; laßt das Gefühl für das Nützliche, für die Bedürfnisse der Gesellschaft, für die Forderungen, welche das Ganze jedem Theile gegenüber macht, Kraft sammeln durch unzählige Generationen; laßt alle Unregelmäßigkeiten von Zeit und Ort aus dem Resultate eliminirt werden, da solche Unregelmäßigkeiten in der großen Masse für nichts gelten; und laßt das combinirte, vertiefte und gereinigte Resultat in die Constitution des Individuums eingehen; laßt es mit ihm geboren werden und mit jeder Faser seines Gehirns verbunden sein: und wir haben ein Resultat, das weit genugthuender ist, als irgend eines, das zuvor erreicht worden ist.« Stephen dagegen, einer der Hauptrepräsentanten der evolutionistischen Ethik, meint (a.a.O.), »die sociale Entwicklung finde ohne eine entsprechende Veränderung der individuellen Organisation statt«; es sei »kein Grund vorhanden, anzunehmen, daß die angeborenen Fähigkeiten eines modernen Euro-

[9] Darwin, Descent of Man. 1871. Vol. I. P. 103.
[10] The New Ethics, in: »The Unitarian Review«, October 1878, p. 413.

päers wesentlich, oder erheblich, von denjenigen der Wilden differiren, welche in prähistorischen Zeiten die Wälder durchstreiften.« Im Besonderen gehöre auch das »Sittengesetz« zu dem nicht Angeborenen, sondern, in Folge der Einwirkung des »socialen Factors«, von jedem Individuum erst Erworbenen. Auch Rolph erklärt (a.a.O. S. 203): »Untersuchungen an Kindern zeigen uns: so viel ererbte, instinctive Triebe sie auch haben, – den Trieb zum Rechthandeln, das Bewußtsein von recht und unrecht, von gut und schlecht haben sie nicht .... Ein vernachlässigtes Kind, welchem niemals der Unterschied von Mein und Dein ernstlich klar gemacht worden ist, hat keine Vorstellung von diesem Unterschied. Ein solches Kind wird immer unmoralisch .... Die Triebe, die wir mitbringen, sind immer noch die des Wilden, so z. B. seine Vorstellung eines persönlichen Rechtsvorzugs, einer Alleinberechtigung der eigenen Person gegenüber einer Rechtlosigkeit des Andern: die für sociale Verhältnisse ungeeigneten, schlechten Triebe sind es, die wir mitbringen, nicht die guten. Letztere, wie sie aus gleichsam künstlichen Verhältnissen sich abgeleitet haben, müssen uns auch künstlich anerzogen werden; und wenn wir ihnen überhaupt etwas entgegenbringen, so ist es eine im Laufe der socialen Jahrtausende ererbte Prädisposition, die es uns erleichtert, auf den vorgetragenen Gedankengang einzugehen.« Alexander Bain hat eine ganze Reihe von Gründen zum Beweise der inhärenten Unwahrscheinlichkeit von Vererbungen moralischer Intuitionen angeführt[11].

Es scheint, daß es immer das praktisch Heilsamste bleiben wird, wenn der Erzieher nicht zu viel auf die »angeborenen moralischen Institutionen« vertraut, | sondern annimmt, daß sein Kind zwar alle Anlagen hat, um unter günstigen Bedingungen ein moralischer Mensch zu werden, daß es dies aber sicherlich nicht werden wird, wenn jene Bedingungen ausblei-

[11] Alexander Bain, The Emotions an the Will. III. Ed. London, 1875. p. 55 u. f.

ben: und wenn er sich daher in der moralischen Erziehung des Kindes der äußersten Sorgfalt befleißigt. Nichts ist in praktischer Hinsicht verderblicher, so sagte schon Helvétius, als die Talente und Charaktereigenschaften für angeboren zu halten: nichts begünstigt mehr die Thätigkeit und Sorgfalt der Erzieher.

Wir wenden uns nun zur Beantwortung der Frage: Was folgt aus der Entwicklungstheorie für die Behandlung des *praktischen* Theils der Ethik?

Die »*Stellung des Menschen in der Natur*«, wie die Entwicklungstheorie sie bestimmt, weicht sehr ab von derjenigen, welche die frühere Vorstellungsweise dem Menschen angewiesen hatte; wie andererseits die Natur selbst, in welche der Mensch sich gestellt sieht, nicht mehr die Natur ist, wie sie in der Vorstellung der Vergangenheit existirte. Die neue Auffassung des Menschen und seiner Moral nähert sich wieder in manchen Beziehungen derjenigen, die in der Ethik des classischen Alterthums implicirt war. Der Mensch steht nicht mehr außerhalb der Natur, sondern in ihr, als ihr integrirender Theil. Er ist denselben Gesetzen des Lebens unterworfen, wie (um mit Herder zu reden) seine »erstgeborenen Brüder«, die Thiere. Alles in ihm, wie um ihn, ist ein Product natürlicher, gesetzmäßiger Entwicklung. Auch seine Moral ist nicht etwas von außerhalb der Natur ihm Auferlegtes, sondern Etwas, das sich herausgebildet hat aus seiner eigenen, den Existenzbedingungen gemäß sich entwickelnden Natur.

Ein Ethiker, der von diesen Voraussetzungen ausgeht, wird, so scheint es, geneigt sein, nicht nur, mit Kant, eine rein »*autonome*«, im Wollen und Denken des Menschen selbst begründete Moral anzunehmen, sondern auch alle »Verjenseitigung« der Moral zu beseitigen und *die Moral zu »säcularisiren«* (ein Bestreben, welchem Kant nach Kräften entgegenwirkte). Die Moral wird ihm eine Angelegenheit der Menschheit und für die Menschheit sein – für die Menschheit auf dieser Erde. Er wird dem Worte Christi die umfassendste Auslegung geben:

der Mensch ist nicht um des Sabbaths, sondern der Sabbath ist um des Menschen willen.

Es scheint nicht, daß diese Auffassungsweise an sich »praktisch destructive Tendenzen« habe. Sogar wenn ein Ethiker, wie es der Glaube der englischen evolutionistischen Moralistin Editha Simcox zu sein scheint, die radicale Meinung hegte, daß das Menschengemüth ausschließlich dem Menschengemüth gehöre, daß die Richtung der Gemüthskraft auf ein Nicht-Wir Verschwendung sei, daß der Mensch nur Menschen lieben, Menschen verehren, Menschen vertrauen solle, aus *ganzem* Herzen, mit *ganzer* Seele und mit *ganzem* Gemüth; so folgt daraus nicht, daß der Mensch den Menschen hassen, verachten und schädigen wird. Thatsache ist aber, daß hervorragende Repräsentanten des Evolutionismus, z. B. Herbert Spencer, dieser letzteren Denkweise durchaus fern stehen. In England und Amerika, wie auch bei uns, haben nicht wenige ausgezeichnete Männer | zu erkennen geglaubt, daß Evolutionismus und Religion keineswegs unvereinbar sind[12].

Bei jener Auffassung der Stellung des Menschen in der Natur wird ein Ethiker auch nicht leicht ein Gegner des »*Determinismus*« sein, der Lehre, daß im menschlichen Wollen dieselbe Gesetzmäßigkeit herrscht, wie in allen übrigen Vorgängen der Natur. Auch bei dem Auftauchen neuer Individuen nimmt die Entwicklungstheorie keine Lücke in der unendlichen Kette der Verursachung an: denn die Anlagen, die der Mensch zur Welt bringt, sind, ihr zur Folge, nichts anderes als ein Product der Beschaffenheit seiner Vorfahren. Und da, in gewissem Sinne, die Vorfahren auch zur Geschichte des Menschen gehören, so wird der Evolutionist geneigt sein, dem Ausspruch der Therese in Wilhelm Meister's Lehrjahren beizustimmen: »Die Geschichte des Menschen ist sein Charakter«. Die Erkenntniß der

[12] Vgl. John Fiske, Evolution and Religion (London, Foulger, 1883): »die Perle der Reden beim Herbert-Spencer-Bankett in New-York« (9. November 1882), wie man diesen Vortrag bezeichnet hat.

Thatsache der *Vererbung* geistiger wie physischer Eigenschaften, wenn nicht auf die Kinder, so auf die Kindeskinder, – der Vererbung, deren Wirkungsbereich wir im einzelnen Falle nie bestimmen können, – muß auf eine Erhöhung des Gefühls der *Verantwortlichkeit* hinwirken, da wir so gewahren, daß die *Folgen* des guten wie des schlechten Handelns sich noch weiter erstrecken, als wir zuvor geahnt hatten.

Auf eine Erörterung des Verhältnisses des Determinismus und der ihm entgegengesetzten Theorie der Moral können wir uns natürlich hier nicht einlassen: das würde eine Abhandlung für sich erfordern. Nur darauf soll hingewiesen werden, daß, wenn wirklich aus dem Evolutionismus der Determinismus folgt, man daraus doch keine Befürchtungen wird herleiten dürfen, wenn man auch nur dies Eine erwägt: daß thatsächlich viele der hervorragendsten Ethiker Deterministen waren, von den Stoikern und schon von Demokrit von Abdera an (dessen moralischer Idealismus von keinem andern antiken Philosophen übertroffen wird) bis auf die Gegenwart.

Die Lehre, daß *der Mensch von thierischen Wesen abstamme,* ist für Viele ein Gegenstand des Abscheues. Nun, mag sie ihnen gefallen oder nicht, was kann sich aus ihr für die *Moral* ergeben? Werden wir, wie jener »Antidarwinianer«, den Bree (a.a.O. S.13) anführt, sagen: »Es ist unmöglich, die Wichtigkeit des Ursprungs zu überschätzen. Wenn unsere Menschheit nur das natürliche Product der modificirten thierischen Fähigkeiten ist, so werden die meisten ernstgesinnten Menschen gezwungen sein, jene Motive aufzugeben, mit welchen sie ein edles und tugendhaftes Leben zu führen unternommen hatten, als auf einen Irrthum gegründet.« Oder werden wir nicht vielmehr mit Lotze sagen: »Die ängstliche Scheu, in eine zu enge Wesensgemeinschaft mit den Thieren gerückt zu werden, knüpft sich mit Unrecht gerade an die Frage, ob wir einer Gattung mit ihnen sind oder nicht. Denn am Ende: »wir *haben* doch die höhere Entwicklung; eben dieser Besitz ist der bleibende Unterschied zwischen uns und ihnen; und diese

Kluft wird nicht größer oder kleiner, je nachdem sie | für einen generischen Unterschied oder für die Wirkung einer verschiedenen Begünstigung gleicher Anlagen erklärt wird. Die Dinge *sind* immer das, als was sie sich *behaupten*; und es verlohnte sich nicht der Mühe, etwas zu *werden*, wenn man immer nach dem geschätzt werden sollte, *woraus* man es geworden ist.« Sollte wirklich ein »ernstgesinnter« Mann aufhören wollen, rechtschaffen zu handeln, wenn er erfährt, daß er nicht von so vornehmer Abkunft ist, als er geglaubt hatte? Ruhte seine Rechtschaffenheit auf seiner Meinung über seine Genealogie? Der große Denker, der den »kategorischen Imperativ« formulirte, Immanuel Kant, fand in dem, auch in ihm auftauchenden Gedanken der thierischen Abstammung des Menschen nichts Erschreckliches; er ließ ihn nur darum wieder fallen, weil ihm in dieser Hinsicht noch kein Beweismaterial zur Verfügung stand[13]. – Es scheint, nach wie vor – ob nun ein Engel oder Affe oder Erdenkloß vor uns war – wird man mit Friedrich dem Großen zu sagen haben: »Il n'y a rien de plus honteux que d'abâtardir sa race«[14].

Nein, in einer anderen Weise, als Bree meint, wird die Lehre von der »Abstammung« die Moral beeinflussen: ein Ethiker, welcher diese Lehre anerkennt, wird, so scheint es, nicht leicht in jene (auch von Kant und Fichte vertretene) Meinung verfallen, wir hätten gegen die Thiere, als welche »bloße Sachen« seien, keine Pflichten. Nicht »bloße Sachen«, sondern empfindende Wesen, wie wir, sind die Thiere; und »gute Leute zeigen sich gegen alle Wesen barmherzig, indem sie bedenken, wie sehr sie ihnen gleich sind«, heißt es in dem Brahmanischen Hitopadesa[15]. Aber ehe man noch an den Darwinismus dachte, hatten schon Bentham und später Schopenhauer die morali-

[13] Man vergl. die von Fritz Schulze in seinem Buche »Kant und Darwin« (Jena, 1875) zusammengetragenen Stellen.

[14] Œuvres de Frédéric le Grand. Tome IX. p. 104.

[15] Citirt von Max Müller, »Essays«. I. Band. S. 271.

sche Pflicht gegen das thierische Empfinden mit Nachdruck in der Ethik geltend gemacht.

Einige Anhänger der Entwicklungstheorie, und schon Darwin selbst[16], haben geglaubt, aus derselben ergebe sich, daß nicht (wie von einer, zu immer allgemeinerer Anerkennung gelangenden Moraltheorie, der sog. »utilitarischen«, gelehrt wird) die *Glückseligkeit* der Menschheit *Princip der Moral* sein könne, sondern daß die *Erhaltung der Existenz* der Menschheit dies sei. »Strebe nach Erhaltung der Art!« sei der wahre kategorische Imperativ. Lustgefühle wie Leidgefühle seien für die Natur nur *Mittel,* Mittel zum Zwecke der *Arterhaltung;* Lustgefühle und Leidgefühle seien nur die Mittel, durch welche die Natur die Ausübung von lebensfördernden und die Enthaltung von lebensschädigenden Handlungen herbeiführe: der wahre letzte *Zweck* des ganzen Getriebes sei nicht die Lust und das Vermeiden des Schmerzes, nicht ein möglichst großer Ueberschuß von Lust über Leid für möglichst Viele, nicht »das größte Glück der größten Anzahl«, sondern einfach das *Leben,* die *Existenz,* die möglichst verlängerte Existenz der größten Anzahl. »Wissenschaftlich zu | reden,« so sagt eine Schriftstellerin aus dieser Schule[17], »ist die für sich seiende Glückseligkeit einer menschlichen Einheit von nicht mehr Bedeutung, als das Blühen einer Blume oder das Brechen einer Welle; sie war und ist nicht, sie kam und ging, und der Rest der Welt fühlte Veränderung.« »Glückseligkeit,« so sagt auch Everett (a.a.O. S.414 u.f.), »hat für die Philosophie, die wir betrachten« (die evolutionistische), »Werth, nicht als ein Zweck an sich selbst, sondern als ein Mittel zum Zweck; und dieser Zweck ist die Existenz. Ihr Motto würde sein, nicht ›das größte Gut der größten Anzahl‹, welcher Sinn auch dem

[16] Descent of Man. 1871. Vol. I. p. 98 und f.

[17] Edith Simcox »Natural Law: an Essay in Ethics.« II. Ed. London, 1878. p. 103.

Worte ›Gut‹ beigelegt werden möge, sondern: ›die am meisten verlängerte Existenz der größten Anzahl‹«[18].

Die größtmögliche Arterhaltung, d.i. die möglichst verlängerte Existenz der größten Anzahl, soll also das oberste Moralprincip sein, *weil* der Zweck der *Natur* nur die Arterhaltung, nicht die Glückseligkeit ist. Sollten sich die Vertheidiger dieser These die Schwierigkeit ihrer Position ganz klar gemacht haben?

Das oberste Moralprincip ist ein Satz, aus dem sich die Gesammtheit der Regeln des Rechten ableiten läßt, und der somit die höchste Richtschnur des Handelns und das höchste moralische Lebensziel oder das ethische »höchste Gut« (summum bonum) ausdrückt und als höchster Maßstab aller Werthschätzung und Beurtheilung dient, als letzter Richter über Gutes und Böses entscheidet.

Jene Evolutionisten gehen von einer »*teleologischen*« Weltansicht aus: von der Ansicht, daß der Naturlauf nach Zwecken geregelt ist. Aber die Mehrzahl der Darwinianer sind Gegner der Teleologie, oder haben wenigstens das Bestreben, es zu sein. Diesen Standpunkt hat neuerdings Rolph (a.a.O.) mit Consequenz durchgeführt. Er weist darauf hin, daß wir, die Geschichte der organischen Entwicklungen auf unserer Erde verfolgend, absolut keine Tendenz der »Anpassung« bemerken, »Formen zu liefern, welche nach menschlicher Vorstellung sich als *höhere* darstellen würden«; sie habe nur den Erfolg, *angepaßtere* zu entwickeln: und die Umwandlung bestehe daher sehr oft in einer *Rückbildung*, obwohl sie in jedem Falle einen errungenen Vortheil für das Geschöpf bedeute. Wir müßten daher »das *Herabsinken* eines Cirripeden von der Höhe der Organisation einer Entenmuschel auf die Tiefe eines Rhizocephalen, z.B. einer fuß-, mund- und darmlosen Sacculina, als einen Entwicklungsfortschritt bezeichnen.« Wie nicht causae finales, sondern causae efficientes, nicht Endursachen, Zwecke, sondern wirkende, mechanische Ursachen »das

18 »the most prolonged existence for the greatest number.«

Flußbett gegraben und den Lauf des Flusses bestimmt haben«, wie der Fluß sein Bett »nicht bestimmungsgemäß, sondern bedingungsgemäß« formte, so gelte das Gleiche auch für die gesammten organischen Erscheinungen: wie Darwin und seine Nachfolger gezeigt hätten. Die Wesen haben ihre Organe »nicht *zum* Gebrauch, sondern *durch den* Gebrauch«. »Der Maulwurf hat nicht Grabfüße, *um* zu graben, sondern er hat Grabfüße, *weil* er gräbt; der Maulwurf ist ein Maulwurf geworden, weil er durch die Existenzbedingungen zwangsweise | dazu gemacht worden ist« (a.a.O. S. 13 und 215). Der Forscher müsse mit der Teleologie in allen ihren Formen brechen; und auch in der Ethik müsse das Fragen nach dem Zwecke, nach der Bestimmung des Menschen aufgegeben werden. Die Bestimmungstheorie sei so erschüttert, daß sie nicht länger als Basis eines Systems dienen könne.

Sehen wir von den Betrachtungen Rolph's und anderer Darwinianer ab, und *analysiren* wir einfach den Begriff eines »*Naturzwecks*«. Was ist überhaupt ein Zweck? Unter Zweck verstehen wir[19] eine im voraus vorgestellte und gewollte Wirkung, welche wir nicht unmittelbar, sondern nur durch eine Reihe von Ursachen herbeiführen können. Diese *Ursachen* einer anticipirten und *gewollten Wirkung* nennen wir die *Mittel* zum Zwecke. *Zweckmäßig* nennen wir das, was zur Verwirklichung eines angenommenen Zweckes geeignet ist. Die Zweckvorgänge sind als solche ursächliche Vorgänge, bei welchen Thätigkeiten des *Verstandes* und des *Willens* mitwirken; eine Wirkung kann nur dann als ein *Zweck* bezeichnet werden, wenn man annimmt, daß ein *Wollen* sich auf sie richtet; und

[19] Der Verfasser dieses Artikels hat das hier über den Begriff der Naturzwecke Gesagte schon bei Gelegenheit der Besprechung eines Darwinistischen Werkes in der »Vierteljahresschrift für wissenschaftliche Philosophie« (VII. Jahrg. S 221 und ff.) geltend gemacht; dieselbe wird aber zu wenigen der Leser dieser Zeitschrift zur Hand sein, als daß einfach auf sie verwiesen werden dürfte.

ebenso kann eine Ursache nur dann ein *Mittel* genannt werden, wenn sie als Ursache von etwas *Gewolltem* betrachtet wird. Wenn wir von dieser *subjectiven* Seite absehen, bleibt nur die einfache *Causalverkettung* übrig, bei der man von *Ursachen* und *Wirkungen* und von einem *Zusammenwirken* verschiedener Ursachen bei der Hervorbringung einer bestimmten Wirkung, nicht aber von *Mitteln* und *Zwecken* reden kann. Die Zweckbeziehung ist in Wahrheit keine besondere logische Kategorie, der Zweckbegriff kein reiner Verstandesbegriff, sondern er ist ein *complexer* Begriff: in welchem rein logisch nur der Causalitätsgedanke und dieser combinirt ist mit der Annahme der Mitwirkung eines Wollens. Was ist das *Plus*, das eine *Wirkung* zu einem *Zwecke* macht? Ist es etwas Anderes, als das *Wollen* dieser Wirkung? Was heißt: »ich thue das und das, damit das und das geschehe«, anders als: »ich thue das und das, weil es die Ursache von jenem ist und ich jenes herbeiführen will«? Behielte das »damit« noch irgend einen Sinn, wenn ich das *Wollen* der Wirkung aus dem Spiele ließe?

Hieraus geht hervor, daß es *Zwecke* in der Natur im Reiche der *Menschen* und der höheren Thiere gibt, da die Menschen und in einem gewissen, aber sehr geringen Grade auch die Thiere sich Vorstellungen von Vorgängen bilden, die sie durch ihre Thätigkeit zu verwirklichen streben; daß man aber *außerdem* von »*Naturzwecken*«, von Zwecken, welche die *allgemeine* Natur verfolge, *nur dann* reden kann, wenn man die *Natur* als ein *denkendes und wollendes Wesen* oder als die Schöpfung eines solchen ansieht. Eine *teleologische* Weltansicht schließt also nothwendig irgend eine Art von *teleologischer* Weltansicht ein; und es erscheint lediglich als eine Inconsequenz, die eine, aber | nicht die andere zu wollen. Wer nun aber den Begriff *Gottes* in die *Naturwissenschaft* einführen will, der wird sich mit *Kant's* »Kritik der reinen Vernunft« auseinander zu setzen haben.

Wir Menschen machen uns thatsächlich unsere Fortexistenz, sofern sie nicht unleidlich ist, zu einem Zwecke; wir *leben* nicht bloß, sondern das Leben pflegt uns auch ein *Zweck* zu sein, ja ein Zweck von fundamentaler Bedeutung, weil ohne Realisirung dieses Zweckes kein anderer Zweck zu erreichen ist. Und weil nun das Leben für uns thatsächlich ein Zweck ist, so sind wir berechtigt, alle unsere Eigenschaften, welche zur Erhaltung des *Lebens* beitragen, *zweckmäßig* zu nennen. Und indem wir nun dieses Verhältniß auch auf die *thierische*, ja überhaupt auf die ganze *organische* Welt übertragen, pflegen wir auch in dieser die *lebenserhaltenden* Eigenschaften als *zweckmäßige* zu bezeichnen. Nun aber ist den Thieren das Leben niemals Zweck: die Vorstellung des Lebens oder der Erhaltung des Lebens taucht sicherlich niemals in ihrem Bewußtsein auf und kann daher auch nicht Gegenstand eines Wollens werden; die niedersten Thiere aber haben überhaupt keine Vorstellungen, sondern nur Empfindungen und Wahrnehmungen: sie haben daher überhaupt keine Zwecke; und von Zwecken der Pflanzen kann man noch weniger reden, da die Pflanzen gar kein Bewußtsein haben. Es ist also klar, daß, so weit die unter-menschliche Welt in Betracht kommt, die Bezeichnung der *lebenserhaltenden* Einrichtungen der Wesen als *zweckmäßiger*, wenn man nicht *theologische* Annahmen macht, nur eine *metaphorische* ist: denn diese Bezeichnung schließt die Voraussetzung ein, daß das Leben ein Zweck ist; was im eigentlichen Sinne (von theologischen Annahmen abgesehen) nur für das Bewußtsein des Menschen gilt. Wer also alle transcendenten Annahmen und alle metaphorischen Ausdrücke streng vermeiden wollte, müßte statt »zweckmäßig« oder »unzweckmäßig« überall einfach »lebenserhaltend« oder »lebensschädigend« sagen oder ähnlicher Bezeichnungen sich bedienen; was sich auch ohne besondere Schwierigkeit durchführen lassen würde: ohne irgend eine Thatsache unbezeichnet zu lassen, könnte der Zoologe, Anatom, Physiologe oder Psychologe ohne das Wort »zweckmäßig« auskommen.

Darwinianer, welche (wie eine nicht geringe Zahl derselben) Vorstellen und Wollen nur als die Ausstattung animaler Wesen ansehen, weil sie, ihrer Ueberzeugung nach, ein hochentwickeltes Nervensystem voraussetzen, dürfen also von allgemeinen *Naturzwecken* überhaupt nicht reden. Denn ihrer Ansicht nach kann die Natur keine Absichten und Zwecke haben; ihr sind mithin nicht bloß, wie Jene gesagt haben, die Lust- und Leidgefühle der lebenden Wesen an sich gleichgültig, da ihr nur an der Erhaltung der Art gelegen sei; sondern ihr ist auch, der eigenen Weltansicht Jener gemäß, die Arterhaltung »gleichgültig«, da die universale Natur, Jenen zu Folge, keine Gefühle und keinen Willen hat.

Wenn wir aber, unsern Glauben an Gott als eine Rechtfertigung der Einführung des Gottesbegriffs in die Wissenschaft ansehend und die vielen Schwierigkeiten, welche die Ethik von jeher in der Basirung ihrer Normen auf den präsumirten Willen Gottes gefunden hat, nicht achtend, den Willen Gottes festzustellen suchen, so werden wohl sehr wenige (wenn irgend welche) Gottesgläubige zu dem | Resultate gelangen, daß lediglich die »möglichst verlängerte Existenz der größten Anzahl« sein höchster Wille sei.

Und was die Menschen anbetrifft, so meinen auch diese nicht, daß die Selbsterhaltung bloß als solche ein »summum bonum« sei. Nicht bloß ist »das Leben der Güter höchstes nicht«, sondern sehr Vielen erscheint ihr Leben, ihre Selbsterhaltung überhaupt nicht als ein Gut, sondern als ein Uebel: sicherlich den 8-9000 Menschen nicht, die sich alljährlich allein in Deutschland durch eigene Hand den Tod geben. Bloße »Existenz« ist kein Gut, viel weniger das höchste Gut; Existenz kann sogar, wenn sie eine schlechte Existenz ist, das »*höchste Uebel*«, das summum malum sein: nach der Vollkommenheitslehre des »Intuitionismus« sowohl wie nach der Glückseligkeitslehre des »Utilitarismus«. Auch in der *Hölle* ist *Existenz*, sogar *ewige* Existenz, und zwar, den alten Kirchenvätern gemäß, »the most prolonged existence for the greatest number«: also Everett's Summum Bonum[20].

[20] Man vergl. oben S. 269. *[siehe in dieser Ausgabe S. 397 f.]*

22 Wenn es nicht eine *Verirrung* ist, daß ein Ethiker von allem fühlenden *Bewußtsein* – also gerade von demjenigen, was letzten Endes allein *Werth* und *Interesse* geben kann – abstrahirt und die Menschenwesen mithin nur insoweit, als sie *Pflanzen* sind, berücksichtigt, so ist nicht zu sagen, was überhaupt eine Verirrung sein soll.

Das Verhalten von Anhängern Herbert Spencer's, wie z. B. von Miß Simcox, gegen die »Glückseligkeitslehre« – *vor* der Veröffentlichung von ihres Meisters »Data der Ethik« (1879), in welchem Werke dem Leben nur um des Ueberschusses von *Glück* willen, das es enthält, Werth zugeschrieben wird, erinnert an eine ähnliche Erscheinung im vorigen Jahrhundert bei uns, wo bei den Kantianern, *vor* der Veröffentlichung von Kant's »Tugendlehre« (1797), der Ausdruck »Glückseligkeit« mit so viel Kunst vermieden wurde, als wenn es, wie schon Meister[21] bemerkte, ein unreines Wort wäre: während Kant alsdann zur großen Ueberraschung derer, welche »katholischer als der Papst«, kantischer als Kant selbst sein wollten, »fremde *Glückseligkeit*« für einen Zweck erklärte, »der zugleich Pflicht ist«. »Wenn in der That,« so sagt auch der Evolutionist Stephen, »die Erhaltung der Gattung einer Fortdauer von Elend bedeutete, wenn, gleich Milton's Teufeln, wir im Dasein erhalten würden, um arg zu leiden und zu erdulden unser Weh', so könnten wir vernünftiger Weise die Existenz nicht wünschen.« Aber Evolutionisten, welche anerkannten, daß nur des Glückes wegen das Leben Werth hat, sind nicht selten in den Widerspruch verfallen, dennoch unter den Folgen der Handlungen nur die Wirkungen auf den Gesundheitszustand zu berücksichtigen und den unmittelbar durch sie erzeugten Schmerz für nichts zu achten; und sie haben sich nicht immer daran erinnert, daß, ihren eigenen Bestimmungen zu Folge, »Fülle des

[21] J.C.F. Meister, »Ueber die Gründe der hohen Verschiedenheit der Philosophen im Ursatze der Sittenlehre bei ihrer Einstimmigkeit in Einzellehren derselben.« 1812. S. 43.

Lebens« nur werthvoll sein kann, wenn darunter »Fülle des Glücks« oder eine Ursache davon verstanden wird. |

Die evolutionistischen Erneuerer des antiken Princips des »*naturgemäßen*« Lebens scheinen Eines nicht immer genügend beachtet zu haben. Die Naturwissenschaft lehrt uns, was geschieht, aber nicht, was geschehen soll. Wenn die »Tendenzen« der Natur, welche jene festgestellt zu haben meinen, einfach *Naturgesetze* sind, Regeln des ausnahmslosen Eintretens von Erscheinungen, so würde es keinen Sinn haben, aus diesen Naturgesetzen moralische Imperative machen zu wollen: denn das kann nicht geboten werden, »was unfehlbar schon von selbst geschieht«. Wenn jene »Tendenzen« sich aber nicht wie ein Fatum, ein unabwendbares Verhängniß, mit unwiderstehlicher Nothwendigkeit vollziehen, sondern ihnen zuwidergehandelt werden *kann*; so entsteht die Frage, *warum* wir ihnen gemäß handeln und nicht vielmehr ihnen entgegenzuwirken suchen sollen. Nehmen wir einmal an, die völlige Verwirklichung jener Tendenzen durchkreuzte alle unsere Wünsche und Hoffnungen und widerstritte allen unseren moralischen Bestrebungen: würden wir in diesem Falle wohl den ethischen Imperativ aufstellen, jene Tendenzen zu befördern? Sicherlich würden wir im Gegentheil den Imperativ aufstellen, die Realisirung jener Tendenzen, so weit wir es vermögen, zu vereiteln! Und das sittliche Gebot: jene Tendenzen zu den unsrigen zu machen und nach Kräften zu ihrer Realisirung mitzuwirken, würden wir nur dann aufstellen, wenn jene Tendenzen uns als *gut* erschienen: wenn wir also auch *ohnedies*, ohne daß wir dies als eine Beförderung von Naturtendenzen angesehen hätten, ein entsprechendes Handeln für recht gehalten hätten. Was wir für gut oder böse, für erstrebenswerth oder verabscheuungswerth halten sollen, muß nach unsern eigenen Begriffen gut oder böse, erstrebens- oder verabscheuenswerth sein; und was dies ist, ergibt sich aus unserer eigenen Natur, nicht aus etwas von dieser Verschiedenem, was dies auch sein möge. In uns also, in unserem Gemüth und Willen liegt die letzte Entscheidung über das, was zu erstreben ist und was zu meiden.

In der That sehen wir auch, daß das Streben nach dem »Naturgemäßen« so weit davon entfernt ist, als ein selbstverständliches ethisches Ziel einzuleuchten, daß die alten Christen das Natürliche gerade als das zum Bösen Verlockende ansahen. Findet sich doch in der »Deutschen Theologie« das Wort: »Darum sind die Natur und der böse Feind Eins«. Nicht naturgemäß zu leben, sondern vielmehr der Natur in sich entgegenzuarbeiten, sie zu überwinden, galt der älteren Christenheit als sittliches Gebot. Sie nahmen also gerade einen Widerstreit zwischen Natürlichem und Sittlichem an; während die alten Griechen von einer Uebereinstimmung beider ausgingen. Und das kam daher, weil jene eine pessimistische, diese eine optimistische Weltansicht hatten. Nicht darum, im letzten Grunde, stimmten diese in den »Naturzweck« ein, weil er Naturzweck war, sondern weil er nach ihrer Meinung *gut* war; ganz ebenso also wie andrerseits die alten Christen, und solche, welche sich denselben in diesem Punkte anschlossen, darum in die Naturzwecke nicht einstimmten, weil sie ihnen *schlecht*, ihren eigenen moralischen Ueberzeugungen zu widersprechen schienen.

Wie viel ließe sich noch gegen die Aufstellung des »naturgemäßen Lebens« als ethischen Princips sagen! Das Angeführte dürfte aber zum Beweise der Unhaltbarkeit desselben hinreichen. Eine vortreffliche Kritik dieses Princips ist | in Mill's posthumen Essays über Religion[22] enthalten, deren erster die Prüfung desselben zum speciellen Zwecke hat (daher der Titel dieser Anhandlung, »Natur« kein wohlgewählter ist).

Wir werden natürlich gern Alles lernen, was der Evolutionist uns hinsichtlich der Natur der Dinge und daher hinsichtlich der *Mittel* zu den von uns erstrebten Zwecken lehren

[22] John Stuart Mill, »Ueber Religion«. Deutsch von E. Lehmann. Berlin, 1875. I. Essay: Natur. (S. 1–55.)

kann; aber diese unsere *Zwecke* werden wir nicht lernen aus einer Naturgeschichte der objectiven Welt, sondern aus der Erforschung unseres eigenen Herzens.

Und so versteht es sich von selbst, daß im Besondern der »Utilitarier«, d.i. der Ethiker, welcher das höchste allgemeine Glück als den obersten moralischen Maßstab ansieht, sich alle Erkenntnisse zu Nutzen machen wird, die auf den Weg zu seinem Ziele Licht werfen können. Sicherlich also wird er alle Thatsachen der Biologie und der Sociologie, welche hierfür von Bedeutung sind, benutzen; und da zu hoffen ist, daß diese Wissenschaften – von denen letztere noch in ihrem ersten Anfangsstadium und daher äußerst unvollkommen ist – beständig fortschreiten werden, so darf er sich Aussicht machen, immer mehr von ihnen zu lernen. Aber es ist in keiner Weise ersichtlich, daß sich hieraus eine *Ersetzung* der utilitarischen Methode durch eine *andere* ergebe.

Die Existenz ist die Bedingung des Glückes. Wenn das Glück von Millionen gegenwärtig und künftig lebender Menschen gesichert werden soll, so muß vor Allem ihre *Existenz* gesichert werden: Alles daher, was für die »möglichst verlängerte Existenz der größten Anzahl« von Wichtigkeit ist, ist auch für das »größte Glück der größten Anzahl« von Wichtigkeit. Der Utilitarier wird Alles benutzen, was der Evolutionist ihm sagen kann; aber noch Einiges mehr.

Der Evolutionist sagt ihm: »zwischen leidvollen und verderblichen Handlungen einerseits und lustvollen und förderlichen Handlungen andrerseits bestehe eine Wechselbeziehung«, das »Nützliche« im Sinne des Lustbringenden falle mit dem Nützlichen im Sinne des Lebenserhaltenden »annähernd zusammen«; es herrsche so »eine enge Verbindung zwischen Gesundheit und Glückseligkeit und zwischen Krankheit und Unseligkeit«. Obwohl nun freilich diese Correlation weit davon entfernt sei, vollkommen zu sein, so bleibe es doch wahr, daß es ein sicherer Weg zur Glückseligkeit sei, nach Erhaltung oder Vervollkommnung der Gesundheit, als direct nach einem

Lust-Maximum zu streben. Und wie dies für das Glück des Individuums gelte, so gelte es auch für das der Gesellschaft; das Glück des socialen Organismus werde verfehlt, wenn man zu direct nach demselben strebe: die »*Gesundheit* der Gesellschaft« müsse das praktische Endziel sein, da nur dadurch die *Glückseligkeit* der Gesellschaft wirklich *erreicht* werde.

Daß nun Gesundheit eine Grundbedingung des Glückes ist, ist eine Wahrheit, welche wohl noch keinem Ethiker unbekannt gewesen ist; wie denn schon jenes Muster antiker Genügsamkeit, der alte Glückseligkeitsphilosoph Epikur (über dessen Lehre bekanntlich im größeren Publicum die irrigsten Meinungen verbreitet sind) nach|drücklich daran erinnert hat.[23] Und daß die Sorge um die eigene Gesundheit auch durch die Rücksicht auf *Andere* geboten, daß die sogenannten »Pflichten gegen sich selbst« in Wahrheit Pflichten gegen *Andere* und nur darum eben *Pflichten* sind, ist gleichfalls nicht eine Erkenntniß, die man erst von Darwin und Spencer gelernt hat. »Wer sich herunterbringt, schadet nicht nur sich selbst, sondern auch allen denen, welchen er als ein Besserer hätte nützen können,« sagte schon Seneca[24]. Aber es ist mit Dank anzuerkennen, daß Spencer, im Besondern auch durch seinen Hinweis auf die Thatsachen der *Vererbung*, so gewichtige Gründe für die in Rede stehende Wahrheit beigebracht hat, daß künftighin eine solche Entscheidung dieser Frage, wie sie bei Schopenhauer sich findet, wohl nicht mehr möglich sein wird. Spencer hat das Verdienst, mit größerem Nachdruck als

[23] Vielleicht ist es nicht unangebracht, bei dieser Gelegenheit das Lebensalter zu erwähnen, welches die bedeutendsten Utilitarier und deren berühmteste Vorläufer erreicht haben. Demokrit soll 90, nach Anderen sogar über 100 Jahre alt geworden sein; Epikur wurde 71 Jahre alt, Hobbes 91, Cumberland 86, Locke 72, Hume 65, Bentham 84 (geistesfrisch noch in seinem letzten Lebensjahre), Austin 69, G. Grote 76, J.S. Mill 66. Das ergibt (Demokrit mit 90 gerechnet) ein Durchschnittsalter von 77 Jahren.

[24] Seneca, De otio sapientis. 30.

irgend ein Vorgänger die *physischen* Bedingungen des Glükkes geltend gemacht zu haben; woraus aber nicht folgt, daß nun die durch Bentham begründete utilitarische Methode aufzugeben sei. Wir lernen hinsichtlich der *Folgen* der Handlungen mehr und mehr, wir erkennen immer mehr die ganze Weite dessen, was Bentham die »Ausdehnung« derselben (extent) nennt: der Beeinflussung fremder Gefühlssphären; aber auf alle Folgen der Handlungen für Wohl und Wehe der Menschheit zu achten, ist gerade das utilitarische Gebot.

Evolutionistische Schriftsteller haben daran gemahnt, daß in der Erziehung und im öffentlichen Unterricht bei uns bisher die Gesundheit viel zu wenig berücksichtigt werde. Das ist freilich nur zu wahr, aber sicherlich ist es nicht die Folge der Anwendung utilitarischer, sondern es ist eben die Folge der Anwendung nichtutilitarischer Normen. Und wenn sie als eine der wesentlichen Folgerungen aus jener Lehre von der Correlation zwischen arterhaltendem und lustbringendem Handeln die Bestimmung hervorgehoben haben, daß das Familienglück das höchste menschliche Glück sei, so ist dies nur eine Bestätigung einer längst von den utilitarischen Ethikern gewonnenen Erkenntniß, wie sie z. B. in einem Werke dieser Schule, das vor hundert Jahren (1785) erschienen ist, in Paley's »Principien der Moral- und politischen Philosophie«, ihren unzweideutigen Ausdruck findet.

Wenn nun aber unter der »Gesundheit der Gesellschaft« noch etwas Anderes verstanden werden soll, als eine aus gesunden Individuen bestehende Gesellschaft, so ist es offenbar, daß der Ausdruck »Gesundheit« nur eine Metapher ist, und zwar eine Metapher, deren Sinn keineswegs klar ist; und diese Metapher an Stelle des Princips der *Glückseligkeit* der Gesammtheit zu setzen, kann nicht als eine Verbesserung anerkannt werden. Wenn ein Mann, dessen Größe, wie uns scheint, jetzt selbst in England unterschätzt wird (in welcher Hinsicht vielleicht schon J.S. Mill nicht völlig ohne Schuld ist): wenn Jeremy Bentham jetzt | wiederkäme, so würde er in der evolutionistischen Ethik in nicht geringem Maße »vage Allgemeinheiten« und »bloße Declamationen« und das Spielen mit »Phrasen« zu tadeln und gegen den Mangel an Vorsicht, an Detailuntersuchung, kurz an Solidität anzukämpfen haben. – Die »Evolutionisten« haben sich im Großen und Ganzen den Utilitariern angeschlossen; nur merkt man zu oft, daß sie keine praktischen Ethiker sind. Praktisch zu operiren mit ihrem Prinzip, in einem Umfange, wie Bentham es mit dem seinigen gethan hat, würde ihnen schwerlich gelingen.

Wir wenden uns nun, zum Schlusse unserer Betrachtungen, zur Erwägung des Verhältnisses der Darwin'schen Lehre vom »*Kampfe ums Dasein*« zur Moral. Man hat derselben vorgeworfen, daß sie zur äußersten Demoralisation führe. Sie sei, hat man gesagt[25], »ein Stück gegen die Menschheit gerichtete Brutalität«, ein »theoretisches Beschönigungsmittel des frechsten Egoismus«. »Das eigene Dasein auf die Vernichtung des fremden zu gründen«, »stets der Stärkere und Ueberlebende zu bleiben« und »die Rolle des Unterdrückenden« zu übernehmen, das sei das Gebot, das aus dieser Theorie folge, »welche in den menschlichen Verhältnissen das sogenannte Recht des Stärkeren animalisch zu Ehren bringe und als culturgeschichtliches Fortschrittsmittel verherrlichen solle«. »Ohne die Aufzehrung des fremden Lebens und Wohlseins zur Steigerung der eigenen Macht könne in diesem herrlichen System die Cultur nicht gefördert werden. Die schönsten Blüthen der letzteren werden gerade dadurch gezeitigt, daß der Stärkere den Schwächeren niedertritt.« Der Fortschritt, den dieser Kampf um das Dasein mit sich bringen solle, könne doch nur »der Fortschritt von Gewalt und List« sein. Denn »wenn auch immerhin das Gehirn eine Waffe sei, durch welche alle anderen Kriegsmittel verstärkt werden, so möchten doch plumpe Kraft, raffinirte List und ausgeprägte Bosheit die überwie-

[25] E. Dühring, »Cursus der Philosophie«. Leipzig, 1875. S. 117–120. Ders. »Werth des Lebens«. 2. Aufl. Leipzig, 1877. S. 23–26.

genden Chancen haben, sobald es sich um Feindseligkeiten als Grundform der Existenzvermittlung handeln soll«. »Was gelten Schönheit und edle Gestaltung vor jenem Mechanismus der Geschichte, durch welchen das vollendetste Ebenmaß zerschmettert und kaum eine lückenhafte Erinnerung übrig gelassen wird.« »Falls man nicht etwa die Unverschämtheit besitze, zu behaupten, daß die für den Zustand der Feindschaft und der gegenseitigen Vernichtung am besten dienstbaren Eigenschaften dieselben seien, aus denen sich das positive Ideal der Gattung zusammensetzt, so werde man wohl auch auf jeden sophistischen Schein zu Gunsten der besonderen Darwin'schen Art von Naturzüchtung verzichten müssen.«

Nun soll gar nicht in Abrede gestellt werden, daß Darwin's *Bezeichnung* des von ihm entdeckten Princips (das Andere die »Selbstreinigung der Gattung« genannt haben) als »Kampf um das Dasein« keine glückliche, daß sie eine bloße »*Metapher*« ist, und daß »ein wirklicher Kampf um das Dasein bewußte Triebe voraussetzt, in denen sich die Wesen nicht nur feindlich begegnen, sondern auch wissentlich darauf ausgehen, das eigene Leben auf Vernichtung oder Hinderung des andern zu gründen«; wie ein solcher Kampf »innerhalb der | Bestialität insoweit vertreten ist, als die Ernährung durch Raub und Vernichtung erfolgt«. Es soll auch nicht bestritten werden, daß Darwin sich durch die Theorie eines Malthus zu Irrthümern hat verleiten lassen; in welcher Hinsicht das bereits angeführte Werk des Zoologen Rolph einige Correkturen des Darwin'schen Gedankenkreises enthalten dürfte. Und es ist keineswegs zu bezweifeln, daß von Leuten, die nicht einmal das ABC der Ethik verstanden, sich aber dennoch berufen glaubten, ihre Cruditäten vor das Publicum zu bringen, mit dem »Kampfe ums Dasein« der empörendste Unfug getrieben worden ist. Aber sind jene Auslassungen gegen das Princip als solches berechtigt? Sicherlich nicht!

Das Princip der »Natural Selection«, der natürlichen Auslese der den Lebensbedingungen am gemäßesten abgeänderten

Wesen, ist zunächst nur ein Ausdruck dessen, was geschieht, nicht dessen, was geschehen soll: es ist ein *Naturgesetz,* kein Sittengesetz. Wir sind diesem Naturgesetz des organischen Lebens unterworfen, wie wir dem Gesetze der Gravitation oder dem von der Erhaltung der Kraft unterworfen sind: ganz ohne Rücksicht auf unser Wollen. Die »natürliche Auslese« ist ein Agens, welches, als der allgemeine Regulator des Lebens, auf die thatsächliche Beschaffenheit des in der organischen und animalen Welt jetzt Bestehenden hingewirkt hat; sie ist die allgemeine Naturmacht, welche auch das Menschenleben regulirt. Und was sehen wir im Menschenleben? Entsetzlich viel physisches und moralisches Elend: welches durch jenen Regulator nicht verhindert, sondern sogar zum Theil erzeugt ist. Jene physische und moralische Noth unablässig durch unser zweckbewußtes Handeln zu bekämpfen, machen wir uns zur Aufgabe, in dem wir die Welt, wie sie ohne unser Zuthun ist, nicht für die »beste der möglichen«, sondern für eine solche halten, an deren Verbesserung und Rationalisirung wir zu arbeiten haben. Was in Folge der Wirksamkeit der allgemeinen Naturkräfte geschieht, kann uns keine moralische Norm sein; denn sie erzeugen auch alles Schlimme. Wenn wir das bestreiten wollen, so müssen wir überhaupt die Existenz des Uebels ableugnen; was denn in der That einige »Optimisten« zu Wege gebracht haben.

Jenes regulirende Princip besagt, daß dasjenige Wesen, welches die vortheilhafteste Beschaffenheit besitzt, nämlich seiner »Umgebung«, den Bedingungen seiner Existenz am besten angepaßt ist, die meisten Chancen hat, sich zu erhalten und zu vermehren; und das gilt, wie für alle, so auch für die Menschenwesen. Die »Tüchtigsten«, die »Passendsten«, »the fittest« überleben. Unter den Lebensbedingungen des Menschen oder in seiner »Umgebung« (environment) haben wir nun die physischen und die socialen Factoren zu unterscheiden: die physischen reguliren im Allgemeinen seine physische, die socialen seine moralische Beschaffenheit.

Welches ist nun die moralische Beschaffenheit, welche den damit Ausgestatteten überleben macht? Das Princip der Natural Selection ist ein Naturgesetz, kein Sittengesetz; ihm widerspricht daher nichts in der Geschichte der Menschheit. Ihm widerspricht nicht die Kreuzigung Christi, nicht die Vergiftung des Sokrates, nicht die Verbrennung Bruno's. Christus, Sokrates, Bruno waren in ihrer socialen Umgebung nicht »the fittest«, ihr Untergang war gerade die Folge ihres Charakters. »Was gelten Schönheit und edle Gestaltung vor jenem Mechanismus der Geschichte, durch welchen das vollendetste Ebenmaß zerschmettert wird?« Es | kommt ganz auf die besondere Beschaffenheit einer Gesellschaft an, wenn bestimmt werden soll, wer der in ihr Ueberlebende sein wird. »Es gibt natürlich,« wie Everett[26] sagt, »gewisse Arten und Grade der Immoralität, welche überall für den Erfolg verhängnißvoll sind. Ein gewisser Grad von Ehre, lehrt uns das Sprichwort, ist nothwendig, wenn man in einer Gesellschaft von Dieben seine sociale Stellung bewahren will. Aber außer der Vermeidung der größten und offenbarsten Verletzungen des socialen Vertrages gibt es nichts, was überall und stets durch die Anforderungen der socialen Umgebung ausgeschlossen wird. Der Mann, der in den frühen Zeiten der römischen Republik für den Erfolg geeignet war, würde ihn in der späteren Zeit des Kaiserreichs verfehlt haben; und einer, den die socialen Elemente des Kaiserreichs emporhoben, würde in den Tagen der Republik schlecht gefahren sein.... In der That, die Gesellschaften, in welchen die höchsten und edelsten moralischen Attribute ein Passeport für den Erfolg sind, sind sehr selten. Die »fittest« im moralischen Sinne und die »fittest« im Sinne des Darwinismus sind nicht oft dieselben.«

[26] In seinem bereits angeführten Essay »The New Ethics«, in »The Unitarian Review«, Oct. 1878, dem wir uns bei dieser Frage in wesentlichen Punkten anschließen.

Und wäre dies denn das letzte Wort, das über den Darwinismus in seiner Stellung zur Moral zu sagen ist? Gilt wirklich in dieser Unbedingtheit das Urtheil, daß die moralisch Besten und die im Sinne des Darwinismus Tauglichsten nicht oft dieselben sind? O nein!

Das Princip der Natural Selection regulirt nicht nur das Leben der Einzelnen, es richtet auch über das Leben der Generationen und über das Leben der Völker. Wohl kann es geschehen, daß es in einem Gemeinwesen ein Mittel zum Erfolge ist, als Religion zu haben: »£ s. d.«[27]. Wohl können in einer Gesellschaft Selbstsucht, List und Verschlagenheit und unterdrükkende Gewaltthätigkeit, oder kriechende Unterwürfigkeit und Gesinnungslosigkeit, oder Schwelgerei und Prunksucht gute Chancen für das Emporkommen oder das »Carrière-Machen« sein; wohl können Menschen von solchen Eigenschaften in einem Staate die beste Aussicht haben, sich und ihre Familie zu erhalten; – während der, welcher die Ungerechtigkeit, die Lüge und Heuchelei, die Gemeinheit haßt, untergeht. Aber doch gibt es, um mit Matthew Arnold zu reden, »eine ewige Macht, nicht wir, die für Gerechtigkeit wirkt«[28]. Eigenschaften, es ist wahr, vererben sich; aber nicht in der nämlichen Combination, wie sie beim Vater oder bei der Mutter vorhanden waren: moralische Eigenschaften, wie die genannten, sind nicht immer in jener passenden Verbindung, die bei einer gewissen Gesellschaftsverfassung den Erfolg verbürgt. Lassen wir, in Folge der Vererbung oder der Erziehung, noch eine gewisse ande-

[27] In dem Document, welches die Religion der Einwohner von Victoria angibt, findet sich die Bemerkung, daß drei Personen »£ s. d.« (d. h. Pfund Sterling, Schilling und Pence) als ihre Religion genannt hatten. Die »Catholic Review« hält dafür, »daß eine weit größere Anzahl sich als Anhänger dieser Religion hätte erklären können, wenn die Victorianische Aufrichtigkeit eben so groß gewesen wäre, wie die Victorianische Freiheit«. (The Index. Boston, Mass. Dec. 14, 1882.)

[28] »An eternal power, not ourselves, that makes for righteousness.«

re Eigenschaft in die Composition des Charakters eintreten, | oder lassen wir eine bestimmte Eigenschaft ausfallen, so kann jenes »glückliche Gleichgewicht« gänzlich dahin sein, das den Erfolg sicherte. Die Chancen, daß die Nachkommen von Menschen, welche Charaktereigenschaften wie die genannten besaßen, lange erhalten bleiben, – daß sie nicht über kurz oder lang in Folge von Collisionen mit der »physischen, legalen oder socialen Sanction«, mit den Gesetzen der Gesundheit oder den Gesetzen des Staates oder den Anforderungen der Gesellschaft, zu Grunde gehen, – diese Chancen sind nicht sehr groß.

Aber die »ewige Macht, nicht wir, die für Gerechtigkeit wirkt«, bethätigt sich noch in einer weit großartigeren Weise. Wir haben bisher nur das Leben der Individuen und einzelner Generationen berücksichtigt, wir müssen aber auch das Leben der Völker betrachten. Und in diesem Gesammtleben offenbart es sich in ungleich höherem Maße als im Einzelleben, daß »*der Tod der Sünde Sold*« ist. »Die eine Gesellschaft,« sagt Everett, »wird die Entwicklung von Rechtschaffenheit und Ehre begünstigen, eine andere die von Arglist und Heuchelei. In der einen würden Völlerei und Sinnlichkeit und verwandte Laster einen Menschen in die niedrigste Sphäre der Gesellschaft hinabsinken machen, in einer andern würden sie ihn emporheben, so daß er sich in der höchsten erhält. Aber hier wenigstens haben wir ein Princip, dem diese socialen Zustände selbst verantwortlich sind. Die eine Gesellschaft wird den einen Charaktertypus entwickeln, eine andere einen anderen: aber gemäß dem Charaktertypus, den sie begünstigt, wird sie stehen oder fallen. Hier finden wir durch die Thatsachen der Geschichte eine Anerkennung der fundamentalen Unterscheidung von Recht und Unrecht. Was wir Gerechtigkeit nennen, ist die allein dauernde Basis, auf der die Gesellschaft ruhen kann. … Die Nationen, welche Unrecht thun und die Gerechtigkeit verachten, welche sich im Sinnenrausch verlieren, werden zuletzt zu Stücken zerschmettert gleich dem Thon eines Töpfers , und ein reinerer, stärkerer, nicht so verderbter Stamm nimmt ihre Stelle ein.«

Sollte in einer Gesellschaft die Meinung überhand nehmen, der »Kampf ums Dasein« rechtfertige oder fordere gar eine rücksichtslose Verfolgung der eigenen Interessen, eine Unterdrückung und Ausmerzung der Schwachen durch die Starken, eine »Vernichtung des Leidens durch Vernichtung der Leidenden«, eine Entwurzelung der Naturstimme des Mitleids in uns, die gegen ein solches Thun Protest einlegen würde; sollte in einer Gesellschaft physische Stärke und raffinirte Klugheit das höchste Ideal und in dieser Weise die Selbstsucht fortgezüchtet werden: so würden die Tage eines solchen Gemeinwesens gezählt sein; denn es hat an seiner eigenen Auflösung gearbeitet, durch Autorisation eines »bellum omnium contra omnes«, eines »Kampfes Aller gegen Alle«, der, seinen Normen zu Folge, in jedem Moment eintreten darf, in welchem eine Gemeinschaft der Interessen nicht stattfindet. Mögen Zeiten der Noth und Gefahr, Zeiten des nationalen Krieges eintreten, und wir werden sehen, was das Schicksal einer Gesellschaft sein wird, in welcher Vaterlandsliebe, Aufopferung, idealer Sinn, Ehrfurcht vor Treue und Gerechtigkeit nur ein Gegenstand des Spottes war. »*Die Weltgeschichte ist das Weltgericht.*«

Alle positiven, menschlichen Autoritäten stehen unter der »Autorität der | Lebensbedingungen«. Wenn jene sich an die Natur der Dinge nicht kehren, wenn sie die Grundlagen des socialen Lebens antasten, so müssen ihre Bestrebungen schließlich zerschellen an der Macht dieser »unpersönlichen Autorität«[29].

»Zwei Elemente,« sagt Everett, »haben mehr als alles Andere beigetragen zum Erfolge des Menschen in dem Kampfe mit den Thieren und des civilisirten im Streite mit dem barbarischen Menschen. Eines dieser Elemente ist das des Wissens oder die Macht des Gedankens; das andere ist die Kraft

[29] Man vergl. Rolph, a. a.O. S. 216 u. f.

der socialen Impulse. Ideen einerseits, eine selbstvergessene Hingabe andererseits, das ist es, was den höheren Rassen den Sieg errungen hat. Was immer die Richtung entweder auf intellectuelle oder moralische Entwicklung hemmt, führt den schwerstmöglichen Schlag gegen den Bestand des socialen Organismus.«

Wohl war das mahnende Wort am Platze, das bei der Grundsteinlegung zum deutschen Reichtagsgebäude der Geistliche sprach: »*Gerechtigkeit* erhöhet ein Volk; aber die Sünde ist der Leute Verderben.« (Spr. Sal. 14, 34.) Und so findet noch manches biblische Wort durch die Wissenschaft unsrer Zeit seine empirische Bestätigung[30]. Gott »wird geben einem Jeglichen nach seinen Werken; nämlich Preis und Ehre und vergängliches Wesen denen, die mit Geduld in guten Werken trachten nach dem ewigen Leben.« (Röm. 2, 6 und 7.) »Ich der Herr, dein Gott, bin ein starker, eifriger Gott, der da heimsuchet die Sünden der Väter an den Kindern bis ins dritte und vierte Glied. Aber denen, so mich lieben und meine Gebote halten, thue ich wohl bis ins tausendste Glied[31]. Schon Schneider hat hervorgehoben, welche tiefe Wahrheit in dieser Luther'schen Unterscheidung liegt. Die Sünden werden heimgesucht »bis ins dritte und vierte Glied«: denn es währt nicht lange, bis die Sünde ihren »Sold« empfangen, d.i. zur Vernichtung des Sünders geführt hat; die Tugenden aber werden belohnt »bis ins tausendste Glied«, ihnen gehört das »ewige Leben«: denn die Tugenden allein können die dauernde Erhaltung des Ge-

[30] Worauf neuerdings besonders G.H. Schneider hingewiesen hat in seinem Werke »Freud und Leid des Menschengeschlechts«. Stuttgart, 1883. S. 372 u. ff.

[31] Luther's Beschluß der zehn Gebote; womit zu vergleichen 2. Mos. 20, 5 u. 6: »Ich der Herr, dein Gott, bin ein eifriger Gott, der da heimsucht der Väter Missethat an den Kindern bis in das dritte und vierte Glied, die mich hassen; und thun Barmherzigkeit an vielen Tausenden, die mich lieb haben und meine Gebote halten.« In der sechsten Sure des Koran findet sich eine der Luther'schen ähnliche Unterscheidung.

sammtlebens sichern. Was keine lebenserhaltende Kraft hat, ist keine Tugend.

Die »Unterscheidung von Recht und Unrecht« wurzelt daher, um ein Wort John Fiste's zu brauchen, »in den tiefsten Fundamenten des Universums«. Die kosmische Macht der Natural Selection ist nicht wider, sondern für die Moral. Sie sanctionirt die erhabensten ethischen Ideale, welche die erlesensten Geister concipirt haben. Sie ist eine Macht des *Gerichts*, indem sie nur das Gerechte und Vollkommene bestehen und das Ungerechte, das Böse und Schlechte untergehen läßt.

Die Erkenntniß, daß jene Weltmacht die Moral *unterstützt* und an ihrem Theile auf eine *Erhöhung* des Moralinhalts hinwirkt, wird den moralischen | Menschen *ermuthigen* in seinem Streben nach dem Guten und in seinem Kampfe wider das Schlechte. Aber hüten wir uns, die wahre Bedeutung jenes Naturgesetzes zu verkennen: zu verkennen, daß es nur eine Macht des *Gerichts* ist. Es beginnt sich in die neuere evolutionistische Literatur eine Art von fatalistischem Optimismus einzuschleichen[32], welcher nicht minder verderblich wirken kann, als ein unverständiger Pessimismus. Das Gesetz der Natural Selection ist ein Naturgesetz und sagt aus, was geschehen *muß*, d.h. was unfehlbar geschehen *wird*. Und was ist es, das wir so als nothwendig einst eintretend erkennen, wie es stets bisher eingetreten ist? Das Untergehen des Schlechten und das Bestehenbleiben des Guten: – *sein Dasein vorausge-*

[32] Man vergl. z.B. Malcolm Guthrie, »On Mr. Spencer's Data of Ethics". London, 1884. p. 112: «Individuelles Sträuben und Widersetzen wird zum Verschwinden gebracht werden vor der Macht des Fortschritts. Das Individuum muß gehorchen oder untergehen; in der That, es muß selbst anders und ein Theil der zwingenden Moral werden .... Welche Autorität die Menschen auch anerkennen mögen, ja, wenn sie sogar keinerlei Autorität anerkennen, so bleibt sich dies doch ganz gleich: sie sind Theil und Glied einer emporstrebenden Entwicklung, gegen welche sich aufzulehnen nutzlos ist. Die moralische Autorität ist die Ueberzeugung des Unvermeidlichen.«

setzt! Wenn die Natural Selection das Gute »auswählen« soll, so muß das Gute schon da sein. Es widerspricht nicht diesem Princip, daß die ganze *Menschheit ausstirbt*: wie ja unzählige Arten ausgestorben sind; es *folgt* gerade aus diesem Princip, daß sie aussterben muß – wenn sie *schlecht* wird. Nicht ohne uns, sondern durch uns, durch unser zweckbewußtes *Wollen* wird die fortschreitende Entwicklung herbeigeführt. »In unsern Tagen,« sagt Salter[33], »wird die Evolution zuweilen so behandelt, als wenn sie etwas außer uns und über uns wäre, auf dessen Bewegungen wir nur zu warten haben .... Aber die Evolution wirkt durch Euch und mich. Sie ist nur ein abstracter Name für den Lauf, welchen Eure und meine Thätigkeiten und die der andern Wesen auf Erden nehmen. Sie ist besser oder schlechter, je nachdem wir besser oder schlechter sind. Sie bewegt sich schnell oder schleppt sich mit schwerem Schritte fort, je nachdem unsere Gedanken sich rasch folgen oder träge und todt sind.« Es ist uns nicht genug, die Gewähr zu haben, daß das Schlechte schließlich untergeht und nur das Gute Bestand haben kann: wir wollen, daß das Gute da sei, daß es *bald* triumphire. Es bleibt dabei: »In uns sind die Quellen der Geschichte!« Eine Steigerung des Gefühls der *Selbstverantwortlichkeit* muß die Folge jener Betrachtungen sein.

[33] William Salter, Die Religion der Moral. Leipzig, W. Friedrich, 1885.

TEXTKRITISCHE ANMERKUNGEN

1 ägyptischen] äyptischen
2 werden] wird
3 zugewandt,} zugewandt.
4 die unbedingte] der unbedingten
5 dem dem] dem
6 Schönheitssinn] Schönheitssiun
7 den] der
8 entgegengesetzte] entgegengesetzter
9 Entst.] Enst.
10 Haupttypen] Hauptypen
11 Ausschluss] Auschluss
12 *retardirend*] *ratardirend*
13 Zusammenhang] Zusammen-hang
14 dieser] diesen
15 anonyme] anoyme
16 Naturgesetze] Naturgesetzte
17 kraftentfaltenden] krafentfaltenden
18 Componenten] Componeten
19 Bestimmung ist,] Bestimmung, ist
20 das] dass
21 haben] hahen
22 von] vor

PERSONENVERZEICHNIS

Dieses Verzeichnis erfaßt nur historische Personen und ihre Lebensdaten; ferner gibt es Hinweise auf wichtige berufliche Stationen.